普通高等教育系列教材

Java EE 架构设计与开发教程

方 巍 主编

王秀芬 张飞鸿 黄 黎 丁叶文 参编

机械工业出版社

本书从实用的角度出发，介绍了 Java EE 主流轻量级开发平台的基础知识，包括 Java EE 的有关概念及开发方法、SSH 和 SSM 的基本原理及基本概念、HTML5 前端开发技术、JSP 组件开发、Spring 的基本应用、Spring 中的 Bean、Spring AOP、Spring 的数据库开发以及 Spring 的事务管理，并以一个具体的实例介绍 SSM 的开发方法和开发过程；还介绍了以 Struts、Spring 和 Hibernate（SSH）为主的经典框架开发技术，同样通过完整案例介绍其开发过程。本书在对知识点进行描述时采用了大量案例，可以更好地帮助读者学习和理解 SSH 和 SSM 的核心技术。

本书每章配有习题和上机实训内容，以指导读者深入地进行学习。本书配有电子课件、教案、教学计划、试卷、习题等教学资源。

本书既可作为本、专科院校计算机类专业的 Web 程序设计教材，也可作为 Java 技术的培训用书，适合广大编程爱好者阅读与使用。

本书配套授课电子课件、教案、教学计划、试卷、习题等，需要的教师可登录 www.CMPedu.com 免费注册，审核通过后下载，或联系编辑索取。QQ：2850823885。电话：010-88379739。

图书在版编目（CIP）数据

Java EE 架构设计与开发教程 / 方巍主编. —北京：机械工业出版社，2019.7

普通高等教育系列教材

ISBN 978-7-111-64566-5

Ⅰ. ①J… Ⅱ. ①方… Ⅲ. ①JAVA 语言－程序设计－高等学校－教材 Ⅳ. ①TP312.8

中国版本图书馆 CIP 数据核字（2020）第 002319 号

机械工业出版社（北京市百万庄大街 22 号　邮政编码 100037）
策划编辑：郝建伟　责任编辑：颉　天
责任校对：张艳霞　责任印制：邰　敏

盛通（廊坊）出版物印刷有限公司印刷

2020 年 2 月第 1 版·第 1 次印刷
184mm×260mm·23.25 印张·587 千字
0001－2500 册
标准书号：ISBN 978-7-111-64566-5
定价：79.00 元

电话服务

客服电话：010-88361066
　　　　　010-88379833
　　　　　010-68326294

网络服务

机 工 官 网：www.cmpbook.com
机 工 官 博：weibo.com/cmp1952
金 书 网：www.golden-book.com

机工教育服务网：www.cmpedu.com

前　言

Java EE 的全称是 Java Enterprise Edition，它是一个开发分布式企业级应用的规范和标准。Java EE 平台旨在帮助开发人员创建大规模、多层次、可扩展、可靠和安全的网络应用程序。Java EE 平台现已成为电信、金融、电子商务、保险和证券等行业的大型应用系统的首选开发平台。Java EE 开发大致可分为两种方式：以 Spring 为核心的轻量级 Java EE 企业开发平台；以 EJB 3+JPA 为核心的经典 Java EE 开发平台。无论使用哪种平台进行开发，应用的性能和稳定性都有很好的保证，开发人群也有很稳定的保证。本书以轻量级 Java EE 企业开发平台为背景，着重介绍了 Struts、Spring 和 Hibernate（SSH）及 Spring、Spring MVC 和 MyBatis（SSM）两大框架的 Web 开发技术。

本书从开发应用程序所用到的基本概念讲起，由浅入深，逐步介绍当前流行的 Web 应用程序的开发方法（如 HTML5、JavaScript、JSP 等）和 SSH、SSM 开发步骤，一直到应用程序的发布等内容。本课程建议授课学时为 32 小时，实验学时 12 小时，并要求先修 Java 语言和数据库原理课程。

本书在对 Java EE 的理论和相关工具进行讲解的基础上，通过实际案例对 Java EE 开发方法进行了详细讲解，从而使读者快速进入实践项目的开发。读者参考本书的架构，可以身临其境地感受企业实际开发。对 Java EE 开发过程中经常出现的问题及解决方案和一些常用技巧进行了介绍，并配以大量的实例对技术要点在实际工作中的应用进行了讲解。另外，书中还对初学者经常遇到的一些问题进行了归纳和总结，便于让读者能尽快上手。

本书中所介绍的实例都是在 Windows 10 及 MyEclispe 2014 环境下调试运行通过的，并分别给出 SSH 和 SSM 框架的完整实例，以帮助读者顺利地完成开发任务。从应用程序的设计到应用程序的发布，读者都可以按照书中所讲述内容实施。作为教材，每章后附有习题。另外还提供下载每章的课程 PPT、程序实例代码和习题答案。

参加本书编写、调试工作的有方巍、王秀芬、张飞鸿、黄黎、丁叶文。本书的顺利出版，要感谢南京信息工程大学的领导和老师给予的大力支持与帮助。

由于时间仓促，书中难免存在不妥之处，请读者原谅，并提出宝贵意见。

编　者

目 录

第 1 章　Java EE 概述

Java EE（Java^{TM} Platform，Enterprise Edition），即 Java 平台企业版，主要用于企业级开发，包括 Web 开发等多种组建。Java EE 开发涉及 Java 的高级特性以及一些框架，需要掌握的内容相对较多。Java EE 的本质可以表示为：JVM+API+网络应用程序，可以理解为 Java EE 是具有 JVM 和一组特定 API 的编写网络应用程序平台。

本书将着重介绍 Java EE 的基本概念、原理、轻量级框架技术及实际案例应用开发等，对于开发的一些技巧也会在本书中体现，避免读者太过依赖于传统的开发模式。

本章涉及 Java EE 的简介、应用分层架构、核心设计模式、流行框架以及开发环境安装配置的介绍，针对 Java EE 各个框架的使用方法和工作流程是重点学习的内容。

本章要点：
- 了解 Java EE 技术基本内容及新特性。
- 掌握 Java EE 的应用分层框架。
- 了解 Java EE 核心设计模式。
- 熟悉 Java EE 开发常用框架。
- 掌握 Java EE 开发环境的搭建。

1.1　Java EE 简介

Java 是由 Sun Microsystems 公司（已被甲骨文收购）于 1995 年 5 月推出的 Java 程序设计语言和 Java 平台的总称。用 Java 实现的 HotJava 浏览器（支持 Java Applet）显示了 Java 的魅力：跨平台、动态的 Web、Internet 计算。从此，Java 被广泛接受并推动了 Web 的迅速发展，常用的浏览器现在均支持 Java Applet。Java 分为三个体系，分别为 Java SE（J2SE，Java2 Platform Standard Edition，标准版），Java EE（J2EE，Java2 Platform，Enterprise Edition，企业版），Java ME（J2ME，Java2 Platform Micro Edition）。自从 Java1.2 发布后，Java 改名为 Java2，因此 Java 的三个体系就更名为标准版（J2SE）、企业版（J2EE）和小型版（J2ME）。每个版本名称中都带有一个数字"2"，这个"2"是指 Java2。下面简要介绍这些体系。

- J2SE：为开发普通桌面和商务应用程序提供的解决方案。该技术体系是其他两者的基础，可完成一些桌面应用程序的开发，比如 Java 版的扫雷、纸牌游戏。平时所说的 JDK 其实就是指 J2SE。
- J2EE：为开发企业环境下的应用程序提供的一套解决方案。该技术体系中包含的技术如 Servlet、JSP、EJB、RMI 等，最大用途在于 Web 应用程序开发。
- J2ME：为开发电子消费产品和嵌入式设备提供的解决方案。该技术体系主要应用于小型电子消费类产品，如手机中的应用程序等。注意，这里的小型电子消费品不是指搭载了 iOS 或 Android 操作系统的手机，iOS 和 Android 系统都有自己专门的开发组件。

Java5.0 版本后，J2EE、J2SE、J2ME 分别更名为 Java EE、Java SE、Java ME。本书主要

是面向 Java EE 5.0 以上版本进行介绍。

1.1.1 Java EE 的含义

Java EE 是在 Java SE 基础上建立起来的一种标准开发架构，主要用于企业级应用程序的开发。Java EE 的开发中是以 B/S 作为主要的开发模式，在 Java EE 中提供了多种组件及各种服务，如图 1-1 所示。

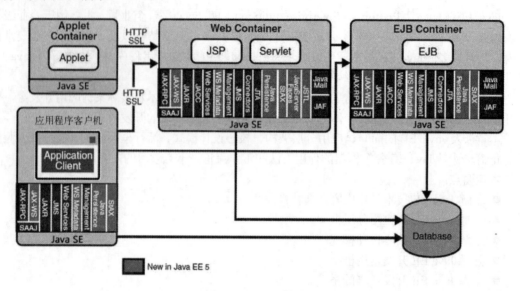

图 1-1　Java EE 架构

如图所示，它定义了四种容器：Web Container、Enterprise JavaBean（EJB）、应用程序客户机和 Applet Container，这些容器能够帮助开发和部署可移植、健壮、可伸缩且安全的服务器端 Java 应用程序。

Java 与 Java EE：Java 是一门编程语言，而 Java EE 是一个标准中间体系结构，旨在简化和规范分布式多层企业应用系统的开发和部署。Java EE 将企业应用程序划分为多个不同的层，并在每一个层上定义对应的组件来实现它。典型的 Java EE 结构的应用程序包括四层：客户层、表示逻辑层（Web 层）、业务逻辑层和企业信息系统层。

- 客户层即网络浏览器或者是桌面应用程序。
- 表示逻辑层、业务逻辑层都位于应用服务器上，它们都是由一些 Java EE 标准组件 JSP（Java Server Page）、JSF（Java Server Face）、Servlet、EJB（Enterprise JavaBeans）和 Entity 等来实现，这些组件运行在 Java EE 标准的应用服务器上，以实现特定的表现逻辑和业务逻辑。
- 企业信息系统层主要用于企业信息的存储管理，主要包括数据库系统、电子邮件系统、目录服务等。Java EE 应用程序组件经常需要访问企业信息系统层来获取所需的数据信息。

1.1.2 Java EE 的新特性

Java EE 是社区驱动型企业软件的标准。每个版本集成了符合行业需求的新功能，提高了应用程序的可移植性，并提高了开发人员的生产力。目前版本是 Java EE 8，Java EE 8 平台的主要目标是为企业 Java 的云和微服务环境，基础设施现代化，强调 HTML5 和 HTTP/2 的支持，增强易于通过新的上下文和依赖注入功能的发展，并进一步提高安全性和可靠性。

Java EE 8 构建于 Java EE 7 之上。如表 1-1 所示，相较于 Java EE 7，Java EE 8 的新特性如下。

表 1-1　Java EE 8 的新特性

新特性　　　　　　　　　　　版本	Java EE 8
1. 新技术	JSON 绑定的 Java API；Java EE 安全 API
2. 针对 JSON 处理的新对象模型改进	JSON 指针；JSON 修补程序；JSON 合并修补程序
3. REST 风格 Web 服务的新功能	反应客户端 API；增强了对服务器发送的事件的支持；支持 JSON-B 对象，并改进了与 CDI，Servlet 和 Bean 验证技术的集成
4. Servlet 的新功能	服务器推送；HTTP 预告片
5. JavaServer Faces 组件的新功能	通过新的 <f：websocket> 标签直接支持 WebSocket；通过新的 <f：validateWholeBean>标签进行类级 bean 验证；CDI 兼容的@ManagedProperty 注释；增强了组件搜索表达式框架
6. 新的上下文和依赖注入功能	用于在 Java SE 8 中引导 CDI 容器的 API；用于在 Java SE 8 中引导 CDI 容器的 API；配置接口，用于动态定义和修改 CDI 对象；内置注释文字，用于创建注释实例的便利功能等
7. 新的 JavaBean 验证功能	支持 Java SE 8 中的新功能；增加了新的内置 Bean 验证约束

1.2　Java EE 应用分层架构

对于程序员来说很常见的一种情况是在没有合理的程序架构时就开始编程，在没有一个清晰的、定义好的架构时，大多数开发者和架构师通常会使用标准式的传统分层架构模式（也被称为多层架构）——通过将源码模块分割为几个不同的层到不同的包中。不幸的是，这种编码方式会导致一系列没有组织性的代码模块，这些模块缺乏明确的规则、职责和同其他模块之间的关联。这通常被称为架构大泥球。

应用程序缺乏合理的架构一般会导致程序过度耦合、容易被破坏、难以应对变化，同时很难有一个清晰的版本或者方向性。这样的结果是，如果你没有充分理解程序系统里每个组件和模块，就很难定义这个程序的结构特征。有关程序的部署和维护的基本问题都难以回答，比如：程序架构是什么规模？应用程序有什么性能特点？应用程序有多容易应对变化？应用程序的部署特点是什么？架构是如何反应的？

好的架构模式能帮助程序员定义应用程序的基本特征和行为。例如，一些架构模式会让程序自己自然而然地朝着具有良好伸缩性的方向发展，而其他架构模式会让程序朝着高度灵活的方向发展。知道了这些特点，了解架构模式的优点和缺点是非常必要的，它可以帮助我们选择一个适合自己特定的业务需求和目标的程序。

1.2.1　分层模式概述

层（Layer）体系架构模式就是把应用系统分解成多个子任务组，其中每个子任务组处于一个特定的抽象层次上。

1. 层模式概述

层模式组织成一个层次结构，每一层为上层服务（Service Provider），同时也作为下层的客户端。在一些层次系统中，除了包含一些输出函数外，内部的层只对相邻的层可见。这样的系统中构件在一些层实现了虚拟机（在另一些层次系统中，层是部分不透明的）机制。层的调用通过决定层间如何交互的协议来定义。这种风格支持基于可增加抽象层的设计。这样，允许将一个复杂问题分解成一个层堆栈的实现。由于每一层最多只影响两层，同时只要给相邻层提供接口，允许每层用不同的方法实现，因此为软件重用提供了强大的支持。

2. 考虑的因素

层模式是最成熟的软件体系架构模式，它起源于早期的系统设计，由开始的函数调用，作为函数库供其他程序进行调用。一般在系统设计时，由一系列高层模块和低层模块处理构成，并且高层的模块依赖于低层。为了完成系统的设计必须要考虑以下因素：

- 源码的修改会影响整个系统，应该被限定在一个部件内部而不影响其他模块。
- 接口应当稳定，甚至要被规范化。
- 系统的架构应该灵活，可以更换。
- 系统的开发需要被划分为多个部分，比如团队开发或者异地开发。

3. 模式结构

从系统高层的观点来看设计方案比较简单，它把系统分为几个层次并且把它们叠加起来，最下面的抽象层称为第一层，它是系统基础。依次类推，把 N 层放在第 N-1 层上。其结构如图 1-2 所示。

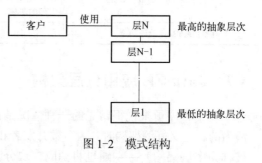

图 1-2　模式结构

4. 优点与缺点

层模式是最常用的一种软件体系架构模式。从它的实现和结构图中，可以得出该模式具有以下优点和缺点：

- 层次的复用性。如果每个层次有很好的抽象接口，那么它可以被其他环境复用。
- 支持基于抽象程度递增的系统设计。使设计者可以把一个复杂系统按递增的步骤进行分解，使系统更容易模块化。
- 支持功能增强。因为每一层至多和相邻的上下层交互，因此功能的改变最多影响相邻的上下层。
- 可替换性。因为独立的层次设计，很容易被功能相同的模块替换。但是在实际的项目中，该模式也有相应的不足。
- 低效率。分层结构通常要比单层结构的效率低。因为有时高层过分依赖低层的服务，因此必须穿过许多中间层进行数据的传送，甚至多次改变行为的连锁反应。

1.2.2　Java EE 的结构

1. J2EE 层模式的背景

如图 1-3 所示的架构描述了软件从两层体系架构方式到三层的转变。

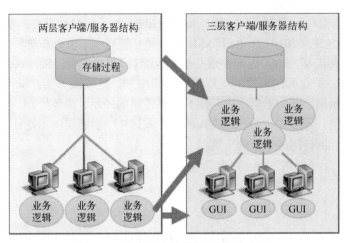

图 1-3 两层架构模式到三层架构模式

两层的架构方式存在以下缺点：

● 软件部署开销很大。每个客户端数据库驱动都需要进行安装和设置，一旦程序发生改变，就需要重新部署，这意味巨大的开销。

● 改变数据结构的开销很大。客户端应用程序一般通过 JDBC、ODBC、ADO 等直接访问数据库，这表明客户程序直接与低层数据结构交互。如果改变数据结构来处理新的过程，就需要重新部署每个客户端。

● 改变数据库类型的开销很大。由于客户端直接使用特定数据库的 API 和特定的存输过程、触发器等，因此数据库类型的改变，会引起很多的修改。

因而，可以通过把业务逻辑从存储过程和本地的业务逻辑分离出来，独立为一层，这样就是应用层架构模式最经典的三层架构（3-Tier Architecture）。

（1）表现层（Presentation Layer，PL）

主要负责数据的输入接口和输出。输入指在 Web、客户端或为外界提供的 API 的数据请求接口；输出则是 Web 界面、客户端输出、API 的数据输出。页面模板、对外 API 数据格式化、Request 接受、Output 推送、Commander 操作都在这一层。

（2）业务逻辑层（Business Logic Layer，BLL）

主要负责从原始数据到结果数据的中间过程，是系统中最关键、最重要的一层。也被称作领域层（Domain Layer），领域中所有对象的逻辑关系和功能实现算法都在这一层中。业务逻辑、服务等处于这一层。

（3）数据访问层（Data Access Layer，DAL）

主要是对原始数据的操作层（CRUD 操作），为业务逻辑层或表示层提供数据服务。数据源包括数据库、文件、网络存储系统、其他系统开放的 API、程序运行上下文环境等。许多框架中的 ORM、Active Record、DAO 类或库都处于这一层。

三层架构能较好地满足大部分的业务场景，实现高内聚、低耦合。从层次角度看，使系统有了较好的可扩展性。但三层架构也有以下不足：

业务逻辑复杂度高的系统，业务逻辑层将变得庞大臃肿，为了解决这个问题，四层架构/多层架构被人提出。不关注表现层的实现，四层架构和三层架构极为类似，分为表示层、服务层、业务逻辑层、数据访问层。除了服务层，其他三层和三层架构的三层几乎一致，而服务层是对三层架构中业务逻辑层的再细分，以解决业务逻辑层经常出现的臃肿问题。四层架构是

Java EE推荐的分层架构，尤其是 Spring+Struts+Hibernate（SSH）组合的框架将 DAO 层、Service 层做了明确的定义和规范。由于 SSH 框架被广泛使用，其他框架，包括其他语言的框架（比如 PHP）也都借鉴 SSH，因此在这些框架里能看到 DAO 类、Service 类的抽象定义。

在三层架构中，把业务逻辑层的上层逻辑分离出来，组成服务层（Service Layer）。服务层往往是逻辑的表示层，即向上层（表示层）提供逻辑的外观。事务控制、安全检查、事务脚本等可以置入业务层。四层架构是三层架构的发展或进化。服务层的出现让三层架构的业务逻辑层不再变得臃肿。同样再进一步细分就是五层架构了。

这样，Java EE 应用架构大致上可分为如图 1-4 所示。

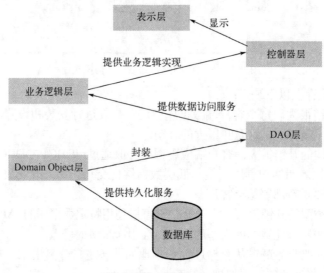

图 1-4   Java EE 应用架构

（1）Domain Object（领域对象）层

此层由系列的 POJO（Plain Old Java Object，普通的、传统的 Java 对象）组成，这些对象是该系统的 Domain Object，往往包含了各自所需要实现的业务逻辑方法。与业务逻辑层可同在一层。

（2）DAO（Data Access Object，数据访问对象）层

此层由系列的 DAO 组件组成，这些 DAO 实现了对数据库的创建、查询、更新和删除（CRUD）等原子操作。在经典 Java EE 应用中，DAO 层也被称为 EAO 层，EAO 层组件的作用与 DAO 层组件的作用基本相似。只是 EAO 层主要完成对实体（Entity）的 CRUD 操作，因此简称为 EAO 层。

（3）业务逻辑层

此层由系列的业务逻辑对象组成，这些业务逻辑对象实现了系统所需要的业务逻辑方法。这些业务逻辑方法可能仅仅用于暴露 Domain Object 对象所实现的业务逻辑方法，也可能是依赖 DAO 组件实现的业务逻辑方法。

（4）控制器层

此层由系列控制器组成，这些控制器用于拦截用户请求，并调用业务逻辑组件的业务逻辑方法，处理用户请求，并根据处理结果转发到不同的表现层组件。

（5）表示层

此层由系列的 JSP 页面、Velocity 页面、PDF 文档视图组件组成。此层负责收集用户请

求，并显示处理结果。

以上各层的 Java EE 组件之间以松耦合的方式耦合在一起，各组件并不以硬编码方式耦合，这种方式是为了应用以后的扩展性。从上向下，上面组件的实现依赖于下面组件的功能；从下向上，下面组件支持上面组件的实现。

当然，四层架构和三层架构都存在一个不足，就是不强调前端的实现。当面对需要个性化定制界面、复杂用户交互、页面之间有依赖关系时，需要更好的解决方案。

另外，还有一种 MVC 模式，其主要包括三部分，Model-View-Controller（模型-视图-控制器）。相比于三层架构或者四层架构，MVC 最突出的优点是前端控制的灵活性。如果 MVC 的两部分，View 和 Controller 剥离出来，实际上是一种叫作前端控制器模式的设计模式。

MVC 的缺点很明显，将前端以外逻辑都放到 Model 里，随着业务增多，Model 将越来越难以维护。MVC 并不适合称作一种分层架构，更适合称为一种复合的设计模式。有人还将 MVC 模式归类为前端架构。MVC 模式最适合新闻门户网站、展示类网站，此类网站业务逻辑往往较为简单。MVC 模式最适合产品初创时被使用，因为项目初期逻辑简单，使用 MVC 模式产品能快速成型，可以尽早投放市场进行试验（多数可能会被淘汰），这样就降低了试验成本。MVC 模式最适合产品原型的实现（注重前端）。

总之，分层的选择要平衡成本和风险，使收益最大化。业务逻辑不要局限于四层架构或三层架构，依据领域业务特点可更细地划分层次。

2. J2EE 分层应用概述

J2EE 平台为设计、开发、集成和部署企业应用提供基于组件的方法。这种方法不但能降低成本，还能对整个设计和实施过程进行快速跟踪。J2EE 平台能提供多层分布式应用模型，能重用组件，能为用户提供统一安全模型和灵活的事务处理控制。在 J2EE 规范中进行了以下的分层，不同的组件可以在逻辑上分为三层：后端层、中间层和网络层。这只是一个逻辑表示，根据应用程序的要求，组件可以被限制到不同的层。Java EE 8 体系结构及其提供的主要服务如图 1-5 所示。

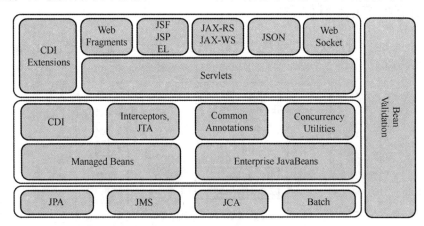

图 1-5 Java EE 8 体系结构

- JPA（Java 持久化 API，Java Persistence API）和 JMS（Java 信息服务，Java Message Service），JPA 是在数据库中存储对象的 ORM（对象关系表，Object/Relational Mapping）定义提供基本的服务，如数据库访问。JMS 这个 API 保证服务器和应用在网络上的通信可靠、异步。如 ActiveMQ 实现了 JMS。
- JCA（J2EE 连接器架构，Java EE Connector Architecture）允许连接到原有系统，批量

7

处理非交互、块状任务。通过此服务可以连接不同开发架构的应用程序。

- Managed Beans 和 EJB（企业级 Java Beans，Enterprise Java Beans）使用 POJO 基本服务，提供一种简化的编程模型。Managed Beans 可以执行嵌入代码的 Java 对象。在 Spring 框架中，这是一些添加了 @Autowired 注释的对象。
- CDI（Contexts And Dependency Injection，上下文和依赖注入），提供适用于各种组件的概念拦截和注释，如类型安全的依赖注入，使用拦截器和一套共同的注释表示横切关注点。JTA 事务拦截器实现，可以应用于任何 POJO。CDI 是 Java EE 整个下一代类型安全的依赖注入的事实上的 API。在 Spring 框架中，应用程序可以设计应用的上下文，控制反转（IoC）和依赖注入功能（DI）CDI 扩展允许以标准的方式超出现有能力来扩展平台。
- 应用客户端组件 Servlets 和 JSP 组件（也称为 Web 组件），Enterprise JavaBeans 组件。
- Web Services 使用 JAX-RS（定义 REST 含状态传输之类服务的 API）、JAX-WS、JSF、JSP 和 EL 定义编程模型的 Web 应用。WebFragments 允许以自然方式自动注册第三方 Web 框架。JSON 提供了一种方法来解析和 Web 层的生成 JSON 结构。WebSocket 可以通过一个 TCP 连接建立双向、全双工的通信信道。
- Bean Validation 标准化了 Java 平台的约束定义、描述和验证，即使用注解的方式对 Java Bean 进行约束验证。

📖提示:
- 微软的.NET 开发架构也是由 Java EE 而来。
- 著名的.NET 架构在推出时，也大量参考了 Java EE 中各个组成部分，并提出了与之类似的企业开发架构。也就是两种架构之间相互学习、互相取长补短，为程序开发人员提供更多更好的程序开发支持。

1.3 Java EE 核心设计模式

在整个 Java EE 中最核心的设计模式就是 MVC 设计模式，且被广泛应用。Java EE 中的标准 MVC 设计模式如图 1-6 所示。

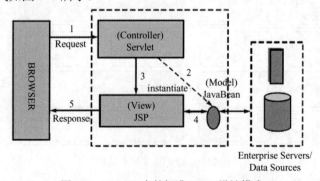

图 1-6 Java EE 中的标准 MVC 设计模式

在标准的 MVC 设计模式中，用户一旦发出请求之后会将所有请求交给控制层处理，然后由控制层调用模型层中的模型组件，并通过这些组件进行持久层的访问，再将所有结果都保存在 JavaBean（Java 类）中，最终由 JSP 和 JavaBean 一起完成页面显示。但是这种设计模式在不同的开发架构中也会存在一些区别，因为在开发中没有特殊的需要不一定会使用 EJB 技术，这一点在本书中会有具体讲解。

1.4 敏捷轻型框架

Java EE 开发过程经常使用的轻型框架主要有：Hibernate、Struts、Spring、IBatis、JSF、Tapestry 和 WebWork 等，本书重点介绍其中的 Struts、Spring、Hibernate，以及新增 MyBatis 的相关内容。

1.4.1 Hibernate3 简介

作为 SSH 三大框架之一的 Hibernate，是用来优化 DAO 层和数据库之间联系的。它封装了 JDBC 的步骤，使我们对数据库的操作更加简单，更加快捷。利用 Hibernate 框架避免了编写重复的 JDBC 代码，也避免了 SQL 语句的反复测试。Hibernate 提供了它特有的数据库查询语言 HQL，这种查询语言屏蔽了不同数据库之间的差别，可以使开发者编写统一的查询语句执行查询。不同于其他持久化操作解决方案的是，Hibernate 并没有把 SQL 的强大功能屏蔽掉，而是仍然兼容 SQL，这使得以往的关系技术依然有效。

本节只针对 Hibernate3 的基本原理、新特性等做简单介绍，详细内容会在后面章节出现。

Hibernate 基本原理： Hibernate 技术本质上是一个提供数据库服务的中间件。它是利用数据库以及其他一些配置文件（如 Hibernate.properties，XML Mapping 等）来为应用程序提供数据持久化服务的。处理过程如下：

- 读取并解析配置文件。
- 读取并解析映射关系、创建 SessionFactory。
- 打开 Session。
- 创建事务 Transaction。
- 持久化操作。
- 提交事务。
- 关闭 Session。
- 关闭 SessionFactory。

从分层角度来看，Java EE 有个非常典型的三层架构：表示层（Web），业务层（Service），还有持久层（DAO）。Hibernate 是持久层的框架，而且持久层的框架还有很多，比如：IBatis，NHibernate，JDO，OJB，EJB 等等。

Hibernate 是一个开源的 ORM（对象关系映射）框架，如图 1-7 所示。它的作用就是在关系型数据库和对象之间做了一个映射。从对象（Object）映射到关系（Relation），再从关系映射到对象。这样，在操作数据库的时候，不需要再去和复杂 SQL 打交道，只要像操作对象一样操作它就可以了，简单地说就是把程序中的实体类和数据库表建立起对应关系。

图 1-7 ORM 框架

Hibernate3 的新特性：Hibernate 版本更新速度很快，用得最多的有两个阶段性版本：Hibernate2 和 Hibernate3，这一点程序员从其 jar 文件名便可以看出来。目前最新的发行版本是 Hibernate5，但考虑到兼容性，本书以 Hibernate3 作为学习重点。Hibernate3 在产品的应用性上有了极大提高，并且基于 Java1.5 进行了改进，且与 EJB3.0 进行了集成，在功能上有了很大的提升。同时，Hibernate 还对当今另一主流开发平台——微软的.NET 平台进行了支持，因此具有更加强大的生命力。相对于 Hibernate2，Hibernate3 版本的变化包括三个方面。

1．API 的变化

API 的变化中比较重大的变化是包名的变化，主要是包的根路径发生了改变，这一点程序员只需要在 Eclipse 中查看 Hibernate3.jar 这个文件中所包含的类就知道了，Hibernate 3 的根路径从 Hibernate2 的 net.sf.hibernate 变成了 org.hibernate。由于这两个路径完全不同，所以程序员能够在同一个应用程序中同时使用 Hibernate2 和 Hibernate3。如果希望把已有的应用升级到 Hibernate3，那么升级的第一步是把 Java 源程序中的所有 net.sf.hibernate 替换为 org.hibernate。另外，在 Hibernate3 中，HibernateException 异常以及它的所有子类都继承了 Java.lang. RuntimeException。因此在编译时，编译器不会再检查 HibernateException。在 Hibernate3 中，Session 接口的 createSQLQuery()方法被废弃，被移到 org.hibernate.classic.Session 接口中。Hibernate3 采用新的 SQLQuery 接口来完成相同的功能。在 UserType 和 CompositeUserType 接口中也都加入了一些新的方法，这两个接口被移到 org.hibernate.usertype 包中，用户定义的 UserType 和 CompositeUserType 实现类必须实现这些新方法。Hibernate3 提供了 ParameterizedType 接口，用于更好地重用用户自定义的类型。

2．元数据

元数据主要是指 Hibernate 映射文件中各种元素和属性的用法的变化。首先是 Hibernate 映射文件的文档类型定义，即 DTD 文件发生了变化，这一点程序员可以从任何一个 Hibernate3 的映射文件的文件头中发现，即在元素中定义的 URL 从 http://hibernate.sourceforge.net/ hibernate-mapping-2.0.dtd 变成了 ../hibernate-mapping-3.0.dtd。还有一个重大的改变就是 lazy 属性的默认值从 false 变成了 true，这也是 Hibernate 从优化应用程序性能的角度出发所做出的决定。因为当 lazy=false 时，Hibernate 对所有字段都采取预先抓取的策略，如果程序员希望采用延迟加载，必须在映射文件中手工将 lazy 属性的值设为 true。如果总是采用预先抓取策略势必会造成极大的资源占用，从而降低应用程序的性能。所以从应用程序的角度来讲，更希望 lazy 的默认值是 true，这样在有需要的时候才去采用预先抓取的检索策略。

3．HQL 查询语句

Hibernate3 采用新的基于 ANTLR 的 HQL/SQL 查询翻译器，不过，Hibernate2 的查询翻译器也依然存在。在 Hibernate 的配置文件中，hibernate.query.factory_class 属性用来选择查询翻译器。

1.4.2 Struts2 简介

Struts2 是在 Struts1 和 WebWork 的技术基础上进行合并的全新的 Struts2 框架。其全新的 Struts2 的体系结构与 Struts1 的体系结构差别巨大。Struts2 以 WebWork 为核心，采用拦截器的机制来处理用户的请求，这样的设计也使得业务逻辑控制器能够与 ServletAPI 完全脱离开，所以 Struts2 可以理解为 WebWork 的更新产品。虽然从 Struts1 到 Struts2 有着很大的变化，但是相对于 WebWork，Struts2 的变化则很小。Struts2 的整体结构如图 1-8 所示。

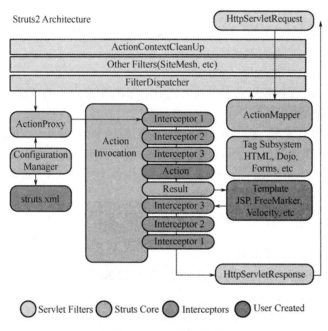

图 1-8　Struts2 的整体结构

而 Struts2 处理流程如图 1-9 所示。一个请求在 Struts2 框架中的处理大概分为以下几个步骤。

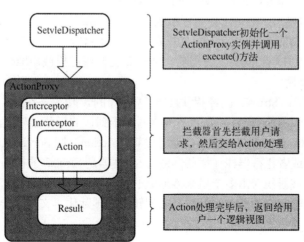

图 1-9　Struts2 流程图

- 客户端初始化一个指向 Servlet 容器（例如 Tomcat）的请求。
- 这个请求经过一系列的过滤器（Filter）（这些过滤器中有一个叫作 Action Context CleanUp 的可选过滤器，这个过滤器对于 Struts2 和其他框架的集成很有帮助，例如 SiteMesh Plugin）。
- FilterDispatcher 被调用，FilterDispatcher 询问 ActionMapper 来决定这个请求是否需要调用某个 Action。
- 如果 ActionMapper 决定需要调用某个 Action，FilterDispatcher 把请求的处理交给 ActionProxy。
- ActionProxy 通过 Configuration Manager 询问框架的配置文件，找到需要调用的 Action 类。
- ActionProxy 创建一个 ActionInvocation 的实例。
- ActionInvocation 实例使用命名模式来调用，在调用 Action 的过程前后，涉及相关拦截器（Intercepter）的调用。
- 一旦 Action 执行完毕，ActionInvocation 负责根据 struts.xml 中的配置找到对应的返回结果。返回结果通常是（但不总是，也可能是另外的一个 Action 链）一个需要被表示的 JSP 或者 FreeMarker 的模板。在表示的过程中可以使用 Struts2 框架中继承的标签。在这个过程中需要涉及 ActionMapper。

在上述过程中所有的对象（Action，Results，Interceptors 等）都是通过 ObjectFactory 来创建的。

Struts2 与 Struts1 存在以下区别。

- Action 的实现方面：Struts1 要求必须统一扩展自 Action 类，而 Struts2 中可以是一个普通的POJO。
- Servlet 依赖方面：Struts1 的 Action 依赖于 Servlet API，比如 Action 的 execute 方法的参数就包括 request 和 response 对象。这使程序难于测试。Struts2 中的 Action 不再依赖于 Servlet API，有利于测试，并且实现 TDD。
- 表达式语言方面：Struts1 中整合了 EL，但是 EL 对集合和索引的支持不强，Struts2 整合了OGNL（Object Graph Navigation Language）。
- 绑定值到视图技术：Struts1 使用标准的JSP，Struts2 使用"ValueStack"技术。
- Action执行控制的对比：Struts1 支持每一个模块对应一个请求处理，但是模块中的所有 Action 必须共享相同的生命周期。Struts2 支持通过拦截器堆栈为每一个 Action 创建不同的生命周期。
- 拦截器的应用：Struts2 已经提供了丰富多样的，功能齐全的拦截器实现。可以至 Struts2 的 jar 包内的 struts-default.xml 查看关于默认的拦截器与拦截器链的配置。

Struts2 相对于 Struts1.X，将实现用户业务逻辑（Action）同 Servlet API 分离开，这种分离机制是采用了拦截器或者拦截器栈（拦截器链）。拦截器是 Struts2 的核心内容之一。Struts2 内建了多个拦截器和拦截器栈（由多个拦截器形成的拦截器链），将用户的 Web 请求进行拦截处理，从而提供了更加丰富的功能，例如数据类型转换、国际化、文件上传等。

1.4.3　Spring 简介

Spring 是一个开源框架，是于 2003 年兴起的一个轻量级的 Java 开发框架，由 Rod

Johnson 在其著作《Expert One-On-One J2EE Development and Design》中阐述的部分理念和原型衍生而来。它是为了解决企业应用开发的复杂性而创建的。框架的主要优势之一就是其分层架构，分层架构允许使用者选择使用哪一个组件，同时为 J2EE 应用程序开发提供集成的框架。Spring 使用基本的 JavaBean 来完成以前只可能由 EJB 完成的事情。然而，Spring 的用途不仅限于服务器端的开发。从简单性、可测试性和松耦合的角度而言，任何 Java 应用都可以从 Spring 中受益。

Spring 的核心是控制反转（IoC）和面向切面（AOP）。简单来说，Spring 是一个分层的 JavaSE/EE full-stack（一站式）轻量级开源框架。

Spring 的优点如下：

● 方便解耦，简化开发（高内聚低耦合）。
● AOP 编程的支持。
● 声明式事务的支持。
● 方便程序的测试。
● 方便集成各种优秀框架。
● 降低 JavaEE API 的使用难度。

Spring 框架是一个分层架构，如图 1-10 所示。

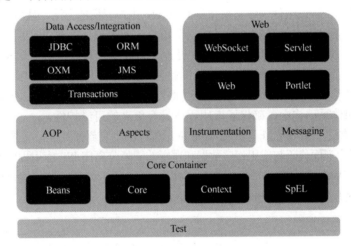

图 1-10　Spring 运行框架

从下向上看 Spring 框架的主要内容如下。

Test：Spring 支持 Junit 单元测试。

核心容器：核心容器提供 Spring 框架的基本功能。核心容器的主要组件是 BeanFactory，它是工厂模式的实现。BeanFactory 使用控制反转（IoC）模式将应用程序的配置和依赖性规范与实际的应用程序代码分开。Bean（Bean 工厂，创建对象）、Core（一切的基础）、Context（上下文）、SpEL（Spring 的表达式语言）。

Spring AOP：通过配置管理特性，Spring AOP 模块直接将面向方面的编程功能集成到 Spring 框架中。所以，可以很容易地使 Spring 框架管理的任何对象支持 AOP。Spring AOP 模块为基于 Spring 的应用程序中的对象提供了事务管理服务。通过使用 Spring AOP，不用依赖 EJB 组件，就可以将声明性事务管理集成到应用程序中。

Spring Web 模块：Web 上下文模块建立在应用程序上下文模块之上，为基于 Web 的应用程序提供了上下文。所以，Spring 框架支持与 Jakarta Struts 的集成。Web 模块还简化了处理多部分请求以及将请求参数绑定到域对象的工作。

Spring MVC 框架：MVC 框架是一个全功能的构建 Web 应用程序的 MVC 实现。通过策略接口，MVC 框架变成为高度可配置的，MVC 容纳了大量视图技术，其中包括 JSP、Velocity、Tiles、iText 和 POI。

Spring DAO：JDBC DAO 抽象层提供了有意义的异常层次结构，可用该结构来管理异常处理和不同数据库供应商抛出的错误消息。异常层次结构简化了错误处理，并且极大地降低了需要编写的异常代码数量（例如打开和关闭连接）。Spring DAO 的面向 JDBC 的异常遵从通用的 DAO 异常层次结构。

Spring ORM：Spring 框架插入了若干个 ORM 框架，从而提供了 ORM 的对象关系工具，其中包括 JDO、Hibernate 和 iBatis SQL Map。所有这些都遵从 Spring 的通用事务和 DAO 异常层次结构。

1.4.4 JSF 简介

JavaServer Faces 是 Sun 公司的一项技术，简称 JSF，是一种用于构建 Web 应用程序的新标准 Java 框架。它提供了一种以组件为中心来开发 Java Web 用户界面的方法，从而简化了开发过程。

JSF 将 Web 应用程序的开发者划分成三个角色：网页设计人员、应用程序设计人员以及 UI 组件开发人员。从使用的角度来看，网页设计人员与应用程序设计人员可以用他们所熟悉的方式开发程序，而不用侵入彼此的工作范围，而 UI 组件开发人员可以独立地开发个别组件，细节的部分留给他们来处理。JSF 还通过将良好构建的模型、视图、控制器（MVC）设计模式集成到它的体系结构中，确保了应用程序具有更高的可维护性。

JSF 的主要优势之一就是它既是 Java Web 应用程序的用户界面标准，又是严格遵循 MVC 设计模式的框架。用户界面代码与应用程序数据和逻辑的清晰分离使 JSF 应用程序更易于管理。

JSF 作为 Java Web 应用的用户界面框架，如图 1-11 所示。其设计目标是简化 Web 应用的开发和维护。简化开发过程可以概括为四个方面。

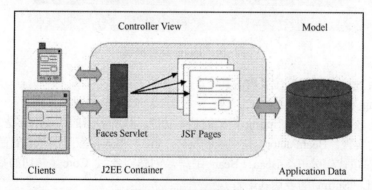

图 1-11 JSF 体系结构

- JSF 提供了一组用户界面组件，这些组件是可重用的，程序员可以利用这些组件方便地构建 Web 应用的用户界面。
- 利用 JSF，在用户界面组件和业务逻辑之间传递数据将变得非常简单。

- JSF 可以维持用户组件的状态，并且可以将状态从一个请求传递到另一个请求。
- JSF 允许程序员非常容易地开发自定义的用户界面组件，而且这些自定义用户界面组件同样可以重用。

1.4.5　Tapestry 简介

Tapestry 是一个用Java编写的基于组件的 Web 应用开发框架。它不仅仅是一个模板系统，更是一个建立在JavaServlet API 基础上的动态交互式网站的开发平台。不同于普通的模板系统，它是一个真正使用简单，可重用的组件开发复杂应用的框架。框架自身完成了许多在创建 Web 应用时容易出错并且极为乏味的工作，诸如分派请求、构造与解析 URLs 信息、处理国际化和本地化数据等。

Tapestry 将应用程序分为一系列页面，每个页面都由一系列组件组成。组件自身又可由一系列其他组件组成，而且对组件没有递归深度的限制。Tapestry 使用组件替代了标签库，没有标签库概念，从而避免了标签库和组件结合的问题。Tapestry 是完全组件化的框架。Tapestry 只有组件或页面两个概念，因此，链接跳转目标要么是组件，要么是页面，没有多余的 path 概念。组件名，也就是对象名称，即组件名称和 path 名称合二为一。

1.4.6　WebWork 简介

WebWork 是建立在称为 XWork 的 Command 模式框架之上的强大的基于 Web 的 MVC 框架。XWork 简洁、灵活、功能强大，是一个标准的 Command 模式框架实现，并且完全从 Web 层脱离出来。XWork 提供了很多核心功能：前端拦截机（Interceptor），运行时表单属性验证，类型转换，强大的表达式语言（OGNL），IoC（Inversion of Control，依赖倒转控制）容器等。WebWork2 建立在 XWork 之上，处理 HTTP 的响应和请求。所有的请求都会被它的前端控制器截获。前端控制器对请求的数据进行包装，初始化上下文数据，根据配置文件查找请求 URL 对应的 Action 类，执行 Action，将执行结果转发到相应的展现页面。WebWork2 支持多视图表示，视图部分可以使用 JSP、Velocity、FreeMarker、JasperReports 和 XML 等。

WebWork2 使用 ServletDispatcher 将 HTTP 请求变成 Action（业务层 Action 类）、Session（会话）、Application（应用程序）范围的映射及 Request 请求参数映射。WebWork2 支持多视图表示，视图部分可以使用 JSP、Velocity、FreeMarker、JasperReports、XML 等。从处理流程上来看，WebWork 与 Struts1 非常类似，它们的核心都由控制器组成，其中控制器由两个部分组成：

- 核心控制器 ServletDispatcher。
- 业务逻辑控制器 Action。

WebWork 改变了 Struts1 严重依赖 Servlet API 的缺陷，使得 WebWork 更加灵活，并给测试工作带来了方便。图 1-12 显示了 WebWork 工作流程。

1）一个初始的请求被发送到 Servlet 容器（如 Tomcat 或 Resin），这个请求经过一个标准的 Filter 链，其中包括（可选的）ActionContextCleanUp Filter，如果要在应用程序中整合其他的技术如 SiteMesh，就需要使用这个 Filter。然后请求经过 FilterDispatcher，在它里面 ActionMapper 会判断这个请求是否需要调用 Action。

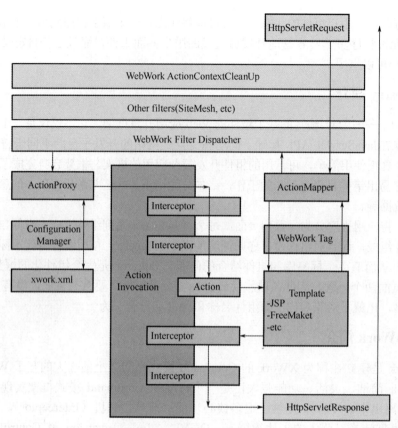

图 1-12　WebWork 工作流程图

2）如果 ActionMapper 决定应该调用一个 Action，FilterDispatcher 就把请求委托给 Action Proxy，ActionProxy 通过 WebWork 的配置文件管理器读取 xwork.xml 文件里的配置信息。然后创建一个实现了命令模式的 ActionInvocation。这一过程包括在调用 Action 本身之前调用所有的 Interceptor。

3）一旦 Action 方法返回，ActionInvocation 就要查找 xwork.xml 文件中这个 Action 的结果码（Action Result Code，一个 String 如 success、input）所对应的 result，然后执行这个 result。通常情况下，result 会调用 JSP 或 FreeMarker 模板来呈现页面（但不总是这样，例如 result 也可以是一个 Action 链）。当呈现页面时，模板可以使用 WebWork 提供的一些标签，其中一些组件可以和 ActionMapper 一起工作来为后面的请求呈现恰当的 URL。

4）最后 Interceptor 被再次执行（顺序和开始相反，调用 after()方法），然后最终请求被返回给 web.xml 中配置的其他 Filter。如果已经设置了 ActionContextCleanUpFilter，那么 FilterDispatcher 就不会清理 ThreadLocal 中的 ActionContext 信息。如果没有设置 ActionContext CleanUp Filter，FilterDispatcher 会清理掉所有的 ThreadLocal。

1.5　Java EE 开发环境

下面主要介绍在 Windows 下搭建 MyEclipse 环境进行 Java EE 开发的过程，主要包括 JDK 的安装与配置、Tomcat 的安装与配置、MyEclipse 的安装与配置等内容。

1.5.1　JDK 的下载和安装

首先要安装开发工具包 JDK。安装 Java 开发工具包是进行 Java 软件开发的前提，版本为 Java 1.8.0，目前最新版本为 11.0，可以在 Oracle 公司的官方网站下载（http://www.oracle.com/），安装过程非常简单，根据提示一步步进行就可以了。安装目录选择 D:\Program Files\Java\ jdk1.8.0。安装完 JDK 之后就是 Java 环境变量的设置。

1）设置系统变量 JAVA_HOME。右击"我的电脑"，选择"属性"→"高级"→"环境变量"，在"系统变量"中单击"新建"按钮，在"变量名"文本框中输入 JAVA_HOME，"变量值"文本框中输入 JDK 的安装路径"D:\Program Files\Java\jdk1.8.0"，如图 1-13 所示。

2）设置系统变量 path。选择"属性"→"高级"→"环境变量"，在"系统变量"中找到变量名为 path 的变量，单击"编辑"按钮，在前面输入

图 1-13　Java 环境变量设置

JDK 到 bin 的目录"D:\Program Files\Java\jdk1.8.0\bin;"，单击"确定"按钮完成配置，如图 1-14 所示。

3）设置系统变量 CLASSPATH 与 1）同样的操作，不同的是变量名为 CLASSPATH，变量值为".; D:\Program Files\Java\jdk1.8.0\lib\dt.jar;D:\Program Files\Java\jdk1.8.0\lib\tools.jar"。切记，开始变量开始前有个"."，表示当前目录，如图 1-15 所示。

图 1-14　设置系统变量 Path

图 1-15　设置系统变量 CLASSPATH

1.5.2　Tomcat 8.0 的安装和配置

Tomcat 是一个免费开源的 Servlet 容器，现使用最新版本 Tomcat 8.0，可以在官网上进行

下载（http://tomcat.apache.org）。运行下载好的安装文件，根据提示单击下一步进行安装，设定连接端口为 8080，登录名为 admin，密码设置所需密码即可，设定 Tomcat 使用的 JDK 路径"D:\Program Files\Java\jdk1.8.0"，如图 1-16 和图 1-17 所示。另外，也可下载压缩版解压免安装直接使用。

图 1-16　选择安装内容　　　　　　　　图 1-17　设定连接端口、登录名和密码

Tomcat 安装目录说明如下。

- bin：用于存放各种平台下启动和关闭 Tomcat 的脚本文件。在该目录中有两个非常关键的文件：startup.bat、shutdown.bat，前者是 Windows 下启动 Tomcat 的文件，后者是对应的关闭文件。
- conf：Tomcat 的各种配置文件，其中 server.xml 为服务器的主配置文件，web.xml 为所有 Web 应用的配置文件，tomcat-users.xml 用于定义 Tomcat 的用户信息、配置用户的权限与安全。
- lib：此目录存放 Tomcat 服务器和所有 Web 应用都能访问的 JAR。
- logs：用于存放 Tomcat 的日志文件，Tomcat 的所有日志都存放在此目录中。
- temp：临时文件夹，Tomcat 运行时如果有临时文件将保存于此目录。
- webapps 目录：Web 应用的发布目录，把 Java Web 站点或 war 文件放入这个目录下，就可以通过 Tomcat 服务器访问了。
- work：Tomcat 解析 JSP 生成的 Servlet 文件放在这个目录中。

Tomcat 安装后检测方法如下：

在 bin 目录下双击 starup.bat 文件运行 Tomcat，在浏览器输入：http://localhost:8080，访问 Tomcat。如果能显示 Tomcat 的页面，证明 Tomcat 运行成功。

如果在 Win7 以上系统中，双击 startup.bat 文件可能会在 dos 命令窗口一闪而过。需要额外地配置环境变量 Tomcat 才可正常运行。配置完成后，双击 startup.bat 文件即可。本书配置环境变量如下（根据自己计算机环境进行配置）：

```
JAVA_HOME= D:\Program Files\Java\jdk1.8.0
JRE_HOME = D:\Program Files\Java\jre8
TOMCAT_HOME= D:\Program Files\Apache Software Foundation\Tomcat 8.0
CLASSPATH=.;%JAVA_HOME%\lib;%TOMCAT_HOME%\lib
Path=%JAVA_HOME%\bin
```

1.5.3 MyEclipse 集成开发环境的安装和使用

本书主要练习与项目使用 IDE 工具是 MyEclipse，版本是 MyEclipse 2014 版本。当然下载 Eclipse 使用也可以，但需要安装一系列插件，而 MyEclipse 已经将 Java EE 开发过程中所需插件安装配置好了，直接使用就可以。其安装过程非常简单，只需要跟着步骤操作即可。登录官网下载最新版本的 MyEclipse 安装包。MyEclipse 安装完成之后，启动 MyEclipse，出现 MyEclipse 的菜单，对 MyEclipse 进行配置，选择 Window→Preferences→MyEclipse→Servers →Tomcat 菜单项，选择 Tomcat 8.0x，在右边的 Tomcat server 栏中选择 Enable，单击 Tomcat home directory 后面的 Browser 按钮，选择 Tomcat 的安装路径 "D:\Program Files\Apache Software Foundation\Tomcat 8.0"，下面的两行就会自动生成出来，不用修改，如图 1-18 所示。

图 1-18　MyEclipse 服务器配置

单击 OK 按钮，再查看菜单栏的服务器配置，如果有 Tomcat 8.0x 就说明配置成功了，如图 1-19 所示。

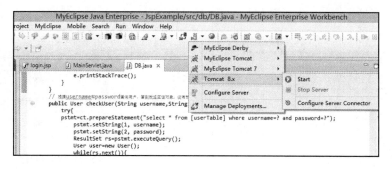

图 1-19　服务器配置成功

📖注意:
- MyEclipse 软件是需要付费的，使用 MyEclipse 2017 IDE 集成开发工具时需要注册激活才能永久使用，不然只能试用 5 天。
- 可以在官方网站（http://www.eclipse.org）下载使用免费的 Eclipse，使用 Eclipse IDE for Java EE Developers（206MB）。这些软件的语言都是英文的，如果需要，可以自己下载一些中文包和安装一些开发插件包。

1.5.4 MySQL 数据库的安装和环境使用

本书中涉及的数据库有 MySQL、SQL Server 和 Oracle。在此只介绍 MySQL 的安装，其他两类会在后面章节详细讲述。

1）首先是下载 MySQL 数据库，进入 MySQL 官网主页进行下载，选择的版本是 MySQL 5.5.27。打开下载的 MySQL 安装文件 mysql-5.5.27.zip，双击解压缩，运行 setup.exe，如图 1-20 所示。

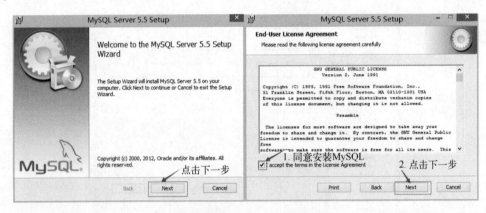

图 1-20　安装界面

2）选择安装类型，有"Typical（默认）"、"Complete（完全）"、"Custom（用户自定义）"三个选项，选择 Custom，单击 Next 按钮继续，如图 1-21 所示。

3）单击 Browse 按钮，手动指定安装目录，如图 1-22 所示。

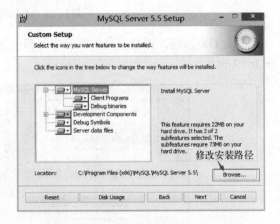

图 1-21　安装类型选择　　　　　　　图 1-22　修改目录

4）填上安装目录，建议不要放在与操作系统同一分区，这样可以防止系统备份还原的时候，数据被清空。单击 OK 按钮继续，如图 1-23 所示。

5）确认一下先前的设置，如果有误，单击 Back 返回重做。单击 Install 按钮开始安装。直到出现如图 1-24 所示的界面，则完成 MySQL 的安装。单击 Finish 按钮将进入 MySQL 配置向导。

图 1-23　设定安装目录

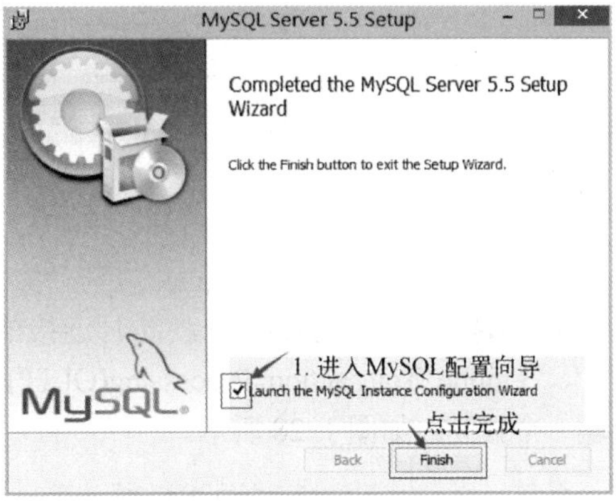

图 1-24　安装成功页面

6）一直单击 Next 按钮，直到出现以下界面，如图 1-25 所示。选择配置方式，"Detailed Configuration（手动精确配置）"、"Standard Configuration（标准配置）"，这里选择 Detailed Configuration，方便熟悉配置过程。

7）选择服务器类型，"Developer Machine（开发测试类，MySQL 占用很少资源）"、"Server Machine（服务器类型，MySQL 占用较多资源）"、"Dedicated MySQL Server Machine（专门的数据库服务器，MySQL 占用所有可用资源）"，如图 1-26 所示。

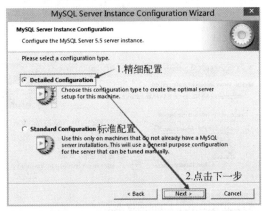

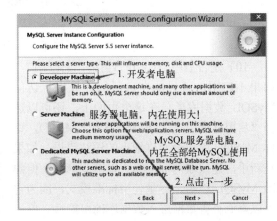

图 1-25　选择配置

图 1-26　选择服务器类型

8）选择 MySQL 数据库的大致用途，"Multifunctional Database（通用多功能型，好）"、"Transactional Database Only（服务器类型，专注于事务处理，一般）"、"Non-Transactional Database Only（非事务处理型，主要做一些监控、计数用，较简单，对 MyISAM 数据类型的支持仅限于 non-transactional）"，单击 Next 按钮继续，如图 1-27 所示。

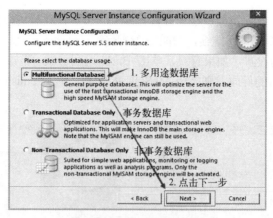

图 1-27　选择数据库用途

9）选择网站并发连接数，同时连接的数目，"Decision Support(DSS)/OLAP（20 个左右）"、"Online Transaction Processing(OLTP)（500 个左右）"、"Manual Setting（手动设置，自己输一个数）"，如图 1-28 所示。

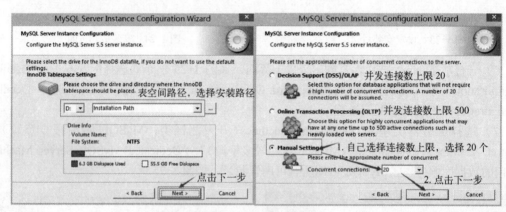

图 1-28　设置连接数目

10）是否启用 TCP/IP 连接，设定端口，如果不启用，就只能在自己的计算机上访问 MySQL 数据库了。在这个页面上，还可以选择"启用标准模式"（Enable Strict Mode），这样 MySQL 就不会允许细小的语法错误。如果是新手，建议取消标准模式以减少麻烦。但熟悉 MySQL 以后，尽量使用标准模式，因为它可以降低有害数据进入数据库的可能性。单击"Next"按钮继续，如图 1-29 所示。

11）对 MySQL 默认数据库语言编码进行设置（重要），一般选 UTF-8，单击"Next"按钮继续，如图 1-30 所示。

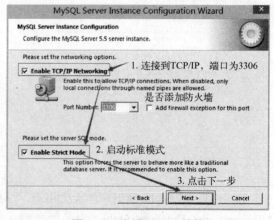

图 1-29　启用 TCP/IP 连接

12）选择是否将 MySQL 安装为 Windows 服务，还可以指定 Service Name（服务标识名称），是否将 MySQL 的 bin 目录加入到 Windows PATH（加入后，就可以直接使用 bin 下的文件，而不用指出目录名，比如连接"mysql.exe –uusername –ppassword;"就可以了，不用指出 mysql.exe 的完整地址，很方便），全部打上了勾，Service Name 不变。单击"Next"按钮继续，如图 1-31 所示。

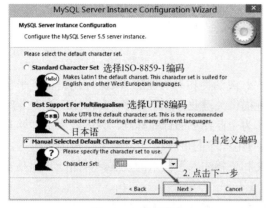

图 1-30　编码设定　　　　　　　　　　　　　图 1-31　配置 Windows 服务

13）询问是否要修改默认 root 用户（超级管理）的密码。"Enable root access from remote machines（是否允许 root 用户在其他的计算机上登录，如果要安全就不要勾选，如果要方便就勾上它）"。最后"Create An Anonymous Account（新建一个匿名用户，匿名用户可以连接数据库，不能操作数据，包括查询）"一般不用勾选，设置完毕，单击"Next"按钮继续，如图 1-32 所示。

14）确认设置无误，单击"Execute"按钮使设置生效，即完成 MySQL 的安装和配置，如图 1-33 所示。

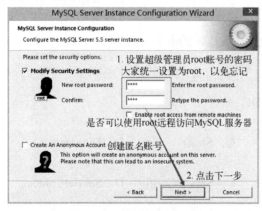

图 1-32　配置账号密码　　　　　　　　　　　图 1-33　完成安装

至此，MySQL 安装成功。

📖 注意：

设置完毕，单击"Finish"按钮后有一个比较常见的错误，就是不能"Start service"，一般出现在以前有安装 MySQL 的服务器上，解决的办法是先保证以前安装的 MySQL 服务器彻底卸载掉了；不行的话，检查是否按上面一步所说，之前的密码是否有修改，按照上面的操作；如果依然不行，将 MySQL 安装目录下的 data 文件夹备份，然后删除，在安装完成后，将安装生成的 data 文件夹删除，备份的 data 文件夹移回来，再重启 MySQL 服务就可以了，这种情况下，可能需要将数据库检查一下，然后修复一次，防止数据出错。

解决方法：卸载 MySQL

- Windows XP 系统删除目录 C:\Documents and Settings\All Users\Application Data\。
- Windows 7\8\10 操作系统删除目录 C:\ProgramData\MySQL。

1.6　本章小结

Java EE 平台为企业开发人员开发具有高效率、灵活性和易用性的 Web 应用提供了平台与机遇。经过十多年的努力，它为成千上万的企业提供关键业务应用程序，Java EE 在企业应用程序包和部署平台中始终保持领先。Java EE 作为企业计算的行业标准，使开发人员能够充分利用新兴用法、模式和框架技术的优势来提高应用程序的可移植性、安全与再用价值等。Java EE 8 平台的主要目标是促进基于新的上下文和依赖注入等技术的发展，并进一步提高安全性和可靠性。

本章主要介绍了 Java EE 的简介、应用分层架构、技术规范、流行框架的介绍以及相关开发环境和 MySQL 数据库系统的安装配置，还介绍了 Java EE 的各个开发框架的使用方法和工作流程，为后续内容学习打下良好基础。

1.7　习题

一、选择题

1. 客户机对 Servlet 的请求和 Servlet 对客户端的响应，都是通过_____来实现的。

    A．EJB　　　　　　B．XML　　　　　　C．API　　　　　　D．Web 服务器

2. 下列关于 CDI 描述不正确的是_____。

    A．CDI 是 Java EE 整个下一代类型安全的依赖注入的事实上的 API

    B．一种事务管理 API

    C．在 Spring 框架中，应用程序可以设计应用的上下文

    D．控制反转（IoC）和依赖注入功能（DI）

3. 下列哪个框架不属于通常所指 SSH 框架_____。

    A．JSF　　　　　　B．Spring　　　　　C．Struts　　　　　D．Hibernate

4. Servlet 获得初始化参数的对象是_____。

    A．Request　　　　B．Response　　　　C．ServletConfig　　D．ServletContext

5. 下列关于 Struts2 和 Struts1.X 叙述错误的是_____。

    A．Struts2 是从 Struts1.X 直接发展过来的

    B．Struts2 相对于 Struts1.X，将实现用户业务逻辑（Action）同 Servlet API 分离开，这种分离机制是采用了拦截器或者拦截器栈（拦截器链）

    C．拦截器是 Struts2 的核心内容之一，Struts2 内建了多个拦截器和拦截器栈（由多个拦截器形成的拦截器链）

    D．将用户的 Web 请求进行拦截处理，从而提供了更加丰富的功能，例如数据类型转换、国际化、文件上传等

二、填空题

1. Spring 从容器中获取 bean 对象可以通过_____接口和_____接口来实现。

2. 发布到服务器上的组件除包含自身实现的代码外，还要包含_____部署描述文件。

3. Java EE 技术框架可分为三部分：组件技术、_____、通信技术。

4. Java EE 为应用程序组件定义了四种容器：Web、_____、应用程序客户机和_____。

5. Java 2 平台有三个版本 J2SE、_____、J2ME。

6. 最经典的三层架构有：_____、_____、_____。

7. Hibernate 的核心接口一共有五个，分别为：Session、_____、_____、Query和_____。

三、简答题

1. 什么是 Java EE?

2. 什么是 Java Servlet?

3. 什么是 Java EE 容器?

4. Java EE 应用有哪些优点?

5. 根据不同的应用领域，将 Java 语言划分为哪三个大平台?

四、上机操作题

1. 下载并安装 JDK1.8 和 Tomcat 8.0。

2. 下载并安装 MyEclipse 2014 以上 IDE 开发工具。

3. 下载并安装 MySQL5.6 或 SQL Server 2014。

实训 1 搭建 Java EE 运行及开发环境

一、实验目的

1. 掌握本章 1.5 节所介绍内容，完成 Java EE 环境搭建。

2. 在搭建好的开发环境中，新建一个简单项目运行测试。

二、实验内容

1. 开发工具获取

参见 1.5.1 节内容。

2. 开发工具安装及环境配置

1）JDK 安装与配置

2）Tomcat 的安装

3）MyEclipse 的安装与配置

上述安装过程参见 1.5.2、1.5.3 节内容。

3. 创建一个小项目进行测试

1）新建一个 Web 项目。

在 Eclipse 中依次单击 File→New→Project，在弹出的 New Project 对话框中依次单击 Web Project→MyEclipse→Java Enterprise Projects→Web Project，再单击 Next 按钮，在 Project Name 中输入项目的名字 test，并且选中 J2EE Specification Level 中的 Java EE 6.0，最后单击 Finish 按钮。

2）新建一个 JSP 文件。

在 Eclipse 左边 Package Explorer 列表中单击 test，将项目 test 展开。右击 WebRoot→New→JSP，新建一个名为 hello.jsp 的 JSP 页面。代码如下：

```
<html>
<head>
<meta http-equiv="Content-Type" content="text/html;charset=UTF-8">
<title>第一个程序</title>
</head>
<body>
恭喜<%=request.getParameter("name")%>，登录成功！
</body>
</html>
```

3）再用同样的方法，新建一个名为 test.jsp 的 JSP 文件，代码如下：

```
<%@page contentType="text/html;charset=GB2312"%>
<html>
<head>
<title>第一个程序</title>
</head>
<body>
```

以下是包含的动态文件 hello.jsp 的内容：

```
<hr>
<% request.setCharacterEncoding("GB2312");%>
<jsp:include page="hello.jsp">
    <jsp:param name="name" value="Java EE 环境测试！"/>
</jsp:include>
</body>
</html>
```

4）Deploy（部署）项目。

Project 名可能不一致，使用自己的 project 名即可。单击 deploy 按钮，在弹出的窗口中单击 Add，部署 test 项目（如图 1-34 所示）。如果按照 1.5.2 节中的配置，此处应该选择 Tomcat 7.x。

5）启动 Tomcat 服务器。

如图 1-35 所示（用框线画了的按钮就是启动 Tomcat 的按钮）。

图 1-34　部署项目

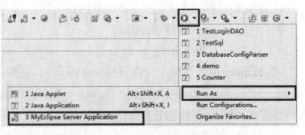

图 1-35　启动 Tomcat 服务器

Tomcat 启动输出信息如图 1-36 所示。

6）项目 test 的运行结果。

该项目运行结果如图 1-37 所示。可以去 Eclipse 的 Workspace 目录下查看 test 项目的代码，也可以去 Tomcat 的 webapps 目录下查看部署之后的 test 项目的结构。

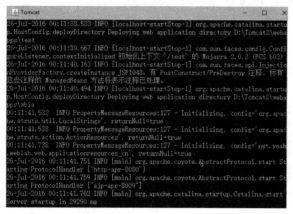

图 1-36　Tomcat 启动信息

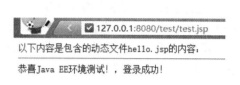

图 1-37　运行结果

7）检查 MyEclipse 中的设置是否正确。

所有的设置都配置完成后，请检查 MyEclipse→windows→preferences→Tomcat 的设置是否正确，特别注意要查看 Tomcat base 项目是否设置正确，如图 1-38 所示。此处 windows→preferences→MyEclipse→Servers→Tomcat→Tomcat 7.x 页面上选择 Tomcat 8.x server 下面选择 Enable，并选择使用的 Tomcat 服务器的路径。再选择左侧 Tomcat 8.x 下面的 JDK，选择 Tomcat 8.x JDK name 为 1.5 节中配置过的 JDK 环境。

图 1-38　检查 MyEclipse 配置情况

第2章　Java Web 开发概述

　　Web 程序可以理解为一般的网站，由服务器、客户端、浏览器以及网络组成。Web 程序的好处是使用简单、无需安装。一般情况下，一台计算机、一根网线即可使用。Web 程序也区分于一般意义上的网站。网站的目的是提供信息服务，重在内容，而程序往往比较简单。一个 Web 程序背后需要结合数据库、网页开发、业务逻辑开发等技术。

　　按照是否需要访问网络，程序可分为网络程序和非网络程序。其中网络程序又分为 B/S 和 C/S 结构。C/S 是指客户端（Client）/服务器（Server）模式。这种模式的客户端需要安装一个桌面程序。桌面程序负责与服务器进行数据交换。一般的网络程序都是 C/S 结构，例如 QQ、MSN 等。B/S 是指浏览器（Browser）/服务器（Server）模式。一般的网站都是 B/S 结构的，例如 Google、百度。

　　本章要点：
- 了解 Web 的开发过程。
- 理解 Java Web 的概念。
- 了解 JDBC 驱动概念。
- 熟悉 JDBC 开发步骤。
- 掌握 MyEclipse2014 中数据库连接和开发 Web 项目的基本步骤。

2.1　Java Web 简述

　　Java Web，是用 Java 技术来解决相关 Web 互联网领域的技术的总和。Web 包括 Web 服务器和 Web 客户端两部分。Java 在客户端的应用有 Java Applet，不过使用得很少。Java 在服务器端的应用非常的丰富，比如 Servlet、JSP 和第三方框架等。Java 技术对 Web 领域的发展注入了强大的动力。

2.1.1　Web 程序基本知识

　　Web 程序分为静态和动态两种 Web 类，二者主要区别如下：
- 静态 Web 与动态 Web 最本质的区别就是静态 Web 是无法进行数据库操作的，而动态 Web 是可以进行数据库操作的。现在几乎所有的数据都是通过数据库来存储的，也正因此，动态 Web 开发已经广泛应用到社会各个行业中。
- 动态 Web 最大特点就是具有交互性，也就是服务器会根据用户不同请求返回不同的结果。实现一个动态 Web 的主要方式有 CGI（Common Gateway Interface，公共网关接口）、PHP、ASP、ASP.NET 和 JSP 等。
- 网络开发中有两种开发模式，即 C/S 模式与 B/S 模式，动态 Web 开发属于 B/S 模式。

　　当客户端和 Web 服务器之间进行通信时需要用到 HTTP，Web 服务器也叫 WWW 服务，是指驻留于互联网上某种类型计算机上的程序。当 Web 浏览器连到服务器上并请求文件时，服务器将处理该请求，并将文件发送到该浏览器上，附带的信息会告诉浏览器如何查看该文件。服务器使用 HTTP 进行信息交流，它有以下三个特点。

● 应用层使用 HTTP 协议。

● HTML 文档格式。

● 浏览器采用统一资源定位器来请求资源。

Web 服务器可以解析 HTTP 协议。当 Web 服务器接收到一个 HTTP 请求，会返回一个 HTTP 响应。

2.1.2 Web 程序开发过程

在传统 Web 应用程序的开发过程中，开发一个应用系统一般情况下需要以下几个步骤：客户端/服务器端软件的开发、服务器端程序的部署、客户端程序的部署、客户端软件的安装，只有完成这几个步骤，用户才可以通过客户端访问服务器提供的服务。

而在基于 B/S 架构的 Web 程序开发过程中，只需要开发服务器端的功能代码，然后把服务器端的程序部署到 Web 服务器软件中即可，在部署结束之后，启动 Web 服务器，用户就可以通过浏览器访问 Web 应用程序提供的服务。

在 C/S 和 B/S 两种架构之间，并没有严格的界限，两种架构之间没有好坏之分，使用这两种架构都可以实现系统的功能。开发人员可以根据实际的需要进行选择，例如需要丰富的用户体验，那就选择 C/S 架构，在目前的网络游戏中，基本都是选择 C/S 架构；如果更偏重的是功能服务方面的实现，就需要选择 B/S 架构，这也正是目前绝大部分管理应用系统采用的软件架构方法。

2.2 HTTP 协议

超文本传输协议（HyperText Transfer Protocol，HTTP），是互联网上应用最为广泛的一种网络协议，所有的WWW文件都必须遵守这个标准。设计 HTTP 最初的目的是为了提供一种发布和接收HTML页面的方法。1960 年美国人Ted Nelson构思了一种通过计算机处理文本信息的方法，并称之为超文本（Hypertext），这成为了 HTTP 标准架构的发展根基。Ted Nelson 组织协调万维网协会（World Wide Web Consortium）和互联网工程工作小组（Internet Engineering Task Force）共同合作研究，最终发布了一系列的RFC，其中著名的 RFC 2616 定义了 HTTP 1.1。

HTTP 主要用在客户端和 Web 服务器之间进行通信，如图 2-1 所示。两者进行通信，首先使用可靠的 TCP 连接，然后浏览器要先向服务器发送请求信息，服务器在接收请求信息后做出响应，返回相应的信息。浏览器接收到来自服务器的响应消息后，对这些数据进行解释执行。

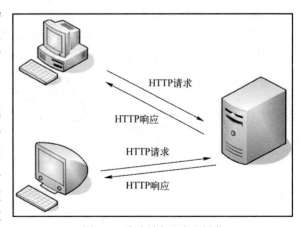

图 2-1　客户端与服务器通信

29

2.2.1　HTTP 协议的组成

HTTP 协议由 HTTP 请求和 HTTP 响应组成，当在浏览器中输入网址访问某个网站时，浏览器会将请求封装成一个 HTTP 请求发送给服务器站点，服务器接收到请求后会组织响应数据封装成一个 HTTP 响应返回给浏览器。所以，没有请求就没有响应。

2.2.2　HTTP 请求

HTTP 请求格式如下：

```
<request-line>
<headers>
<blank line>
[<request-body>]
```

为了更好地理解，编写一个 form.html 表单界面，通过抓包，查看请求过程。

```
<html>
    <head>
        <meta charset="UTF-8">
        <title>request</title>
    </head>
    <body>
        <form action="#" method="post">
            用户名：<input type="text" name="username" /><br />
            密码：<input type="password" name="password"/><br />
            <input type="submit" value="http 请求" />
        </form>
    </body>
</html>
```

在表单中写入用户名和密码后单击提交，抓包如下。下面分析请求格式。

1．请求行（见图 2-2）

请求方式：POST、GET。

请求的资源：/DemoEE/form.html。

协议版本：HTTP/1.1。

HTTP/1.0，发送请求，创建一次连接，获得一个 Web 资源，连接断开。

HTTP/1.1，发送请求，创建一次连接，获得多个 Web 资源，保持连接。

Http请求
```
POST /DemoEE/form.html HTTP/1.1    http请求行
Accept: text/html, application/xhtml+xml, */*
Referer: http://localhost:8080/DemoEE/form.html
Accept-Language: zh-CN
User-Agent: Mozilla/5.0 (compatible; MSIE 9.0; Windows NT 6.1; WOW64; Trident/5.0)
Content-Type: application/x-www-form-urlencoded
Accept-Encoding: gzip, deflate
Host: localhost:8080
Content-Length: 30                                        Http请求头
Connection: Keep-Alive
Cache-Control: no-cache

username=zhangsan&password=123    http请求体
```

图 2-2　抓包请求信息

2．请求头

请求头是客户端发送给服务器端的一些信息，使用键值对表示 key:value，如表 2-1 所示。

表 2-1　请求头信息表

常见请求头	描述（加灰底的掌握，其他了解）
Referer	浏览器通知服务器，当前请求来自何处。如果是直接访问，则不会有这个头。常用于防盗链
If-Modified-Since	浏览器通知服务器，本地缓存的最后变更时间。与另一个响应头组合控制浏览器页面的缓存
Cookie	与会话有关技术，用于存放浏览器缓存的 Cookie 信息
User-Agent	浏览器通知服务器，客户端浏览器与操作系统相关信息
Connection	保持连接状态。Keep-Alive 连接中，close 已关闭
Host	请求的服务器主机名
Content-Length	请求体的长度
Content-Type	如果是 POST 请求，会有这个头，默认值为 application/x-www-form-urlencoded，表示请求体内容使用 url 编码
Accept	浏览器可支持的 MIME 类型。MIME 格式：大类型/小类型[;参数] 例如： 　text/html，html 文件 　text/css，css 文件 　text/javascript，js 文件
Accept-Encoding	浏览器通知服务器，浏览器支持的数据压缩格式。如 GZIP 压缩
Accept-Language	浏览器通知服务器，浏览器支持的语言。如各国语言（国际化 i18n）

3．请求体

当请求方式是 post 时，请求体会有请求的参数，格式如下：

    username=zhangsan&password=123

如果请求方式为 get，请求参数不会出现在请求体中，会拼接在 URL 地址后面，例如：

    http://localhost:8080...?username=zhangsan&password=123

只要在 Web 浏览器中输入一个 URL，浏览器就将基于该 URL 向服务器发送一个请求，以告知服务器获取并返回资源。

2.2.3　HTTP 响应

HTTP 服务器接到请求后经过处理会给予相应的响应信息，其格式与 HTTP 请求相似：

```
<status-line>
<headers>
<blank line>
[<request-body>]
```

同样，利用抓包来形象理解响应格式，如图 2-3 所示。

1．响应行

常用的状态码如下。

200：请求成功。

302：请求重定向。

304：请求资源没有改变，访问本地缓存。

404：请求资源不存在。通常是用户路径编写错误，也可能是服务器

图 2-3　抓包响应信息

31

资源已删除。

500：服务器内部错误。通常程序抛异常。

状态信息：状态信息是根据状态码变化而变化的。

2．响应头

响应头也是键值对形式，服务器端将信息以键值对的形式返回给客户端，如表 2-2 所示。

表 2-2　响应头信息表

常见请求头	描　　述
Location	指定响应的路径，需要与状态码 302 配合使用，完成跳转
Content-Type	响应正文的类型（MIME 类型） 取值：text/html;charset=UTF-8
Content-Disposition	通过浏览器以下载方式解析正文 取值：attachment;filename=xx.zip
Set-Cookie	与会话相关技术。服务器向浏览器写入 Cookie
Content-Encoding	服务器使用的压缩格式
Content-length	响应正文的长度
Refresh	定时刷新，格式：秒数;url=路径。url 可省略，默认值为当前页。 取值：3;url=www.itcast.cn　　//3 秒刷新页面到 www.itcast.cn
Server	指的是服务器名称，默认值：Apache-Coyote/1.1。可以通过 conf/server.xml 配置进行修改。 <Connector port="8080" ... server="itcast"/>
Last-Modified	服务器通知浏览器，文件的最后修改时间。与 If-Modified-Since 一起使用

3．响应体

响应体是服务器回写给客户端的页面正文，浏览器将正文加载到内存，然后解析渲染显示页面内容。

2.2.4　GET 方法和 POST 方法提交

HTTP 的请求方式分为两种：GET 和 POST。在客户端和服务器之间进行通信时，两种方法会被经常用到。GET 方法最大的特点就是从指定的资源请求数据，而 POST 则是向指定的资源提交要被处理的数据。听起来的确抽象难懂，下面进行详细解释。

GET：当客户端要从服务器中读取文档时，使用 GET 方法。GET 方法要求服务器将 URL 定位的资源放在响应报文的数据部分，回送给客户端。使用 GET 方法时，请求参数和对应的值附加在 URL 后面，利用一个问号"?"代表 URL 的结尾与请求参数的开始，传递参数长度受限制。例如：

```
/index.jsp?id=100&op=bind
```

POST：当客户端给服务器提供信息较多时可以使用 POST 方法。POST 方法将请求参数封装在 HTTP 请求数据中，以名称/值的形式出现，可以传输大量数据，用来传送文件。

GET 方式和 POST 方式有以下区别：

● 在客户端，GET 方式通过 URL 提交数据，数据在 URL 中可以看到；POST 方式中，数据放置在 HTMLHEADER 内提交。

● GET 方式提交的数据最多只能有 1024 字节，而 POST 方式则没有限制。

● 安全性问题。使用 GET 的时候，参数会显示在地址栏上，而 POST 则不会。所以，如果这些数据是中文数据而且是非敏感数据，则使用 POST 妥善些。

● 安全的和幂等的。所谓安全的意味着该操作用于获取信息而非修改信息。幂等的意味着对同一 URL 的多个请求应该返回同样的结果。完整的定义并不像看起来那样严格。换句话说，GET 请求一般不应产生副作用。从根本上讲，其目标是当用户打开一个链接时，它可以确信从自身的角度来看没有改变资源。例如，新闻站点的头版不断更新。虽然第二次请求会返回不同的一批新闻，该操作依然被认为是安全和幂等的，因为它总是返回当前的新闻，反之亦然。POST 请求就不那么轻松了。POST 表示可能改变服务器上的资源的请求。依然以新闻为例，读者对文章的注解应该通过 POST 请求实现，因为在注解提交之后站点已经不同了。

2.3 Java Web 应用服务器

在介绍 Java Web 应用服务器之前，先来了解 Web 开发中的常见概念。

2.3.1 Java Web 常用概念

1. B/S 系统和 C/S 系统

Brower/Server：浏览器服务器系统，如网站。

Client/Server：客户端服务器系统，如 QQ、微信、杀毒软件等。

2. Web 应用服务器

供向外部发布 Web 资源的服务器软件，如图 2-4 所示。

3. Web 资源

存在于 Web 应用服务器可供外界访问的资源就是 Web 资源。例如，存在于 Web 应用服务器内部的 HTML、CSS、JS、图片、视频等。Web 资源分为两种，静态资源和动态资源。

● 静态资源：指 Web 页面中供人们浏览的数据始终是不变。比如 HTML、CSS、JS、图片、多媒体。

● 动态资源：指 Web 页面中供人们浏览的数据是由程序产生的，不同时间点访问 Web 页面看到的内容各不相同。比如 JSP/Servlet、ASP、PHP。

4. 请求和响应

之前讲过请求和响应的原理，读者请自行查阅 2.1 节内容，如图 2-5 所示。

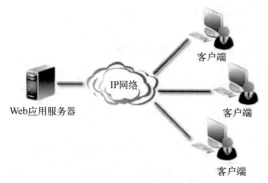

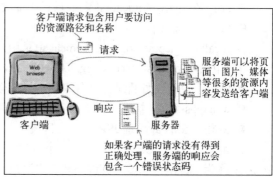

图 2-4 Web 应用服务器示意图   图 2-5 请求响应过程图

5. 请求的 URL 地址

URL 地址解析如图 2-6 所示。

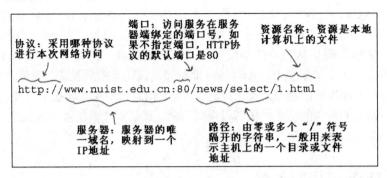

图 2-6　URL 地址解析

2.3.2　Web 常用服务器

Web 常用服务器如下。

- Weblogic：Oracle 公司的大型收费 Web 服务器，支持全部 Java EE 规范。
- Websphere：IBM 公司的大型收费 Web 服务器，支持全部的 Java EE 规范。
- Tomcat：Apache 开源组织下的开源免费的中小型的 Web 应用服务器，支持 Java EE 中的 Servlet 和 JSP 规范。

本书用 Tomcat 服务器来讲解，有关 Tomcat 服务器的下载及安装请参考上一章内容，这里不再赘述。Tomcat 中的目录结构如图 2-7 所示。

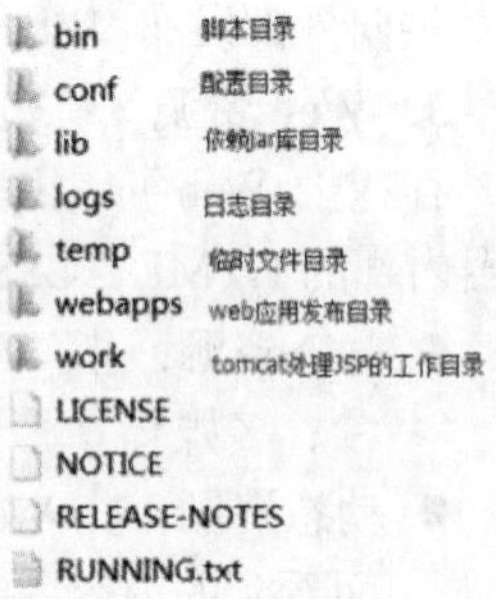

- bin：脚本目录。

  启动脚本：startup.bat。

  停止脚本：shutdown.bat。

- conf：配置文件目录 (config /configuration)。

  核心配置文件：server.xml。

  用户权限配置文件：tomcat-users.xml。

  所有 Web 项目默认配置文件：web.xml。

图 2-7　Tomcat 目录结构

- lib：依赖库，Tomcat 和 Web 项目中需要使用的 jar 包。
- logs：日志文件。

  localhost_access_log.*.txt Tomcat 记录用户访问信息，星号*表示时间。

  例如：localhost_access_log.2016-02-28.txt。

- temp：临时文件目录，文件夹内内容可以任意删除。
- webapps：默认情况下发布 Web 项目所存放的目录。
- work：Tomcat 处理 JSP 的工作目录。

Tomcat 原本是 Servlet/JSP 的一个调试工具，后来才发展为一个 Servlet/JSP 的容器。Tomcat 作为 Servlet 容器，负责处理客户请求，把请求传送给 Servlet 并把结果返回给客户。Servlet 容器与 Servlet 接口是由 Java Servlet API 定义的，如图 2-8 所示。

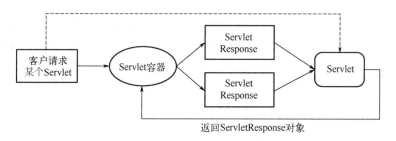

图 2-8　Servlet 运行图

2.3.3　Tomcat 工作原理

Tomcat 包含四种组件：

- 第一种：顶层类元素，比如 Server 和 Service。
- 第二种：连接器类元素，连接器类元素代表了介于客户与服务之间的通信接口，负责将客户的请求发送给服务器，并将服务器的响应传递给客户。
- 第三种：容器类元素，容器类元素代表处理客户请求并生成响应结果的组件，有三种容器类元素：Engine、Host 和 Context。Engine 为特定的 Service 组件处理所有客户的请求，Host 组件为特定的虚拟主机处理所有的客户请求。Context 组件为特定的 Web 应用处理所有的客户请求。
- 第四种：嵌套类元素，嵌套类元素代表了可以添加到容器中的组件，比如<Logger>元素、<Valve>元素和<Realm>元素。

Server 代表整个 Catalina Servlet 容器，它是 Tomcat 实例的顶层元素，其中可以包含一个或者多个 Service 元素。Service 元素中包含一个 Engine 元素，以及一个或者多个 Connector 元素，这些 Connector 共享同一个 Engine 元素。Connector 元素代表和客户程序实际交互的组件，它负责接受客户的请求，以及向客户返回响应结果。每个 Service 元素只能包含一个 Engine 元素，Engine 元素可以处理在同一个 Service 中所有 Connector 元素接收到的客户请求。一个 Engine 元素中可以包含多个 Host 元素，每个 Host 元素定义了一个主机，它可以包含一个或者多个 Web 应用。Context 是使用得最频繁的元素，每个 Context 元素代表了运行在虚拟机上的单个 Web 应用，一个 Host 元素中可以包含多个 Context 元素，如图 2-9 所示。

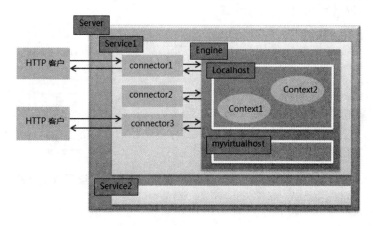

图 2-9　组件关系图

从图中可以看出，Connector 负责接收客户的请求并向客户返回响应，在同一个 Service 中，多个 Connector 共享一个 Engine。同一个 Engine 有多个 Host，同一个 Host 有多个 Context。

2.3.4 MyEclipse2014 配置 Tomcat

请读者自行安装 MyEclipse2014，Tomcat 版本以 7.0 为例，其他版本类似。

首先，打开 MyEclipse2014，获得服务器运行环境配置，选择 Window→Preferences→Server→Runtime Environment。切记，一定保证 JDK 在之前已经安装好，如图 2-10 所示。

1) 添加服务器，如图 2-11 所示。

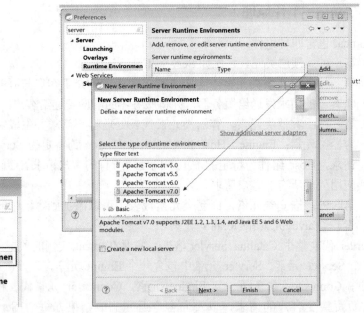

图 2-10　Runtime Environment 选项　　　　　图 2-11　获取 Tomcat

2) 选择服务器在硬盘的地址，然后依次选择确定、Next、Finish 等选项，如图 2-12 所示。

3) 完成配置并设置发布位置，如图 2-13 所示。

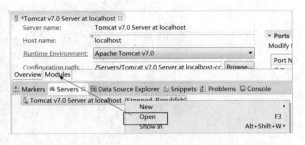

图 2-12　配置 Tomcat　　　　　　　　图 2-13　设置 Tomcat 发布位置

4) 修改 Tomcat 发布的位置，如图 2-14 所示。

5) 右击，选择 Run As→Run on Server，如图 2-15 所示。

图 2-14　修改 Tomcat 发布位置　　　　　　　　图 2-15　运行 Tomcat

2.4　JDBC 简介

JDBC（Java Data Base Connectivity，Java 数据库连接）是一种用于执行 SQL 语句的 Java API，可以为多种关系数据库提供统一访问，它由一组用 Java 语言编写的类和接口组成，是 Java 访问数据库的标准规范。JDBC 提供了一种基准，据此可以构建更高级的工具和接口，使数据库开发人员能够编写数据库应用程序。

2.4.1　JDBC 驱动

Java 提供访问数据库规范称为 JDBC，而生产厂商提供规范的实现类称之为驱动。驱动是两个设备要进行通信时，满足一定通信规定的数据格式。数据格式由设备提供商规定，设备提供商为设备提供驱动软件，因此与设备进行通信必须要注册驱动。JDBC 就必须要连接驱动才可以访问数据库。如图 2-16 所示，JDBC 是接口，驱动是接口的实现，没有驱动将无法完成数据库连接，从而不能操作数据库。每个数据库厂商都需要提供自己的驱动，用来连接自己公司的数据库。

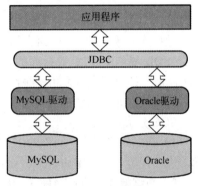

图 2-16　驱动与应用程序

2.4.2　数据库基本概述

数据库就是存储数据的仓库，其本质是一个文件系统，数据按照特定的格式将数据存储起来，用户可以对数据库中的数据进行增加、修改、删除及查询操作。

数据库管理系统（DataBase Management System，DBMS）指一种操作和管理数据库的大型软件，用于建立、使用和维护数据库，对数据库进行统一管理和控制，以保证数据库的安全性和完整性。用户通过数据库管理系统访问数据库中表内的数据。

常见的数据库管理系统有以下几种。

MySQL：开源免费的数据库，小型的数据库。现已经被 Oracle 收购。MySQL6.x 版本也开始收费。

Oracle：收费的大型数据库，Oracle 公司的产品。

DB2：IBM 公司的数据库产品，收费的。常应用在银行系统中。

SQLServer：MicroSoft 公司收费的中型的数据库。C#、.NET 等语言常使用。

SyBase：已经淡出历史舞台。提供了一个非常专业的数据建模工具 PowerDesigner。

SQLite：嵌入式的小型数据库，应用在手机端。

本书使用 MySQL 数据库。MySQL 中可以有多个数据库，数据库是真正存储数据的地方。

数据库与数据库管理系统的关系如图 2-17 所示。

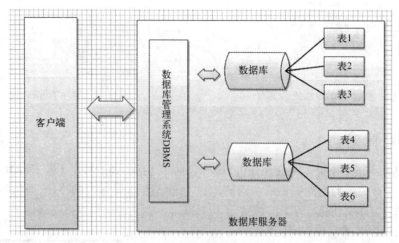

图 2-17 数据库与 DBMS 的关系

数据库是不认识 Java 语言的，但是同样要与数据库交互，这时需要使用到数据库认识的语言 SQL 语句，它是数据库的代码。结构化查询语言（Structured Query Language）简称 SQL，是一种数据库查询和程序设计语言，用于存取数据以及查询、更新和管理关系数据库系统。创建数据库、创建数据表、向数据表中添加一条条数据信息，均需要使用 SQL 语句。

SQL 分类如下。

1）数据定义语言：简称 DDL（Data Definition Language），用来定义数据库对象，如数据库，表，列等。关键字如 create，alter，drop 等。

2）数据操作语言：简称 DML（Data Manipulation Language），用来对数据库中表的记录进行更新。关键字如 insert，delete，update 等。

3）数据控制语言：简称 DCL（Data Control Language），用来定义数据库的访问权限和安全级别及创建用户。

4）数据查询语言：简称 DQL（Data Query Language），用来查询数据库中表的记录。关键字如 select，from，where 等。

SQL 通用语法如下。

1）SQL 语句可以单行或多行书写，以分号结尾。

2）可使用空格和缩进来增强语句的可读性。

3）MySQL 数据库的 SQL 语句不区分大小写，建议使用大写，例如：SELECT*FROM user。

4）同样可以使用/**/的方式完成注释。

5）MySQL 中的常用数据类型如图 2-18 所示。

类 型	描 述
Int	整型
Double	浮点型
Varchar	字符串型
date	日期类型，格式为 yy-MM-dd，只有年月日，没有时分秒

图 2-18 SQL 数据类型

详细的数据类型如表 2-3 所示，理解即可。

表 2-3　详细的数据库类型

分　类	类 型 名 称	说　　明
整数类型	tinyint	很小的整数
	smallint	小的整数
	mediumint	中等大小的整数
	int(integer)	普通大小的整数
小数类型	float	单精度浮点数
	double	双精度浮点数
	decimal（m,d）	压缩严格的定点数
日期类型	year	YYYY　1901～2155
	time	HH:MM:SS　-838:59:59～838:59:59
	date	YYYY-MM-DD 1000-01-01～9999-12-3
	datetime	YYYY-MM-DD HH:MM:SS 1000-01-01 00:00:00～ 9999-12-31 23:59:59
文本、二进制类型	CHAR(M)	M 为 0～255 之间的整数
	VARCHAR(M)	M 为 0～65535 之间的整数
	TINYBLOB	允许长度 0～255 字节
	MEDIUMBLOB	允许长度 0～167772150 字节
	LONGBLOB	允许长度 0～4294967295 字节
	TINYTEXT	允许长度 0～255 字节
	TEXT	允许长度 0～65535 字节
	MEDIUMTEXT	允许长度 0～167772150 字节
	LONGTEXT	允许长度 0～4294967295 字节
	VARBINARY(M)	允许长度 0～M 个字节的变长字节字符串
	BINARY(M)	允许长度 0～M 个字节的定长字节字符串

2.4.3　JDBC 开发步骤

JDBC 开发步骤主要分为以下六步：

- 注册驱动。
- 获得连接。
- 获得语句执行平台。
- 执行 SQL 语句。
- 处理结果。
- 释放资源。

1．JDBC 驱动简介

驱动是 Java 连接数据库的关键，JDBC 数据库驱动程序有四种类型：

- JDBC-ODBC 桥接器。
- JDBC-NativeAPI 驱动程序。
- JDBC 网络纯 Java 驱动程序。
- 本地协议纯 Java 驱动。

2．JDBC 注册驱动写法

下面介绍各种类型的数据库注册写法。

● MySQL

驱动程序包：mysql-connector-java-5.1.39-bin.jar;

驱动程序类名：com.mysql.jdbc.Driver;

URL 格式：jdbc:mysql://localhost:3306/databaseName;

```
Class.forName( " org.gjt.mm.mysql.Driver " );
cn = DriverManager.getConnection( "jdbc:mysql://localhost:3306/myDatabaseName", user, pwd );
```

● Oracle

驱动程序包：ojdbc6.jar或 class 12.jar;

驱动程序类名：oracle.jdbc.driver.OracleDriver;

URL 格式：jdbc:oracle:thin:@<database>;

```
Class.forName( " oracle.jdbc.driver.OracleDriver " );
cn = DriverManager.getConnection( " jdbc:oracle:thin:@MyDbcomputerName", user, pwd );
```

● Microsoft SQLServer

驱动程序包：sqljdbc4.jar;

驱动程序类名：com.microsoft.JDBC.sqlserver.SQLServerDriver;

URL 格式：JDBC:microsoft:sqlserver://servername:1433;databaseName=master;

```
Class.forName( " com.microsoft.jdbc.sqlserver.SQLServerDriver " );
cn = DriverManager.getConnection( "jdbc:microsoft:sqlserver://servername", user, pwd );
```

3．创建 JDBC 具体步骤

以 MySQL 为例，导入驱动 jar 包。创建 lib 目录，用于存放当前项目需要的所有 jar 包。选择 jar 包，右击执行 build path→Add to Build Path，如图 2-19 所示。

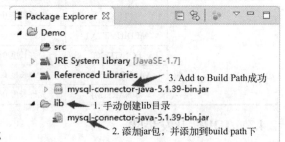

图 2-19　导入 jar 包

1）注册驱动。

代码：Class.forName("com.mysql.jdbc.Driver");

JDBC 规范定义驱动接口：java.sql.Driver。MySQL 驱动包提供了实现类：com.mysql. jdbc.Driver。DriverManager 工具类，提供注册驱动的方法 registerDriver()，方法的参数是 java.sql.Driver。所以可以通过如下语句进行注册：

```
DriverManager.registerDriver(new com.mysql.jdbc.Driver());
```

以上代码不推荐使用，存在两方面不足。

● 硬编码，后期不易于程序扩展和维护。

● 驱动被注册两次。

通常开发中使用 Class.forName()加载一个使用字符串描述的驱动类。如果使用 Class.forName()将类加载到内存，该类的静态代码将自动执行。通过查询 com.mysql.jdbc. Driver 源码，发现 Driver 类"主动"将自己进行注册。

```
public class Driver extends NonRegisteringDriver implements java.sql.Driver {
    static {
```

```
        try {
            java.sql.DriverManager.registerDriver(new Driver());
        } catch (SQLException E) {
            throw new RuntimeException("Can't register driver!");
        }
    }
    ……
}
```

2）获取连接。

代码：Connection con = DriverManager.getConnection("jdbc:mysql://localhost:3306/ mydb", "root","root");

获取连接需要方法 DriverManager.getConnection(url,username,password)，三个参数分别表示，url 需要连接数据库的位置（网址），username 用户名，password 密码。URL 比较复杂，下面是 MySQL 的 URL：

jdbc:mysql://localhost:3306/mydb

JDBC 规定 URL 的格式由三部分组成，每个部分中间使用冒号分隔。

- 第一部分是 JDBC，这是固定的。
- 第二部分是数据库名称。
- 第三部分是由数据库厂商规定的，需要了解每个数据库厂商的要求，MySQL 的第三部分分别由数据库服务器的 IP 地址（localhost）、端口号（3306），以及 DATABASE 名称（MYDB）组成。

3）获取语句执行平台。

String sql = "某 SQL 语句";

获取 Statement 语句执行平台：Statement stmt = con.createStatement();

执行方法：

- int executeUpdate(String sql); --执行 insert update delete 语句。
- ResultSet executeQuery(String sql); --执行 select 语句。
- boolean execute(String sql); --执行 select 返回 true，执行其他的语句返回 false。

这里要着重说一下注入问题。

假设有登录案例 SQL 语句如下：

SELECT * FROM 用户表 WHERE NAME =用户名 AND PASSWORD =密码;

此时，当用户输入正确的账号与密码后，查询到了信息则允许用户登录。但是当用户输入的账号为 XXX、密码为：XXX' OR 'a'='a 时，则真正执行的代码变为：

SELECT * FROM 用户表 WHERE NAME = 'XXX' AND PASSWORD =' XXX'   OR 'a'='a';

此时，上述查询语句是永远可以查询出结果的。那么用户就直接登录成功了，显然不希望看到这样的结果，这便是 SQL 注入问题。为此，我们使用 PreparedStatement 来解决对应的问题。使用 PreparedStatement 预处理对象时，建议每条 SQL 语句所有的实际参数都使用逗号分隔。

String sql = "insert into sort(sid,sname) values(?,?)";

PreparedStatement 预处理对象代码：
PreparedStatement psmt = conn.prepareStatement(sql);

4）执行 SQL 语句：

- int executeUpdate(); --执行 insert update delete 语句。
- ResultSet executeQuery(); --执行 select 语句。
- boolean execute(); --执行 select 返回 true，执行其他的语句返回 false。

设置实际参数：

- void setXxx(int index, Xxx xx) 将指定参数设置为给定 Java 的 xx 值。在将此值发送到数据库时，驱动程序将它转换成一个 SQL Xxx 类型值。

例如：

```
setString(2, "家用电器") 把 SQL 语句中第 2 个位置的占位符？替换成实际参数 "家用电器"
```

5）处理结果集。

ResultSet 实际上就是一张二维的表格，可以调用其 boolean next()方法指向某行记录。当第一次调用 next()方法时，便指向第一行记录的位置，这时就可以使用 ResultSet 提供的 getXXX(int col)方法（与索引从 0 开始不同，列从 1 开始）来获取指定列的数据。

```
rs.next();              //指向第一行
rs.getInt(1);           //获取第一行第一列的数据
```

常用方法：

- Object getObject(int index) / Object getObject(String name) 获得任意对象。
- String getString(int index) / Object getObject(String name) 获得字符串。
- int getInt(int index) / Object getObject(String name) 获得整形。
- double getDouble(int index) / Object getObject(String name) 获得双精度浮点型。

6）释放资源。

与 IO 流一样，使用后的东西都需要关闭。关闭的顺序是先得到的后关闭，后得到的先关闭。

```
rs.close();
stmt.close();
con.close();
```

2.5 Java Web 开发工具

俗话说"工欲善其事，必先利其器"，因此在进行 Java Web 程序开发之前，还需要掌握一些常用开发工具的使用，如 Maven 项目管理工具、CVS 版本控制工具、日志工具以及报表图形引擎工具。

2.5.1 Maven

Maven是基于项目对象模型（POM），可以通过一小段描述信息来管理项目的构建、报告和文档的软件项目管理工具。Maven 除了程序构建能力外，还提供高级项目管理工具。由于 Maven 的默认构建规则有较高的可重用性，所以常常用两三行 Maven 构建脚本就可以构建简单的项目。由于 Maven 的面向项目的方法，许多 Apache Jakarta 项目发布时使用 Maven，而且公司项目采用 Maven 的比例在持续增长。

Maven 这个单词来自于意第绪语（犹太语），意为知识的积累，最初在 Jakata Turbine 项目中用来简化构建过程。当时有一些项目（有各自 Ant Build 文件）仅有细微的差别，而 JAR 文件都由CVS来维护。于是希望有一种标准化的方式构建项目，一个清晰的方式定义项目的组成，一个容易的方式发布项目的信息，以及一种简单的方式在多个项目中共享 JARs。

下面讲解在 MyEclipse2014 上建立 Maven 项目。

1）新建项目，选择 Maven 项目，如图 2-20 所示。

2）选择利用默认路径，如图 2-21 所示。

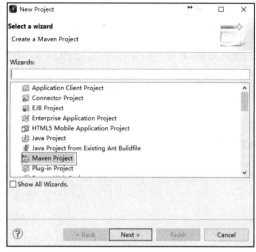 

图 2-20　新建 Maven 项目　　　　　　　　图 2-21　Workspace 路径

3）选择常见 webapp 项目，如图 2-22 所示。并填写必要信息，如图 2-23 所示。

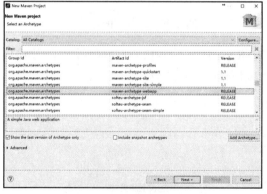 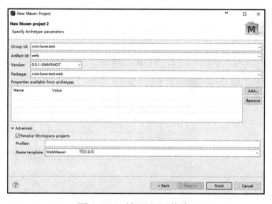

图 2-22　webapp 项目　　　　　　　　图 2-23　填写必要信息

创建好的项目目录如图 2-24 所示。

2.5.2　版本管理工具 CVS

版本控制的目的是解决文件同步问题。如果两个人修改了同一个文件，版本控制会采取一些机制，确保不会出错。版本控制还能保存文件的修改记录，并保存文件不同时期的内容。在一些大公司开发过程中，版本控制也称为软件配置管理（SCM）。常用的版本控制工具主要有开源 SVN、CVS、Perforce 和微软的VSS 等。

图 2-24　Maven 项目目录

在源代码版本控制方面，有很多工具可供选择，在这里选择使用 CVS，CVS 需要客户端和服务器端配合使用。在使用 CVS 的时候，首先需要建立一个 CVS 服务器，然后团队中的每个成员可以把自己的版本通过客户端提交给 CVS 服务器，从而由 CVS 服务器完成版本的整合更新任务。在这里选择使用 CVSNT 作为 CVS 的服务器，CVSNT 的安装文件可以从 http://www.cvsnt.org/archive 下载，并且有各种版本的 CVSNT 安装文件可供下载。

1）下载任务由读者自行完成，在此就不再展示。下载好的安装文件为：cvsnt-2.5.03.2382. msi，双击该文件即可开始安装。安装结束后，在控制面板或从开始菜单中可以找到 CVSNT Control Panel，单击进入 CVSNT 的控制面板，如图 2-25 所示。

2）此时启动了两个服务：CVSNT 和 CVSNTLock。下面开始创建 CVS 库。

3）单击 Add 按钮即可配置 CVS 库，如图 2-26 所示。

图 2-25　CVSNT 的控制面板　　　　　　　　　　图 2-26　CVS 库配置

4）如图 2-27 所示，单击 OK 按钮，若 D:/CVSRepo 目录不存在，则会提示是否创建该目录，单击创建该目录，则在本地 D 盘出现如图 2-28 所示的目录结构。

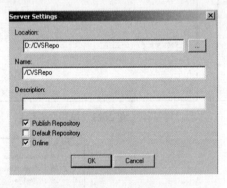

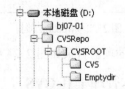

图 2-27　配置 CVS 库　　　　　　　　　　图 2-28　CVS 库相应的目录结构

5）在 MyEclipse 中连接 CVS 库。在 Eclipse 的 Window→Open Perspective 打开 CVS Repository Expolring 透视图（若上下文菜单中没有此选项，则可从 Other 菜单项中选择），在 CVS Respositories View 窗口的空白区，右击弹出上下文菜单，选择 CVS→Repository Location…，打开窗口，如图 2-29 所示。

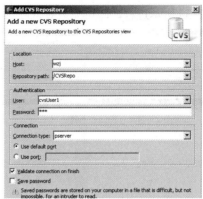

图 2-29　添加 CVS 库

6）单击 Finish 按钮即可完成。

怎样将项目加入到 CVS 库中呢？创建一个名为CVSTestProj 的项目，并在其中编写一个 HelloWorld 的类（假设在包 demo 下），现在将该项目工程加入 CVS库中。

右击该项目名称，在弹出的上下文菜单中，选择Team→Share Project，如图 2-30 所示。

以下用默认选项，单击 Next 按钮直至 Finish。此时，在 CVS 服务器端相应的库目录文件下会增加关于该工程及相关文件的目录，如图 2-31 所示。

怎样将 CVS 库中的项目导入到 Eclipse 的工作空间呢？从 File→import 进入 import 窗口，选择 CVS，Projects From CVS，单击 Next 按钮，进入从 CVS 库中选择项目窗口，如图 2-32 所示，选择使用已存在的库。

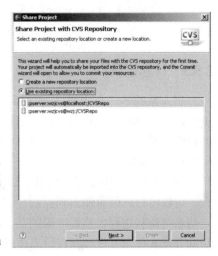

图 2-30　将项目加入 CVS 库中

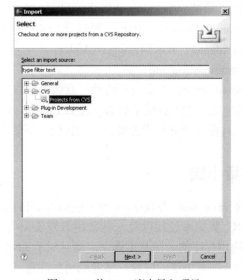

图 2-31　CVS 库目录

图 2-32　从 CVS 库中导入项目

如图 2-33 所示过程，即可完成导入项目工作。

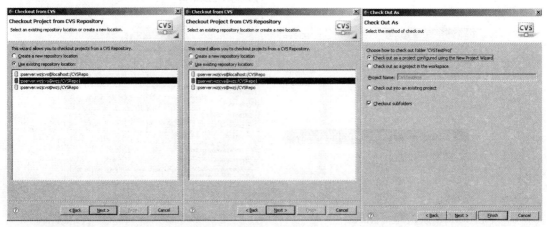

图 2-33　导入过程

2.5.3　日志工具

日志系统是一个成熟 Java 应用必不可少的，在开发和调试阶段，日志可以帮助我们更好更快地定位 BUG；在运行维护阶段，日志系统又可以帮我们记录大部分的异常信息，从而帮助我们更好地完善系统。本节分享一些 Java 程序员最常用的Java 日志框架组件。

（1）Log4j

最受欢迎的 Java 日志组件。Log4j 是一款基于 Java 的开源日志组件，Log4j 功能非常强大，可以将日志信息输出到控制台、文件、用户界面，也可以输出到操作系统的事件记录器和一些系统常驻进程。值得一提的是，Log4j 允许非常便捷地自定义日志格式和日志等级，可以帮助开发人员全方位地掌控日志信息。

（2）SLF4J

SLF4J 提供了一个简单统一的日志记录接口，开发者在配置和部署时只需要实现这个接口即可实现日志功能。Logging API 既可以选择直接实现 SLF4J 接口的 Logging APIs，如NLOG4J、SimpleLogger。也可以通过 SLF4J 提供的 API 实现来开发相应的适配器，如Log4jLoggerAdapter、JDK14LoggerAdapter。

（3）CommonsLogging

CommonsLogging 的实现不依赖于具体的日志实现工具，仅仅提供一些日志操作的抽象接口，它对其他的日志工具做了封装，比如 Log4j、Avalon LogKit 和 JDK 1.4 等。

这些工具作为理解，读者可自行去官网上下载并学习。

2.6　本章小结

本章对 Java Web 开发中的一些基本知识进行了简单介绍，主要讨论了网络协议、通用服务器、JDBC 数据库连接以及一些常用开发工具等内容。读者通过本章的学习可以了解开发Java Web 应用程序的一些基本概念，而且对于 Java Web 开发中一些存在争议的问题也能有所了解。对于一些有争议的问题，读者应稍加注意，因为技术的革新往往会对某个概念在某些应用场景下做出改变，因此需要大家实时与前沿接轨。技术没有高低之分，只有应用场景的不同，需要在实践练习中不断总结提高。

2.7 习题

一、选择题

1. 在 JSP 中使用<jsp:getProperty>标记时，不会出现的属性是_____。
   A. Name   B. Property   C. Value   D. 以上都不出现

2. 在 Java EE 中，以下对 Request.Dispatcher 描述正确的是_____。
   A. JSP 中有一个隐含的对象 Dispatcher，其类型是 Request.Dispatcher
   B. ServletConfig 有一个方法，getRequestDispatcher 可以取回 Request.Dispatcher 对象
   C. Request.Dispatche 有一个方法，forward 可以把请求继续传递给别的 Servlet 或者 JSP 界面
   D. JSP 中有个隐含的默认对象 Request，其类型是 Request.Dispatcher

3. 在团队开发中，需要团队各个成员之间进行分工配合的开发工具是_____。
   A. JfreeChart   B. Tomcat   C. CVS   D. Log4j

4. J2EE 中，_____类的_____方法用于创建对话。
   A. HttpServletRequest，getSession   B. HttpServletRequest，NewSession
   C. HttpSession，newInstance   D. HttpSession，getSession

5. 以下_____不是 Java 应用服务器。
   A. Glassfish   B. Tomcat   C. JBoss   D. Apache

二、填空题

1. 请求转发源组件的响应结果_____发送到客户端，包含_____发送到客户端。
2. _____是一个项目管理的综合工具，提供了开发人员构建一个完整的声明周期框架。
3. Web 资源分为_____和_____。
4. JDBC 中，采用预编译获取连接的原因是避免_____。
5. 常用日志工具有_____、Log4j、_____、_____。
6. JavaWeb 在 MVC 设计模式下，模型是_____，视图是_____，控制器是_____。

三、简答题

1. 简述 GET/POST 方法有何区别。
2. 简述 Web 程序开发过程。
3. 什么是 JDBC？简述其连接过程。

四、上机操作题

1. 完成 Tomcat 在 MyEclipse2014 上的配置。
2. 完成 JDBC 开发步骤的代码编写。
3. 在 MyEclipse2014 上建立 Maven 项目。

实训 2 JDBC 开发案例

一、实验目的

1. 在 MyEclipse 中完成 JDBC 连接数据库（以 MySQL 为例）。

2．实现增删改查操作。

3．训练 Java 书写技巧。

二、实验内容

1．连接 MySQL

安装好 MySQL 后，在 cmd 中输入 mysql-hlocalhost-u(用户名:root) -p(密码:root)，运行后发现如图 2-34 所示界面，证明数据库开启成功。

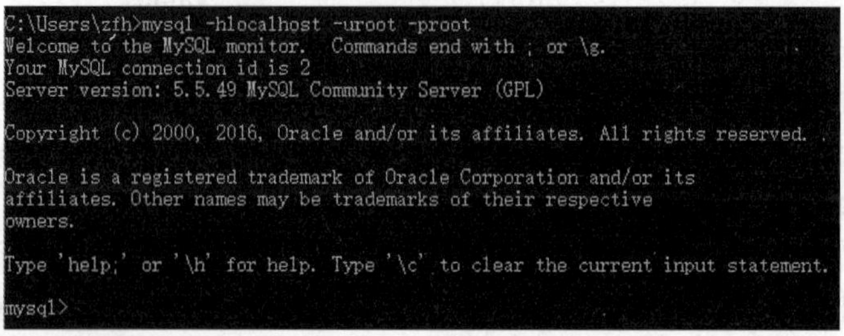

图 2-34　MySQL 检测

2．建立数据库、表

为了避免在 cmd 窗口下开发，故安装了数据库可视化工具 SQLyog。工具不唯一，读者可根据自己的爱好选择可视化工具。通过 SQL 语句：CREATE DATABASE mydatabase;建立了实例数据库 mydatabase，并在该数据库下创建了一个数据表 gjp，如图 2-35 所示。

数据表 gjp 的建立方法如下：

```
CREATE TABLE gjp(
    zwid INT PRIMARY KEY AUTO_INCREMENT,
    flname VARCHAR(200),
    money DOUBLE,
    zhangHu VARCHAR(100),
    createtime DATE,
    description VARBINARY(1000)
);
```

向数据表中插入数据，代码如下：

图 2-35　数据库目录

```
    INSERT INTO gjp (zwid,flname,money,zhangHu,createtime,description) VALUES(1,'吃饭支出',120,'支付宝','2018-07-14','家庭聚餐');
    INSERT INTO gjp (zwid,flname,money,zhangHu,createtime,description) VALUES(2,'工资收入',5200,'微信支付','2018-07-21','正常工资');
    INSERT INTO gjp (zwid,flname,money,zhangHu,createtime,description) VALUES(3,'服装支出',1200,'工商银行','2018-06-26','参加葬礼');
    INSERT INTO gjp (zwid,flname,money,zhangHu,createtime,description) VALUES(4,'股票收入',1120,'农业银行','2018-06-15','股票增值');
    INSERT INTO gjp (zwid,flname,money,zhangHu,createtime,description) VALUES(5,'手续支出',120,'建设银行','2018-6-6','银行手续费');
    INSERT INTO gjp (zwid,flname,money,zhangHu,createtime,description) VALUES(6,'论文版面费',8000,'中国银行','2018-02-11','电汇费用');
    INSERT INTO gjp (zwid,flname,money,zhangHu,createtime,description) VALUES(7,'实验支出',8000,'中国银行','2018-02-13','买显卡跑实验');
    INSERT INTO gjp (zwid,flname,money,zhangHu,createtime,description) VALUES(8,'交通支出',120,'支付宝','2018-04-4','买了个车');
```

```
    INSERT INTO gjp (zwid,flname,money,zhangHu,createtime,description) VALUES(9,'罚款支出',120,'银联
支付','2018-03-24','车开快了');
    INSERT INTO gjp (zwid,flname,money,zhangHu,createtime,description) VALUES(10,'保险支出',8000,'微
信支付','2018-07-25','延误险');
```

查询表格后发现如图 2-36 所示。

zwid	flname	money	zhangHu	createtime	description
1	吃饭支出	120	支付宝	2018-07-14	家庭聚餐
2	工资收入	5200	微信支付	2018-07-21	正常工资
3	服装支出	1200	工商银行	2018-06-26	参加聚礼
4	股票收入	1120	农业银行	2018-06-15	股票增值
5	手续支出	120	建设银行	2018-06-06	银行手续费
6	论文版面费	8000	中国银行	2018-02-11	电汇费用
7	实验支出	8000	中国银行	2018-02-13	买显卡跑实验
8	交通支出	120	支付宝	2018-04-04	买了个车
9	罚款支出	120	银联支付	2018-03-24	车开快了
10	保险支出	8000	微信支付	2018-07-25	延误险

图 2-36　查询数据表

3．创建一个工程

1）新建一个 Web 项目。在 Eclipse 中依次单击 File→New→JavaProject，填写项目名后，单击 Finish 按钮，如图 2-37 所示。

2）导入 jar 包。在项目根目录下建立一个 lib 文件夹，导入三个 jar 包，其中 mysql-connector-java-5.1.37-bin.jar 包是数据库连接包（必须要有），commons-dbcp-1.4.jar 和 commons-pool-1.5.6.jar 是简化代码用的，导入包后的项目目录如图 2-38 所示。

图 2-37　创建项目

图 2-38　项目目录

3）连接数据库。创建一个 com.nuist.cn 的包，里面创建了 DBUtils 类，代码如下。

```
package com.nuist.cn;
import java.sql.Connection;
import java.sql.DriverManager;
import java.sql.PreparedStatement;
import java.sql.ResultSet;
import java.sql.SQLException;
public class DBUtils {
    private static final String className = "com.mysql.jdbc.Driver";
    private static final String url = "jdbc:mysql://localhost:3306/mydatabase";
    private static final String user = "root";
```

```java
        private static final String password = "root";
        //静态代码块：DBUtils 加载即可运行
        static{
                try {
                        //注册驱动
                        Class.forName(className);
                } catch (Exception e) {
                        // TODO Auto-generated catch block
                        e.printStackTrace();
                }
        }
        //获取连接，类名调用方法获取
        public static Connection getConn(){
                Connection conn = null;
                try {
                        conn = DriverManager.getConnection(url, user, password);
                } catch (SQLException e) {
                        // TODO Auto-generated catch block
                        e.printStackTrace();
                }
                return conn;
        }
        //关闭资源
        public static void close(Connection conn,PreparedStatement ps,ResultSet rt){
                if(conn!=null){
                        try {
                                conn.close();
                        } catch (SQLException e) {
                                // TODO Auto-generated catch block

                                e.printStackTrace();
                        }
                }
                if(ps!=null){
                        try {
                                ps.close();
                        } catch (SQLException e) {
                                // TODO Auto-generated catch block
                                e.printStackTrace();
                        }
                }
                if(rt!=null){
                        try {
                                rt.close();
                        } catch (SQLException e) {
                                // TODO Auto-generated catch block
                                e.printStackTrace();
                        }
                }
        }
}
```

4）查询。在 DBUtils 同级目录下建立了一个 Domain 类，它负责执行增删改查操作。以下代码是执行查询操作的，结果如图 2-39 所示。

```java
package com.nuist.cn;
```

```
import java.sql.Connection;
import java.sql.PreparedStatement;
import java.sql.ResultSet;
import java.sql.SQLException;
public class Domain {
    public static void main(String[] args) {
        // TODO Auto-generated method stub
        //查询 SQL 语句
        String sql = "select * from gjp";
        //statement 接收预编译执行
        PreparedStatement statement = null;
        try {
            //获取连接
            Connection conn = DBUtils.getConn();
            //创建 statement
            statement = conn.prepareStatement(sql);
            //执行查询，返回一个 ResultSet
            ResultSet rt = statement.executeQuery();
            //遍历查询输出
            while(rt.next()){
System.out.println(rt.getString(1)+"\t"+rt.getString(2)+"\t"+rt.getString(3)+"\t"+rt.getString(4)+"\t"+rt
.getString(5)+"\t"+rt.getString(6));
            }
//释放资源
            DBUtils.close(conn, statement, rt);
        } catch (SQLException e) {
            // TODO  自动生成捕获块
            e.printStackTrace();
        }
    }
}
```

1	吃饭支出	120	支付宝	2018-07-14	家庭聚餐
2	工资收入	5200	微信支付	2018-07-21	正常工资
3	服装支出	1200	工商银行	2018-06-26	参加葬礼
4	股票收入	1120	农业银行	2018-06-15	股票增值
5	手续支出	120	建设银行	2018-06-06	银行手续费
6	论文版面费	8000	中国银行	2018-02-11	电汇费用
7	实验支出	8000	中国银行	2018-02-13	买显卡跑实验
8	交通支出	120	支付宝	2018-04-04	买了个车
9	罚款支出	120	银联支付	2018-03-24	车开快了
10	保险支出	8000	微信支付	2018-07-25	延误险

图 2-39 查询结果

5）插入操作。插入操作代码如下，仅改变了 SQL 语句以及处理结果，其他都一样，如图 2-40 所示。

```
package com.nuist.cn;
import java.sql.Connection;
import java.sql.PreparedStatement;
import java.sql.ResultSet;
import java.sql.SQLException;
public class Domain {
    public static void main(String[] args) {
        // TODO Auto-generated method stub
```

```java
//插入操作
String sql = "INSERT INTO gjp (zwid,flname,money,zhangHu,createtime,description)
VALUES(11,'插入示例',9999,'支付宝','2018-07-25','插入示例')";
//statement 接收预编译执行
PreparedStatement statement = null;
try {
        //获取连接
        Connection conn = DBUtils.getConn();
        //创建 statement
        statement = conn.prepareStatement(sql);
        //执行插入操作
        statement.execute();
        //遍历查询输出
        DBUtils.close(conn, statement, null);
} catch (SQLException e) {
        // TODO  自动生成捕获块
        e.printStackTrace();
}
    }
}
```

	zwid	flname	money	zhangHu	createtime	description
☐	1	吃饭支出	120	支付宝	2018-07-14	家庭聚餐
☐	2	工资收入	5200	微信支付	2018-07-21	正常工资
☐	3	服装支出	1200	工商银行	2018-06-26	参加葬礼
☐	4	股票收入	1120	农业银行	2018-06-15	股票增值
☐	5	手续支出	120	建设银行	2018-06-06	银行手续费
☐	6	论文版面费	8000	中国银行	2018-02-11	电汇费用
☐	7	实验支出	8000	中国银行	2018-02-13	买显卡跑实验
☐	8	交通支出	120	支付宝	2018-04-04	买了个车
☐	9	罚款支出	120	银联支付	2018-03-24	车开快了
☐	10	保险支出	8000	微信支付	2018-07-25	延误险
☐	11	插入示例	9999	支付宝	2018-07-25	插入示例

图 2-40　插入结果

6）更新操作。更新操作代码如下，仅改变了 SQL 语句以及处理结果，其他都一样，如图 2-41 所示。

```java
package com.nuist.cn;
import java.sql.Connection;
import java.sql.PreparedStatement;
import java.sql.ResultSet;
import java.sql.SQLException;
public class Domain {
        public static void main(String[] args) {
                // TODO Auto-generated method stub
                //插入操作
                String sql = "update gjp set flname='更新示例',money=1111,zhangHu='微信支付',createtime=
'2018-07-25',description='更新示例' where zwid=11";
                //statement 接收预编译执行
                PreparedStatement statement = null;
                try {
                        //获取连接
                        Connection conn = DBUtils.getConn();
                        //创建 statement
                        statement = conn.prepareStatement(sql);
```

```
                    //执行插入操作
                    statement.execute();
                    //遍历查询输出
                    DBUtils.close(conn, statement, null);
            } catch (SQLException e) {
                    // TODO 自动生成捕获块
                    e.printStackTrace();
            }
        }
    }
```

	zwid	flname	money	zhangHu	createtime	description
☐	1	吃饭支出	120	支付宝	2018-07-14	家庭聚餐
☐	2	工资收入	5200	微信支付	2018-07-21	正常工资
☐	3	服装支出	1200	工商银行	2018-06-26	参加婚礼
☐	4	股票收入	1120	农业银行	2018-06-15	股票增值
☐	5	手续支出	120	建设银行	2018-06-06	银行手续费
☐	6	论文版面费	8000	中国银行	2018-02-11	电汇费用
☐	7	实验支出	8000	中国银行	2018-02-13	买显卡跑实验
☐	8	交通支出	120	支付宝	2018-04-04	买了个车
☐	9	罚款支出	120	银联支付	2018-03-24	车开快了
☐	10	保险支出	8000	微信支付	2018-07-25	延误险
☐	11	更新示例	1111	微信支付	2018-07-25	更新示例

图 2-41　更新结果

7）删除操作。只需将 SQL 语句改成：delete from gjp where zwid=11；即可删除第 11 条数据，如图 2-42 所示。

	zwid	flname	money	zhangHu	createtime	description
☐	1	吃饭支出	120	支付宝	2018-07-14	家庭聚餐
☐	2	工资收入	5200	微信支付	2018-07-21	正常工资
☐	3	服装支出	1200	工商银行	2018-06-26	参加婚礼
☐	4	股票收入	1120	农业银行	2018-06-15	股票增值
☐	5	手续支出	120	建设银行	2018-06-06	银行手续费
☐	6	论文版面费	8000	中国银行	2018-02-11	电汇费用
☐	7	实验支出	8000	中国银行	2018-02-13	买显卡跑实验
☐	8	交通支出	120	支付宝	2018-04-04	买了个车
☐	9	罚款支出	120	银联支付	2018-03-24	车开快了
☐	10	保险支出	8000	微信支付	2018-07-25	延误险

图 2-42　删除结果

第3章 HTML、JavaScript 简介

网络给人们带来了一个缤纷绚丽的世界，那么上网浏览的网页是用什么语言编写的呢？这些页面，主要是用 HTML 语言编写。HTML 是英文 Hypertext Marked Language 的缩写，即超文本标记语言，该类文档有别于纯文本的单个文件的浏览形式。超文本文档中提供的超级链接能够让浏览者在不同的页面之间跳转。

纵观各种动态页面开发技术，无论是 JSP、ASP 还是 PHP 都无法摆脱 HTML 的影子。这些动态的页面开发技术无非是在静态 HTML 页面的基础上添加了动态的可以交互的内容。HTML 是所有动态页面开发技术的基础。接下来的章节将详细介绍 HTML 相关的一系列技术，包括 HTML、JavaScript 和 CSS。其中 HTML 是一组标签，负责网页的基本表现形式；JavaScript 是在客户端浏览器运行的语言，负责在客户端与用户的互动；CSS 是一个样式表，起到美化整个页面的功能。

本章的主要任务就是通过任务需求掌握最新的 HTML 技术，如 JSON、XML、Angular.js 脚本框架、React.js 脚本框架、jQuery、Bootstrap 脚本框架、Ajax 等；讲解 Web 开发中最常见的 HTML 知识；通过 WebGL 3D 图形设计实践和 H5 Web 项目开发实践，使读者能尽快进入 Web 开发的状态。

本章要点：
- 了解 HTML 的基本格式。
- 掌握 HTML 在文本及版面风格的控制。
- 熟悉图像、超链接和表格的使用。
- 掌握 HTML 表单的制作。
- 熟悉 HTML5.0 技术。
- 实践一个简单的 H5 Web 项目的开发。
- 掌握 JavaScript 框架的使用，特别是 Angular.js 和 React.js 脚本框架。
- 掌握 jQuery 的使用，特别是 Bootstrap 脚本框架。
- 了解 JSON 概念，熟悉 Ajax 技术。
- 了解 XML 概念，并与 JSON 对比。

3.1 HTML 基本结构

本书不是详细介绍 HTML 的专著，故本章主要通过实例任务帮助读者完成对 HTML 相关技术的理解与掌握。

可以直接用文本编辑器如 Windows 中记事本来编写 HTML 文件，当然通过一些开发工具，如 Dreamweaver、FrontPage 编写也是可以的。在 Windows 中，寻找合适的文件夹，在空白处单击鼠标右键，在弹出的菜单中单击"新建"命令，在之后弹出的子菜单中单击"文本文

档"选项，此时会在指定的文件夹下创建一个文本文件，打开该文件，在其中编写 HTML 文本，代码如下所示。

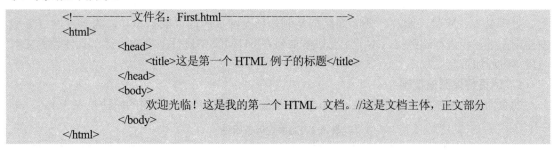

```
<!-- --------文件名：First.html---------------------- -->
<html>
        <head>
            <title>这是第一个 HTML 例子的标题</title>
        </head>
        <body>
                欢迎光临！这是我的第一个 HTML 文档。//这是文档主体，正文部分
        </body>
</html>
```

📖 注意：
● 代码中"<、>、/"等字符都是英文半角字符。HTML 标签一般是成对出现的。
● 第一行中 "<!-- -->"为 HTML 的注释符号。

1．保存
编辑之后，将文件重命名为 First.html 或 First.htm。

📖 注意：
扩展名一定是.html 或.htm，不能是.txt 或其他。

2．运行
保存完毕，在当前文件夹中就会有一个 First.html 文件，双击它，系统会自动用操作系统默认的浏览器打开，运行结果如图 3-1 所示。

图 3-1　第一个 HTML 例子

一个完整的 HTML 文件包括标题、段落、列表、表格以及各种嵌入对象，这些对象统称为 HTML 元素。在 HTML 中，使用标记或标签（tag）来分割并描述这些元素。因此，HTML文件就是由各种 HTML 标记和元素组成的。
一个 HTML 文件的基本结构如下。

```
<html>
        <head>
        头部信息
</head>
<body>

        文档主体部分

</body>
</html>
```

在这个结构中引入了三对最重要的 HTML 标记，分别是：
1）<html>和</html>是最外层的标记。任何 HTML 文件都应该以<html>开始，以</html>结束，表示这对标记间的内容是 HTML 文档。这对标记可以省略，因为.html 或.htm 文件被Web 浏览器默认为是 HTML 文档，但最好写上。
2）<head>和</head>之间是文档的头部信息，是关于整个页面的一些设置信息，如文档标题等。若不需头部信息，可省略此标记。
3）<body>和</body>之间是身体部分，是文档的正文内容，即要在浏览器中显示的页面内容。

3.2 文本及版面风格的控制

处理文本、字号、图片、外版面风格是制作精美网页所需要的基本功，为了使网页更加便捷则需进一步进行超链接。本节主要讲解如何在 HTML 中进行基本的设计。具体设置文本与段落过程如下。

1. 网页整体风格控制

对页面整体风格的控制主要通过<body>标签的相关属性实现，常用的属性见表 3-1。

表 3-1　版面设计各属性

属 性 名	含 义	默 认 值
bgcolor	设置网页的背景颜色	#FFFFFF
text	设置网页文本的背景颜色	#000000
background	设置网页的背景图形，图形以平铺方式作为网页背景	无
bgproperties	锁定网页的背景图形	FIXED
topmargin	设置页面显示区距窗口上边框的距离	0
leftmargin	设置页面显示区距窗口左边框的距离	0

2. 段落标记

常用的段落标记见表 3-2。

表 3-2　段落标记

标 记 名	含 义	备 注
<p>,</p>	段落的开始与结束	单独的一个<p>标记可以产生一个空行，</p>通常可以省略不写
 	换行	没有对应的结束标记，换行后的文本与前面的文本仍属于一个段落，因此换行后字符和段落格式不会改变
<pre>,</pre>	预格式化文本	
<hr>	分隔线	用法为：<hr size = 宽度 width = 长度 align = 对齐方式 color = 颜色 noshade> align：有 left、right、center 三种，默认为 center noshade：线段无阴影属性，为实心线段，默认为空心线段

3. 字体控制

文本控制主要用于控制文字的字体大小、颜色，这些可以通过<font>标签实现，主要格式如下。

<font face = 字体类型 size = 字体大小 color = 颜色值 style = 样式>……</font>

1）face：指定字体类型，如宋体、Times New Roman 等。但只有对方的计算机中可以设置相同的字体，才可以在其浏览器中出现预先设计的风格，所以最好指定为常用字体。

2）size：设置字号大小，有效值的范围为 1~7 的整数，默认值为 3。可以在 size 属性值之前加上+、−字符来指定相对于当前字号值的增量或减量。

3）color：指定字体颜色。颜色值既可以是十六进制数（最好用"#"作前缀），也可以是颜色名称。

4）style：指定字体样式。

另外，还有一些设置字体某个特点的标签，见表 3-3，它们要成对出现。

表 3-3　常用标签的格式和含义

标 签 格 式	含　　义
`<b>`….`</b>`或`<strong>`….`</strong>`	文字使用粗体形式显示
`<i>`….`</i>`或`<em>`….`</em>`	文字使用斜体形式显示
`<u>`….`</u>`	为当前文字添加下划线
`<strike>`….`</strike>`	为当前文字添加中划线
`<big>`….`<big>`	以比当前字号大一号的字体显示
`<small>`….`</small>`	以比当前字号小一号的字体显示
`<blink>`….`</blink>`	闪烁效果，仅用于 Netscape Navigator
`<var>`….`</var>`	变量字体，一般为斜体

实例 3-1：阅读下面代码，了解`<font>`标签的使用方法。运行结果如图 3-2 所示。

```
<html>
    <head>
        <title>HTML、JavaScript 简介——实例 3-1：font 标签的使用</title>
    </head>
    <body bgcolor = "#eeeeee">
        <center>
            <font>默认字体</font><br>
            <font size = "1">1 号字体</font><br>
            <font size = "2" face = "Arial" color = blue>2 号 Arial 蓝色字体</font><br>
<font size = "3" face = "Times New Roman">3 号 Times New Roman 字体</font><br>
<font size = "4" face = "楷体_gb2312">4 号楷体（未必能显示）</font><br>
<font size = "5" face = "Comic Sans MS, 仿宋_gb2312">5 号仿宋字体（未必能显示），英文字体是
Comic Sans MS</font><br>
            <font size = "6" style = "color:green">6 号绿色字体</font><br>
            <font size = "7"style = "color:red">7 号红色字体</font>
            <font size = 3>
        <p><b>黑体字</b><i>斜体字</i>
            <u>加下划线</u><strike>加中划线</strike></p>
            <p><big>大一号字体</big>原字体<small>小一号字体</small></p>
            <p><em>你好, </em><strong>欢迎学习 HTML!</strong></p>
            <p><cite>Welcome!<cite></p>
            <p>a<sub>1</sub> = x<sup>2</sup>+ y<sup>2</sup></p>
        </font></center></body></html>
```

4．标题

一般文章都有标题、副标题、章和节等结构，HTML 中也提供了相应的标题标记`<hn>`和
`</hn>`，其中 n 为标题的等级。HTML 一共提供六个等级的标题，分别从`<h1>`到`<h6>`。n 越
小，标题字号就越大，主要格式为：

```
<hn align = 对齐方式>……</hn>
```

其中，对其方式有 left、right、center 三种，即左对齐、右对齐和居中，默认为 left。

实例 3-2："各级标题"`<hn>`的使用，代码如下，运行结果如图 3-3 所示。

```
<html>
<head>
<title>HTML、JavaScript 简介——实例 3-2：hn 标签的使用</title>
</head>
```

```
        <body>
            <h1>一级标题</h1>
            <h2>二级标题</h2>
            <h3 align = center>三级标题</h3>
            <h4 align = left>四级标题</h4>
            <h5 align = right>五级标题</h5>
            <h6>六级标题</h6>
        </body>
    </html>
```

图 3-2　各种大小类型字体　　　　　　　　　　　　　　图 3-3　各级标题

3.3　图像、超链接和表格使用

下面分别介绍网页设计过程中使用比较多的元素（如图像、超链接和表格）的使用技巧。

3.3.1　图像和超链接

1．图像标记

能将图像嵌入到网页中的是<img>标记。<img>标记的主要语法为：

> <img src = 图像文件的地址　alt = 文字　border = 边框宽度　width = 图像宽度　height = 图像高度 align=对齐方式>

各个属性的说明如下。

- src：用来设置图像文件所在的路径。可以是相对路径，也可以是绝对路径。
- alt：当鼠标放在图片上时，显示小段提示文字，一般是此图片的标题或主要内容。当图像文件无法在网页中显示时，在图像的位置也会显示 alt 所设置的文字。
- border：图像边框的宽度，单位是像素。在默认情况下图像无边框，即 border=0。
- width 和 height：图像的宽度和高度，单位是像素。在默认情况下，如果改变其中一个值，另一个值也会等比例进行调整，除非同时设置两个属性。
- align 属性：指定图像和周围文字的对齐方式。图像的绝对对齐方式与相对文字对齐方式不同，绝对对齐方式包括 left、center 和 right 三种，而相对文字对齐方式则是指图像与一行文字的相对位置。"align 的取值"情况如表 3-4 所示。

表 3-4 align 取值

值	描 述	值	描 述
left	把图像对齐到左边	top	把图像与顶部对齐
right	把图像对齐到右边	bottom	把图像与底部对齐
middle	把图像与中央对齐		

2．超链接

所谓超链接（Hyperlink），就是当单击某个字或图片时，就可以打开另一个网页或画面。它的作用对网页来说极其重要，可以说是互联网的灵魂，是 HTML 最强大和最有价值的功能。超链接简称链接（Link）。

（1）定义超链接

超链接的语法根据其链接对象的不同而有所变化，但都是基于<a>标记的，主要语法为：

```
<a href = 本机上绝对或相对路径的文件名 target = 目标>......</a>
```

或者：

```
<a href = Internet 上的带 URL 的文件名 target = 目标>......</a>
```

其中，href 是 hypertext reference（超文本引用）的缩写。target 用于指定如何打开链接的网页，有以下几个值。

- _blank：打开一个新的浏览器窗口显示。
- _self：用网页所在的浏览器窗口显示，是默认设置。
- _parent：在上一级窗口打开，常用在框架页面中。
- _top：在浏览器的整个窗口打开，将会忽略所有的框架结构。

实例 3-3：下面为一个文字、图形的超链接应用，运行结果如图 3-4 所示。

```html
<html>
  <head>
  <title>HTML、JavaScript 简介——实例 3-3：超链接演示</title>
  </head>
  <body>
    <p><a href="a.html">一个简单超链接页面</a></p>
    <p><a href="a.html"><img src="3.3.jpg"></a></p>
    <p><a href = "http://www.sina.com.cn" target = "_blank">用新窗口打开新浪</a></p>
    <p><a href = "http://www.sohu.com">用本窗口打开搜狐</a></p>
  </body>
</html>
```

图 3-4 超链接示例

（2）定义锚点

当创建的网页内容多、页面很长时，还可以在网页内跳转，此时就要定义"锚（Anchor）"。有的书上称为"书签"，但作者还是觉得"锚"更形象，因为当船只靠岸后，一般需要扔进水里一个巨大的铁钩，以便钩住水底的石头或沉于淤泥中，这样船只就不容易飘走了，这就是锚。同样，在一个篇幅巨大的网页中，也可以定义一些锚，以便快速定位。定义锚的主要语法为：

```
<a name = 锚名>文字</a>
```

其中，属性 name 是不可缺少的，它的值也就是锚名，文字并非是必需的。

定义了锚之后，就可以用下面的语法格式进行跳转了：

```
<a href = "#锚名">链接的文字</a>
```

3.3.2　表格

绘制表格是 HTML 的一项非常重要的功能。表格是网页排版的灵魂。同时由于表格包含的功能比较多，读者需要仔细体会才能掌握。

表格由列和行组成。在 HTML 中，表格同<table>、</table>表示。一个表格可以分为很多行（row），各行用<tr>、</tr>表示；每行又可以分为很多单元格（cell）或列（column），用<td>、</td>表示。它们是创建表格最常用的标记，需要统一的使用方法，语法为：

```
<table>
<tr>
  <td>单元格内的文字</td>
  <td>单元格内的文字</td>
   ……
  <td>单元格内的文字</td>
</tr>
 ……
</table>
```

<table>各个属性的说明如表 3-5 所示。

表 3-5　<table>各属性说明

属 性 名	含 义
align	表格在上一层容器控件中的对齐方式，有 center、left、right 三个值，默认值是 left
bgcolor	设置表格的背景色，默认是上级容器的背景色
border	设置表格线的宽度，单位是像素，默认值是 1
bordercolor	设置表格线的颜色
height	设置表格的高度，以像素或页面高度的百分比为单位
width	表格的宽度，以像素或页面宽度的百分比为单位
cellpadding	设置单元格内部所显示的内容与表格线之间的距离，单位是像素
cellspacing	设置表格线的"厚度"，单位是像素或百分比
background	设置定义表格的背景图案。一般选浅颜色的图案。不与 bgcolor 同用

<table>的各个属性用于设置整个表格的显示情况，而<tr>属性只用于设置相应行的显示情

况。当<tr>属性值的设置和<table>的同名属性值不同时，以<tr>属性值为准。也就是说，低层的属性设置会"屏蔽"高层的属性设置。

<tr>标记的一些和<table>不同的属性的意义如下。

- align：文本在单元格中的水平对齐方式。有 center、left、justify、right 四个值，其中 left 是默认对齐方式，justify 是指合理调整单元格中的内容，以恰当显示。
- valign：文本在单元格中的垂直对齐方式。有 baseline、top、middle、bottom 四个值，默认值是 middle，即垂直居中对齐。baseline 是指单元格中内容以基线（baseline）为准垂直对齐，它类似于 bottom（底端对齐）。

图 3-5　表格示例

<td>标记设置的是一行内某一单元格的各项属性，也遵从低层的属性设置会"屏蔽"高层的属性设置的原则，具体属性与<tr>相似，不再赘述。

实例 3-4：使用 HTML 语言绘制的表格示例如图 3-5 所示。

```
<html>
<head>
<title>HTML、JavaScript 简介——实例 3-4：绘制表格</title>
</head>
<body bgcolor = "#ffffff">
<table border="2" width="100%" bordercolor ="#008000" cellspacing="1">
<tr><!--第 1 行-->
<td>    </td>
<td colspan="2">   </td><!--第 2、3 个单元格合并-->
<td colspan="2">   </td><!--第 4、5 个单元格合并-->
</tr>
<tr><!--第 2 行-->
<td rowspan="3">    </td><!--和下面两行的相应单元格合并-->
<td>    </td>
<td>    </td>
<td>    </td>
<td>    </td><!--第 2、3、4、5 个单元格-->
</tr>
<tr><!--第 3 行-->
<td>    </td><!--只有四个单元格，因为第 1 个已经和第 2 行第 1 个合并-->
<td>    </td>
<td>    </td>
<td>    </td>
</tr>
<tr><!--第 4 行-->
<td>    </td><!--只有四个单元格，因为第 1 个已经和第 2 行第 1 个合并-->
<td>    </td>
<td>    </td>
<td>    </td>
</tr>
<tr><!--第 5 行-->
<td rowspan="3">    </td><!--和下面两行的相应单元格合并-->
```

```
            <td>  </td>
            <td>  </td>
            <td>  </td>
            <td>  </td>
        </tr>
        <tr><!--第 6 行-->
        <td>  </td><!--只有四个单元格，因为第 1 个已经和第 5 行第 1 个合并-->
        <td>  </td>
        <td>  </td>
        <td>  </td>
        </tr>
        <tr><!--第 7 行-->
        <td>  </td><!--本应有四个单元格，因为第 1 个已经和第 5 行第 1 个合并-->
        <td colspan="2" rowspan="2">  </td>
        <!--但现在只有三个，因为两行两列合并成一个单元格-->
        <td>  </td>
        </tr>
        <tr><!--第 8 行-->
        <td>  </td><!--第 1 个-->
        <td>  </td><!--第 2 个-->
        <td>  </td><!--第 5 个，因为第 3、4 个已经和上一行第 3、4 个合并-->
        </tr>
        </table>
        </body>
        </html>
```

3.4 HTML 表单使用

前面讲述的都是 HTML 向用户展示信息的标签，在本节要介绍的是 HTML 用来收集用户输入的标签。在 Java EE 的开发中表单非常重要，它是客户端向服务器发送请求数据的一个主要途径。表单的标签是<form>…</form>，中间可以加入文本框、单选框、复选框等表单元素。

3.4.1 表单定义

表单在网页中负责数据采集，表单由三个部分组成：表单标签、表单域、表单按钮。表单是为了处理动态数据交互，将不同数据在不同页面间传递。

表单标签包含了处理表单数据所使用 CGI 程序的 URL 以及数据提交服务器的方法。

<form>标记是众多表单标记中重要的一种，它是表单窗口的开始，功能是设置表单的基础数据。语法格式如下：

```
        <form  action=""  method="post/get"  enctype="application/x-www-form-urlencoded"  name="form1"
target="_parent"></form>
```

其中：

● name：表单名字。

● method：数据的传送方式，有 get 和 post 两种方法。post：从发送表单内直接传输数据。get：将发送数据附加到 URL 的尾部，将新的 URL 送至服务器。

● enctype：传输数据的 MMIE 类型。传输数据的 MMIE 有 2 种类型，一种是默认方式，即 application/x-www-form-urlencoded；另一种是 multipart/form-data，它是上传文件或图片的专用方式。

● target：是处理文件的打开方式。

实例 3-5：一个登录身份验证的表单实例代码如下所示。

```
<form method="post" action="login.jsp">
请输入用户名：<input type="text" name="username" size="20" />
<br />
请输入密码：<input type="password" name="password" size="20" />
<br />
<input type="submit" value="登录" />
</form>
```

图 3-6　实例 3-5 表单运行效果

实例 3-5 表单应用实际效果如图 3-6 所示。

📖 注意:

● 这是通常程序中用来身份登录验证的表单代码。代码从<form>开始，到</form>结束。

● 中间包括了三个<input>控件，一个是文本框，用于输入用户名；一个是密码框，用于输入密码；另一个是提交按钮，用于将表单中的用户输入的数据提交到网站服务器端。

● 该实例中 action 后的 login.jsp 文件只是表示跳转目的，需在下一章 JSP 技术实现。

3.4.2　文本框控件

文本框控件是在网页上显示可输入文本的框，并在提交处理时，将其内容读出，并交由网页进行处理。文本框控件有三个，分别为单行文本框、密码框以及多行文本框。语法如下。

（1）单行文本框

<input type = "text" name = 控件名称 size = 控件长度 maxlength = 最长输入字符数 value = 初始值>

（2）密码框

<input type = "password" name = 控件名称 size = 控件长度 maxlength = 最长输入字符数 value = 初始值>

（3）多行文本框

<textarea name = 控件名称 value = 初始值 rows = 行数 cols = 列数></textarea>

上述 type 的 10 个属性如下。

1）text：文字输入域（输入型）。

2）password：也是文字输入域，但是输入的文字以密码符号'*'显示（输入型）。

3）file：可以输入一个文件路径（输入型）。

4）checkbox：复选框，可以选择零个或多个（选择型）。

5）radio：单选框，只可以选择一个而且必须选择一个（选择型）。

6）hidden：代表隐藏域，可以传送一些隐藏的信息到服务器。

7）button：按钮（单击型）。

8）image：使用图片来显示按钮，使用 src 属性指定图像的位置（就像 img 标签的 src 属性）（单击型）。

9）submit：提交按钮，表单填写完毕可以提交，把信息传送到服务器。可以使用 value 属性来显示按钮上的文字（单击型）。

10）reset：重置按钮，可以把表单中的信息清空（单击型）。

3.4.3　单选按钮和复选框

单选按钮和复选框是给用户提供已有选项，在这些选项中选择，无需像文本框一样输入文字。单选按钮只能在一组选项中选择一个，而复选框可以选择多个。语法如下：

（1）单选按钮

```
<input type = "radio" name = 控件名称  value = 单选按钮的取值 checked>
```

（2）复选框

```
<input type = "checkbox" name = 控件名称  value = 复选框的值 checked>
```

其中，type、name、value 前面已介绍，下面亦是。checked：在单选按钮和复选框中设置的默认选项，可以省略。

3.4.4　下拉菜单和列表

<select>标记可以在页面中创建下拉列表框，此时列表框为空，要使用<option>标记向列表中添加内容。

下拉菜单语法如下：

```
<select name = 控件名称  size = 显示的项数 multiple>
<option value = 选项值 1 selected>显示内容 1</option>
<option value = 选项值 2>显示内容 2</option>
    ……
<option value = 选项值 n>显示内容 n</option>
</select>
```

其中，multiple：用于多行列表框支持多选。

3.4.5　按钮

按钮是为了进行页面之间的处理，如提交按钮，其会将该页面的数据提交到指定页面进行处理。语法如下：

（1）普通按钮

```
<input type = "button" name = 控件名称  value = 按钮值 onclick = 处理程序>
```

（2）提交、重置按钮

```
<input type = "submit" name = 控件名称  value = 按钮值>
<input type = "reset" name = 控件名称  value = 按钮值>
```

实例 3-6：下面综合应用上述表单元素的实例来了解它们的使用，实例代码如下。

```
<form>
        <p>姓名：<input type="text" name="name" size="10">
        <p>密码：<input type="password" name="pass" size="10">
        <p>性别：<input type="radio" name="gender" value="m" checked>男
            <input type="radio" name="gender" value="f">女

        <p>爱好：<input type="checkbox" name="hobby" value="literature">文学
            <input type="checkbox" name="hobby" value="music">音乐
```

```
                    <input type="checkbox" name="hobby" value="sport">运动
            <p>班级：<select name="class">
                    <option value="1">计科 1 班
                    <option value="2">计科 2 班
                    <option value="3">软工 1 班
                    <option value="4">软工 2 班
                    <option value="5">网工 1 班
                    <option value="6">网工 2 班
            </select>
            <p>自我介绍:
            <p><textarea name="introduce" rows="5" cols="20"></textarea>
            <p><input type="submit" value="确定">
                    <input type="reset" value="重填">
        </form>
```

实例 3-6 在浏览器中运行结果如图 3-7 所示。

📖 提示:

● 表单元素必须掌握。

● 在后续 JSP 开发过程中，表单是最重要的人机交互的实现方式，故必须熟练掌握以上各表单元素的使用。

3.4.6 图像域、隐藏域和文件域

图像域是创建一个图像控件，该控件单击后将导致表单立即提交。最好用相对路径，直接在 WebRoot 文件夹下创建文件名 image，然后用相对路径 image/.. 来引用，用绝对路径需要 Tomcat 的绝对路径，而非本机绝对路径。

图 3-7 表单综合应用实例

隐藏域是为了显示数据，但不给浏览用户看到，该数据值提供给设计页面的程序员控制页面使用。

文件域由文本框和浏览器组成，用户既可以在文本框中直接输入文件路径和文件名，也可以通过单击浏览按钮从磁盘上查找和选择所需文件。语法如下：

（1）图像域

```
<input type = "image" src = 图像文件地址  name = 控件名称>
```

（2）隐藏域

```
<input type = "hidden" name = 控件名称  value = 提交的值>
```

（3）文件域

```
<input type = "file" name = 控件名称>
```

其中，src：图像文件位置，可以是相对位置，也可以是绝对位置。

3.5 CSS 使用

层叠样式表（Cascading Style Sheets，CSS）是一种用来表现HTML或XML等文件样式的

计算机网页格式化语言。CSS 目前最新版本为CSS3，是能够真正做到网页表现与内容分离的一种样式设计语言。

样式通常保存在外部的.css 文件中。通过仅仅编辑一个简单的 CSS 文档，外部样式表可以同时改变站点中所有页面的布局和外观。由于允许同时控制多重页面的样式和布局，CSS 可以称得上 Web 设计领域的一个突破。作为网站开发者，只需要进行每个 HTML 元素定义样式，并将之应用于任意多个页面中。如需进行全局的更新，只需简单地改变样式，然后网站中的所有元素均会自动更新。

CSS 的使用方式有以下三种。

1．行间样式表

行间样式表是指将 CSS 样式编码写在 HTML 标签中，格式代码如下。

```
<h1 style="font-size:12px;color:#000FFF">
    我的 CSS 样式。
</h1>
```

行间样式表由 HTML 元素的 style 支持，只需将 CSS 代码用分号隔开写在 style=""之中。这是最基本的形式，但是它没有实现表现与内容分离且不能灵活地控制多个页面。所以只是在调试 CSS 代码的时候使用。

2．内部样式表

内部样式表与行间样式表相似，都是把 CSS 代码写在 HTML 页面中，稍微不同的是前者可以将样式表放在一个固定的位置。格式代码如下。

```
<html>
<head>
<title>内部样式表</title>
    <style type="text/css">
        h1{font-size:12px;
            color:#000FFF
        }
    </style>
</head>
<body>
    <h1>我的 CSS 样式。</h1>
</body>
</html>
```

内部样式表编码是初级的应用形式，不能跨页面使用，所以不适合平时使用。

3．外部样式表

外部样式表是 CSS 应用中最好的一种形式，它将 CSS 样式代码单独放在一个外部文件中，再由网页进行调用。多个网页可以调用一个样式文件表，这样能够实现代码的最大限度的重用及网站文件的最优化配置。

实例3-8：采用方法 3 的格式代码如下。

```
<html>
<head>
<title>实例 3-8：外部样式表演示</title>
<link rel="stylesheet" rev="stylesheet" href="style.css">
</head>
<body>
<h1>我的 CSS 样式。</h1>
```

```
    </body>
    </html>
```

另外，在上述实例 8.html 相同目录下创建一个名为"style.css"的文件，其代码如下：

```
h1{font-size:12px;
      color:#000FFF
}
```

如上所示，在<head>中使用了<link>标签来调用外部样式表文件。将 link 指定为 stylesheet 方式，并使用了 href="style.css"指明样式表文件的路径便可将该页面应用到在 style.css 中定义的样式。

实例 3-8 的运行效果如图 3-8 所示。

图 3-8　外部样式表使用演示

CSS3 是 CSS 技术的升级版本，CSS3 语言开发朝着模块化发展，它的发布不是一个时间点而是一个时间段。Flexbox（伸缩布局盒）是 CSS3 中一个新的布局模式，为了满足现代网络中更为复杂的网页需求而设计，由伸缩容器和伸缩项目组成。

CSS3 中的模块包括：盒子模型、列表模块、超链接方式、语言模块、背景和边框、文字特效、多栏布局等。

与 CSS2 相比，CSS3 增加了如下特性。

1）边框：border-color：控制边框颜色，并且有了更大的灵活性，可以产生渐变效果；border-radius：能产生类似圆角矩形的效果。

2）背景：background-origin：决定了背景在盒模型中的初始位置，提供了三个值，border、padding 和 content。

3）文字效果：text-shadow：文字投影，可能是因为 MAC OSX 的 Safari 浏览器开始支持投影才特意增加的。text-overflow：当文字溢出时，用"…"提示。

4）颜色：HSL colors：除了支持 RGB 颜色外，还支持 HSL（色相、饱和度、亮度）。

5）动画属性：变形（Transform）、转换（Transition）和动画（Animation）。

6）用户界面：resize：可以由用户自己调整 div 的大小，有 horizontal（水平）、vertical（垂直）或者 both（同时）。如果再加上 max-width 或 min-width 的话还可以防止破坏布局。

7）选择器：CSS3 增加了更多的 CSS 选择器，可以实现更简单但是更强大的功能，比如 nth-child()等。

CSS3 将完全向后兼容，所以没有必要修改设计来让它们继续运作。网络浏览器也还将继续支持 CSS2。CSS3 主要的影响是将可以使用新的可用的选择器和属性，这些会允许实现新的设计效果（比如动态和渐变），而且可以很简单地设计出现在的设计效果（比如使用分栏）。

3.6 HTML5 应用

HTML5 是 HTML 最新的修订版本，2014 年 10 月由万维网联盟（W3C）完成标准制定。HTML5 的设计目的是为了在移动设备上支持多媒体。目前 HTML5 仍处于完善之中。然而，大部分现代浏览器已经具备了某些 HTML5 功能的支持。

HTML5 中的一些有趣的新特性：

- 用于绘画的 canvas 元素。
- 用于媒介回放的 video 和 audio 元素。
- 对本地离线存储的更好的支持。
- 新的特殊内容元素，比如 article、footer、header、nav、section。
- 新的表单控件，比如 calendar、date、time、email、url、search。

编写代码时其<!DOCTYPE>声明必须位于 HTML5 文档中的第一行，使用非常简单。

一个简单的 HTML5 文档代码格式如下所示。

```
<!DOCTYPE html>
<html>
<head>
  <meta charset="utf-8">
  <title>文档标题</title>
</head>
<body>
  主体内容.....
</body>
</html>
```

实例 3-9： 下面是一个通过"min、max 和 step"属性为包含数字或日期的 input 类型规定限定（约束）的例子，源代码如下。

```
<!DOCTYPE html>
<html>
<head>
<meta charset="utf-8">
<title>实例 3-9：日期输入验证</title>
</head>
<body>
  <form action="demo-form.jsp">
输入 1980-01-01 之前的日期:
<input type="date" name="bday" max="1979-12-31"><br>
    输入 2000-01-01 之后的日期:
<input type="date" name="bday" min="2000-01-02"><br>
数量 (在 1 和 5 之间):
<input type="number" name="quantity" min="1" max="5"><br>
<input type="submit">
</form>
<p><strong>注意:</strong> Internet Explorer 9 及更早 IE 版本，Firefox 不支持 input 标签的 max 和
min 属性。</p>
<p><strong>注意:</strong>
    在 Internet Explorer 10 中 max 和 min 属性不支持输入日期和时间，IE 10 不支持这些输入类型。
</p>
```

```
    </body>
    </html>
```

实例 3-9 的运行效果如图 3-9 所示。

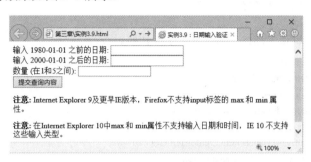

图 3-9　HTML5 日期输入验证

当在表单中输入不符合条件的日期和数值时就会提示输入出错信息，要求重新输入。

📖 **注意:**

对于中文网页需要使用<meta charset="utf-8">声明编码，否则会出现乱码。

3.6.1　WebGL 3D 图形设计

现代浏览器努力使 Web 用户体验更为丰富，而 WebGL 正处于这样的技术生态系统的中心位置。其应用范围覆盖在线游戏、大数据可视化、计算机辅助设计、虚拟现实以及数字营销等各个领域。

在 WebGL 出现之前，用户必须安装第三方插件或本地应用程序才能利用设备硬件所拥有的强大的渲染功能；使用 WebGL，只需要浏览器就可以完成一切。WebGL 和 HTML5 相伴相生，但并未并入 HTML5 标准中，而是和 Web Worker、Web Socket 一样保持独立发展。

WebGL 很强大，但也难于学习和开发，涉及不少几何、代数、物理知识，不仅需要了解计算机结构，还需要具备空间想象能力。

1. 概述

1）WebGL 是一个绘图接口。

2）WebGL 基于 OpenGL ES 2.0。

3）WebGL 是一个底层的技术。

4）WebGL 可和其他页面内容共存。

尽管 WebGL 支持 2D 绘图，但其主要用途是用来构建 3D 场景，所以需要掌握基本的 3D 几何知识，涉及其他学科，这里不再赘述。

2. 搭建 WebGL 场景的基本步骤

（1）检测浏览器是否支持 WebGL

直接访问网页 http://get.webgl.org/ 看是否能看到一个旋转的立方体，如图 3-10 所示。

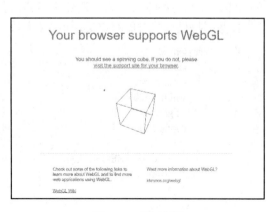

图 3-10　测试图样

如果能看到，说明你的浏览器支持 WebGL，否则，可以下载一个最新的 Chrome。相对来说 Chrome 对 WebGL 的支持最好，效率也很优秀。

（2）基本的代码

搭建最简单的 WebGL 场景，需要下面的 Js 代码。

```
<script>
var width = window.innerWidth;
var height= window.innerHeight;
    var container = document.createElement( 'div' );
    document.body.appendChild( container );
    var webglcanvas = document.createElement('canvas');
    container.appendChild(webglcanvas);
    var gl = webglcanvas.getContext("experimental-webgl");
    function updateFrame () {
       gl.viewport ( 0, 0, width, height );
            gl.clearColor(0.4, 0.4, 0.7, 1);
            gl.clear ( gl.COLOR_BUFFER_BIT );
              setTimeout(
        function(){updateFrame()},    20);
          }
    setTimeout(
      function(){
        updateFrame();
      },
      20);
</script>
```

（3）创建 canvas 元素

和 HTML 一样，需要创建一个 canvas 元素，并获得其 WebGL 上下文，Js 代码如下：

```
    var gl = webglcanvas.getContext("experimental-webgl");
```

然后在一个 updateFrame 的函数中，像 HTML5 的 2D Context 一样，去绘制 3D 的内容。

（4）对象封装

开发项目使用如 Three.js、twaver.js 等第三方辅助工具是不可避免的，它们可以提供 3D 的基本对象和各种特效。为了避免大量修改代码，将原始 3D 的立方体等对象进行封装，用 JSON 数据提供这些对象的定义。JSON 大致结构如下：

```
    var json={
    {    name: '地板',
        type: 'cube',
        width: 1600,
        height: 10,
        depth: 1300,
        style: {
          'm.color': '#BEC9BE',
          'm.ambient': '#BEC9BE',        }
        }
    }
```

由此创建一个 13 米*16 米的地板块，如图 3-11 所示。

3．程序设计中所引用的关键技术

（1）HTML 5 的 canvas 元素

HTML5 的 canvas 元素使用 JavaScript 在网页上绘制图像。相当于画布，它是一个矩形区域，可以控制其每一像素，canvas 拥有多种绘制路径、矩形、圆形、字符以及添加图像的方法。可以通过下面语句创建并规定 canvas 元素的 id、宽度和高度。

图 3-11　地板块样式

```
<canvas id="my Canvas" width="200" height="100"></canvas>
```

canvas 元素本身是没有绘图能力的。所有的绘制工作必须在 JavaScript 内部完成。

```
<script type="text/javascript">
var c=document.get Element By Id("my Canvas");
var cxt=c.get Context("2d");
cxt.fill Style="#FF0000";
cxt.fill Rect(0,0,150,75);
</script>
```

上述这段代码完成了在 canvas 中绘制一个红色的矩形。

（2）WebGL 中的可编程处理器

WebGL 中引用了 Open GL es2.0 的可编程处理器，这也是 WebGL 的关键所在，即顶点着色器和片元着色器。下面将简要介绍 WebGL 如何处理数据。

1）可编程管线的具体流程。

图 3-12 描述了顶点着色器和片元着色器在可编程管线中的具体位置以及整个 API 的调用顺序，这个示意图展示了可编程管线的流处理本质：数据流从应用程序到达顶点处理器，然后到达片元处理器，最后到达帧缓冲区。

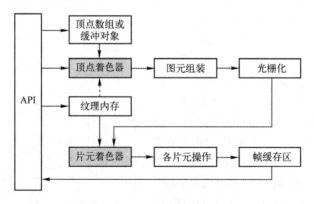

图 3-12　WebGL 可编程管线图

2）着色器的数据处理。

顶点着色器所操作的是输入的顶点值和与其相关联的数据。它可以用来执行顶点变换、发现变换以及规格化、纹理坐标生成、纹理坐标变换、光照等。

片元着色器是一个处理片元值及其相关数据的可编程单元，用来执行传统的图形操作。

此外光照也可以选择在片元着色器上进行，而且效果会比顶点着色器要好一些。片元着色器不会取代在 WebGL 像素处理管道的后端发生的固定功能图形操作。片元着色器的主要输入是插值得到的易变变量，它们是栅格化的结果。用户定义的易变变量必须被定义在片元着色器中，并且它们的类型必须和在顶点着色器中定义的类型相符。此外，需要注意的是在片元着色器中是没有属性变量的定义的。

图 3-13 所示为顶点着色器和片元着色器中的整个数据处理流程。

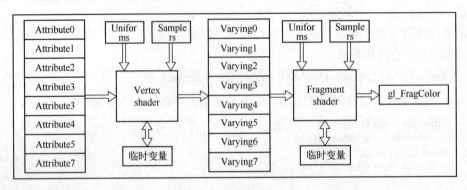

图 3-13　顶点着色器和片元着色器的数据处理流程

（3）着色器与程序对象的链接

图 3-14 展示了在 WebGL 的执行环境中是如何处理 WebGL 着色器与应用程序的链接的。应用程序通过构建的对象调用 API 函数与 WebGL 进行通信。

利用 gl.creat Shader 创建着色器对象，之后应用程序可以通过调用 gl.shader Source 来提供着色器的源代码。使用这个命令可以向 WebGL 提供包含着色器源代码的字符串。将着色器源代码加载到着色器对象中后，可以调用 gl.compile Shader 来编译它。"程序对象"是 WebGL 管理的一种数据结构，它由 gl.creat Program 创建，它充当了着色器对象的容器。应用程序需要使用命令 gl.attach Shader 将着色器对象附加到一个程序对象上。之后通过调用 gl.link Program 可以将编译好的着色器对象链接到一起，链接步骤会解决着色器之间的外部引用，检查顶点着色器与片元着色器之间的兼容性，向一致变量指定内存位置等。其结果就是产生一个或多个可执行代码，通过调用 gl.use Program 就可以将它们安装为 WebGL 当前状态的一部分。这个命令会在顶点处理器和片元处理器上安装可执行代码，以便用它们来渲染之后的所有图形图元。

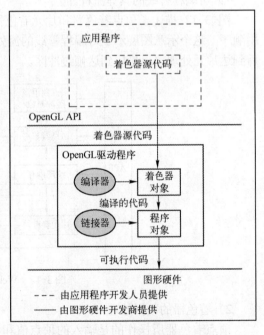

图 3-14　WebGL 着色器执行模型

3.6.2　HTML5 综合应用实例

实例：利用 HTML5 设计一个转盘抽奖网页。

代码如下：

```html
<!DOCTYPE html>
<head>
<meta http-equiv="Content-Type" content="text/html; charset=utf-8" />
<title>html5 转盘抽奖代码</title>
</head>
<body>
<div style="width:620px;margin:20px auto 0 auto;">
    <input type="button" value="开始旋转" onClick="spin();" style="float: left;" />
    <canvas id="wheelcanvas" width="500" height="500"></canvas>
</div>
<script type="text/javascript">
var colors = ["#B8D430", "#3AB745", "#029990", "#3501CB","#2E2C75", "#673A7E", "#CC0071", "#F80120","#F35B20", "#FB9A00", "#FFCC00", "#FEF200"];
var restaraunts = ["北京", "上海", "天津", "南京","杭州", "深圳", "武汉", "济南","重庆", "大连", "合肥", "郑州"];
var startAngle = 0;
var arc = Math.PI / 6;
var spinTimeout = null;
var spinArcStart = 10;
var spinTime = 0;
var spinTimeTotal = 0;
var ctx;
function draw() {
drawRouletteWheel();
}
function drawRouletteWheel() {
  var canvas = document.getElementById("wheelcanvas");
  if (canvas.getContext) {
    var outsideRadius = 200;
    var textRadius = 160;
    var insideRadius = 125;
    ctx = canvas.getContext("2d");
ctx.clearRect(0,0,500,500);
ctx.strokeStyle = "black";
ctx.lineWidth = 2;
    ctx.font = 'bold 12px sans-serif';
for(var i = 0; i < 12; i++) {
    var angle = startAngle + i * arc;
  ctx.fillStyle = colors[i];
  ctx.beginPath();
  ctx.arc(250, 250, outsideRadius, angle, angle + arc, false);
  ctx.arc(250, 250, insideRadius, angle + arc, angle, true);
  ctx.stroke();
  ctx.fill();
  ctx.save();
  ctx.shadowOffsetX = -1;
  ctx.shadowOffsetY = -1;
  ctx.shadowBlur      = 0;
  ctx.shadowColor     = "rgb(220,220,220)";
  ctx.fillStyle = "black";
  ctx.translate(250 + Math.cos(angle + arc / 2) * textRadius, 250 + Math.sin(angle + arc / 2) * textRadius);
```

```
                    ctx.rotate(angle + arc / 2 + Math.PI / 2);
                        var text = restaraunts[i];
                    ctx.fillText(text, −ctx.measureText(text).width / 2, 0);
                    ctx.restore();
                        }
                        //Arrow
                    ctx.fillStyle = "black";
                    ctx.beginPath();
                    ctx.moveTo(250 − 4, 250 − (outsideRadius + 5));
                    ctx.lineTo(250 + 4, 250 − (outsideRadius + 5));
                    ctx.lineTo(250 + 4, 250 − (outsideRadius − 5));
                    ctx.lineTo(250 + 9, 250 − (outsideRadius − 5));
                    ctx.lineTo(250 + 0, 250 − (outsideRadius − 13));
                    ctx.lineTo(250 − 9, 250 − (outsideRadius − 5));
                    ctx.lineTo(250 − 4, 250 − (outsideRadius − 5));
                    ctx.lineTo(250 − 4, 250 − (outsideRadius + 5));
                    ctx.fill();
                        }
        }
        function spin() {
                spinAngleStart = Math.random() * 10 + 10;
                spinTime = 0;
                spinTimeTotal = Math.random() * 3 + 4 * 1000;
                rotateWheel();
        }
        function rotateWheel() {
                spinTime += 30;
                if(spinTime >= spinTimeTotal) {
                        stopRotateWheel();
                        return;
                }
                var spinAngle = spinAngleStart − easeOut(spinTime, 0, spinAngleStart, spinTimeTotal);
                startAngle += (spinAngle * Math.PI / 180);
                drawRouletteWheel();        spinTimeout = setTimeout('rotateWheel()', 30);
        }
        function stopRotateWheel() {
                clearTimeout(spinTimeout);
                var degrees = startAngle * 180 / Math.PI + 90;
                var arcd = arc * 180 / Math.PI;
                var index = Math.floor((360 − degrees % 360) / arcd);        ctx.save();
                ctx.font = 'bold 30px sans−serif';
                var text = restaraunts[index]
                ctx.fillText(text, 250 − ctx.measureText(text).width / 2, 250 + 10);        ctx.restore();
        }
        function easeOut(t, b, c, d) {
                var ts = (t/=d)*t;
                var tc = ts*t;
                return b+c*(tc + −3*ts + 3*t);
        }
        draw();
        </script>
        </body>
        </html>
```

程序运行效果如图 3-15 所示。

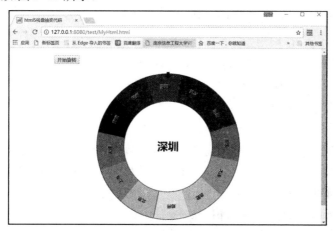

图 3-15 转盘抽奖效果图

3.7 JavaScript 使用

JavaScript 的出现给静态的 HTML 网页带来很大的变化。JavaScript 增加了 HTML 网页的互动性，使以前单调的静态页面变得富有交互性，它可以在浏览器端实现一系列动态的功能，仅仅依靠浏览器就可以完成一些与用户的互动。它是通过嵌入或调入在标准 HTML 语言中实现的，弥补了 HTML 语言的不足，是 Java 与 HTML 折中的选择方案。下面介绍这种技术的基础知识。

3.7.1 JavaScript 概述

JavaScript 是一种基于对象（Object）和事件驱动（Event Driven）并具有安全性能的脚本语言。嵌入在 HTML 语言中实现，能够在客户端执行。它具有解释性、基于对象、事件驱动、安全性和跨平台等特点。它无需编译，直接嵌入 HTTP 页面中，把静态页面转变成支持用户交互并响应应用事件的动态页面。其经常用于数据验证、控制浏览器以及生成时钟，日历和时间戳文件。

JavaScript 的标签是<script language="javascript">…</script>，一般放在页面的<head>…</head>之间。

📖注意:
- Java 和 JavaScript 虽然名字相似，但两者没有任何关系。
- 两门语言是由两家不同公司开发的，Java 是 SUN 公司（现由 Oracle 公司收购），而 JavaScript 是 Netscape 公司，最初名字为 LiveScript。Java 是面向对象语言 OOP，所有对象和类都要求用户自己定义；JavaScript 是基于对象的语言，所有对象都是由浏览器提供给用户的，直接调用即可。
- 之所以将 LiveScript 更名为 JavaScript，主要也是借助 Java 的名声，便于推广使用。

3.7.2 函数

在 JavaScript 开发中最重要的部分就是函数，也是在代码中最常使用的一种形式。

1．变量

在 JavaScript 中，可以用关键字 var 声明变量，其语法格式如下：

```
var variable;
```

在 JavaScript 里，变量都是用 var 来声明，不区分数据类型，为这个变量赋值什么类型的数据，就是什么类型，如 int，double 等。可以用一个 var 声明若干个变量，并赋值，例如：

```
var i= 5,j="你好！",k=true;
```

2．函数定义

在 JavaScript 中运算符和流程控制语句与 Java 一致，在这就不多介绍了。

函数是由关键字 function、函数名加一组参数以及置于大括号中需要执行的一段代码定义的。定义函数的基本语法如下：

```
function functionname([parameter1,parameter2,......]){
    Statements;
    [return expression;]
}
```

参数说明：

- Functioname：必选项，用于指定函数名。
- Parameter：可选项，用于指定参数。
- Statements：必选项，是函数体，用于实现函数功能的语句。
- Expression：可选项，用于返回函数值。

从函数定义格式中可以发现，在 JavaScript 中定义的函数不需要声明返回值，而如果一个函数需要有返回值的话，则直接通过 return 语句返回即可。

3．函数调用

如果函数调用不带参数的函数，使用函数名加上括号即可；如果要调用的函数带参数，则需要传递的参数也加上括号；如果包含多个参数，各个参数间用逗号隔开。

实例 3-10：验证表单输入字符串是否为汉字，JavaScript 代码如下所示。

```
<script language="javascript">
function check(){
  var str=form1.Name.value;
  if(str==""){
      alert("请输入姓名！");
      form.Name.focus();
      return;
          }
  else{
      var obj=/[\u4E00-\u9FA5]{2,}/;
      if(obj.test(str)==true){
            alert("你输入正确的姓名！");
                            }
      else{
            alert("你输入姓名不正确！");
            }
      }
  }
</script>
<html>
```

```
        <head>
            <title>实例 3-10：JavaScript 输入验证</title>
        </head>
        <body>
        <div>
          <form    name="form1" method="post" action="" >
        名字: <input type="text" name="Name" id="name" size="40" /><br>
            <input type="button" name="Button" onclick="check()" value="检测"/>
          </form>
        </div>
        </body>
        </html>
```

当输入错误的名字（非汉字）与汉字时，则实例 3-10 运行结果如图 3-16 所示。

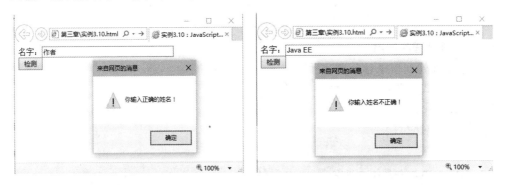

图 3-16　实例 3-10 运行结果

3.7.3　事件处理

在 JavaScript 中，除了调用 JavaScript 函数外，还可以通过触发事件执行 JavaScript 语句。事件可以令 JavaScript 的程序变得更灵活，使页面具备更好的交互效果。在 JavaScript 的事件处理过程中主要也是围绕函数展开的，一旦事件发生后，则会根据事件的类型来调用相应的函数，以完成事件的处理。

1．JavaScript 常用事件

JavaScript 常用事件如表 3-6 所示。

表 3-6　JavaScript 常用事件

事　　件	何　时　触　发
onblur	元素或窗口本身失去焦点时触发
onchange	改变<select>元素中选项或其他表单元素失去焦点，并且在其获得焦点后内容发生改变时触发
onclick	单击鼠标左键时触发
ondbclick	双击鼠标左键时触发
onfocus	任何元素或窗口获得焦点时触发
onkeydown	键盘上按键被按下时触发，当返回 false 时，取消默认动作
onkeypress	键盘被按下时触发，并产生一个字符
onkeyup	释放键盘上按键时触发

事　　件	何　时　触　发
onload	页面完全载入后，在 window 对象上触发；所有框架都载入后，在框架集上触发；<img>标记指定的图像完全载入后，在其上触发；或<object>标记指定的对象完全载入后，在其上触发
onmousedown	单击任何一个鼠标按键时触发
onmousemove	鼠标在某个元素上移动时触发
onmouseout	鼠标在某个元素上移开时触发
onreset	单击重置按钮时在<form>上触发
onselect	选中文本时触发
onsubmit	单击提交按钮在<form>上触发
onunload	页面完全卸载后，在 window 对象上触发

2．事件处理程序调用

在使用事件处理程序对页面进行操作时，最主要的是如何通过对象的事件来指定事件处理程序。指定方式主要有以下两种。

1）在 JavaScript 中调用事件处理程序，首先需要获得要处理对象的引用，然后将要执行处理的函数值给对应的事件。

代码如下：

```
<input name="but"type="button"    value="保存">
<script language="javascript">
  Var button=document.getElementById("but");
  button.onclick=function(){
  alert("单击了保存按钮");
}
</script>
```

2）在 HTML 中分配事件处理程序，只要在 HTML 标记中添加相应的事件，并在其中指定要执行的代码或函数即可。

部分应用代码如下：

```
<input name="but" type="button"    value="保存"onclick=" alert('单击了保存按钮'); ">
```

3．JavaScript 输入验证实例

前面介绍了在浏览器端对用户输入的简单验证的 HTML 代码，这种验证仅仅局限于输入格式等方面。下面通过一个完整的表单内容验证实例来了解 JavaScript 用法，输入验证内容的验证规则为：用户名、密码、重新输入密码这三项不能为空，用户名长度不能小于 6 位，两次密码输入必须相同。

实例 3-11：下面是添加按照上面定义的规则验证的表单代码，代码如下所示。

```
<html>
<head>
<title>实例 3-11:表单输入验证示例</title>
<script type="text/javascript">
function validate()
{
  var userName=document.forms[0].userName.value;
  var password=document.forms[0].password.value;
```

```
        var rePassword=document.forms[0].rePassword.value;
        if(userName.length<=0)
            alert("用户名不能为空！");
        else if(password<=0)
            alert("密码不能为空！");
        else if(rePassword.length<=0)
            alert("重新输入密码不能为空！");
        else if(userName.length<6)
            alert("用户名不能小于 6 位！");
        else if(password!=rePassword)
            alert("两次输入密码不一致！");
        else
        {
            alert("验证通过，表单可以提交！");
        document.forms[0].submit();
        }
}
</script>
</head>
<body>
<form action="" method="post">
用户名：<input type="text" name="userName"></input><br>
密码：<input type="password" name="password"></input><br>
重新输入密码：<input type="password" name="rePassword"></input><br>
性别：<input type="radio" name="sex" value="男">男
<input type="radio" name="sex" value="女">女<br>
    出生日期：<select name="birth">
    <option value="0">－请选择－</option>
    <option value="1981">1981</option>
    <option value="1982">1982</option>
    <option value="1983">1983</option>
    <option value="1984">1984</option>
    <option value="1985">1985</option>
    <option value="1986">1986</option>
</select>年<br>
    兴趣：<input name="habit" type="checkbox" value="1">音乐</input>
    <input name="habit" type="checkbox" value="2">文学</input>
    <input name="habit" type="checkbox" value="3">体育</input><br>
    <input type="button" value="提交" onClick="validate()"/>
    <input type="reset" value="取消" />
</form>
</body>
</html>
```

　　这个程序针对上面的验证规则，对输入的各项进行检查，如果有一条不满足就不提交表单，例如用户没有输入用户名或密码就提交表单，就会分别弹出如图 3-17 所示的对话框，其他各种错误提示跟这个提示类似。实例 3-11 运行结果如图 3-17 所示。

提示： 如果经常要在不同文件中调用同一函数，这样的函数可以放在一个 JavaScript 文件里定义，然后在用到的页面里引入这个 JavaScript 文件。JavaScript 文件的后缀是.js。

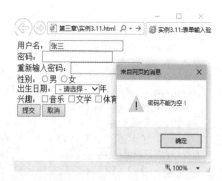

图 3-17　实例 3-11 不同验证运行结果

3.7.4　两种网络请求数据的解析方式：XML 和 JSON

现在比较流行和常用的对于网络请求数据的解析的方式是 XML 解析和 JSON 解析，下面对两种数据交换格式进行简要介绍和对比。

1. XML 简介

XML 指的是可扩展标记语言（Extensible Markup Language）。XML 由三个部分构成：文档类型定义（Document Type Definition，DTD）、可扩展的样式语言（Extensible Style Language，XSL），以及可扩展链接语言（Extensible Link Language，XLL）。XML 类似于 HTML，用来传输和存储数据，没有预先定义的标签，具有自我描述性，是对超文本标记语言的补充。

XML 目前设计了两种解析方式：DOM 和 SAX。

1）DOM：解析时将 XML 文档看成一个 DOM 对象，需读入整个文档，文档、文档中的根、元素、元素内容、属性、属性值等都是以对象模型的形式表示的。能在内存中保存整个文档的模型，可方便应用程序对数据和结构做出更改。

2）SAX：解析时触发一系列事件并激活相应事件处理函数，无需读入整个文档，从上到下的顺序读取是一种逐步解析的方法，占用内存少，解析速度快，因而适合大规模解析，但不适合文档的增删改查。

XML 与 HTML 存在如下语法区别：

● 要求所有的标记必须成对出现。

● 区分大小写。

从编码的可读性来说，XML 有明显的优势，更贴近人类的语言。

实例：中国部分省市数据的 XML 代码如下。

```
<?xml version="1.0" encoding="utf-8" ?>
<country>
<name>中国</name>
<province>
<name>黑龙江</name>
<citys>
<city>哈尔滨</city>
<city>大庆</city></citys>
</province>
</country>
```

实例：在 JavaScript 中创建 XML 文件的代码如下。

```
function CreateXml()
{
    //创建
    var xmldoc=new ActiveXObject("Microsoft.XMLDOM");
xmldoc.async = false;
xmldoc.load("temp1.xml");

    //创建声明
var p=xmldoc.createProcessingInstruction("xml","version='1.0' encoding='gb2312'");        //添加声明
xmldoc.appendChild(p);

    //创建根节点
    var root=xmldoc.createElement("root");
xmldoc.appendChild(root);

    //保存
xmldoc.save("c:/temp1.xml");
}
```

2．JSON 简介

如果开发过程中直接用JavaScript解析 XML 文件的话，常常会导致复杂的代码和极低的开发效率。为此，JSON 为 Web 应用开发者提供了另一种数据交换格式。

JSON 指的是 JavaScript 对象表示法（JavaScript Object Notation）。JSON 是轻量级的文本数据交换格式，和 XML 一样也是纯文本的，具有独立于语言、自我描述性、更易理解等特点，具有层级结构（值中存在值），可通过 JavaScript 进行解析数据，可使用 Ajax 进行传输。JSON 使用 JavaScript 语法来描述数据对象，但是 JSON 仍然独立于语言和平台。JSON 解析器和 JSON 库支持许多不同的编程语言。

Object 对象在 JSON 中是用{}包含一系列无序的 Key-Value 键值对表示的，实际上此处的 Object 相当于Java中的 Map<String, Object>，而不是 Java 的 Class。注意 Key 只能用 String 表示。

如一个 employee 对象是包含三个员工记录（对象）的数组表示如下。

```
{
"employees": [
    { "firstName":"Bill" , "lastName":"Gates" },
    { "firstName":"George" , "lastName":"Bush" },
    { "firstName":"Thomas" , "lastName":"Carter" }
    ]
}
```

要把 JSON 文本转换为 JavaScript 对象。JSON 最常见的用法之一，是从 Web 服务器上读取 JSON 数据（作为文件或 HttpRequest），将 JSON 数据转换为 JavaScript 对象，然后在网页中使用该数据。

实例 3-12：在 JavaScript 中创建 JSON 对象的代码如下。

```
<html>
<head>
<title>实例 3-12:创建 JSON 对象</title>
</head>
<body>
    <h2>在 JavaScript 中创建 JSON 对象</h2>
    <p>
    姓名: <span id="jname"></span><br />
```

```
年龄: <span id="jage"></span><br />
地址: <span id="jstreet"></span><br />
电话: <span id="jphone"></span><br />
</p>
<script type="text/javascript">
var JSONObject= {
"name":"张山",
"street":"江苏省南京市江北新区",
"age":36,
"phone":"025 1234567"};
document.getElementById("jname").innerHTML=JSONObject.name
document.getElementById("jage").innerHTML=JSONObject.age
document.getElementById("jstreet").innerHTML=JSONObject.street
document.getElementById("jphone").innerHTML=JSONObject.phone
</script>
</body>
</html>
```

实例 3-12 的运行效果如图 3-18 所示。

JSON 已经是 JavaScript 标准的一部分。目前，主流的浏览器对 JSON 支持都非常完善。应用 JSON 可以从 XML 的解析中摆脱出来，对那些应用 Ajax 的 Web 2.0 网站来说，JSON 确实是目前最灵活的轻量级方案。

XML 和 JSON 对比分析如表 3-7 所示。

图 3-18　实例 3-12 的创建 JSON 对象的运行结果

表 3-7　XML 和 JSON 对比分析

	XML	JSON
优点	（1）格式统一，符合标准； （2）易与其他系统进行远程交互，数据共享方便； （3）较好的可读性和可扩展性	（1）数据格式简单，易于读写，格式都是压缩的，占用带宽小； （2）易于解析，客户端可简单进行数据读取； （3）支持多种服务器端语言，便于服务器端的解析； （4）已出现 PHP-JSON 和 JSON-PHP，PHP 服务器端的对象、数组等能直接生成 JSON 格式，便于客户端访问提取； （5）能直接为服务器端代码使用，大大简化了服务器端和客户端的代码开发量，易于维护
缺点	（1）文件庞大，文件格式复杂，传输占用带宽； （2）服务器端和客户端都需要花费大量代码解析，不易维护； （3）客户端不同浏览器间解析方式不一致，需重复编写代码，花费较多资源和时间	目前在 Web Service 中推广，还属于初级阶段。JOSN 丢失了 XML 的一些特性，如 JOSN 中已经找不到命名空间，JOSN 片段的创建和验证过程比 XML 复杂

3．JavaScript 脚本框架

JavaScript 长期以来用作 Web 浏览器应用程序的客户端脚本接口，它让 Web 开发人员以编程方式处理 Web 页面上的对象，并提供了一个能够动态操作这些对象的平台。然而使用 JavaScript 并不是件容易的事，主要是由于支持多个 Web 浏览器产生的复杂性，即不同的浏览器由不同的 JavaScript 实现。JavaScript 脚本框架应运而生。

JavaScript 脚本框架是一组能轻松生成跨浏览器兼容的 JavaScript 代码的工具和函数。具有以下特性：

1）每一个库都在众多流行的 Web 浏览器的现代版本上进行了可靠的测试。

2）更容易地编写检索、遍历、操作 DOM 元素的代码。

3）对事件处理方式进行改进。

4）支持 Ajax。

从内部架构和理念划分，目前 JavaScript 框架大致可以划分为 5 类，见表 3-8。

表 3-8 JavaScript 框架分类及介绍

分 类	特 征	代 表	简 介
以命名空间为导向的类库或框架	以某一对象为根，为它添加对象和二级对象属性来组织代码	EXT	结构化，基于 Yahoo UI 扩展包，能实现复杂布局，支持 XML\JSON 数据类型
		YUI	一系列使用 JavaScript 和 CSS 创建的工具与控件集，用来创建富客户端 Web 应用。使用 DOM Scripting、DHTML 和 Ajax
以类工厂为导向的框架	除了最基本的命名空间，其他模块都是由类工厂衍生出来的类对象。尤其 Mootools1.3 把所有类型都封装成 Type 类型	Prototype	语言扩展覆盖面很广，包括基本数据类型和从语言借鉴过来的"类"。定义了 JS 的面向对象扩展，DOM 操作 API，事件等
		Base2	是一个轻量级框架，用于开发移动 Web 应用，主要运行在 iPhone 和 iPod Touch 的 Mobile Safari 浏览器上。提供了一些便捷和可复用方法来帮助编写轻量并且可扩展的移动 Web 应用代码
		Mootools	简洁，模块化，面向对象，与 Prototype 相类似，语法几乎一样。但它提供的功能要比 Prototype 多，而且更强大。比如增加了动画特效、拖放操作等，可以定制自己所需的功能，可以说是 Prototype 的增强版
		Ten	受 Prototype 影响，是最早以空间命名的框架典范
以选择器为导向的框架	整个框架或库主体是一个特殊的类数组对象，方便集化操作	jQuery	模块划分为四个部分：语言扩展、DOM 扩展、Ajax 部分、废弃部分，新版本用其他方法实现原有功能，支撑 CSS 和 XPath，注重简洁和高效
加载器串联起来的框架	每个 JavaScript 文件都以固定规则编写，许多企业内部框架都采取这种架构	AMD	专门为浏览器设计的一种规范
具有明确的分层构架的 MVC	在 MVVM 框架中，DOM 操作被声明式绑定取代，由框架自由处理，用户只专注于业务代码	JavaScript MVC(现在叫 Canjs)	用一种业务逻辑、数据、界面显示分离的方法组织代码，将业务逻辑聚集到一个部件里面，在改进和个性化定制界面及用户交互的同时，无需重新编写业务逻辑
		Backbone	一个轻量级库，根据模型的变更自动更新应用程序的 HTML，有助于代码维护促进客户端模板使用。模型、视图、集合和路由器是框架主要组件
		Spine	一个轻量级框架，是解耦模块和 CommonJS 组件的有力补充，其本身相当简单，库、API 都极小

除了表格中列出的框架结构，现在可供选择的类库已经非常多。也许无法确定哪个类库、框架和工具是最好的，但是最适合自己项目的就是最好的。

下面分别介绍 Angular 和 React 两种框架结构。

3.7.5 AngularJS 脚本框架

1. 概述

AngularJS 诞生于 2009 年，由 Misko Hevery 等人创建，后为 Google 所收购。它是一款优

秀的前端 JS 框架，已经被用于 Google 的多款产品当中。AngularJS 有着诸多特性，最为核心的是：MVC、模块化、自动化双向数据绑定、语义化标签、依赖注入等等。

2．AngularJS 指令

AngularJS 使用了不同的方法尝试去补足 HTML 本身在构建应用方面的缺陷。通过使用称为指令的结构，让浏览器能够识别新的语法、扩展的 HTML 属性。AngularJS 指令是以 ng 作为前缀，可通过内置的指令来为应用添加功能，同时允许自定义指令。

调用指令可以通过元素名、属性、类名、注释。

1）通过<script>标签添加到 HTML 页面，比如：

```
<script src="http://cdn.static.runoob.com/libs/angular.js/1.4.6/angular.min.js"></script>
```

2）ng-init 指令，初始化 AngularJS 应用程序变量，比如：

```
<div data-ng-app="" data-ng-init="firstName='John'">
<p>姓名为<span data-ng-bind="firstName"></span></p>
</div>
```

3）ng-app 指令，定义一个 AngularJS 应用程序；是一个特殊的指令，其值可以为空。一个 HTML 文档只出现一次，如出现多次也只有第一个起作用；它可以出现在 HTML 文档的任何一个元素上，告诉子元素指令是属于 AngularJS。

4）ng-controller 定义一个控制器。

5）ng-model 指令，把元素值（比如输入域的值）绑定到应用程序；可根据表单域的状态添加/移除以下类：ng-empty、ng-not-empty、ng-touched、ng-untouched、ng-valid、ng-invalid、ng-dirty、ng-pending、ng-pristine 等。

6）ng-bind 指令，把应用程序数据绑定到 HTML 视图。

3．AngularJS 表达式

写在双大括号内：{{ expression }}，与 JavaScript 表达式类似，包含文字、运算符和变量，使用表达式可将数据绑定到 HTML，将在表达式书写的位置"输出"数据，与 ng-bind 指令有异曲同工之妙。与 JavaScript 表达式有所不同：AngularJS 表达式可以写在 HTML 中、不支持条件判断循环及异常、支持过滤器。

（1）AngularJS 数字、字符串

与 JavaScript 相似，比如：

```
<div ng-app="" ng-init="quantity=1;cost=5; firstName='John';lastName='Doe'">
<p>总价：{{ quantity * cost }}</p>
<p>姓名：{{ firstName + " " + lastName }}</p>
</div>
```

（2）AngularJS 对象

与 JavaScript 相似，比如：

```
<div ng-app="" ng-init="person={firstName:'John',lastName:'Doe'}">
<p>姓为 {{ person.lastName }}</p>
</div>
```

（3）AngularJS 数组

与 JavaScript 相似，比如：

```
<div ng-app="" ng-init="points=[1,15,19,2,40]">
```

```
<p>第三个值为  {{ points[2] }}</p>
</div>
```

实例 3-13： 实现在双大括号内输入 5 + 5。代码如下：

```
<!DOCTYPE html>
<html>
<head>
<meta charset="utf-8">
<script src="http://cdn.static.runoob.com/libs/angular.js/1.4.6/angular.min.js"></script>
</head>
<body>
<div ng-app="">
<p>我的第一个表达式：{{ 5 + 5 }}</p>
</div>
</body>
</html>
```

实例 3-13 运行结果如图 3-19 所示。

4．AngularJS 应用

AngularJS 应用组成如下：View 即 HTML、Model 即当前视图中可用的数据、Controller 即 JavaScript 函数，可以添加或修改属性。

1）AngularJS 模块（Module），定义了 Angular JS 应用，比如：

```
var app = angular.module('myApp', []);
```

Scope（作用域）是应用在 HTML（视图）和 JavaScript（控制器）之间的纽带，它是一个对象，有可用的方法和属性，可应用在视图和控制器上。创建控制器时，可将 $scope 对象当作一个参数传递。

rootScope（根作用域）可作用在 ng-app 指令包含的所有 HTML 元素中，是各个 Controller 中 Scope 的桥梁。用 rootScope 定义的值，可以在各个 Controller 中使用。

2）AngularJS 控制器（Controller）用于控制 AngularJS 应用，比如：

```
app.controller('myCtrl', function($scope) {
    $scope.firstName= "John";
    $scope.lastName= "Doe";
});
```

实例 3-14： 实现文本框里分别输入姓和名并显示。代码如下：

```
<div ng-app="myApp" ng-controller="myCtrl">
名: <input type="text" ng-model="firstName"><br>
姓: <input type="text" ng-model="lastName"><br>
<br>
姓名: {{firstName + " " + lastName}}
</div>
<script>
var app = angular.module('myApp', []);
app.controller('myCtrl', function($scope) {
    $scope.firstName= "John";
    $scope.lastName= "Doe";
});
</script>
```

实例 3-14 运行结果如图 3-20 所示。

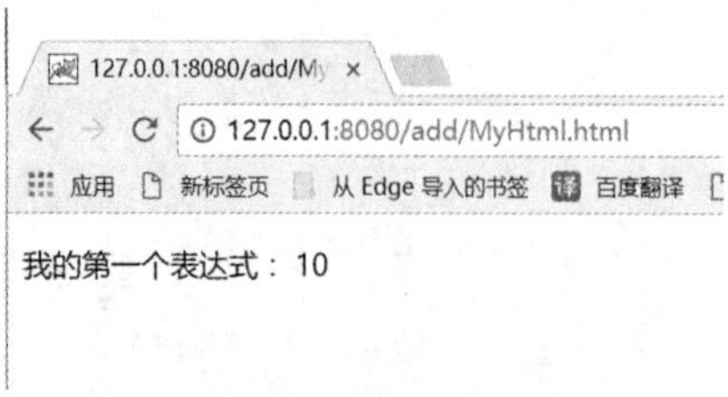

图 3-19 实例 3-13 运行结果    图 3-20 实例 3-14 运行结果

5．AngularJS 综合实例

实例 3-15：综合运用 AngularJS 指令。代码如下：

```html
<html ng-app="myNoteApp">
<head>
<meta charset="utf-8">
<script src="http://apps.bdimg.com/libs/angular.js/1.4.6/angular.min.js"></script>
</head>
<body>
<div ng-controller="myNoteCtrl">
<h2>我的 AngularJS 学习笔记</h2>
<p><textarea ng-model="message" cols="40" rows="10"></textarea></p>
<p>
<button ng-click="save()">保存</button>
<button ng-click="clear()">清除</button>
</p>
</div>
<script src="myNoteApp.js"></script>
<script src="myNoteCtrl.js"></script>
</body>
</html>
```

运行效果如图 3-21 所示。

3.7.6 React 脚本框架

1．概述

React 起源于 Facebook 的内部项目，用来架设 Instagram 的网站，并于 2013 年 5 月开源，拥有较高性能，代码逻辑非常简单，常用于构建用户界面的 JavaScript 库，越来越多的人已开始关注和使用它，可以说是当下最流行的 JavaScript 脚本框架之一。

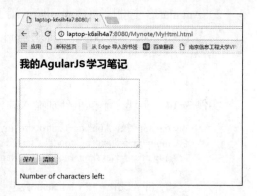

图 3-21 运行结果

React 具有以下特点。

- 声明式设计：React 采用声明范式，可以轻松描述应用。
- 高效：React 通过对 DOM 的模拟，最大限度地减少与 DOM 的交互。
- 灵活：React 可以与已知的库或框架很好地配合。
- JSX：JSX 是 JavaScript 语法的扩展。
- 组件：通过 React 构建组件，代码更加容易得到复用，能够很好地应用在大项目的开发中。

● 单向响应的数据流：减少了重复代码，比传统数据绑定更简单。

基于 HTML5、CSS、JavaScript 的基础知识，本书对 React 框架进行简单的介绍，本书例子使用 15.4.2 的 React 版本，可在官网 http://facebook.github.io/react/ 下载最新版本，也可以直接使用 BootCDN 的 React CDN 库，地址如下。

```
<script src="https://cdn.bootcss.com/react/15.4.2/react.min.js"></script>
<script src="https://cdn.bootcss.com/react/15.4.2/react-dom.min.js"></script>
<script src="https://cdn.bootcss.com/babel-standalone/6.22.1/babel.min.js"></script>
```

react.min.js 是 React 的核心库，react-dom.min.js 提供与 DOM 相关的功能，babel.min.js 可将 ES6 代码转为 ES5 代码，同时内嵌了对 JSX 的支持。

实例 3-16：利用 React 脚本框架编写简单程序。代码如下：

```
<html>
<head>
<meta charset="UTF-8" />
<title>Hello React!</title>
<script src="https://cdn.bootcss.com/react/15.4.2/react.min.js"></script>
<script src="https://cdn.bootcss.com/react/15.4.2/react-dom.min.js"></script>
<script src="https://cdn.bootcss.com/babel-standalone/6.22.1/babel.min.js"></script>
</head>
<body>
<div id="example"></div>
<script type="text/babel">
        ReactDOM.render(
<h1>Hello, world!</h1>,
document.getElementById('example')
        );
</script>
</body>
</html>
```

运行效果如图 3-22 所示。

图 3-22　运行结果

2．React JSX

JSX 是一个看起来很像 XML 的 JavaScript 语法扩展，它执行速度更快，在编译过程中就能发现错误，因此，使用 JSX 编写模板更加简单快速。

1）可在代码中嵌套多个 HTML 标签，但需要使用一个 div 元素包裹它，实例如下：

```
ReactDOM.render(
<div>
<h1>JavaEE 教程</h1>
<h2>欢迎学习 React</h2>
```

```
<p data-myattribute = "somevalue">这是一个很不错的 JavaScript 库!</p>
</div>
document.getElementById('example'));
```

上述实例中添加自定义属性需要使用 data- 前缀。

2）可在 JSX 中使用 JavaScript 表达式，表达式写在花括号 {} 中。实例如下：

```
ReactDOM.render(
<div>
<h1>{1+1}</h1>
</div>,
document.getElementById('example'));
```

3）JSX 中不能使用 if else 语句，但可以使用 conditional（三元运算）表达式来替代。

4）React 样式。推荐使用内联样式，可使用 camelCase 语法来设置内联样式，实例如下：

```
var myStyle = {
    fontSize: 100,
    color: '#FF0000'};
ReactDOM.render(
<h1 style = {myStyle}> JavaEE 教程</h1>,
document.getElementById('example'));
```

5）数组。JSX 允许在模板中插入数组，数组会自动展开所有成员。

6）React 注释。在标签内部的注释需要花括号，在标签外的注释不能使用花括号。

3. React 组件

使用组件可使应用更容易管理。

1）封装一个输出 "Hello World！" 的组件，其组件名为 HelloMessage。

```
var HelloMessage = React.createClass({
  render: function() {
    return <h1>Hello World！</h1>;
  }
});
ReactDOM.render(
<HelloMessage />,
document.getElementById('example'));
```

上述实例中，React.createClass 方法用于生成一个组件类 HelloMessage。
<HelloMessage />实现组件类并输出信息。

2）向组件传递参数，可使用 this.props 对象，实例如下：

```
var HelloMessage = React.createClass({
  render: function() {
    return <h1>Hello {this.props.name}</h1>;
  }
});
ReactDOM.render(
<HelloMessage name="Runoob" />,
document.getElementById('example')
);
```

上述实例中 name 属性通过 this.props.name 来获取。

3）复合组件。可通过创建多个组件来合成一个组件，即把组件的不同功能点进行分离，实例如下：

```
var WebSite = React.createClass({
  render: function() {
    return (
<div>
<Name name={this.props.name} />
<Link site={this.props.site} />
</div>
    );
  }
});
 var Name = React.createClass({
  render: function() {
    return (
<h1>{this.props.name}</h1>
    );
  }
});
var Link = React.createClass({
  render: function() {
    return (
<a href={this.props.site}>
        {this.props.site}
</a>
    );
  }
});
ReactDOM.render(
<WebSite name="百度" site=" http://www.baidu.com" />,
document.getElementById('example'));
```

上述实例实现了输出百度网站名字和网址的组件。

React 把组件看成是一个状态机（State Machines）。通过与用户的交互，实现不同状态，然后渲染 UI，让用户界面和数据保持一致，而子组件通过 Props 来传递数据。

4．React 表单与事件

实例3-17： 表单与事件的简单应用。

```
var HelloMessage = React.createClass({
    getInitialState: function() {
    return {value: 'Hello JavaEE!'};
},
handleChange: function(event) {
    this.setState({value: event.target.value});
},
render: function() {
    var value = this.state.value;
    return <div>
    <input type="text" value={value} onChange={this.handleChange} />
    <h4>{value}</h4>
    </div>;
}
});
ReactDOM.render(
<HelloMessage />,
document.getElementById('example')
```

```
);
```

运行结果如图 3-23 所示。

3.8 jQuery 基础

jQuery 是一个 JavaScript 函数库。jQuery 极大地简化了 JavaScript 编程。jQuery 库可以通过一行简单的标记被添加到网页中。虽然 jQuery 上手简单，比其他库容易学会，但是要全面掌握，却不轻松。因为它涉及网页开发的方方面面，提供的各种方法和内部变化有上千种之多。初学者常常感到入门很方便，提高却很困难。

图 3-23　运行结果

jQuery 是一个轻量级的"写得少，做得多"的 JavaScript 库。jQuery 库包含以下内容：

- HTML 元素选取。
- HTML 元素操作。
- CSS 操作。
- HTML 事件函数。
- JavaScript 特效和动画。
- HTML DOM 遍历和修改。
- Ajax。
- Utilities。

📖提示：

除此之外，jQuery 还提供了大量的插件。

目前网络上有大量开源的 JS 框架，但是 jQuery 是目前最流行的 JS 框架，而且提供了大量的扩展。很多大公司都在使用 jQuery，例如 Google、Microsoft、IBM 和 Netflix 等。

3.8.1　jQuery 安装

网页中可以通过多种方法在网页中添加 jQuery。一般可以使用以下两种方法：

- 从 jquery.com 下载 jQuery 库。
- 从 CDN 中载入 jQuery，如从 Google 中加载 jQuery。

若下载 jQuery 库使用，则有两个版本的 jQuery 可供下载：

- Production Version：用于实际的网站中，已被精简和压缩。
- Development Version：用于测试和开发（未压缩，是可读的代码）。

以上两个版本都可以从 jquery.com 中下载，最新版本是 jquery-3.1.0.js。

jQuery 库是一个 JavaScript 文件，开发人员可以直接使用 HTML 的<script>标签引用它。使用格式如下：

```
<head>
<script src="jquery-1.10.2.min.js"></script>
</head>
```

另外，如果开发人员不希望下载并存放 jQuery 库文件，那么也可以通过 CDN（内容分发网络）引用它。百度、新浪、谷歌和微软的服务器都存有 jQuery。

如果是国内用户，建议使用百度、新浪等国内 CDN 地址，如果站点用户是国外的可以使用谷歌和微软。如想从百度、新浪、谷歌或微软引用 jQuery，请使用以下代码之一。

Baidu CDN 如下：

```
<head>
<script src="http://libs.baidu.com/jquery/1.10.2/jquery.min.js">
</script>
</head>
```

Google CDN 如下：

```
<head>
<script src="http://ajax.googleapis.com/ajax/libs/jquery/1.10.2/jquery.min.js">
</script>
</head>
```

注意，不推荐使用 Google CDN 来获取版本，因为 Google 产品在中国很不稳定。

Microsoft CDN 如下：

```
<head>
<script src="http://ajax.htmlnetcdn.com/ajax/jQuery/jquery-1.10.2.min.js">
</script>
</head>
```

使用百度、谷歌或微软的 jQuery，有一个很大的优势：许多用户在访问其他站点时，已经从百度、谷歌或微软加载过 jQuery。所以结果是，当用户再次访问站点时，会从缓存中加载 jQuery，这样可以减少加载时间。同时，大多数 CDN 都可以确保当用户向其请求文件时，会从离用户最近的服务器上返回响应，这样也可以提高加载速度。

3.8.2　jQuery 语法

jQuery 语法是通过选取 HTML 元素，并对选取的元素执行某些操作。也就是说 jQuery 的基本设计和主要用法，就是"选择某个网页元素，然后对其进行某种操作"。这是它区别于其他函数库的根本特点。

基础语法为：

```
$(selector).action()
```

● 美元符号$表示定义 jQuery。
● 选择符（selector）表示"查询"和"查找" HTML 元素。
● jQuery 的 action() 表示执行对元素的操作。

实例用法如下：

```
$(this).hide() - 隐藏当前元素
$("p").hide() - 隐藏所有<p>元素
$("p.test").hide() - 隐藏所有 class="test" 的<p>元素
$("#test").hide() - 隐藏所有 id="test" 的元素
```

实例中的所有 jQuery 函数位于一个 document ready 函数中。

```
$(document).ready(function(){
---- jQuery functions 代码 ----
});
```

这是为了防止文档在完全加载（就绪）之前运行 jQuery 代码。如果在文档没有完全加载之前就运行函数，操作可能失败。

实例 3-18： 下面通过一个简单的实例了解其语法结构，其功能是单击按钮后隐藏<p>元素中的文字。其代码如下所示。

```
<html>
<head>
<script type="text/javascript" src="jquery/jquery.js"></script>
<script type="text/javascript">
$(document).ready(function(){
  $("button").click(function(){
    $("p").hide();
  });
});
</script>
</head>

<body>
<h2>这是实例 3-18：jQuery 演示</h2>
<p>下面是段落内容！.</p>
<p>另一段落内容！.</p>
<button>单击我</button>
</body>
```

在上面的例子中，当按钮的单击事件被触发时会调用一个函数：

```
$("button").click(function() {..some code... } )
```

该方法隐藏所有<p>元素内容：

```
$("p").hide();
```

</html>实例 3-18 的运行结果如图 3-24 所示。

图 3-24　实例 3-18 运行结果

3.8.3　jQuery 选择器

关键点是学习 jQuery 选择器是如何准确地选取希望应用效果的元素。jQuery 元素选择器和属性选择器允许通过标签名、属性名或内容对 HTML 元素进行选择。选择器允许对 HTML 元素组或单个元素进行操作。

常用选择器实例如表 3-9 所示。

表 3-9　常用选择器实例

选择器	实例	选取
*	$("*")	所有元素
#id	$("#lastname")	id="lastname" 的元素
.class	$(".intro")	所有 class="intro" 的元素
element	$("p")	所有<p>元素
.class.class	$(".intro.demo")	所有 class="intro" 且 class="demo" 的元素
:first	$("p:first")	第一个<p>元素
:last	$("p:last")	最后一个<p>元素
:even	$("tr:even")	所有偶数<tr>元素
:odd	$("tr:odd")	所有奇数<tr>元素
:eq(index)	$("ul li:eq(3)")	列表中的第四个元素（index 从 0 开始）
:gt(no)	$("ul li:gt(3)")	列出 index 大于 3 的元素
:lt(no)	$("ul li:lt(3)")	列出 index 小于 3 的元素
:not(selector)	$("input:not(:empty)")	所有不为空的 input 元素
:header	$(":header")	所有标题元素<h1> - <h6>
:animated	$(":animated")	所有动画元素
:contains(text)	$(":contains('W3School')")	包含指定字符串的所有元素
:empty	$(":empty")	无子（元素）节点的所有元素
:hidden	$("p:hidden")	所有隐藏的<p>元素
:visible	$("table:visible")	所有可见的表格
s1,s2,s3	$("th,td,.intro")	所有带有匹配选择的元素
[attribute]	$("[href]")	所有带有 href 属性的元素
[attribute=value]	$("[href='#']")	所有 href 属性的值等于 "#" 的元素
[attribute!=value]	$("[href!='#']")	所有 href 属性的值不等于 "#" 的元素
[attribute$=value]	$("[href$='.jpg']")	所有 href 属性的值包含 ".jpg" 的元素
:input	$(":input")	所有<input>元素
:text	$(":text")	所有 type="text" 的<input>元素
:password	$(":password")	所有 type="password" 的<input>元素
:radio	$(":radio")	所有 type="radio" 的<input>元素
:checkbox	$(":checkbox")	所有 type="checkbox" 的<input>元素
:submit	$(":submit")	所有 type="submit" 的<input>元素
:reset	$(":reset")	所有 type="reset" 的<input>元素
:button	$(":button")	所有 type="button" 的<input>元素
:image	$(":image")	所有 type="image" 的<input>元素
:file	$(":file")	所有 type="file" 的<input>元素
:enabled	$(":enabled")	所有激活的 input 元素
:disabled	$(":disabled")	所有禁用的 input 元素
:selected	$(":selected")	所有被选取的 input 元素
:checked	$(":checked")	所有被选中的 input 元素

3.8.4 jQuery 事件操作

jQuery 是为事件处理特别设计的。jQuery 事件处理方法是 jQuery 中的核心函数。事件处理程序指的是当 HTML 中发生某些事件时所调用的方法。只需把所有 jQuery 代码置于事件处理函数中，把所有事件处理函数置于文档就绪事件处理器中，把 jQuery 代码置于单独的 .js 文件中即可。如果存在名称冲突，则重命名 jQuery 库。

jQuery 可以对网页元素绑定事件。根据不同的事件，运行相应的函数。通常会把 jQuery 代码放到<head>部分的事件处理方法中。

```
$('p').click(function(){
        alert('Hello');
});
```

目前，jQuery 主要支持以下事件：

- .blur()表单元素失去焦点。
- .change()表单元素的值发生变化。
- .click()鼠标单击。
- .dblclick()鼠标双击。
- .focus()表单元素获得焦点。
- .focusin()子元素获得焦点。
- .focusout()子元素失去焦点。
- .hover()同时为 mouseenter 和 mouseleave 事件指定处理函数。
- .keydown()按下键盘（长时间按键，只返回一个事件）。
- .keypress()按下键盘（长时间按键，将返回多个事件）。
- .keyup()松开键盘。
- .load()元素加载完毕。
- .mousedown()按下鼠标。
- .mouseenter()鼠标进入（进入子元素不触发）。
- .mouseleave()鼠标离开（离开子元素不触发）。
- .mousemove()鼠标在元素内部移动。
- .mouseout()鼠标离开（离开子元素也触发）。
- .mouseover() 鼠标进入（进入子元素也触发）。
- .mouseup()松开鼠标。
- .ready() DOM 加载完成。
- .resize()浏览器窗口的大小发生改变。
- .scroll()滚动条的位置发生变化。
- .select()用户选中文本框中的内容。
- .submit()用户递交表单。
- .toggle()根据鼠标单击的次数，依次运行多个函数。
- .unload()用户离开页面。

以上这些事件在 jQuery 内部，都是.bind()的便捷方式。使用.bind()可以更灵活地控制事件，比如为多个事件绑定同一个函数。

```
$('input').bind(
    'click change', //同时绑定 click 和 change 事件
    function() {
        alert('Hello');
    }
);
```

有时，若只想让事件运行一次，可以使用.one()方法。

```
$("p").one("click", function() {
    alert("Hello"); //只运行一次，以后的单击不会运行
});
```

.unbind()用来解除事件绑定。

```
$('p').unbind('click');
```

所有的事件处理函数，都可以接受一个事件对象（event object）作为参数，比如下面例子中的 e。

```
$("p").click(function(e) {
    alert(e.type); // "click"
});
```

这个事件对象有一些很有用的属性和方法：

- event.pageX事件发生时，鼠标距离网页左上角的水平距离。
- event.pageY事件发生时，鼠标距离网页左上角的垂直距离。
- event.type事件的类型（比如 click）。
- event.which按下了哪一个键。
- event.data在事件对象上绑定数据，然后传入事件处理函数。
- event.target事件针对的网页元素。
- event.preventDefault()阻止事件的默认行为（比如单击链接，会自动打开新页面）。
- event.stopPropagation()停止事件向上层元素冒泡。

在事件处理函数中，可以用 this 关键字，返回事件针对的 DOM 元素。

```
$('a').click(function() {
    if ($(this).attr('href').match('evil')) { //如果确认为有害链接
        e.preventDefault(); //阻止打开
        $(this).addClass('evil'); //加上表示有害的 class
    }
});
```

有两种方法，可以自动触发一个事件。一种是直接使用事件函数，另一种是使用.trigger()或.triggerHandler()。

```
$('a').click();
$('a').trigger('click');
```

另外，jQuery 允许对象呈现某些特殊效果。比如：

```
$('h1').show(); //展现一个 h1 标题
```

常用的特殊效果如下：

- .fadeIn()淡入。
- .fadeOut()淡出。

- .fadeTo()调整透明度。
- .hide()隐藏元素。
- .show()显示元素。
- .slideDown()向下展开。
- .slideUp()向上卷起。
- .slideToggle()依次展开或卷起某个元素。
- .toggle()依次展示或隐藏某个元素。

实例3-19：下面通过一个例子进一步了解事件处理函数的使用。代码如下：

```
<html>
<head>
<script type="text/javascript" src="jquery/jquery.js"></script>
<script type="text/javascript">
$(document).ready(function(){
    $("button").click(function(){
        $("p").css({"background-color":"red","font-size":"200%"});
    });
});
</script>
</head>
<body>
<h2>这是实例3-19：jQuery 事件演示</h2>
<p>第一段内容.</p>
<p>第二段内容.</p>
<button type="button">单击我</button>
</body>
</html>
```

实例3-19运行效果如图3-25所示。

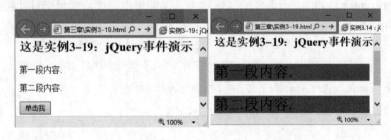

图3-25　实例3-19运行结果

3.8.5　Bootstrap 脚本框架

1．概述

Bootstrap 来自 Twitter，基于 HTML、CSS、JavaScript，为开发人员创建接口提供了一个简洁统一的解决方案；包含了功能强大的内置组件；提供基于 Web 的定制；是开源的，可轻松创建 Web 项目。Bootstrap 具有以下特点。

- **移动设备优先**：自 Bootstrap 3 起，框架包含了贯穿于整个库的移动设备优先的样式。
- **浏览器支持**：所有的主流浏览器都支持 Bootstrap。

● **容易上手**：只要具备 HTML 和 CSS 的基础知识，就可以开始学习 Bootstrap。

● **响应式设计**：Bootstrap 的响应式 CSS 能够自适应于台式机、平板电脑和手机。

可以从 http://getbootstrap.com/ 上下载 Bootstrap 的最新版本进行学习，下面从基本结构、Bootstrap CSS、布局组件和插件几个部分进行具体介绍。

Bootstrap 提供了一个带有网格系统、链接样式、背景的基本结构。

2．Bootstrap CSS

Bootstrap 自带以下特性：全局的 CSS 设置、定义基本的 HTML 元素样式、可扩展的 class 以及一个先进的网格系统，故 Bootstrap 项目的开头包含下面的代码段：

```
<!DOCTYPE html>
<html>
....
</html>
```

Bootstrap 包含了一个响应式的、移动设备优先的、不固定的网格系统，可以随着设备或窗口大小的增加而适当地扩展到 12 列。它包含了用于简单布局选项的预定义类，也包含了用于生成更多语义布局的功能强大的混合类。

实例 3-20：利用 Bootstrap 脚本框架。运行效果如图 3-26 所示。

```
<!DOCTYPE html>
<html>
<head>
<meta charset="utf-8">
<title>Bootstrap 实例 - 堆叠的水平</title>
<link href="http://cdn.static.runoob.com/libs/bootstrap/3.3.7/css/bootstrap.min.css" rel="stylesheet">
<script src="http://cdn.static.runoob.com/libs/jquery/2.0.0/jquery.min.js"></script>
<script src="http://cdn.static.runoob.com/libs/bootstrap/3.3.7/js/bootstrap.min.js"></script>
</head>
<body>
<div class="container">
    <h1>Hello, world!</h1>
    <div class="row">
        <div class="col-md-6"   style="background-color: #dedef8; box-shadow: inset 1px -1px 1px
#444, inset -1px 1px 1px #444;">
            <p>hello-1</p>
            <p>hello-2</p>
        </div>
        <div class="col-md-6" style="background-color: #dedef8;box-shadow: inset 1px -1px 1px
#444, inset -1px 1px 1px #444;">
            <p>hello-3</p>
            <p>hello-4</p>
        </div>
    </div>
</div>
</body>
</html>
```

图 3-26　Bootstrap 实例运行结果

3．布局组件

Bootstrap 包含了字体图标、下拉菜单、按钮组、按钮下拉菜单、输入框组、导航元素、标签等十几个可重用的组件，用于创建图像、下拉菜单、导航、警告框、弹出框等，此处就不详细介绍了，需要深入了解的读者可以参照官网上的文档。

4．插件

Bootstrap 包含了十几个自定义的 jQuery 插件，扩展了功能，可以给站点添加更多互动。利用 Bootstrap 数据 API 可无需写一行 JavaScript 代码就能使用所有的 Bootstrap 插件。站点引用 Bootstrap 插件的方式有两种。

1）单独引用：使用 Bootstrap 的个别的 *.js 文件。

2）编译（同时）引用：使用 bootstrap.js 或压缩版的 bootstrap.min.js。

3.9　Ajax 基础应用

在 Web 应用程序开发中，页面重载循环是最大的使用障碍，对于 Java 开发人员来说也是一个严峻的挑战。而 Ajax（异步 JavaScript 和 XML）是一种编程技术，它允许为基于 Java 的 Web 应用程序把 Java 技术、XML 和 JavaScript 组合起来，从而打破页面重载的范式。

3.9.1　Ajax 概述

Ajax 全称为"Asynchronous JavaScript and XML"，是一种创建交互式网页应用的网页开发技术。类似于 DHTML 或 LAMP，Ajax 不是指一种单一的技术，而是有机地利用了一系列相关的技术。

Ajax 不是一种新的编程语言，而是一种用于创建更好更快以及交互性更强的 Web 应用程序的技术。通过 Ajax 技术 JavaScript 可使用 JavaScript 的 XMLHttpRequest 对象来直接与服务器进行通信。通过这个对象，JavaScript 可在不重载页面的情况下与 Web 服务器交换数据。Ajax 在浏览器与 Web 服务器之间使用异步数据传输（HTTP 请求），这样就可使网页从服务器请求少量的信息，而不是整个页面。Ajax 可使因特网应用程序更小、更快、更友好。

Ajax 是一种独立于 Web 服务器软件的浏览器技术。Ajax 基于下列 Web 标准：JavaScript、XML、HTML、CSS。在 Ajax 中使用的 Web 标准已被良好定义，并被所有的主流浏览器支持。Ajax 应用程序独立于浏览器和平台。采用 Ajax 的 MVC 设计模式的工作原理往返过程，如图 3-27 所示。

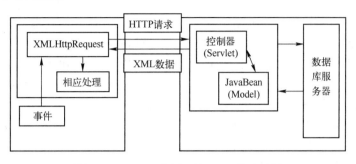

图 3-27　Ajax 工作原理的 MVC 模式过程

在图 3-27 中，Ajax 交互开始于叫作 XMLHttpRequest 的 JavaScript 对象。它允许客户端脚本执行 HTTP 请求，并解析 XML 服务器响应。Ajax 往返过程的第一步是创建 XMLHttpRequest 的实例。在 XMLHttpRequest 对象上设置请求使用的 HTTP 方法（GET 或 POST）以及目标 URL。

在发送 HTTP 请求时，不想让浏览器挂着等候服务器响应。相反，想让浏览器继续对用户与页面的交互进行响应，并在服务器响应到达时再进行处理。为了实现这个要求，可以在 XMLHttpRequest 上注册一个回调函数进行相应处理，然后异步地分派。然后控制就会返回浏览器，当服务器响应到达时，会调用回调函数。在 Java Web 服务器上，请求同其他 HttpServletRequest 一样到达。在解析了请求参数之后，控制器 Servlet 调用必要的应用程序逻辑，把响应序列转化成 XML，并把 XML 写入 HttpServletResponse。

回到客户端时，调用注册在 XMLHttpRequest 上的回调函数，处理服务器返回的 XML 文档。最后，根据数据库服务器返回的数据，用 JavaScript 操纵页面的 HTML DOM，把用户界面更新。

3.9.2　XMLHttpRequest 对象

Ajax 基本上就是把 JavaScript 技术和 XMLHttpRequest 对象放在 Web 表单和服务器之间。当用户填写表单时，数据发送给一些 JavaScript 代码而不是直接发送给服务器。相反，JavaScript 代码捕获表单数据并向服务器发送请求。同时用户屏幕上的表单也不会闪烁、消失或延迟。换句话说，JavaScript 代码在幕后发送请求，用户甚至不知道请求的发出。更好的情况是，请求是异步发送的，就是说 JavaScript 代码（和用户）不用等待服务器的响应。因此用户可以继续输入数据、滚动屏幕和使用应用程序。

然后，服务器将数据返回 JavaScript 代码（仍然在 Web 表单中），后者决定如何处理这些数据。它可以迅速更新表单数据，让人感觉应用程序是立即完成的，表单没有提交或刷新而用户得到了新数据。JavaScript 代码甚至可以对收到的数据执行某种计算，再发送另一个请求，完全不需要用户干预。这就是 XMLHttpRequest 的强大之处。它可以根据需要自行与服务器进行交互，用户甚至可以完全不知道幕后发生的一切。结果就是类似于桌面应用程序的动态、快速响应、高交互性的体验，但是背后又拥有互联网的全部强大力量。

创建新的 XMLHttpRequest 对象，代码如下：

```
<script language="javascript" type="text/javascript">
var xmlHttp = new XMLHttpRequest();
</script>
```

通过 XMLHttpRequest 对象与服务器进行对话的是 JavaScript 技术。这不是一般的应用程序流，恰恰是 Ajax 的强大功能的来源。得到 XMLHttpRequest 的句柄后，其他的 JavaScript 代码就非常简单了。事实上，将使用 JavaScript 代码完成非常基本的任务。

● 获取表单数据：JavaScript 代码很容易从 HTML 表单中抽取数据并发送到服务器。
● 修改表单上的数据：更新表单也很简单，从设置字段值到迅速替换图像。

下面给出将要用于 XMLHttpRequest 对象的几个常用方法和属性。

● open()：建立到服务器的新请求。
● send()：向服务器发送请求。
● abort()：退出当前请求。
● readyState：提供当前 HTML 的就绪状态。
● responseText：服务器返回的请求响应文本。

创建具有错误处理能力的 XMLHttpRequest，代码如下：

```
<script language="javascript" type="text/javascript">
var request = false;
try {
    request = new XMLHttpRequest();
} catch (failed) {
    request = false;
}
if (!request)
alert("Error initializing XMLHttpRequest!");
</script>
```

上述代码含义解释如下。

● 创建一个新变量 request 并赋值 false。后面将使用 false 作为判定条件，它表示还没有创建 XMLHttpRequest 对象。
● 增加 try/catch 块：尝试创建 XMLHttpRequest 对象；如果失败（catch (failed)）则保证 request 的值仍然为 false。
● 检查 request 是否仍为 false（如果一切正常就不会是 false）。
● 如果出现问题（request 是 false）则使用 JavaScript 警告通知用户出现了问题。

3.10　本章小结

本章对 HTML 和 JavaScript 开发知识进行了介绍，使读者了解到制作静态网页 HTML 可以胜任，但动态漂亮的网页必须加入 CSS，可以说 HTML 是编写框架，CSS 是对网页美化，JavaScript 是对网页的操作。本章对 JSON、XML、Angular.js 脚本框架、React.js 脚本框架、jQuery、Bootstrap 脚本框架、Ajax 等进行了介绍，使读者可以迅速对 Java Web 开发的基础知识有一个宏观的清楚的认识，从而可以快速进入后面章节的学习。如果读者对这方面基础知识有更深一步了解的需要，可以参考相关的专题书籍或浏览相关学习网站。

3.11 习题

一、选择题

1. 在 HTML 中，样式表按照应用方式可以分为三种类型，其中不包括_____。
   A. 内嵌样式表　　　B. 行内样式表　　　C. 外部样式表文件　　　D. 类样式表

2. 在 HTML 中，可以使用_____标记向网页中插入 GIF 动画文件。
   A. <FORM>　　　B. <BODY>　　　C. <TABLE>　　　D. <IMG>

3. 以下说法正确的是_____。
   A. <P>标签必须以</P>标签结束
   B.
标签必须以</BR>标签结束
   C. <TITLE>标签应该以</TITLE>标签结束
   D. <FONT>标签不能在<PRE>标签中使用

4. 关于下列代码片段的说法中，正确的是_____。

   ```
   <HR size= "5" color="#0000FF" width="50%">
   ```

   A. size 是指水平线的长度　　　B. size 是指水平线的宽度
   C. width 是指水平线的宽度　　　D. width 是指水平线的高度

5. 以下说法正确的是_____。
   A. <A>标签是页面链接标签，只能用来链接到其他页面
   B. <A>标签是页面链接标签，只能用来链接到本页面的其他位置
   C. <A>标签的 src 属性用于指定要链接的地址
   D. <A>标签的 href 属性用于指定要链接的地址

6. 设置"待链接的超链接对象颜色"的属性名是_____。
   A. link　　　B. vlink　　　C. alink　　　D. clink

7. 下列语句中，能实现在本窗口打开搜狐页面的是_____。
   A. <p><a href="sohu.html">搜狐</a></p>
   B. <p><a href="a.html"><img src="搜狐.jpg"></a></p>
   C. <p><a href = "http://www.sohu.com.cn" target = "_blank">搜狐</a></p>
   D. <p><a href = "http://www.sohu.com">搜狐</a></p>

8. 下列说法正确的是_____。
   A. 以<p>标签开始的段落，必须以</p>标签结束
   B. 代码"<title>文字</title>"，其中"文字"会出现在网页主界面中
   C. <nobr>标签是单标签，没有结束标签
   D. 标签<pre></pre>的含义是预格式化文本

9. 关于下列代码中，说法错误的是_____。

   ```
   <hr   size ="5"color ="#0000FF"align = left   noshade>
   ```

   A. size 是指分割线的长度　　　B. color 是指分割线是颜色，是黄色
   C. align 是指对齐方式，是左对齐　　　D. noshade 是指线段无阴影属性

二、填空题

1. 创建一个 HTML 文档的开始标记符是_____；结束标记符是_____。

2. 设置文档标题以及其他不在 Web 网页上显示的信息的开始标记符是_____；结束标记符是_____。

3. 设置文档的可见部分开始标记符是_____；结束标记符是_____。

4. 网页标题会显示在浏览器的标题栏中，则网页标题应写在开始标记符_____和结束标记符_____之间。

5. 预格式化文本标记<pre></pre>的功能是_____。

6. jQuery 基础语法为_____。

7. CSS3 是 CSS 技术的升级版本，CSS3 语言开发是朝着_____发展。

8. _____是 CSS3 中一个新的布局模式，为了现代网络中更为复杂的网页需求而设计，由_____和_____组成。

9. border-radius 的作用是_____。

10. XML 由三个部分构成：_____。

11. XML 目前设计了两种解析方式：_____。

三、简答题

1. 简要说明表格与框架在网页布局时的区别。

2. 表单是实现动态交互式的可视化界面，在表单开始标记中一般包含哪些属性，其含义分别是什么？

3. JavaScript 的常用数据类型有哪些？并举例说明。

4. 简述 JSON 概念。

5. 简述 Ajax 开源框架 DWR 大概开发过程。

6. 请简述 JavaScript 脚本语言的特性。

四、上机操作题

1. 练习本章实例 1 到 8 的 HTML 基础实验。

2. 练习本章实例 9 的 jQuery 实验。

3. 练习本章实例 10 的 Ajax 实验。

实训 3　HTML 和 JavaScript 综合应用

一、实验目的

1. 掌握 HTML 表单的编写。

2. 掌握 HTML 框架的使用。

3. 了解 jQuery 的使用。

4. 掌握 Ajax 的使用。

5. 实验学习 DWR 框架使用（选做）。

二、实验内容

综合应用 HTML 框架技术和 jQuery 的程序主界面项目。只需将课程源代码第 3 章中的 testajax 目录复制到 Tomcat 的 webapps 目录下，然后启动 Tomcat 服务后运行即可。也可以在 MyEclipse 中新建一个 Java Web 项目，导入到新项目中编辑、发布和运行。

项目的实现效果如图 3-28 所示，其中整体主界面用到了 HTML 框架技术，左侧下拉列表框则用到了 jQuery 技术，单击相应选项，则自动伸缩拉开菜单供用户选择。注册页面中则用到了 HTML 表单技术，并通过 JavaScript 对表单内容进行验证，非法输入则不能注册，如图 3-29 所示。

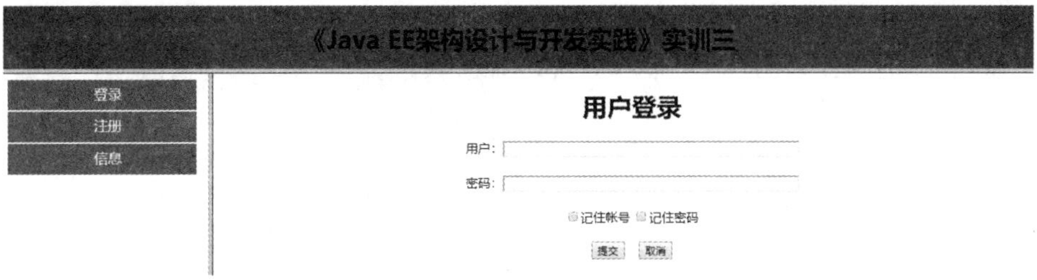

图 3-28　登录界面主界面

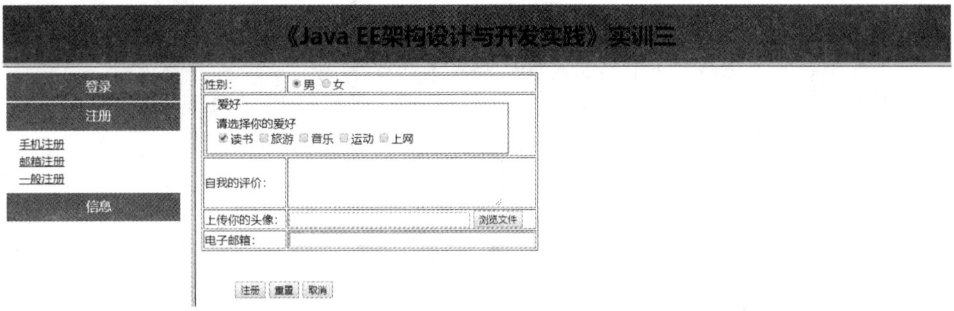

图 3-29　注册主界面

1）主体框架文件 Frameset.jsp 代码如下：

```
<frameset rows="80,*">
    <frame src="top.jsp" name="top">
    <frameset cols="20%,*">
    <frame src="left.jsp" name="left">
    <frame src="right.jsp" name="right">
    </frameset>
</frameset>
```

2）头部文件 top.jsp 代码如下：

```
<style>
body{
    background-image:url(image/bj.jpg);
    }
</style>
<body style="text-align:center" >
<h1>《Java EE 架构设计与开发实践》实训三：登录界面</h1>
</body>
```

3）左部文件 left.jsp 代码如下：

```
<title>jQuery 技术实现单击伸缩、展开的菜单</title>
<style type="text/css">
body { font-family: Arial; font-size: 16px;    background-image:url(image/6.jpg);}
dl { width: 250px; }
dl,dd { margin: 0; }
dt { background-color:#3A5FCD;    background-position:5px 13px; font-size: 18px; padding: 5px 5px 5px
```

```
20px; margin: 2px; height:29px; line-height:28px;
            text-align:center;
        }
    dt a { color: #FFF; text-decoration:none; }
    dd a { color: #000;    }
    ul{ list-style: none; padding:5px 5px 5px 20px; margin:0; }
    li{ line-height:24px;}
    .bg{ background-position:5px -16px;}
    </style>
    <script type="text/javascript" src="jquery/2.js">
    </script>
    <script type="text/javascript">
    $(document).ready(function(){
        $("dd").hide();
        $("dt a").click(function(){
        $(this).parent().toggleClass("bg");
        $(this).parent().prevAll("dt").removeClass("bg")
        $(this).parent().nextAll("dt").removeClass("bg")
        $(this).parent().next().slideToggle();
        $(this).parent().prevAll("dd").slideUp("slow");
        $(this).parent().next().nextAll("dd").slideUp("slow");
        return false;
        });
    });
    </script>
    </head>
    <body>
    <dl>
        <dt><a href="/">登录</a></dt>
        <dd>
        <ul>
            <li><a href="login2.jsp" target="right">手机登录</a></li>
            <li><a href="login3.jsp" target="right">邮箱登录</a></li>
            <li><a href="login.jsp" target="right">一般登录</a></li>
        </ul>
        </dd>
        <dt><a href="/">注册</a></dt>
        <dd>
        <ul>
            <li><a href="#">手机注册</a></li>
            <li><a href="#">邮箱注册</a></li>
            <li><a href="register.jsp" target="right">一般注册</a></li>
        </ul>
        </dd>
        <dt><a href="/">信息</a></dt>
        <dd>
        <ul>
            <li><a href="#">个人信息</a></li>
            <li><a href="#">注册需知</a></li>
        </ul>
        </dd>
    </dl>
    </body>
```

　4）框架右部文件 right.jsp 代码如下：

```
<style>
div{text-align:center;}
</style>
<body>
<div>
<form method="post" action="main.jsp">
<caption><h1>用户登录</h1></caption>
用 户 ： <input style="background-color:transparent;border-width:1;border-color:#DDEEFF;"
type="text" name="user" size="50" /><br><br>
密 码 ： <input style="background-color:transparent;border-width:1;border-color:#DDEEFF;"
type="password" name="password" size="50" /><br><br>
<input type="checkbox" name="remember" value="remember_name" />记住账号
<input type="checkbox" name="remember" value="remember_password" />记住密码<br><br>
<input type="submit" name="Submit" value="提交" />   
<input type="reset" name="delete" value="取消"/>
</form>
</div>
</body>
```

5）注册文件 register.jsp 代码如下：

```
<%@ page language="java" contentType="text/html; charset=UTF-8"
        pageEncoding="UTF-8"%>
<!DOCTYPE html PUBLIC "-//W3C//DTD HTML 4.01 Transitional//EN"
"http://www.w3.org/TR/html4/loose.dtd">
<html>
<head>
<meta http-equiv="Content-Type" content="text/html; charset=UTF-8">
<title>用户信息注册界面</title>
</head>
<script language="javascript">
function checkuser(value){
    if(value==""){
      document.getElementById("usernameError").innerHTML= "内容不能为空！";
    }else{
        document.getElementById("usernameError").innerHTML= "" ;
    }
}
function checkpassword(value){
    if(value==""){
        document.getElementById("passwordError").innerHTML= "内容不能为空！";
    }else{
        document.getElementById("passwordError").innerHTML= "" ;
    }
}function checkage(value){
    if(value==""){
        document.getElementById("ageError").innerHTML= "内容不能为空！";
    }else{
        document.getElementById("ageError").innerHTML= "" ;
    }
}
    function checkrepassword(){
     var str1=form1.password.value;
     var str2=form1.repassword.value;
     if(str1!=str2){
     document.getElementById("repasswordError").innerHTML= "密码输入不一致！";
```

```
                }else{
                        document.getElementById("repasswordError").innerHTML= "" ;
                }
        }
        function checkname(){
                var name=form1.name.value;
                var obj=/[\u4E00-\u9FA5]{2,}/;
                if(obj.test(name)){
                document.getElementById("nameError").innerHTML= "你输入姓名正确！" ;
                }else{
                document.getElementById("nameError").innerHTML= "你输入姓名不正确" ;
                }
        }
        function checkall(){
        var    str1=form1.user.value;
        var    str2=form1.password.value;
        var    str3=form1.name.value;
        var    str4=form1.age.value;
        if(str1||str2||str3||str4==""){
                alert("请填写完整信息！");
                return false;
        }
        }
</script>
</tr>
<tr>
<td align="left">性别：</td>
<td align="left">
<input type="radio" name="sex" value="man" checked />男
<input type="radio" name="sex" value="woman"    />女
</td>
</tr>
<tr>
<td colspan="2" align="left">
<fieldset style="width:400px">
<legend>爱好</legend>
请选择你的爱好<br>
<input type="checkbox" name="hobby" value="reading" checked/>读书
<input type="checkbox" name="hobby" value="journey" />旅游
<input type="checkbox" name="hobby" value="music" />音乐
<input type="checkbox" name="hobby" value="transport" />运动
<input type="checkbox" name="hobby" value="surfing" />上网
</fieldset>
</td>
</tr>
<tr>
<td align="left">自我的评价：</td>
<td><textarea                    style="background-color:transparent;border-width:1;border-color:#DDEEFF;"
name="evaluate" rows="4" cols="40"></textarea></td>
</tr>
<tr>
<td align="left">上传你的头像：</td>
<td><input type="text" id="photo" name="myphoto" size="32"/>
<input type="button"    name="button" onclick="myfile.click()" value="浏览文件" />
<input type="file" id="myfile" onchange="photo.value=this.value" style="display:none" />
```

```
            </td>
        </tr>
        <tr>
        <td align="left">电子邮箱：</td>
        <td><input  style="background-color:transparent;border-width:1;border-color:#DDEEFF;"   type="text"
name="email" size="45" /></td>
        </tr>
        </table><br><br>
                 
        <input type="submit" name="Submit" value="注册"   />
        <input type="reset"   name="Reset" value="重置" />
        <input type="button"   name="drop"   value="取消" onclick="window.close();" />
        <br><br><br>
        </div>
        </form>
        </body>
```

📖 提示：

● 因本书项目代码较多，本章其他项目代码就不一一列出，请参见本书配套电子资源第 3 章实训代码目录中。如其中：jQuery 多级展开手风琴竖向菜单 DEMO 演示。

● 这是一款基于 jQuery 的多级展开手风琴竖向菜单，菜单是垂直的，单击菜单项即可垂直展开，显示对应菜单项的相关描述。另外，这款 jQuery 垂直手风琴菜单的菜单项还有一个漂亮的小图标，是一款比较实用的 jQuery 菜单插件。可在实际项目中直接修改后选用。

第4章 JSP 应用基础

JSP 全称 Java Server Page，中文名叫 Java服务器页面，是一个简化的Servlet设计。JSP 技术是一种动态网页开发技术，其主要目的是将表示逻辑从Servlet中分离出来。它使用 JSP 标签在 HTML 网页中插入 Java 代码，使用 Java 编程语言编写类 XML 的 tags 和 scriptlets，以封装产生动态网页的处理逻辑。网页还能通过 tags 和 scriptlets 访问存在于服务器端的资源的应用逻辑。JSP 将网页逻辑与网页设计的显示分离，支持可重用的基于组件的设计，使基于 Web 的应用程序的开发变得迅速和容易。

本章主要介绍 JSP 的运用原理和基本语法，主要包括 Servlet 以及 JSP 两部分内容。先讨论 Servlet 编程基础、常用接口、类的使用以及 Servlet 应用举例。然后讲解 JSP 标准语法、编译指令、动作等，并且通过实训讲解加深对 JSP 的理解与掌握。

本章要点：
- 掌握 Servlet 含义以及特点。
- 学会 Servlet 基础编程，包括接口、实现类的编译及配置。
- 掌握 JSP 标准语法。
- 掌握 JSP 动作。
- 掌握 JSP 编译指令。
- 了解 JSP 内置对象的基本功能与属性。

4.1　Servlet 简述

Servlet 是一种可以与用户进行交互的技术，它能够处理用户提交的 HTTP 请求并做出响应，这与前几章学习的静态 HTML 页面相比，真正实现了客户端和服务器的互动。Servlet 程序可以完成 Java Web 应用程序中处理请求并发送响应的过程。通过 Servlet 技术，可以收集来自网页表单的用户输入，呈现来自数据库或者其他源的记录，还可以动态创建网页。Servlet 是基于 Java 的、与平台无关的服务器端组件。

4.1.1　Servlet 工作原理

Servlet（Server Applet），是用 Java 编写的服务器端程序，运行在 Web 服务器或应用服务器上。它是作为来自 Web 浏览器或其他 HTTP 客户端的请求和 HTTP 服务器上的数据库或应用程序之间的中间层。其主要功能在于交互式地浏览和修改数据，生成动态 Web 内容。狭义的 Servlet 是指 Java 语言实现的一个接口，广义的 Servlet 是指任何实现了这个 Servlet 接口的类，一般情况下，人们将 Servlet 理解为后者。Servlet 运行于支持 Java 的应用服务器中。从原理上讲，Servlet 可以响应任何类型的请求，但绝大多数情况下 Servlet 只用来扩展基于 HTTP 协议的 Web 服务器。

Servlet 执行以下主要任务:

1)读取客户端(浏览器)发送的显式的数据。这包括网页上的 HTML 表单,或者也可以是来自 Applet 或自定义的 HTTP 客户端程序的表单。

2)读取客户端(浏览器)发送的隐式的 HTTP 请求数据。这包括 Cookies、媒体类型和浏览器能理解的压缩格式等。

3)处理数据并生成结果。这个过程可能需要访问数据库,执行 RMI 或 CORBA 调用,调用 Web 服务,或者直接计算得出对应的响应。

4)发送显式的数据(即文档)到客户端(浏览器)。该文档的格式可以是多种多样的,包括文本文件(HTML 或 XML)、二进制文件(GIF 图像)、Excel 等。

5)发送隐式的 HTTP 响应到客户端(浏览器)。这包括告诉浏览器或其他客户端被返回的文档类型(例如 HTML),设置 Cookies 和缓存参数,以及其他类似的任务。

图 4-1 显示了 Servlet 在 Web 应用程序中的位置。

Servlet 处理客户请求的过程是:

● 客户端发送请求至服务器。
● 服务器将请求信息发送至 Servlet。
● Servlet 生成相应内容并将其传给服务器。响应内容动态生成,通常取决于客户端的请求。
● 服务器将响应返回给客户端。

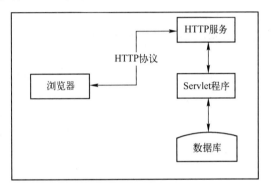

图 4-1 Servlet 与 Web 位置关系

用户通过浏览器向服务器发送一个 Servlet 请求,Web 服务软件(Servlet 容器)收到请求后,执行对应的 Servlet 程序,处理用户提交的数据,然后向客户端发送应答,浏览器收到应答后把结果显示出来。

Servlet 能根据客户的请求,动态创建并返回一个 HTML,处理客户的 HTML 表单输入并返回适当的响应。这是 Servlet 最初的用法,用于实现动态网站。JSP 是 Servlet 的扩展,从功能角度来考虑,Servlet 与 JSP 几乎完全一样。但是从编程角度来说,则是不同的;从某种程度上可以将 Servlet 看作是含有 HTML 的 Java 程序,将 JSP 看作是含有 Java 代码的 HTML 页面。Servlet 可以完成如下任务:

● 动态生成 HTML 文档。
● 把请求转发给同一个 Web 应用中的其他 Servlet 组件。
● 把请求转发给其他 Web 应用中的 Servlet 组件。
● 读取客户端的 Cookie,以及向客户端写入 Cookie。
● 访问其他服务器资源。

4.1.2 Servlet 的特点

Java Servlet 通常情况下与使用 CGI(Common Gateway Interface,公共网关接口)实现的程序可以达到异曲同工的效果。

相比于 CGI,Servlet 有以下几点优势。

● 可移植性:Servlet 具有可移植性,它可以一次编写后多处运行。由于 Servlet 是由 Java

开发的、符合规范定义的，因此在各种服务器和操作系统上有很强的可移植性。

- 功能强大：Servlet 功能强大，Java 能实现的功能，Servlet 基本上都能实现（除 Awt and Swing 图形界面外）。
- 高效持久：Servlet 被载入后，作为单独的对象实例驻留在服务器内存中，服务器只需要简单的方法就可以激活 Servlet 来处理请求，不需要调用和解释过程，响应速度非常快。
- 安全：服务器上的 Java 安全管理器执行了一系列限制，以保护服务器计算机上的资源。因此，Servlet 是安全可信的。
- 简洁：Servlet API 本身带有许多处理复杂 Servlet 开发的方法和类，如为 Cookie 处理和 Session 会话跟踪设计了方便的类。
- 集成性好：Servlet 有 Servlet 容器管理，Servlet 容器位于 Servlet 服务器中，Servlet 和服务器紧密集成，使 Servlet 和服务器密切合作。

4.2 Servlet 编程基础

Servlet 是被部署在 Servlet 容器中的，由 Servlet 容器管理。编写 Servlet 时直接继承 HttpServlet 类，并覆盖所需要的方法即可。一般情况下只覆盖 doGet()和 doPost()方法。

Servlet 生命周期大体分为三个阶段：

1）初始化阶段。

2）响应客户请求阶段。

3）终止阶段。

4.2.1 Servlet 接口

Servlet 的框架核心是 javax.servlet.Servlet 接口，所有的 Servlet 都必须实现这一接口。在 Servlet 中定义了五种方法，分别如下。

1）init()方法：在 Servlet 实例化后，Servlet 容器会调用 init()方法来初始化该对象，主要是为了让 Servlet 对象在处理客户请求前可以完成一些初始化工作，对于每一个 Servlet 实例，init()方法只能被调用一次。

2）service()方法：容器调用 service()方法来处理客户端的请求。容器会构造一个表示客户端请求信息的请求对象（类型为 ServletRequest）和一个用于对客户端进行响应的响应对象（类型为 ServletResponse）作为参数传递给 service()。

3）destroy()方法：Web 应用被终止或 Servlet 容器停止运行或 Servlet 容器重新装载该 Servlet 时，Servlet 容器会调用 Servlet 的 destroy()方法释放 Servlet 所占的资源。

4）getServletConfig()方法：该方法返回容器调用 init()方法时传递给 Servlet 对象的 ServletConfig 对象，ServletConfig 对象包含了 Servlet 的初始化参数。

5）getServletInfo()方法：返回一个 String 类型的字符串，其中包括了关于 Servlet 的信息，例如作者、版本和版权。该方法返回的应该是纯文本字符串，而不是任何类型的标记。

下面介绍几种常用接口和实现类。

1. ServletConfig 接口

ServletConfig 接口，位于 javax.servlet 包中，封装了 Servlet 的配置信息，在 Servlet 初始化期间被传递。每一个 Servlet 都有且只有一个 ServletConfig 对象。该接口包含如下方法，如

表 4-1 所示。

表 4-1　ServletConfig 接口方法

方法	说明
publicStringgetInitParameter(Stringname)	返回 String 类型名称为 name 的初始化参数
publicEnumerationgetInitparameterNames()	获得所有初始化参数名的枚举集合
publicServletContextgetServletContext()	用于获取 Servlet 上下文对象
publicStringgetServletName()	返回 Servlet 对象的实例名

2．HttpServletRequest 接口

该接口位于 javax.servlet.http 包中，继承了 javax.servlet.ServletRequest 接口，是 Servlet 中的重要对象。常用方法如表 4-2 所示。

表 4-2　HttpServletRequest 接口方法

方法	说明
publicStringgetContextPath()	返回请求的上下文路径，此路径以 "/" 开关
publicCookie[] getCookies()	返回请求中发送的所有 Cookie 对象，返回值为 Cookie 数组
publicStringgetMethod()	返回请求所使用的 HTTP 类型，如 get、post 等
publicStringgetQueryString()	返回请求中参数的字符串形式，如请求 MyServlet?username=mr，则返回 username=mr
publicStringgetRequestURL()	返回主机名到请求参数之间的字符串形式
publicStringBuffergetRequestURL()	返回请求的 URL，此 URL 中不包含请求的参数。注意此方法返回的数据类型为 StringBuffer
publicStringgetServletPath()	返回请求 URL 中的 Servlet 路径的字符串，不包含请求中的参数信息
publicHttpSessiongetScssion()	返回与请求关联的 HttpSession 对象

3．HttpServletResponse 接口

该接口位于 javax.servlet.http 包中，它继承了 javax.servlet.ServletResponse 接口，是 Servlet 中的重要对象。常用方法如表 4-3 所示。

表 4-3　HttpServletResponse 接口方法

方法	说明
publicvoidaddCookie(cookie cookie)	向客户端写入 Cookie 信息
publicvoidsendError(int sc)	发送一个错误状态码为 sc 的错误响应到客户端
publicvoidsendError(int sc,String msg)	发送一个包含错误状态码及错误信息的响应到客户端，参数 sc 为错误状态码，参数 msg 为错误信息
publicvoidsendRedirect(String location)	使用客户端重定向到新的 URL，参数 location 为新的地址

4．GenericServlet 类

在编写一个 Servlet 对象时，必须实现 javax.servlet.Servlet 接口，在 Servlet 接口中包含 5 个方法，也就是说创建一个 Servlet 对象要实现这 5 个方法，这样操作非常不方便。javax.servlet.GenericServlet 类简化了此操作，实现了 Servlet 接口。GenericServlet 类是一个抽象类，分别实现了 Servlet 接口与 ServletConfig 接口。该类实现了除 service()之外的其他方法，在创建 Servlet 对象时，可以继承 GenericServlet 类来简化程序中的代码，但需要实现 service()方法。

5．HttpServlet 类

GenericServlet 类实现了 javax.servlet.Servlet 接口，为程序的开发提供了方便；但在实际开发过程中，大多数的应用都是使用 Servlet 处理 HTTP 协议的请求，并对请求做出响应，所以通过继承 GenericServlet 类仍然不是很方便。javax.servlet.http.HttpServlet 类对 GenericServlet 类进行了扩展，为 HTTP 请求的处理提供了灵活的方法。

HttpServlet 类仍然是一个抽象类，实现了 service()方法，并针对 HTTP1.1 中定义的 7 种请求类型提供了相应的方法——doGet()方法、doPost()方法、doPut()方法、doDelete()方法、doHead()方法、doTrace()方法和 doOptions()方法。在这 7 个方法中，除了对 doTrace()方法与doOptions()方法进行简单实现外，HttpServlet 类并没有对其他方法进行实现，需要开发人员在使用过程中根据实际需要对其进行重写。

HttpServlet 类继承了 GenericServlet 类，通过其对 GenericServlet 类的扩展，可以很方便地对 HTTP 请求进行处理及响应。

4.2.2 Servlet 程序的编译

Servlet 在使用前需要将 Servlet 源程序编译生成的.class 文件放在 Tomcat 目录下安装的webapps 目录下的某个 Web 应用目录下的 WEB-INF\classes 目录下。

为了编辑 Servlet 源文件，需要 javax.servlet 包和 javax.servlet.http 包，但 JDK 内置包中并不包含这些包。在 Tomcat 安装目录的 common\lib 文件夹下，有一个 servlet-api.jar，它就是需要的包。

可以采用两种方式引入该包：

1）在环境变量的 CLASSPATH 中添加上这个 jar 包路径。

2）将这个 jar 包解压，把解压后的 javax 文件夹和要编译的 Servlet 程序放在同一个目录下，这种方法不需要设置环境变量，也能顺利编译 Servlet 源程序。

4.2.3 Servlet 的配置

近来 Java Web 开发中，一种变量信息多倾向于写在某个配置文件中。需要变化时只修改配置文件即可，而不用修改源代码，也不会重新编译，维护起来相当方便。web.xml 提供了设置初始化参数的功能，可以将一些信息配置在 web.xml 中。要运行 Servlet，就需要在 Tomcat配置文件 web.xml 中进行配置，修改此文件定义要运行的 Servlet。下面将详细介绍在 web.xml文件中 Servlet 的配置。

（1）环境设置

Servlet 包并不在 JDK 中，如果需要编译和运行 Servlet，必须把 servlet.jar 包放在 classpath下或复制到 jdk 的安装目录的 lib\jre\ext\下。

（2）Servlet 的名称、类和其他选项的配置

在 web.xml 文件中配置 Servlet 时，首先必须指定 Servlet 的名称、Servlet 类的路径，还有，选择性地给 Servlet 添加描述信息，并且指定在发布时显示的名称和图标，例如 TestServlet 配置代码如下：

```
    <servlet>
    <description>Simple Servlet</description>
    <display-name> Servlet</display-name>
```

```
<servlet-name>TestServlet</servlet-name>
< servlet-class>com.TestServlet</servlet-class>
</servlet>
```

代码说明：<description>和</description>元素之间的内容是 Servlet 的描述信息；<display-name>和</display-name>元素之间的内容是发布时 Servlet 的名称；<servlet-name>和</servlet-name>元素之间的内容是 Servlet 的名称；<servlet-class>和</servlet-class>元素之间的内容是 Servlet 的路径。

如果要配置的 Servlet 是一个 JSP 页面文件，那么可以通过下面的代码进行指定：

```
<servlet>
<description>SimpleServlet</description>
<display-name>Servlet</display-name>
<servlet-name>Login</servlet-name>
<jsp-file>login.jsp</jsp-file>
</servlet>
```

（3）初始化参数

Servlet 可以配置一些初始化参数，例如下面的代码：

```
<servlet>
<init-param>
<param-name>number</param-name>
<param-value>1000</param-value>
</init-param>
</servlet>
```

代码说明：指定 number 的参数值为 1000。在 Servlet 中可以通过在 init()方法体中调用 getInitParameter()方法进行访问。

（4）启动装入优先权

启动装入优先权通过<load-on-startup>和</load-on-startup>之间的元素内容进行指定，例如下面的代码：

```
<servlet>
<description>Test1</description>
<display-name>ServletTest1</display-name>
<servlet-name>TestServlet1</servlet-name>
<servlet-class>com.TestServlet1</servlet-class>
<load-on-startup>10</load-on-startup><!--设置 TestServlet1 载入时间-->
</servlet>
<servlet>
<description>Test2</description>
<display-name>ServletTest2</display-name>
<servlet-name>TestServlet2</servlet-name>
<servlet-class>com.TestServlet2</servlet-class>
<load-on-startup>20</load-on-startup>
</servlet>
```

代码说明：TestServlet1 类先被载入，TestServlet2 类随后被载入。

（5）Servlet 的映射

在 web.xml 配置文件中可以给一个 Servlet 做多个映射，因此，可以通过不同的方法访问这个 Servlet，例如下面的代码：

```
<servlet-mapping>
```

```
<servlet-name>OneServlet</servlet-name>
<url-pattern>/One</url-pattern>
</servlet-mapping>
```

代码说明：可以通过http://127.0.0.1:8080/01/One地址访问有效。

```
<servlet-mapping>
<servlet-name>TwoServlet</servlet-name>
<url-pattern>/Two/*</url-pattern>
</servlet-mapping>
```

代码说明：可以通过http://127.0.0.1:8080/01/Two/test地址访问有效，其中的"*"可以任意填写。

```
<servlet-mapping>
<servlet-name>ThreeServlet</servlet-name>
<url-pattern>/Three/login.jsp</url-pattern>
</servlet-mapping>
```

代码说明：可以通过http://127.0.0.1:8080/01/Three/login.jsp地址访问有效。

4.2.4　Servlet 的应用实例

Servlet 是服务 HTTP 请求并实现 javax.servlet.Servlet 接口的 Java 类。Web 应用程序开发人员通常编写 Servlet 来扩展 javax.servlet.http.HttpServlet，并实现 Servlet 接口的抽象类专门用来处理 HTTP 请求。

实例 4-1：

1）先创建 Web Project，项目名为 RegisterSystem。

2）在 WebRoot 目录下创建 login.jsp 文件，代码如下：

```
<%@ page language="java" import="java.util.*" pageEncoding="UTF-8"%>
<%
String path = request.getContextPath();
String basePath = request.getScheme()+"://"+request.getServerName()+":"+request.getServerPort()+path+"/";
%>
<!DOCTYPE HTML PUBLIC "-//W3C//DTD HTML 4.01 Transitional//EN">
<html>
<head>
<base href="<%=basePath%>">
<title>My JSP 'login.jsp' starting page</title>
<meta http-equiv="pragma" content="no-cache">
<meta http-equiv="cache-control" content="no-cache">
<meta http-equiv="expires" content="0">
<meta http-equiv="keywords" content="keyword1,keyword2,keyword3">
<meta http-equiv="description" content="This is my page">
<!--
<link rel="stylesheet" type="text/css" href="styles.css">
    -->
</head>
<body>
    This is my JSP page. <br>
<form action="login">
    username:<input type="text" name="username"><br>
    password:<input type="password" name="pwd"><br>
<input type="submit">
```

```
</form>
</body>
</html>
```

3）在 src 目录下的 com.ht.servlet 编写 AccountBean.java 文件，代码如下：

```
package com.ht.servlet;
publicclass AccountBean {
    private String username;
    private String password;
    public String getPassword() {
    return password;
        }
    publicvoid setPassword(String password) {
    this.password = password;
        }
    public String getUsername() {
    return username;
        }
    publicvoid setUsername(String username) {
    this.username = username;
        }
}
```

4）在 src 目录下的 com.ht.servlet 编写 servlet 类 CheckAccount.java 文件，代码如下：

```
package com.ht.servlet;
import java.io.IOException;
import javax.servlet.ServletException;
import javax.servlet.http.HttpServlet;
import javax.servlet.http.HttpServletRequest;
import javax.servlet.http.HttpServletResponse;
import javax.servlet.http.HttpSession;
public class CheckAccount extends HttpServlet {
 @Override
 protected void doPost(HttpServletRequest req, HttpServletResponse resp)
   throws ServletException, IOException {
  doGet(req,resp);
}
 @Override
 public void doGet(HttpServletRequest req, HttpServletResponse resp)
   throws ServletException, IOException {
  HttpSession session = req.getSession();
  AccountBean account = new AccountBean();
  String username = req.getParameter("username");
  String pwd = req.getParameter("pwd");
  account.setPassword(pwd);
  account.setUsername(username);
  if((username != null)&&(username.trim().equals("jsp"))) {
   if((pwd != null)&&(pwd.trim().equals("1"))) {
    System.out.println("success");
    session.setAttribute("account", account);
    String login_suc = "success.jsp";
    resp.sendRedirect(login_suc);
    return;
   }
  }
```

```
        String login_fail = "fail.jsp";
        resp.sendRedirect(login_fail);
        return;
    }
}
```

5）在 WebRoot 目录下编写 success.jsp 文件成功后跳转，代码如下：

```
<%@ page language="java" import="java.util.*" pageEncoding="UTF-8"%>
<%@page import="com.ht.servlet.AccountBean"%>
<%
String path = request.getContextPath();
String basePath = request.getScheme()+"://"+request.getServerName()+":"+request.getServerPort()+path+"/";
%>
<!DOCTYPE HTML PUBLIC "-//W3C//DTD HTML 4.01 Transitional//EN">
<html>
<head>
<base href="<%=basePath%>">
<title>My JSP 'success.jsp' starting page</title>
<meta http-equiv="pragma" content="no-cache">
<meta http-equiv="cache-control" content="no-cache">
<meta http-equiv="expires" content="0">
<meta http-equiv="keywords" content="keyword1,keyword2,keyword3">
<meta http-equiv="description" content="This is my page">
<!--
<link rel="stylesheet" type="text/css" href="styles.css">
    -->
</head>
<body>
<%
    AccountBean account = (AccountBean)session.getAttribute("account");
    %>
    username:<%= account.getUsername()%>
<br>
    password:<%= account.getPassword() %>

    basePath: <%=basePath%>
    path:<%=path%>
</body>
</html>
```

6）在 WebRoot 目录下编写 fail.jsp 文件失败后跳转，代码如下：

```
<%@ page language="java" import="java.util.*" pageEncoding="UTF-8"%>
<%
String path = request.getContextPath();
String basePath = request.getScheme()+"://"+request.getServerName()+":"+request.getServerPort()+path+"/";
%>
<!DOCTYPE HTML PUBLIC "-//W3C//DTD HTML 4.01 Transitional//EN">
<html>
<head>
<base href="<%=basePath%>">
<title>My JSP 'fail.jsp' starting page</title>
<meta http-equiv="pragma" content="no-cache">
<meta http-equiv="cache-control" content="no-cache">
<meta http-equiv="expires" content="0">
<meta http-equiv="keywords" content="keyword1,keyword2,keyword3">
```

```
<meta http-equiv="description" content="This is my page">
<!--
<link rel="stylesheet" type="text/css" href="styles.css">
    -->
</head>
<body>
    Login Failed! <br>
    basePath: <%=basePath%>
    path:<%=path%>
</body>
</html>
```

7）修改 web.xml 配置文件，代码如下：

```
<?xml version="1.0" encoding="UTF-8"?>
<web-app version="2.5"
    xmlns="http://java.sun.com/xml/ns/javaee"
    xmlns:xsi="http://www.w3.org/2001/XMLSchema-instance"
    xsi:schemaLocation="http://java.sun.com/xml/ns/javaee
    http://java.sun.com/xml/ns/javaee/web-app_2_5.xsd">
<welcome-file-list>
<welcome-file>login.jsp</welcome-file>
</welcome-file-list>

<servlet>
<description>This is the description of my J2EE component</description>
<display-name>This is the display name of my J2EE component</display-name>
<servlet-name>CheckAccount</servlet-name>
<servlet-class>com.ht.servlet.CheckAccount</servlet-class>
</servlet>
<servlet-mapping>
<servlet-name>CheckAccount</servlet-name>
<url-pattern>/login</url-pattern>
</servlet-mapping>
</web-app>
```

8）打开浏览器，输入测试路径：http://localhost:8080/RegisterSystem/login.jsp。
实例 4-1 运行结果如图 4-2 所示。

图 4-2　实例 4-1 运行结果

4.3　JSP 简介

JSP 是一种动态网页开发技术。它是由 Sun 公司开发的一种服务器端的脚本语言，自发布以来逐步发展为 Web 应用开发的一项重要技术。它使用 JSP 标签在 HTML 网页中插入 Java 代码。标签通常以<%开头，以%>结束。JSP 标签有多种功能，比如访问数据库、记录用户选择信息、访问 JavaBeans 组件等，还可以在不同的网页中传递控制信息和共享信息。

服务器调用的是已经编译好的 JSP 文件。JSP 基于 JavaServletsAPI，因此，JSP 拥有各种强大的企业级 JavaAPI，包括 JDBC、JNDI、EJB、JAXP 等。JSP 页面可以与处理业务逻辑的 Servlets 一起使用，这种模式被 JavaServlet 模板引擎所支持。JSP 是 Java EE 不可或缺的一部分，是一个完整的企业级应用平台。这意味着 JSP 可以用最简单的方式来实现最复杂的应用。总结如下：

- 与 ASP 相比：JSP 有两大优势。首先，动态部分用 Java 编写，所以更加强大与易用。其次就是 JSP 易于移植到非 MS 平台上。
- 与纯 Servlet 相比：JSP 可以很方便地编写或者修改 HTML 网页而不用去面对大量的 println 语句。
- 与静态 HTML 相比：静态 HTML 不包含动态信息，而 JSP 可以实现客户端和服务器的互动。

4.3.1 工作原理

JSP 本质上还是 Servlet。网络服务器需要一个 JSP 引擎，也就是一个容器来处理 JSP 页面。容器负责截获对 JSP 页面的请求。JSP 容器与 Web 服务器协同合作，为 JSP 的正常运行提供必要的运行环境和其他服务，并且能够正确识别专属于 JSP 网页的特殊元素。JSP 工作原理如图 4-3 所示。

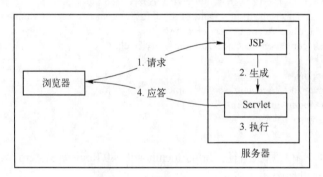

图 4-3   JSP 工作原理

JSP 工作原理如下：

1）浏览器发送一个 HTTP 请求给服务器。

2）Web 服务器识别出这是一个对 JSP 网页的请求，并且将该请求传递给 JSP 引擎。通过使用 URL 或者 .jsp 文件来完成。

3）JSP 引擎从磁盘中载入 JSP 文件，然后将它们转化为 Servlet。这种转化只是简单地将所有模板文本改用 println() 语句，并且将所有的 JSP 元素转化成 Java 代码。

4）JSP 引擎将 Servlet 编译成可执行类，并且将原始请求传递给 Servlet 引擎。

5）Web 服务器的某组件将会调用 Servlet 引擎，然后载入并执行 Servlet 类。在执行过程中，Servlet 产生 HTML 格式的输出并将其内嵌于 HTTPResponse 中，上交给 Web 服务器。

6）Web 服务器以静态 HTML 网页的形式将 HTTPResponse 返回到浏览器中。Web 浏览器处理 HTTPResponse 中动态产生的 HTML 网页，就好像在处理静态网页一样。

4.3.2 一个简单的 JSP 程序

一个 JSP 文件中除了 HTML 部分外，可以有指令、声明、显示的表达式、Java 程序片段。下面用一个简单的例子来体会 JSP 的编写过程和代码结构。

实例 4-2： 显示当前时间并输出日志。

操作步骤如下。

1）创建实例：在 MyEclipse 中选择 File→New→WebProject，创建 Test 项目，如图 4-4 所示。

图 4-4　在 MyEclipse 中创建项目

Test 工程文件结构，如图 4-5 所示。

2）在 WebRoot 文件夹下新建一个 helloworld.jsp 文件。接着修改 helloworld.jsp 文件代码如下所示：

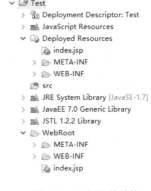

图 4-5　工程文件结构

```
<html>
<head>
<title>HelloWorld</title>
</head>
<body>
HelloWorld!<br/>
<%
out.println("HelloWorld!");
%>
</body>
</html>
```

然后将它放置在 Tomcat 的 webapps\jsptest 目录下，打开浏览器并在地址栏中输入 http://localhost:8080/jsptest/helloworld.jsp。运行后得到的结果如图 4-6 所示。

图 4-6　HelloWorld 程序运行结果

一个声明语句可以声明一个或多个变量、方法，供后面的 Java 代码使用。在 JSP 文件中，必须先声明这些变量和方法然后才能使用它们。JSP 声明的语法格式如下：

```
<%! declaration; [ declaration; ]+ ... %>
```

119

一个 JSP 表达式中包含的脚本语言表达式，先被转化成 String，然后插入到表达式出现的地方。由于表达式的值会被转化成 String，所以可以在一个文本行中使用表达式而不用去管它是否是 HTML 标签。表达式元素中可以包含任何符合 Java 语言规范的表达式，但是不能使用分号来结束表达式。JSP 表达式的语法格式如下：

```
<%= 表达式 %>
```

下面获取时间，代码如下：

```
<html>
<head>
<title>ACommentTest</title>
</head>
<body>
<p>
今天的日期是: <%= (newjava.util.Date()).toLocaleString()%>
</p>
</body>
</html>
```

运行后得到的结果如图 4-7 所示。

图 4-7　实例 4-2 运行结果

4.3.3　JSP 注释与声明

JSP 注释主要有两个作用：为代码作注释以及将某段代码注释掉。

注释有三种形式：

1）HTML 注释：<!-- comments -->

2）HTML 结合 JSP 表达式注释：<!-- comments --><%--comments --%>

3）JSP 注释：<%--comments --%>

其中 comments 是任意文本。前两种注释会发送至客户端，即在浏览器中右击查看源文件可以看到注释内容，第三种则不可以。

JSP 声明语法格式：<%!声明内容;%>。

1）一个声明语句可以声明一个或多个变量、方法，供后面的 Java 代码使用。

2）JSP 中使用的变量和方法必须事先声明，并以分号结尾。

3）<%!...%>格式内的是 JSP 声明，声明 JSP 对应的 Servlet 类的属性和方法。

4.3.4　JSP 表达式和程序段

JSP 表达式语法格式<%=Java 表达式%>。

实例 4-3：代码及运行结果如图 4-8 所示。

```
<%@ page import="java.util.*"%>
<%@ page contentType="text/html;charset=GBK"%>
<html>
<head>
```

```
<meta charset="utf-8">
<title>实例 4-3</title>
</head>
<body>
<center style="font-family:微软雅黑">The current time is: <%= (new java.util.Date()).toLocaleString()%>
</center>
</body>
</html>
```

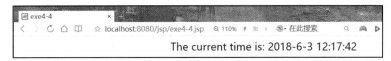

图 4-8　实例 4-3 运行结果

4.4　JSP 指令

在 Web 程序设计中经常需要用到 JSP 的动作指令，例如，在使用 JavaBean 的时候就离不开 userBean 指令，JSP 的强大功能和它丰富的动作指令标签是分不开的。在接下来的章节中将对这些指令进行详细介绍，读者可以仔细体会每个指令的示例程序，在示例程序中掌握这些动作指令的基本用法。

JSP 指令分为 3 种，如表 4-4 所示：页面指令即 page 指令；包括指令即 include 指令；标签库指令即 taglib 指令。这 3 种指令的格式是<%@XXX 指令属性...%>。XXX 是 include、page、taglib 之一。

表 4-4　JSP 指令

指　　令	描　　述
<%@ page ... %>	定义页面的依赖属性，比如脚本语言、error 页面、缓存需求等
<%@ include ... %>	包含其他文件
<%@ taglib ... %>	引入标签库的定义，可以是自定义标签

4.4.1　include 指令

JSP 可以通过 include 指令来包含其他文件。被包含的文件可以是 JSP 文件、HTML 文件或文本文件。包含的文件就好像是该 JSP 文件的一部分，会被同时编译执行。include 指令的语法格式如下：

```
<%@ includefile="relativeurl" %>
```

include 指令中的文件名实际上是一个相对的 URL。如果没有给文件关联一个路径，JSP 编译器默认在当前路径下寻找。

4.4.2　page 指令

page 指令为容器提供当前页面的使用说明。一个 JSP 页面可以包含多个 page 指令。page 指令的语法格式如下：

```
<%@ pageattribute="value" %>
```

表 4-5 列出常用的与 page 指令相关的属性。

表 4-5　Page 指令属性

属　　　性	描　　　述
buffer	指定 out 对象使用缓冲区的大小
autoFlush	控制 out 对象的缓存区
contentType	指定当前 JSP 页面的 MIME 类型和字符编码
errorPage	指定当 JSP 页面发生异常时需要转向的错误处理页面
isErrorPage	指定当前页面是否可以作为另一个 JSP 页面的错误处理页面
extends	指定 Servlet 从哪一个类继承
import	导入要使用的 Java 类
info	定义 JSP 页面的描述信息
isThreadSafe	指定对 JSP 页面的访问是否为线程安全
language	定义 JSP 页面所用的脚本语言，默认是 Java
session	指定 JSP 页面是否使用 session

下面是使用 page 指令的简单实例语句：

```
<%@ pagecontentType="text/html;charset=GB2312" import="java.util.*" %>
```

上面使用了 page 指令的 contentType 属性和 import 属性。还可以为 page 指令的 import 属性指定多个值，这些值之间需要使用逗号进行分隔。但是需要注意的是，page 指令中只能给 import 属性指定多个值，而其他属性只能指定一个值。

```
<%@ pagecontentType="text/html;charset=GB2312"   %>
<%@ import="java.util.*" %>
<%@ import="java.util.*","java.awt.*" %>
```

page 指令对整个页面都有效，而与其书写的位置无关，但习惯上常把 page 指令写在 JSP 页面最上面。

4.4.3　taglib 指令

JSP API 允许用户自定义标签，一个自定义标签库就是自定义标签的集合。taglib 指令引入一个自定义标签集合的定义，包括库路径、自定义标签。Taglib 指令的语法如下（uri 属性确定标签库的位置，prefix 属性指定标签库的前缀）。

```
<%@ tagliburi="uri" prefix="prefixOfTag" %>
```

当使用一个自定义标签的时候，典型的格式为<prefix:tagname>。prefix 与 prefix 属性所指定的前缀一样，tagname 就是标签名称了。

taglib 指令示例：

假设 custlib 标签库包含一个 hello 标签。如果想要使用这个标签，以 mytag 为前缀，则这个标签写为<mytag:hello>，然后再 JSP 中这样使用：

```
<%@ tagliburi="http://www.example.com/custlib" prefix="mytag" %>
<html>
        <body>
        <mytag:hello/>
        </body>
</html>
```

4.5 JSP 动作

与 JSP 指令元素不同的是，JSP 动作元素在请求处理阶段起作用。JSP 动作元素是用 XML 语法写成的。利用 JSP 动作可以动态地插入文件、重用 JavaBean 组件、把用户重定向到另外的页面、为 Java 插件生成 HTML 代码。

所有的动作要素都有两个属性：id 属性和 scope 属性。id 属性是动作元素的唯一标识，可以在 JSP 页面中引用。动作元素创建的 id 值可以通过 PageContext 来调用。scope 属性用于识别动作元素的生命周期。id 属性和 scope 属性有直接关系，scope 属性定义了相关联 id 对象的寿命。scope 属性有四个可能的值：page、request、session、application。

动作元素只有一种语法，它符合 XML 标准。

```
<jsp:action_nameattribute="value" />
```

动作元素基本上都是预定义的函数，JSP 规范定义了一系列的标准动作，它用 JSP 作为前缀，可用的标准动作元素如表 4-6 所示。

表 4-6　JSP 动作元素

元　　素	描　　述
jsp:include	在页面被请求的时候引入一个文件
jsp:useBean	寻找或者实例化一个 JavaBean
jsp:setProperty	设置 JavaBean 的属性
jsp:getProperty	输出某个 JavaBean 的属性
jsp:forward	把请求转到一个新的页面
jsp:plugin	根据浏览器类型为 Java 插件生成 OBJECT 或 EMBED 标记
jsp:element	定义动态 XML 元素
jsp:attribute	设置动态定义的 XML 元素属性
jsp:body	设置动态定义的 XML 元素内容
jsp:text	在 JSP 页面和文档中使用写入文本的模板

4.5.1　forward 动作

forward 动作把请求转到另外的页面。forward 标记只有一个属性 page。page 属性包含的是一个相对 URL。page 的值既可以直接给出，也可以在请求的时候动态计算，可以是一个 JSP 页面或者一个 Java Servlet。语法格式如下。

```
<jsp:forwardpage="RelativeURL" />
```

实例 4-4：以下使用了两个文件，分别是： newdate.jsp 和 newmain.jsp。
newdate.jsp 文件代码如下：

```
<p>
今天的日期是: <%= (newjava.util.Date()).toLocaleString()%>
</p>
newmain.jsp 文件代码:
<html>
<head>
<title>TheforwardActionExample</title>
```

```
</head>
<body>
<center>
<h2>TheforwardactionExample</h2>
<jsp:forwardpage="date.jsp" />
</center>
</body>
```

现在将以上两个文件放在服务器的根目录下，访问 main.jsp 文件。显示结果如图 4-9 所示。

今天的日期是: 2018-5-25 18:03:59

图 4-9　实例 4-4 运行结果

4.5.2　include 动作

include 动作元素用来包含静态和动态的文件。该动作把指定文件插入正在生成的页面。语法格式如下：

```
<jsp:includepage="relativeURL" flush="true" />
```

前面已经介绍过 include 指令，它是在 JSP 文件被转换成 Servlet 的时候引入文件，而这里的 include 动作不同，插入文件的时间是在页面被请求时。

实例 4-5： 以下定义了两个文件 date.jsp 和 main.jsp，代码如下所示。

date.jsp 文件代码：

```
<p>
今天的日期是: <%= (newjava.util.Date()).toLocaleString()%>
</p>
```

main.jsp 文件代码：

```
<html>
<head>
<title>include 动作示例</title>
</head>
<body>
<center>
<h2>TheincludeactionExample</h2>
<jsp:includepage="date.jsp" flush="true" />
</center>
</body>
</html>
```

现在将以上两个文件放在服务器的根目录下，访问 main.jsp 文件。显示结果如图 4-10 所示。

include 动作示例

今天的日期是: 2018-5-25 17:47:36

图 4-10　实例 4-5 运行结果

4.5.3 plugin 动作

<jsp:plugin>元素用于在浏览器中播放或显示一个对象（典型的就是 applet 和 bean），而这种显示需要浏览器的 Java 插件。当 JSP 文件被编译送往浏览器时，<jsp:plugin>元素将会根据浏览器的版本替换成<object>或者<embed>元素。

4.5.4 useBean 动作

useBean 动作用来装载一个将在 JSP 页面中使用的 JavaBean。这个功能非常有用，因为它使得我们既可以发挥 Java 组件重用的优势，同时也避免了损失 JSP 区别于 Servlet 的方便性。useBean 动作最简单的语法为：

```
<jsp:useBeanid="name" class="package.class" />
```

在类载入后，可以通过 jsp:setProperty 和 jsp:getProperty 动作来修改与检索 Bean 的属性。表 4-7 是 useBean 动作相关的属性列表。

表 4-7　useBean 动作属性

属　　性	描　　述
class	指定 Bean 的完整包名
type	指定将引用该对象变量的类型
beanName	通过 java.beans.Beans 的 instantiate() 方法指定 Bean 的名字

实例 4-6：以下实例使用了 Bean。

```
packageaction;
publicclassTestBean {
privateStringmessage = "Nomessagespecified";
publicStringgetMessage() {
return(message);
    }
publicvoidsetMessage(Stringmessage) {
this.message = message;
    }
}
```

编译以上实例并生成 TestBean.class 文件，将该文件复制到服务器正式存放 Java 类的目录下，而不是保留给修改后能够自动装载的类的目录（如 C:\apache-tomcat-7.0.2\webapps\WEB-INF\classes\action 目录中，CLASSPATH 变量必须包含该路径）。例如，对于 Java Web Server 来说，Bean 和所有 Bean 用到的类都应该放入 classes 目录，或者封装进 jar 文件后放入 lib 目录，但不应该放到 servlets 下。

下面是一个很简单的例子，它的功能是装载一个 Bean，然后设置/读取它的 message 属性。现在在 TestMain.jsp 文件中调用该 Bean。

```
<html>
<head>
<title>UsingJavaBeansinJSP</title>
</head>
<body>
<center>
```

```
<h2>UsingJavaBeansinJSP</h2>
<jsp:useBeanid="test" class="action.TestBean" />
<jsp:setPropertyname="test" property="message" value="HelloJSP..." />
<p>获取信息....</p>
<jsp:getPropertyname="test" property="message" />
</center>
</body>
</html>
```

执行以上文件，输出如图 4-11 所示。

Using JavaBeans in JSP

获取信息....

Hello JSP...

图 4-11   实例 4-6 运行结果

4.6   JSP 的内置对象

为了简化页面的快速开发，JSP 提供了许多内容对象如 request 等，这些对象不需要 JSP 编程者实例化，它们是由容器实现和管理的，称为内置对象。JSP 内置对象即无需声明就可以直接使用的对象实例，在实际的开发过程中，比较常用的 JSP 内置对象有输出对象 out、请求对象 request、响应对象 response、会话对象 session 和 Web 服务器对象 application。内置对象也叫隐式对象。JSP 所支持的九大隐式对象如表 4-8 所示。

表 4-8   JSP 内置对象

对　　象	描　　述
request	HttpServletRequest 类的实例
response	HttpServletResponse 类的实例
out	PrintWriter 类的实例，用于把结果输出至网页上
session	HttpSession 类的实例
application	ServletContext 类的实例，与应用上下文有关
config	ServletConfig 类的实例
pageContext	PageContext 类的实例，提供对 JSP 页面所有对象以及命名空间的访问
page	类似于 Java 类中的 this 关键字
Exception	Exception 类的对象，代表发生错误的 JSP 页面中对应的异常对象

4.6.1   输出对象 out

out 对象是 javax.servlet.jsp.JspWriter 类的实例，用来在 response 对象中写入内容。最初的 JspWriter 类对象根据页面是否有缓存来进行不同的实例化操作。可以在 page 指令中使用 buffered='false'属性来轻松关闭缓存。JspWriter 类包含了大部分 java.io.PrintWriter 类中的方法。不过，JspWriter 新增了一些专为处理缓存而设计的方法。另外，JspWriter 类会抛出 IOExceptions 异常，而 PrintWriter 不会。

表 4-9 列出了用来输出 boolean、char、int、double、Srtring、object 等类型数据的重要方法。

表 4-9　out 对象方法

方　　法	描　　述
out.print(dataTypedt)	输出 Type 类型的值
out.clear()	仅清除缓冲区数据，不输出
out.close()	关闭 out 输出流
out.flush()	刷新输出流
out.isAutoFlush()	判断是否为自动刷新

4.6.2　4 种属性范围

在 JSP 中提供了 4 种属性的保存范围。所谓属性保存范围，指的是一个内置对象，可以在多个页面中保存并继续使用。下面将介绍这 4 种属性范围。

- page：只在一个页面中保存属性，跳转之后无效。
- request：只在一次请求中保存，服务器跳转后依然有效。
- session：在一次会话范围中，无论何种跳转都可以使用，但是新开浏览器无法使用。
- application：在整个服务器上保存，所有用户都可以使用。

4.6.3　请求对象 request

在 Web 应用中，用户的需求抽象成一个 request 对象，这个对象中间包括用户所有的请求数据，例如，通过表单提交的表单数据，或者是通过 URL 等方式传递的参数。request 对象是 javax.servlet.http.HttpServletRequest 类的实例。每当客户端请求一个 JSP 页面时，JSP 引擎就会创建一个新的 request 对象来代表这个请求。request 对象提供了一系列方法来获取 HTTP 头信息、Cookies、HTTP 方法等。

实例 4-7：

```
<%@ pagelanguage="java" import="java.util.*" contentType="text/html; charset=utf-8"%>
String basePath = request.getScheme()+"://"+request.getServerName()+":"+request.getServerPort()+path+"/";
%>
<!DOCTYPE HTML PUBLIC "-//W3C//DTD HTML 4.01 Transitional//EN">
<html>
<head>
<base href="<%=basePath%>" rel="external nofollow" >
<title>My JSP 'index.jsp' starting page</title>
<meta http-equiv="pragma" content="no-cache">
<meta http-equiv="cache-control" content="no-cache">
<meta http-equiv="expires" content="0">
<meta http-equiv="keywords" content="keyword1,keyword2,keyword3">
<meta http-equiv="description" content="This is my page">
<!--
<link rel="stylesheet" type="text/css" href="styles.css" rel="external nofollow" >
    -->
</head>
<body>
<h1>request 对象</h1>
<%
    request.setCharacterEncoding("utf-8");
```

```
                request.setAttribute("password", "123456");
        %>
            Username：<%=request.getParameter("username") %><br>
            Hobby : <%
                if(request.getParameterValues("favorite")!=null)
                {
                    String[] favorites = request.getParameterValues("favorite");
                    for(int i=0;i<favorites.length;i++)
                    {
                        out.println(favorites[i]+"   ");
                    }
                }
        %><br>
        密码：<%=request.getAttribute("password") %><br>
        请求 MIME 类型:<%=request.getContentType() %><br>
        协议与版本号: <%=request.getProtocol() %><br>
        服务器主机名:<%=request.getServerName() %><br>
        服务器端口：<%=request.getServerPort() %><BR>
        需求文件长度: <%=request.getContentLength() %><BR>
        请求的真实路径：<%=request.getRealPath("request.jsp") %><br>
        被请求内容路径：<%=request.getContextPath() %><BR>
    </body>
    </html>
```

运行结果如图 4-12 所示。

图 4-12　实例 4-7 运行结果

　　request 对象的方法非常多，这里只介绍最常用的几种方法，其他方法可以参考相关类库的介绍。

4.6.4　响应对象 response

　　response 对象是 javax.servlet.http.HttpServletResponse 类的实例。当服务器创建 request 对象时，会同时创建用于响应这个客户端的 response 对象。

　　response 对象也定义了处理 HTTP 头模块的接口。通过这个对象，开发者们可以添加新的 Cookies、时间戳、HTTP 状态码等。

　　格式：response.setContentType(Strings)

　　其中参数 s 可以取 text/html、application/x-msexcel、application/msword 等。

Response 重定向功能：在某些情况下，当响应客户时，需要将客户重新引导至另一个页面，可以使用 Response 的 sendRedirect(URL)方法实现客户的重定向。例如：

Response.sendRedirect("index.jsp");

4.6.5 会话对象 session

对象 session 维护着客户端和服务器端的状态。从 session 对象中可以取出用户和服务器交互过程中的数据和信息。session 对象在用户关闭浏览器离开 Web 应用前一直有效。session 对象是 javax.servlet.http.HttpSession 类的实例。和 JavaServlets 中的 session 对象有一样的行为。session 对象用来跟踪在各个客户端请求间的会话，如果想在整个交互过程中都可以访问到信息，就可以选择存在 session 对象中。

session 对象中保存的内容是用户与服务器。

实例 4-8：

```
<%@ page language="java" contentType="text/html; charset=UTF-8"
    pageEncoding="UTF-8"%>
<%@ page import="java.io.* java.util.*" %>
<%
    Date createTime = new Date(session.getCreationTime());
    Date lastAccessTime = new Date(session.getLastAccessedTime());
    String title = "session example";
    Integer visitCount = new Integer(0);
    String visitCountKey = new String("visitCount");
    String userIDKey = new String("userID");
    String userID = new String("ABCD");
    if (session.isNew()){
        title = "session track";
        session.setAttribute(userIDKey, userID);
        session.setAttribute(visitCountKey,    visitCount);
    } else {
        visitCount = (Integer)session.getAttribute(visitCountKey);
        visitCount += 1;
        userID = (String)session.getAttribute(userIDKey);
        session.setAttribute(visitCountKey,    visitCount);
    }
%>
<html>
<head>
<title>Session track</title>
</head>
<body>
<h1>Session 对象</h1>
<table border="1" align="center">
<tr bgcolor="#949494">
<th>Session info</th>
<th>value</th>
</tr>
<tr>
<td>id</td>
<td><% out.print( session.getId()); %></td>
</tr>
<tr>
```

```
<td>创建时间</td>
<td><% out.print(createTime); %></td>
</tr>
<tr>
<td>最后访问时间</td>
<td><% out.print(lastAccessTime); %></td>
</tr>
<tr>
<td>用户 ID</td>
<td><% out.print(userID); %></td>
</tr>
<tr>
<td>访问次数</td>
<td><% out.print(visitCount); %></td>
</tr>
</table>
</body>
</html>
```

运行结果如图 4-13 所示。

图 4-13   实例 4-8 运行结果

4.6.6 Web 服务器对象 application

application 对象保存着整个 Web 应用运行期间的全局数据和信息，从 Web 应用开始运行时，application 对象就被创建，在整个 Web 应用运行期间可以在任何 JSP 页面中访问该对象。访问同一个网站的客户都共享一个 application 对象，因此，application 对象可以实现多客户间的数据共享。访问不同网站的客户，对应的 application 对象不同。application 对象的生命周期是从 Web 服务器启动，直到 Web 服务器关闭。

application 对象的作用范围：application 对象是一个应用程序级的对象，作用于当前 Web 应用程序，也即作用于当前网站，所有访问当前网站的客户都共享一个 application 对象。

对象 application 的基类是 javax.servlet.ServletContext。

📖 注意：

有些 Web 服务器不直接支持使用 application 对象，必须用 ServletContext 类来声明 application 对象，再调用 getServletContext() 方法来获取当前页面的 application 对象。

ServletContext 类用于表示应用程序的上下文。一个 ServletContext 类的对象表示一个 Web

应用程序的上下文。具体而言，在 Web 服务器中，提供了一个 Web 应用程序的运行时环境，专门负责 Web 应用程序的部署、编译、运行以及生命周期的管理。通过 ServletContext 类，可以获取 Web 应用程序的运行时环境信息。

application 对象的常用方法如下。

- StringgetAttribute(String name)：根据属性名称获取属性值。
- Enumeration getAttributeNames()：获取所有的属性名称。
- void setAttribute(String name,Object object)：设置属性，指定属性名称和属性值。
- void removeAttribute(String name)：根据属性名称删除对应的属性。
- ServletContext getContext(String uripath)：获取指定 URL 的 ServletContext 对象。
- String getContextPath()：获取当前 Web 应用程序的根目录。
- String getInitParameter(String name)：根据初始化参数名称，获取初始化参数值。
- int getMajorVersion()：获取 ServletAPI 的主版本编号。
- int getMinorVersion()：获取 ServletAPI 的次版本编号。
- String getMimeType(String file)：获取指定文件的 MIME 类型。
- String getServletInfo()：获取当前 Web 服务器的版本信息。
- String getServletContextname()：获取当前 Web 应用程序的名称。
- void log(String message)：将信息写入日志文件中。

4.7　JSP 中文乱码问题全解决方案

在 Java 开发中，中文乱码是一个让人头疼的问题，针对不同情况，乱码的处理方法又各不相同，这导致许多初学者对乱码问题束手无策。其实造成这种问题的根本原因是 Java 默认使用的编码方式是 Unicode，对中文的编码方式一般情况是 GB2312，因为编码格式的不同，导致中文不能正常显示。对于中文乱码问题，在不同的 JDK 版本和不同的应用服务器中的处理方法是不同的，但是本质上都是一样的，就是将中文字符转化成合适的编码方式，或者是在显示中文的环境中声明采用 GB2312 的编码。统一编码方案之后自然可以正常显示。

下面将对 JSP 开发过程中的中文乱码问题进行详细介绍，对各种乱码提供对应的解决方法，在各种编码方案中，UTF-8、GBK、GB2312 都支持中文显示，本节中统一采用 UTF-8 的编码格式来支持中文。**特别注意**，JSP 文件要以 UTF-8 编码保存。

4.7.1　JSP 页面中文乱码

在 JSP 页面中，中文显示乱码有两种情况：一种是 HTML 中的中文乱码，另一种是在 JSP 中动态输出的中文乱码。示例如下：

```
<%@ page language="java" import="java.util.*" %>
<html>
<head>
        <title>中文乱码显示示例</title>
</head>
        <body>
                这是一个中文乱码显示示例！
<%
out.print("这里是用 JSP 输出的中文。");
%>
```

```
        </body>
    </html>
```

在 JSP 源文件中的确是中文，但在浏览器上却显示乱码，造成这种情况的原因可能出在浏览器端的字符显示设置上，所以可以把上面的程序进行如下修改。

```
<@ page language="java" import="java.util.*" contentType="text/html; charste=UTF-8">
```

在上面这行代码中，向 page 指令中添加了页面内容和显示方式的设置，其中采用 UTF-8 的编码方式来显示 HTML 页面的内容，所以中文可以正常显示。

4.7.2 URL 传递参数中文乱码

在一般情况下，可以用类似http://localhost:8080/jsp/login.jsp?param='张三'这种形式来传递参数，而且 HTML 在处理表单的时候，当表单的 method 采用 get 方法的时候，传递参数的形式与 URL 传递参数的形式基本一样。对于 URL 传递中文参数乱码问题，其处理方法比较独特，仅仅转换中文字符串的编码，或者设置 JSP 页面显示编码都是不能解决问题的，需要对 Tomcat 服务器的配置文件进行修改才可以解决问题。在这里需要修改 Tomcat 的 conf 目录下的 server.xml 配置文件。具体修改方法如下。

由于在浏览器地址栏中输入 URL 请求属于 get 请求（另外超链接<a href="xxx.jsp">也属于 get 请求），而 Tomcat 对于 get 请求默认是 ISO8859-1 编码，因此需要修改 Tomcat 的配置文件。打开 Tomcat 的 conf 目录下的 server.xml 文件，找到如下区块。

```
<Connector port="8080" portocal="HTTP/1.1"
    connectionTimeout="20000"
    redirectPort="8443" />
```

在上面的这段代码中间添加 URL 编码的设置即可，即在 port="8080"后面添加 URL 编码设置 URIEncoding="UTF-8"即可。

```
<Connector port="8080" portocal="HTTP/1.1"
    connectionTimeout="20000"
    redirectPort="8443" URIEncodeing="UTF-8" />
```

重启 Tomcat，再进行测试就可以解决问题了。

4.7.3 表单提交中文乱码

对于表单中提交的数据，可以使用 request.getParameter("")方法来获取，但当表单中出现中文数据的时候就会出现中文乱码。

request 对象设置请求编码格式来解决：request.setCharacterEncoding("UTF-8");

这样能解决 post 请求中的乱码，另外可以创建过滤器对请求设置统一的编码。

实例 4-9：post 表单请求中的乱码问题。

使用 request 对象设置请求编码格式如下。文件 ex4-8.html 通过 post 方法传递请求给 ex4-8.jsp 文件。

```
<%@ page language="java" import="java.util.*" contentType="text/html;charset=UTF-8"%>
<html>
    <head>
        <title>Form 中文处理示例</title>
    </head>
    <body>
        <font size="2">
```

下面是表单内容：
```
<form action="ex4-8.jsp" method="post">
    用户名：<input type="text" name="userName" size="10"/>
    密码：<input type="password" name="password" size="10"/>
    <input type="submit" value="提交">
</form>
            </font>
        </body>
    </html>
```

ex4-8.jsp 文件代码如下：

```
<%@ page language="java" import="java.util.*"contentType="text/html;charset=UTF-8"%>
<html>
    <head>
        <title>Form 中文乱码</title>
    </head>
    <body>
        <font size="2">下面是表单提交以后用 request 取到的表单数据：<br>
        <%
            String userName = request.getParameter("userName");
            String password = request.getParameter("password");
            out.println("表单输入 userName 的值:" + userName + "<br>");
            out.println("表单输入 password 的值:" + password + "<br>");
        %>
        </font>
    </body>
</html>
```

在上面的程序中，如果表单输入没有中文，则可以正常显示。当输入的数据中有中文的时候，得到的结果如图 4-14 所示。

图 4-14　post 乱码结果图

在 ex4-8.jsp 文件中添加 request.setCharacterEncoding("UTF-8")语句，解决了 post 提交后的乱码问题，其代码如下：

```
<%@ page language="java" import="java.util.*"contentType="text/html;charset=UTF-8"
pageEncoding="UTF-8"%>
<html>
    <head>
        <title>Form 中文乱码</title>
    </head>
    <body>
        <font size="2">下面是表单提交以后用 request 取到的表单数据：<br>
        <%
request.setCharacterEncoding("UTF-8");
            String userName = request.getParameter("userName");
        %>
<%
request.setCharacterEncoding("UTF-8");
            String password = request.getParameter("password");
```

```
                    %>
                </font>
            </body>
        </html>
```

4.7.4 使用请求编码格式过滤器 Filter

经过上述更改编码格式的处理，表单的中文输入乱码问题已经解决。但是同时存在这样一个新问题，在前面的表单中，输入项只有两个，所以对每个输入项都进行编码的转化也不是很麻烦。但在开发大型项目时，数据量非常巨大，这样的重复工作就很不现实。

在这种情况下，有一种比较简便的方法，那就是使用 Servlet 过滤器 Filter，通过下面的处理中文问题的过滤器来掌握过滤器 Filter 的工作原理和使用方法。

过滤器的基本原理就是对于每一个用户请求，都必须经过过滤器的处理才能继续发送到目的页面。在 JSP 中，以 POST 方式提交的表单在本质上就是封装在 request 对象中，而 request 对象是必须要经过过滤器处理的，所以对于表单的中文问题而言，可以在 Filter 中对所有的请求进行编码格式的处理，这样就不必在每个表单中都做转码处理，节省了大量的时间和精力。

下面创建设置请求编码格式的过滤器 EncodingFilter，解决 form 表单 post 提交的中文乱码问题。注意，在 Tomcat 下此编码过滤器不能解决 get 提交的中文乱码，要解决 get 提交的中文乱码还是需要在%Tomcat %\conf\server.xml 中，在<Connector port="8080" protocol= "HTTP/1.1" > 的后面添加如下代码：

```
URIEncoding="UTF-8"
```

1）创建 EncodingFilter 过滤器。下面的代码就是中文处理过滤器的具体代码：

```
package com.aaa.filter;
import java.io.IOException;
import javax.servlet.Filter;
import javax.servlet.FilterChain;
import javax.servlet.FilterConfig;
import javax.servlet.ServletException;
import javax.servlet.ServletRequest;
import javax.servlet.ServletResponse;
/**
 * @Discription  字符编码过滤器
 * @author ***
 * @company ***
 * @date 2017-11-18
 **/
public class EncodingFilter implements Filter {
    private static String encoding; // 定义变量接收初始化的值
    public void destroy() {
    }
    public void doFilter(ServletRequest request, ServletResponse response,
            FilterChain chain) throws IOException, ServletException {
        // 设置字符编码链锁
        request.setCharacterEncoding(encoding);
        response.setCharacterEncoding(encoding);
        chain.doFilter(request, response);
    }
    // 初始化
    public void init(FilterConfig config) throws ServletException {
```

```
                    // 接收 web.xml 配置文件中的初始参数
                    encoding = config.getInitParameter("CharsetEncoding");
            }
        }
```

2）配置 EncodingFilter。在 Tomcat 应用服务器的 web.xml 文件中配置如下：

```
<filter>
        <filter-name>EncodingFilter</filter-name>
        <filter-class>com.aaa.filter.EncodingFilter</filter-class>
        <init-param>
                <param-name>CharsetEncoding</param-name>
                <param-value>UTF-8</param-value>
        </init-param>
</filter>

<filter-mapping>
        <filter-name>EncodingFilter</filter-name>
        <url-pattern>/*</url-pattern>
</filter-mapping>
```

4.8 本章小结

本章主要介绍了 JSP 与 Servlet 应用基础，包括 Servlet 的概念、工作原理、特点及其定义的方法，然后阐述了 JSP 的标准语法，JSP 的编译指令、动作及隐含对象。对于大部分知识点，本章都给出了相应实例，这些实例在具体开发过程中都有很大的参考价值，也可以在这些实例程序的基础上试着修改其中的功能，只有这样才能对其运行原理有更深入的理解与体会，这也是学习 JSP 与 Servlet 最基本最有效的方法。

4.9 习题

一、选择题

1. Servlet 程序的入口点是_____。

   A．init()   B．main()   C．service()   D．doGet()

2. 若 Servlet 类需要使用 com.abc.Jsjx 类，则 Jsjx.class 文件应该放到_____目录中。

   A．WEB-INF/classes   B．WEB-INF/lib/jar

   C．WEB-INF/jars   D．WEB-INF/classes/com/abc

3. 在 Web 应用程序的目录结构中，在 WEB-INF 文件夹中的 lib 目录是放_____的。

   A．.jsp 文件   B．.class 文件   C．.jar 文件   D．.web.xml 文件

4. 下列_____XML 标签表示某一个 Servlet 的类。

   A．<servlet-class>st.jsjx.class</servlet-class>

   B．<class>st.jsjx.class</ class>

   C．<servlet>st.jsjx.class</servlet>

   D．<servletclass>st.jsjx.class</servletclass>

5. Servlet 过滤器有哪些特点_____？

   A．过滤器通过 Web 部署在 web.xml 中的 XML 标签来声明

   B．过滤器在运行时由 Servlet 容器调用来拦截和处理请求与响应

C．过滤器定义了可容易地从请求/响应链中添加或删除的模块化单元

D．Servlet 过滤器是可跨平台和跨容器移植的

E．过滤器可以根据需要添加或删除，而不会破坏 Servlet 或 JSP 页面

6．J2EE 中，当把来自客户机的 HTTP 请求委托给 Servlet 时，会调用 HttpServlet 的_____方法。

    A．service   B．doget   C．dopost   D．init

7．给定某程序的片段如下，用户在浏览器地址栏中输入正确的请求 URL 并按〈Enter〉键后，在控制台上显示的结果是_____。

```
publicvoiddoGet(HttpServletRequestrequest,HttpServletResponseresponse)
throwsServletException,IOException{
System.out.println("get");
}
publicvoiddoPost(HttpServletRequestrequest,HttpServletResponseresponse)
throwsServletException,IOException{
System.out.println("post");
}
```

    A．"get"   B．post   C．get   D．"post"

8．Servlet 具有很多的功能，下列不是它的功能的是_____。

    A．与多个客户机处理连接，同时处理多个浏览器的请求

    B．可被用于连接数据库

    C．对客户端提交的特殊类型数据进行过滤

    D．与 applet 通信

9．Servlet 中没有的方法是_____。

    A．init()   B．doPut()   C．destory()   D．main()

10．JSP 脚本中设有变量 a，输出 a 正确的表达式是_____。

    A．<%=a;%>   B．<%=a%>   C．<% =a;%>   D．<%a%>

二、填空题

1．ServletAPI 的两个包分别是_____和_____。

2．Servlet 的生命周期分四个时期：_____、_____、_____和_____。

3．JSP 开发网站的两种模式分为_____和_____。

4．运行 Servlet 需要在_____注册。

5．定义一个 Java 类，要让这个类成为 Servlet，则该类必须继承_____。

三、简答题

1．Servlet 有哪些特点？

2．什么是 JavaServlet？

3．写出 JSP 的指令、动作及隐含对象，并简述它们的作用。

四、编程题

1．请编写一个最简单的 Servlet 程序，该程序在网页输出一个字符串"This is a servlet program!"。

2．请编写一个 Servlet 程序，使得用户可以通过表单提交一个圆的半径，并计算该圆的面积和周长。

五、编程题

1．验证本章实例的 Servlet 实验。

2．验证本章实例的 JSP 实验。

3．测试 JSP 汉字乱码解决过程。

实训 4　Servlet 和 JSP 综合应用

一、实验目的

1．了解和掌握 Servlet 和 JSP 页面的编写和运行。

2．比较 Servlet 与 JSP 的区别和联系，体会动态页面的含义。

二、实验内容

编写和运行一个简单的 Servlet。

步骤 1：在 Tomcat 安装目录的 webapps 下建立一个 ChooseClass 目录，在其中再建立以下几个.jsp 文件。

步骤 2：编写下面 jsp 文件。

```
<%@ page contentType="text/html;charset=GB2312" %>
<html>
<head><title>第 4 章实训 4 JSP 应用</title></head>
<body><center>
<font face="隶书" size="6">第 4 章实训 4 JSP 应用</font>
<hr><br>
<marquee behavior="alternate" direction="right" bgcolor="#EBD3EB" height="50" width="800" scrolldelay="300" onMouseOver=this.stop() onMouseOut=this.start()>
<font face="楷体" size="4"><br>说明：本系统为第 4 章课后实训 JSP 应用实例：选课系统</font>
</marquee>
<br><br>
        <form action="loginCheck.jsp" method="post" name="form1" onsubmit="return check()">
<table border="0">
<tr>
<td>请输入账号:</td>
<td>input type="text" name="stuNo"></td>
</tr>
<tr>
<td>请输入姓名:</td>
<td><input type="text" name="stuName"></td>
</tr>
<tr>
<td>请选择班级:</td>
<td><Select name="stuClass" size=1>
        <Option Selected value="软合 15-1">软合 15-1
        <Option value="软合 15-2">软合 15-2
        <Option value="软合 15-3">软合 15-3
</Select>
</td>
<tr><td> </td><td> </td></tr>
<tr>
<td><input type="submit" value="提交" name="submit"></td>
<td><input type="reset" value="重置" name="reset"></td>
</tr>
</table>
</form>
```

```
<%session.setAttribute("name","login");%>
<br><hr>
<form action="classInfo.jsp" method="post" name="form2">
<table border="0">
<tr>
<td><input type="submit" value="查看结果" name="submit"></td>
</tr>
</table>
</form>
</center>
</body>
</html>
<script type="text/javascript">
function check(){
    if (form1.stuNo.value==""){
    alert("请输入学号!");
    form1.stuNo.focus();
    return false;
}
    if (form1.stuName.value==""){
    alert("请输入姓名!");
    form1.stuName.focus();
    return false;
    }
    return true;
}
</script>
```

步骤 3：在浏览器的地址栏中输入http://localhost:8080/ChangeClass/main.jsp，访问该项目主界面 main.jsp。在浏览器的窗口中应该显示以下界面，如图 4-15 所示。

图 4-15　main.jsp 主界面

步骤 4：编写账号验证文件 loginCheck，验证输入的账号是否正确，若正确，进入选课界面；若不正确，提示错误并在 3 秒后自动跳回登录界面。具体代码如下：

```
<%@ page contentType="text/html;charset=GB2312" %>
<html>
<head>
<title>第 4 章实训 4 JSP 应用</title>
</head>
<body>
<%! String[] xh={"20158302001","20158302002","20158302003","20158302004","20158301001","20158301002",
"20158301003","20158301004","20158301005","20156302005"};%>
<% String strUser=(String)session.getAttribute("name");
    if(strUser==null){
```

```
        out.println("<h2>请先登录,谢谢!</h2>");
        out.println("<h2>2 秒钟后,自动跳转到登录页面!</h2>");
        response.setHeader("refresh","2;URL=main.jsp");
    }else{
        String strNo=request.getParameter("stuNo");
        byte a[]=strNo.getBytes("ISO-8859-1");
        strNo=new String(a);
        String strName=request.getParameter("stuName");
        byte b[]=strName.getBytes("ISO-8859-1");
        strName=new String(b);
        String strClass=request.getParameter("stuClass");
        byte c[]=strClass.getBytes("ISO-8859-1");
        strClass=new String(c);
        int i;
        for(i=0;i<xh.length;i++){
            if(strNo.equals(xh[i])){
                String strTemp="欢迎";
                session.setAttribute("name",strName);
                session.setAttribute("number",strNo);
                session.setAttribute("class",strClass);
                session.setAttribute("welcome",strTemp);
                response.sendRedirect("chooseclass.jsp");
            }
        }
        if(i==xh.length){
            out.println("<h2>学号输入错误，请重新输入!</h2>");
            out.println("<h2>2 秒钟后,自动跳转到登录页面!</h2>");
            response.setHeader("refresh","2;URL=main.jsp");
        }
    }
%>
</body>
</html>
```

步骤 5：创建 chooseclass.jsp 文件，登录成功后进入选课界面，如图 4-16 所示。

```
<%@ page contentType="text/html;charset=GB2312" %>
<html>
<head>
<title>第 4 章实训 4 JSP 应用</title>
</head>
<body>
<% String strUser=(String)session.getAttribute("name");
    if(strUser==null){
        out.println("<h2>请先登录,谢谢!</h2>");
        out.println("<h2>3 秒钟后,自动跳转到登录页面!</h2>");
        response.setHeader("refresh","3;URL=main.jsp");
    }else{
        String strTemp=(String)session.getAttribute("welcome");
%>
<h4><%=strTemp%></h4>
<%      String strCount=(String)application.getAttribute("count");
        int count=1;
        if(strCount!=null){
    count=Integer.parseInt(strCount)+1; //
        }
```

```
            application.setAttribute("count", String.valueOf(count)); //
%>
你是第<%=count%>位参与者，现在时间：<%=new java.util.Date().toLocaleString()%>
<hr>
<form action="class.jsp" method="post">
你要选择的科目是（请选择五门课程）：<br>
<input type="radio" name="R1" value="1">Java
<input type="radio" name="R2" value="2">JavaEE
<input type="radio" name="R3" value="3">数据结构
<input type="radio" name="R4" value="4">操作系统
<input type="radio" name="R5" value="5">GUI
<input type="radio" name="R6" value="6">软件工程
<input type="radio" name="R7" value="7">Oracle
<input type="radio" name="R8" value="8">图像处理
<input type="radio" name="R9" value="9">计算机组成原理
<input type="radio" name="R10" value="9">多媒体技术<br>
<br><br>
<input type="submit" value="提交" name="submit">  
<input type="reset" value="重置" name="reset">
</form>
<% }
%>
</body>
</html>
```

步骤6：若未正确输入学号，则提示以下错误，如图4-17所示。

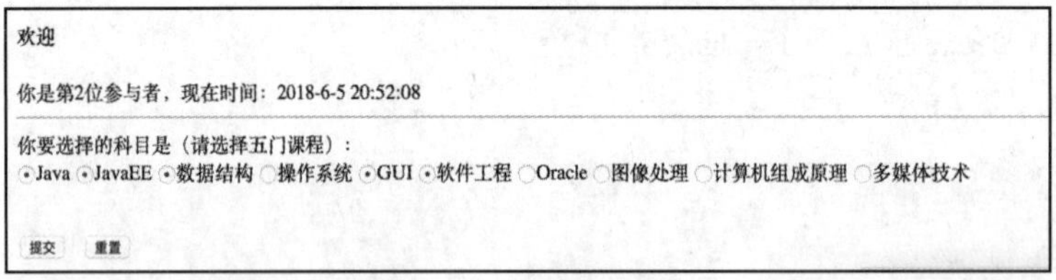

图4-16　选课界面

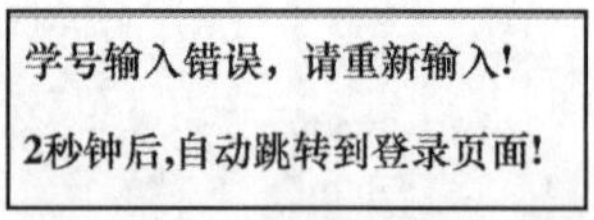

图4-17　提示错误界面

```
<%@ page contentType="text/html;charset=GB2312" %>
<%@ page import="java.util.*" %>
<%@ page import="java.text.SimpleDateFormat" %>
<html>
<body>
<%
    //String strName;
    String strUser=(String)session.getAttribute("name");
    if(strUser==null){
        out.println("<h2>请先登录,谢谢!</h2>");
        out.println("<h2>3 秒钟后,自动跳转到登录页面!</h2>");
        response.setHeader("refresh","3;URL=main.jsp");
    }else{
%>
<%!//Vector<String> v=new Vector<String>();%>
<%
    String stuMsg=request.getParameter("stuMsg");
    byte b[]=stuMsg.getBytes("ISO-8859-1");
    stuMsg=new String(b);
    if((stuMsg==null)||(stuMsg.trim().equals(""))){
```

```
            stuMsg="NULL";
        }
        SimpleDateFormat sdf=new SimpleDateFormat("yyyy-MM-dd HH:mm:ss");
        String strTime=sdf.format(new Date());
        String strMsg=strUser+","+strTime+","+stuMsg;
        Vector<String> v=(Vector)application.getAttribute("message");
        if(v==null){
            v=new Vector<String>();
        }
        v.add(strMsg);
        application.setAttribute("message",v);
        response.sendRedirect("showMessage.jsp");
    }
%>
</body>
</html>
```

步骤 7：提交成功以后显示选课信息，界面如图 4-18 所示。代码如下：

```
<%@ page contentType="text/html;charset=GB2312" %>
<%@ page import="java.util.*" %>
<html>
<head>
<title>第 4 章实训 4 JSP 应用</title>
</head>
<body><font size=3>
<% int n=0,score=0;
    String strName;
    String r1,r2,r3,r4,r5,r6,r7="",r8="";
    String c1[],c2[];
    String word;
    String strUser=(String)session.getAttribute("name");
    if(strUser==null){
        out.println("<h2>请先登录,谢谢!</h2>");
        out.println("<h2>3 秒钟后,自动跳转到登录页面!</h2>");
        response.setHeader("refresh","3;URL=main.jsp");
    }else{
        strName=strUser+"同学：";
    r1=request.getParameter("R1");
    r2=request.getParameter("R2");
        r3=request.getParameter("R3");
    r4=request.getParameter("R4");
        r5=request.getParameter("R5");
    r6=request.getParameter("R6");
        c1=request.getParameterValues("C1");
        c2=request.getParameterValues("C2");
    if(r1==null){r1="";}
    if(r2==null){r2="";}
        if(r3==null){r3="";}
    if(r4==null){r4="";}
        if(r5==null){r5="";}
    if(r6==null){r6="";}
    if(r1.equals("C")){ n++;}
    if(r2.equals("D")){ n++;}
        if(r3.equals("B")){ n++;}
    if(r4.equals("D")){ n++;}
```

```jsp
                        if(r5.equals("A")){ n++;}
            if(r6.equals("B")){ n++;}
                    if(c1!=null){
                        for(int i=0;i<c1.length;i++){
                            r7=r7+c1[i];
                        }
                        if(r7.equals("ACD")){
                            n=n+2;
                        }
                    }
                    if(c2!=null){
                        for(int i=0;i<c2.length;i++){
                            r8=r8+c2[i];
                        }
                        if(r8.equals("ABCD")){
                            n=n+2;
                        }
                    }
                    score=100*n/10;
                    if(score>90){
                        word="选课成功";
                    }else if(score>=80){
                        word="选课成功";
                    }else if(score>=60){
                        word="选课成功！";
                    }else{
                        word="选课成功";
                    }
%>
<%   String strNo=(String)session.getAttribute("number");
     String strClass=(String)session.getAttribute("class");
     String strMsg=strClass+","+strNo+","+strUser+","+score;
     Vector<String> v=(Vector)application.getAttribute("grade");
     if(v==null){
         v=new Vector<String>();
     }
     v.add(strMsg);
     application.setAttribute("grade",v);
%>
<%=strName%>
<br><br>你选择的课程编号是：<%=r1%> <%=r2%> <%=r3%> <%=r4%> 
<%=r5%> <%=r6%> <%=r7%> <%=r8%> 
<br>
说明：1-3学分为3分，4-6学分为4分，7-10学分为5分。
<br>
<hr>
<br><br><%=word%>
<br><br><br>
        <a href=" ">返回主页</a>
<br><hr>
<h3>请留言：</h3>
<form action="message.jsp" method="post" name="form3">
<textarea name="stuMsg" rows="5" cols="60" wrap="physical"></textarea>
<br><br>        
```

142

```
<input type="submit" value="提交留言" name="submit">
</form>
<% }
%>
</font>
</body>
</html>
```

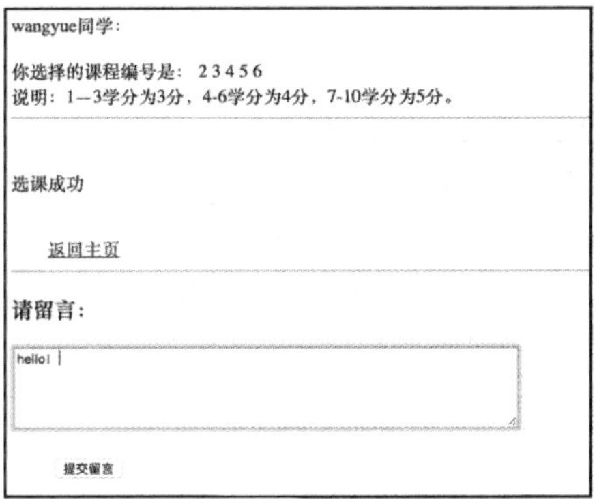

图 4-18　显示课程及留言界面

步骤 8：输入留言后，单击提交留言，其显示界面如图 4-19 所示。代码如下：

```
<%@ page contentType="text/html;charset=GB2312" %>
<%@ page import="java.util.*" %>
<html>
<body>
<% String strUser=(String)session.getAttribute("name");
    if(strUser==null){
        out.println("<h2>请先登录,谢谢!</h2>");
        out.println("<h2>3 秒钟后,自动跳转到登录页面!</h2>");
        response.setHeader("refresh","3;URL=main.jsp");
    }else{
%>
<%   Vector<String> v3=(Vector)application.getAttribute("message");%>
<table border="2">
<tr>
<td>留言者姓名</td>
<td>留言时间</td>
<td>留言内容</td>
</tr>
<%   for(int i=0;i<v3.size();i++){
        out.print("<tr>");
        String message=v3.elementAt(i);
        String str[]=message.split(",");
        for(int j=0;j<str.length;j++) {
            if(j<str.length-1)
                out.print("<td>"+str[j]+"</td>");
            else
                out.print("<td><textarea rows=2 cols=80>"+str[j]+"</textarea></td>");
        }
        out.print("</tr>");
    }
```

```
      %>
    </table>
    <br><br>
      <a href=" ">返回主页</a >
    <%}%>
    </body>
    </html>
```

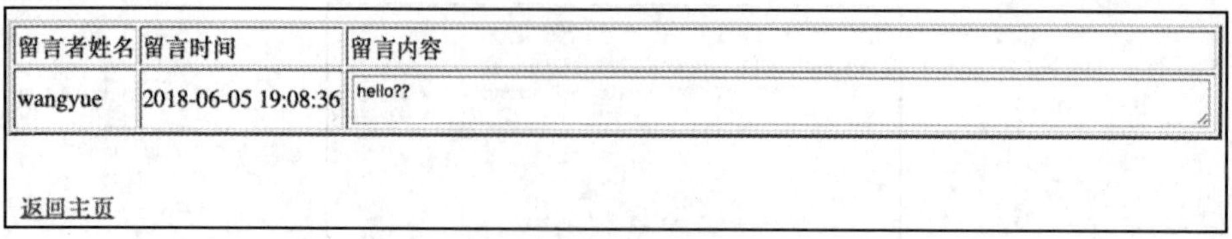

留言者姓名	留言时间	留言内容
wangyue	2018-06-05 19:08:36	hello??

返回主页

图 4-19　留言显示界面

第 5 章　Struts2 开发

Struts2 是目前较为普及和成熟的基于 MVC 设计模式的 Web 应用程序框架，它不仅仅是 Struts1 的升级版本，更是一个全新的 Struts 架构。最初，是以 WebWork 框架和 Struts 框架为基础，通过提供增强和改进的 Struts 框架，进而实现简化 Web 技术人员开发工作的目标。不久之后，WebWork 框架和 Struts 社区联合创建了现在流行的 Struts2 框架。

本章要点：

- 熟悉 Struts 的概念以及与 MVC 的关系。
- 了解 Struts 的技术优势。
- 掌握 Struts 工作原理以及运行过程。
- 熟练配置 Struts.xml。
- 掌握 Struts2 拦截器的使用。
- 掌握 Struts2 简单例子。
- 了解国际化、标签校验以及文件上传等内容。

5.1　Struts2 简介

Struts2 是一个基于 MVC 设计模式的 Web 应用框架，它本质上相当于一个 Servlet，在 MVC 设计模式中，Struts2 作为控制器（Controller）来建立模型与视图的数据交互。Struts2 是 Struts 的下一代产品，是在 Struts1 和 WebWork 的技术基础上进行了合并的全新的框架。其全新的 Struts2 的体系结构与 Struts1 的体系结构差别巨大。Struts2 以 WebWork 为核心，采用拦截器的机制来处理用户的请求，这样的设计也使得业务逻辑控制器能够与 ServletAPI 完全脱离开，所以 Struts2 可以理解为 WebWork 的更新产品。虽然从 Struts1 到 Struts2 有着太大的变化，但是相对于 WebWork，Struts2 的变化很小。

5.1.1　Struts 发展历史

Struts1 是 Apache 软件基金会赞助的一个开源项目，它通过 JavaServlet/jsp 技术，实现了基于 Java EE Web 应用的 MVC 设计模式的应用框架，是 MVC 经典设计模式中的一个经典产品。Struts1 结构简单小巧，十分易用，市场占有率一度超过 20%。Struts1 框架，与 JSP/Servlet 耦合非常紧密，这制约了它的发展，以至于被后来的框架陆续赶超。之前提到过，WebWork 是由 OpenSymphony 组织开发的，是建立在成为 xwork 的 command 模式框架之上的强大的 MVC 框架。WebWork 晚于 Struts1，但技术上更为先进，由于人们的习惯等原因，WebWork 市场的反响不如 Struts1。而 Struts2 则是由这两种出色稳定的框架 Struts1&WebWork 整合而来的。

Struts2 与 Struts1 差别巨大，不能理解为 Struts1 的升级版。但 Struts2 以 xwork 为核心，

因此可以理解为 WebWork 的升级版。

5.1.2　Struts2 技术优势

在介绍 Struts2 技术优势之前，有必要先了解一些 Struts2 核心的知识。Struts2 是一个非常优秀的 MVC 框架，基于 Model2 设计模型。Strust2 有以下核心功能：

- 允许 POJO 作为 Action。
- Action 的 execute 方法不再与 Servlet API 耦合，更易测试。
- 支持更多视图技术（JSP、FreeMarker、Velocity）。
- 基于 Spring AOP 思想的拦截器机制，更易扩展。
- 更强大、更易用的输入校验功能。

SSH 框架系统从职责上分为四层：表示层、业务逻辑层、数据持久层和实体层。Struts2作为表现层的框架设计存在，Hibernate 处于数据持久层，Spring 处于业务逻辑层，担任连接Struts 和 Hibernate 桥梁的角色。系统的整个层次关系可以一目了然。如图 5-1 所示。

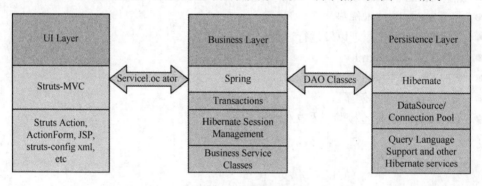

图 5-1　示例模型图

Struts2 有两方面的技术优势，一是所有的 Struts2 应用程序都是基于 client/server HTTP 交换协议，The Java Servlet API 揭示了 Java Servlet 只是 Java API 的一个很小子集，这样可以在业务逻辑部分使用功能强大的 Java 语言进行程序设计。二是提供了对 MVC 的一个清晰的实现，这一实现包含了很多参与对所有请求进行处理的关键组件，如拦截器、OGNL 表达式语言、堆栈。

5.1.3　Struts2 优缺点

Struts2 框架为开放者提供了一个统一的标准架构，通过使用 Struts 作为基础，开发者能够更专注于应用程序的商业逻辑。Struts 框架本身是使用 Java Servlet 和 JSP 技术的一种 Model-View-Controller 实现。

Struts2 有以下优点：

- 在软件设计上 Struts2 的应用可以不依赖于 Servlet API 和 Struts API。
- Struts2 提供了很多拦截器，实现如参数拦截注入等功能。
- 提供了类型转换器，可以把特殊的请求参数转换成需要的类型。
- 提供多种表现层技术，如 JSP、FreeMarker、Velocity 等。
- Struts2 的输入校验可以对指定的某个方法进行校验。

- 提供了全局范围、包范围和 Action 范围的国际化资源文件管理实现。

有优点即有缺点，Struts2 也存在以下缺陷。

- 转到展示层时，需要配置 forward，如果有十个展示层的 JSP，需要配置十次 Struts，而且还不包括有时候目录、文件变更，需要重新修改 forward。注意，每次修改配置之后，要求重新部署整个项目，而 Tomcat 这样的服务器必须重新启动。
- Struts 的 Action 必须是线程安全的，它仅仅允许一个实例去处理所有的请求。所以 Action 用到的所有的资源都必须统一同步，这就引起了线程安全的问题。
- 测试不方便。Struts 的每个 Action 都同 Web 层耦合在一起，这样它的测试依赖于 Web 容器，单元测试也很难实现。不过有一个 JUnit 的扩展工具 Struts TestCase 可以实现它的单元测试。
- 类型的转换。Struts 的 FormBean 把所有的数据都作为 String 类型，它可以使用工具 Commons-BeanUtils 进行类型转化。但它的转化都是在 Class 级别，而且转化的类型是不可配置的。类型转化时的错误信息返回给用户也是非常困难的。
- 对 Servlet 的依赖性过强。Struts 处理 Action 时必须要依赖 ServletRequest 和 ServletResponse，所以它摆脱不了 Servlet 容器。
- 前端表达式语言方面。Struts 集成了 JSTL，所以它主要使用 JSTL 的表达式语言来获取数据。可是 JSTL 的表达式语言在 Collection 和索引属性方面处理显得很弱。
- 对事件支持不够。在 Struts 中，实际是一个表单对应一个 Action 类（或 DispatchAction），换一句话说：在 Struts 中实际是一个表单只能对应一个事件。

5.2 Struts2 使用

下面通过一个简单的例子来讲解 Struts2 的使用。

（1）导入 Struts2 核心 jar 包

这里使用 struts-2.3.31 版本。将 struts-2.3.31\apps\struts2-blank.war 解压出来，并在 struts2-blank\WEB-INF\lib 中获取运行 struts2 的 jar 包。如图 5-2 所示。

（2）在 web.xml 中配置核心控制器 StrutsPrepareAndExecuteFilter

任何 MVC 框架需要与 Web 应用整合时都需要借助 web.xml 配置文件，由于 StrutsPrepareAndExecuteFilter 本质上是一个过滤器，在 web.xml 中用<filter>以及<filter-mapping>进行配置。而 Web 应用加载了 StrutsPrepareAndExecuteFilter 之后就有了 Struts2 的基本功能。

```
asm-3.3
asm-commons-3.3
asm-tree-3.3
commons-fileupload-1.3.2
commons-io-2.2
commons-lang3-3.2
freemarker-2.3.22
javassist-3.11.0.GA
log4j-api-2.3
log4j-core-2.3
ognl-3.0.19
struts2-core-2.3.31
xwork-core-2.3.31
```

图 5-2　Struts 核心 jar 包目录

```xml
<?xml version="1.0" encoding="UTF-8"?>
<web-app xmlns:xsi="http://www.w3.org/2001/XMLSchema-instance"
    xmlns="http://java.sun.com/xml/ns/javaee"
    xsi:schemaLocation="http://java.sun.com/xml/ns/javaee http://java.sun.com/xml/ns/javaee/web-app_3_0.xsd"
    id="WebApp_ID" version="3.0">
<display-name>Struts2Demo</display-name>
<welcome-file-list>
```

```
<welcome-file>index.jsp</welcome-file>
</welcome-file-list>
<!-- 配置 StrutsPrepareAndExecuteFilter 核心控制器 -->
<filter>
<!-- 过滤器名 -->
<filter-name>struts2</filter-name>
<!-- StrutsPrepareAndExecuteFilter 核心控制器的实现类 -->
<filter-class>org.apache.struts2.dispatcher.ng.filter.StrutsPrepareAndExecuteFilter</filter-class>
</filter>
<filter-mapping>
<!-- 过滤器名 -->
<filter-name>struts2</filter-name>
<!-- 过滤器过滤所有请求 -->
<url-pattern>/*</url-pattern>
</filter-mapping>
</web-app>
```

配置核心控制器 StrutsPrepareAndExecuteFilter，就是用其实现类过滤所有的请求。Struts-2.5.8 版本中的核心控制器实现类更改为：

org.apache.struts2.dispatcher.filter.StrutsPrepareAndExecuteFilter

（3）创建用户输入视图 register.jsp

```
<%@ page language="java" import="java.util.*" contentType="text/html; charset=UTF-8"%>
<!DOCTYPE HTML PUBLIC "-//W3C//DTD HTML 4.01 Transitional//EN">
<html>
<head>
<title>用户注册</title>
</head>
<body>
<form action="register.action" method="post">
        username:<input type="text" name="username"/><br/>
        password:<input type="password" name="password"/><br/>
<input type="submit" value="注册"/><br/>
</form>
</body>
</html>
```

（4）创建业务 Action

```
publicclass RegisterAction {
private String username;
private String password;
public String getUsername() {
return username;
    }
    public void setUsername(String username) {
        this.username = username;
    }
    public String getPassword() {
        return password;
    }
    public void setPassword(String password) {
        this.password = password;
    }
public String execute() throws Exception{
```

```
            if(username!=null&&username.length()>0&&password!=null&&password.length()>0){
return "success";
            }else{
                return "fail";
    }
        }
    }
```

如代码所示，RegisterAction 是一个 POJO，其属性应与 input.jsp 中的表单 name 属性对应。则当表单提交时，表单数据会通过 setter()方法给 Action 对象赋值。

（5）在 src 下创建 struts.xml 配置文件

```
<?xml version="1.0" encoding="UTF-8"?>
<!DOCTYPE struts PUBLIC
    "-//Apache Software Foundation//DTD Struts Configuration 2.3//EN"
    "http://struts.apache.org/dtds/struts-2.3.dtd">
<struts>
<!-- 指定 Struts2 处于开发阶段，可以进行调试 -->
<constant name="struts.devMode" value="true"/>
<!-- Struts2 的 Action 都必须配置在 package 里。这里使用默认的 package -->
<package name="default" namespace="/" extends="struts-default">
<action name="register" class="action.RegisterAction">
<!-- 配置 execute()方法返回值与视图资源之间的映射关系 -->
<!--
<result name="success">/result.jsp</result>
<result name="error">/error.jsp</result>
            -->
<result name="success">/index.jsp</result>
</action>
</package>
</struts>
```

📖提示：

MyEclipse 环境中，在 src 下创建的 struts.xml 在部署时会自动发布到 WEB-INF/classes 目录下。

5.3 Struts2 工作原理

Struts2 是一个典型的 MVC 架构，给软件开发带来了很大的方便。在 Struts2 中，其中服务层用 Java 程序来实现，表示层用 JSP 来实现，控制层用 Action 来实现。Struts 本身不提供模型组件，但可以支持 Spring 和 Hibernate 等框架，与其他框架组成应用。

如图 5-3 所示，简要分析 Struts 的组成部分。

- ActionServlet，前端控制器。它的目的是：根据相应的规则截取 Http 请求的 URL，并将 Http 请求分发到相应的 Action 处理。
- ActionForm，相当于实体。收集表单数据，将表单数据转换成相应的数据类型。

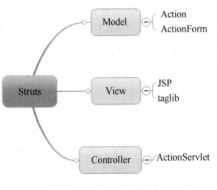

图 5-3 Struts 结构图

- Action，业务层控制器。它有三个主要功能：取得表单数据、调用业务逻辑和返回转向信息。

Struts2 的工作原理可以用下面这张图来描述，下面分步骤介绍每一步的核心内容，如图 5-4 所示。

一个请求在 Struts2 框架中的处理大概分为以下几个步骤：

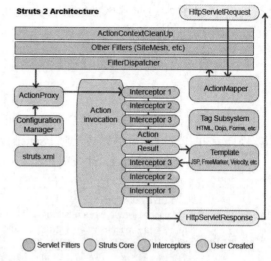

图 5-4　Struts2 工作原理图

1）客户端初始化一个指向 Servlet 容器（例如 Tomcat）的请求。

2）这个请求经过一系列的过滤器。这些过滤器中有一个叫作 ActionContextCleanUp 的可选过滤器，这个过滤器对于 Struts2 和其他框架的集成很有帮助，例如：SiteMesh Plugin。

3）接着 FilterDispatcher 被调用，FilterDispatcher 询问 ActionMapper 来决定这个请求是否需要调用某个 Action。FilterDispatcher 是控制器的核心，就是 MVC 中控制层的核心。

4）如果 ActionMapper 决定需要调用某个 Action，FilterDispatcher 把请求的处理交给 ActionProxy 代理对象。

5）ActionProxy 通过 ConfigurationManager 询问框架的配置文件，找到需要调用的 Action 类，一般是从 struts.xml 配置中读取。

6）ActionProxy 创建一个 ActionInvocation 的实例。

7）ActionInvocation 实例使用命名模式来调用，在调用 Action 的过程前后，涉及相关拦截器（Intercepter）的调用。

8）一旦 Action 执行完毕，ActionInvocation 负责根据 struts.xml 中的配置找到对应的返回结果。返回结果通常是一个需要被表示的 JSP 或者 FreeMarker 的模板。在表示的过程中可以使用 Struts2 框架中继承的标签。

5.4　Struts2 配置文件

Struts2 核心配置文件是 struts.xml，该文件主要负责管理业务控制器 Action。Struts2 有很多配置文件，在服务器开启时加载 web.xml 文件，然后初始化核心过滤器，核心过滤器的 init 初始化方法中，提供了加载配置文件的方法。所以服务器一启动，这些配置文件就已经加载到内存中了。以下是一些常用的配置文件。

- default.properties：该文件保存在 struts2-core-2.3.31.jar 中的 org.apache.struts2 包里面，里面保存一些常量。
- struts-default.xml：该文件保存在 struts2-core-2.3.31.jar 中，定义了一些 Struts2 的基础 Bean 和 Struts2 内建支持的结果类型，还有 Struts2 内建的拦截器（拦截器有很多，分为一系列的拦截器块，默认使用 defaultStack 拦截器块）。
- struts-plugin.xml：该文件保存在 struts-xxx-2.3.31.jar 等 Struts2 插件 jar 包中，整合 Spring 等框架时，都需要这种插件的 jar 包。

- struts.xml：是 Web 应用默认的自己的 Struts2 配置文件。
- struts.properties ：是 Struts2 的默认配置文件。
- web.xml：Web 应用的配置文件.

如果多个文件配置了同一个 Struts2 常量，则后一个文件中配置的常量值会覆盖前面文件中配置的常量值。

5.4.1 配置文件中常用的常量

Struts2 的配置文件中有一些常用的常量。因为本书针对的是 Java EE 开发思想的教学，因此对于某些知识深层次的挖掘在此就不细讲了，有兴趣的读者可以自行去探索。

- struts.i18n.encoding:该常量指定 Struts2 应用默认使用的字符集。
- struts.objectFactory.spring.autoWire：和 Spring 框架整合有关。
- struts.multipart.parser：指定文件上传用的组件。默认为 Jakarta（即 common-fileupload 上传组件）。
- struts.multipart.saveDir：指定上传文件的临时保存路径。
- struts.multipart.maxSize：指定上传中整个请求所允许上传的最大字节数。
- struts.action.extension：指定 Struts2 需要处理的请求后缀。默认值为.action 或者什么都不写。
- struts.serve.static.browserCache：设置浏览器是否缓存静态内容，当应用处于开发阶段时，希望不缓存，可设置为 false。
- struts.enable.DynamicMethodInvocation：设置 Struts2 是否支持动态方法调用，默认值为 true。
- struts.devMode：设置 Struts2 是否使用开发模式。如果设置为 true，为开发模式，修改 struts.xml 配置文件不需要重启服务器，会显示更多更友好的错误提示。
- struts.ui.theme：指定视图主题。
- struts.url.includeParams：指定 Struts2 生成 URL 时是否包含请求参数。有 none、get 和 all 三个值。分别对应不包含、仅包含 get 类型请求参数和包含全部请求参数。

5.4.2 struts.xml 文件中配置和修改常量

框架的核心配置文件就是这个默认的 struts.xml 文件，在这个默认的配置文件里可以根据需要再包括其他一些配置文件。在通常的应用开发中，有时可能想为每个不同的模块单独配置一个 struts.xml 文件，这样有利于管理和维护，这也是开发者要配置的主要文件。

在 struts.xml 文件中配置，使用<constant/>配置常量。内部属性包括 name：常量名和 value：常量值。

```
<constant name="" value=""/>
```

实例 5-1：修改请求扩展名为.abc。

在 struts.xml 文件中配置，代码如下：

```
<package name="demo" extends="struts-default">
<action name="hello" class="com.cad.struts2.Hello" method="sayHello">
<result name="success">/welcome.jsp</result>
<result name="error">/error.jsp</result>
```

```
</action>
</package>
//修改请求扩展名为 abc
<constant name="struts.action.extension" value="abc"></constant>
```

编写 JSP 页面，代码如下：

```
<body>
//使用默认请求扩展名
<a href="${pageContext.request.contextPath }/hello.action">扩展名为.action</a>
<a href="${pageContext.request.contextPath }/hello">没有扩展名</a>
<a href="${pageContext.request.contextPath }/hello.abc">扩展名为.abc</a>
</body>
```

结果为前两个都出现 404，最后一个超链接访问成功。

5.4.3 在 web.xml 文件中配置常量

实例 5-2： 修改请求扩展名为.do，代码如下。

```
//修改请求扩展名为 do
<init-param>
<param-name>struts.action.extension</param-name>
<param-value>do</param-value>
</init-param>
```

编写 JSP 页面，代码如下：

```
<body>
<a href="${pageContext.request.contextPath }/hello.action">扩展名为.action</a>
<a href="${pageContext.request.contextPath }/hello">没有扩展名</a>
<a href="${pageContext.request.contextPath }/hello.abc">扩展名为.abc</a>
<a href="${pageContext.request.contextPath }/hello.do">扩展名为.do</a>
</body>
```

前三个都请求失败，最后.do 结尾的请求成功。这也验证了配置文件的加载顺序。

5.4.4 Bean 配置

深入 Struts2 配置文件中，首先了解 Bean 配置。Struts2 是一个高度可扩展的框架。框架的大部分核心组件，并不是硬编码写在代码中，而是以自己的 IoC 容器管理框架的核心组件。Struts2 以可配置的方式来管理核心组件，从而允许开发者很方便地扩展该框架的核心组件，当开发者需要扩展、替换核心组件时，只需要提供自己组件的实现类，将其部署在 Struts2 的 IoC 容器中即可。struts-default.xml 文件中配置了大量的 Struts2 框架的内置 Bean。

在 struts.xml 中定义 Bean 时，通常有两个作用：创建该 Bean 的实例，将该实例作为 Struts2 框架的核心组件使用；Bean 包含的静态方法需要注入一个值。可以很方便地允许不创建某个类的实例，却可以接受框架常量。

📖提示：

这一部分只需要了解即可，99%的 Struts2 应用都不用去定义核心组件和去配置 Bean。

使用<bean />元素在 struts.xml 定义 Bean。
包含属性如下：

- class：必填属性。指定 Bean 实例的实现类。
- type：可选属性。指定 Bean 实例实现的 Struts2 规范，该规范通过某个接口实现。
- name：可选属性。指定 Bean 实例的名字。
- static:可选属性。指定 Bean 是否使用静态方法注入。
- scope：可选属性。指定 Bean 实例的作用域。
- optional：可选属性。指定该 Bean 是否是一个可选 Bean。

5.4.5　package 配置

Struts2 框架的核心组件就是 Action、拦截器等。Struts2 使用包来管理 Action、拦截器等。其中包含以下属性：

- name：配置包时，必须指定 name 属性，是包的唯一标识。
- extends：属性值必须是另一个包的 name 属性。指定 extends 属性表示继承其他包。子包可以集成一个或多个父包中的拦截器、拦截器栈、Action 等配置。
- abstract：可选属性。指定该包是否是抽象包，抽象包不能包含 Action 定义。
- namespace：该属性是一个可选属性，定义该包的命名空间。一个 Web 应用中可能出现同名 Action。同一个命名空间中不能有同名 Action，某个包指定命名空间后，该包下的所有 Action 的 URL 地址必须是命名空间+Action。例如增加一个命名空间，则访问这个动作的时候必须加上命名空间。例如http://localhost:8080/Struts2Demo/user/hello.action。

```
<package name="demo" extends="struts-default" namespace="/user">
<action name="hello" class="com.cad.struts2.Hello" method="sayHello">
<result name="success">/welcome.jsp</result>
<result name="error">/error.jsp</result>
</action>
</package>
```

如果包没有指定命名空间，则默认的命名空间为""，根命名空间为"/"。

包的执行顺序如下：

1）搜索配置文件所有 package 的 namespace。

2）先去匹配命名空间/user/my，如果匹配到，就查找 Action，查找到就执行；没查找到会到默认命名空间查找 Action，查找到执行，没找到报错。

3）如果没匹配到该命名空间，就接着匹配命名空间/user，如果匹配到，就查找 Action，查找到就执行；没查找到会到默认命名空间查找 Action，查找到执行，没找到报错。

4）没匹配到就去根命名空间（"/"）查找 Action，没查找到会到默认命名空间查找 Action，查找到执行，没找到报错。

5）没匹配到任何命名空间直接报错。

5.4.6　Struts2 的 Action

开发者需要提供大量的 Action，并在 struts.xml 中配置 Action 类里包含了对用户请求的处理逻辑，因为也称 Action 为业务控制器。

1．编写 Action 处理类

创建一个类实现 Action 接口，该接口定义了五个字符串常量，还包括一个 String execute() 方法。

```
public interface Action{
//五个字符串常量
        public static final String   ERROR="errror";
public static final String   INPUT="input";
        public static final String   LOGIN="login";
        public static final String   NONE="none";
        public static final String   SUCCESS="success";
        //处理用户请求的 execute 方法
        public String execute()throws Exception;
}
```

还有一种方法，就是继承 Action 接口的实现类 ActionSupport，该类提供了很多的默认方法，包括获取国际化信息、数据校验的方法等。其大大简化了 Action 的开发，在开发中经常选择这种方法。

2. 配置 Action

在 struts.xml 文件中配置。Struts2 使用包来组织 Action。所以 Action 定义放在包定义的下面。定义方法为<action/>，内部属性有，name：Action 的名字，class：指定该 Action 的实现类。class 属性并不是必须的，如果不指定 class 属性，系统默认使用 ActionSupport 类，可以使用<default-class-ref class=""></default-class-ref>来指定默认的动作处理类。

3. Action 的方法调用

当执行 Action 的时候，默认执行继承的 ActionSupport 的 execute 方法，现在来执行自己的方法。< action >中有一个 method 属性，可以指定用户调用哪个方法。

实例 5-3：编写一个 Action 类，类里有四个方法。

```
public class Hello extends ActionSupport{
        public String addUser(){
                System.out.println("添加用户");
return "success";
            }
        public String updateUser(){
                System.out.println("修改用户");
                return "success";
}

        public String selectUser(){
                System.out.println("查询用户");
                return "success";
            }

        public String deleteUser(){
                System.out.println("删除用户");
                return "success";
            }
    }
```

在 struts.xml 中配置 Action，代码如下：

```
<package name="demo" extends="struts-default">
<action name="addUser" class="com.cad.struts2.Hello" method="addUser">
<result name="success">/welcome.jsp</result>
<result name="error">/error.jsp</result>
</action>
```

```
<action name="updateUser" class="com.cad.struts2.Hello" method="updateUser">
<result name="success">/welcome.jsp</result>
<result name="error">/error.jsp</result>
</action>
<action name="selectUser" class="com.cad.struts2.Hello" method="selectUser">
<result name="success">/welcome.jsp</result>
<result name="error">/error.jsp</result>
</action>
<action name="deleteUser" class="com.cad.struts2.Hello" method="deleteUser">
<result name="success">/welcome.jsp</result>
<result name="error">/error.jsp</result>
</action>
</package>
```

在 jsp 页面中请求 Action，代码如下：

```
<body>
<a href="${pageContext.request.contextPath }/addUser">添加用户</a>
<a href="${pageContext.request.contextPath }/updateUser">修改用户</a>
<a href="${pageContext.request.contextPath }/selectUser">查看用户</a>
<a href="${pageContext.request.contextPath }/deleteUser">删除用户</a>
</body>
```

这种方式写的很多代码类似，相当冗余，为了解决这个问题，Struts2 提供了通配符的配置方式。

在 struts.xml 文件中配置通配符，代码如下：

```
<package name="demo" extends="struts-default">
<action name="*" class="com.cad.struts2.Hello" method="{1}">
<result name="success">/{1}.jsp</result>
<result name="error">/error.jsp</result>
</action>
</package>
```

Action 的 name 中可以使用通配符*，*可以匹配所有的 Action。*的值为传入的 Action 名字，例如传入了 addUser.action，那么*的值就为 addUser。method 属性中可以使用表达式来获取*的值，如{第几个*}。

动态方法调用：使用动态调用前要先将动态调用的常量更改成 true，动态调用默认是 false，因为不安全。可以使用动态方法调用需要的方法。

```
<constant name="struts.enable.DynamicMethodInvocation"value="true"></constant>
```

配置 struts.xml 文件，不写 method 值，也不用通配符，代码如下：

```
<package name="demo" extends="struts-default">
<action name="user" class="com.cad.struts2.Hello" >
<result name="success">/welcome.jsp</result>
<result name="error">/error.jsp</result>
</action>
</package>
```

更改 JSP 页面按照动态方法调用的格式，就可以调用相关的方法，代码如下：

```
<body>
<a href="${pageContext.request.contextPath }/user!addUser">添加用户</a>
<a href="${pageContext.request.contextPath }/user!updateUser">修改用户</a>
<a href="${pageContext.request.contextPath }/user!selectUser">查看用户</a>
```

```
<a href="${pageContext.request.contextPath }/user!deleteUser">删除用户</a>
</body>
```

5.5　Struts2 拦截器

拦截器能在 Action 被调用之前和被调用之后执行一些"代码"。Struts2 框架的大部分核心功能都是通过拦截器来实现的，如防止重复提交、转型转换、对象封装、校验、文件上传、页面预装载等，都是在拦截器的帮助下实现的。每一个拦截器都是独立装载的，可以根据实际需要为每一个 Action 配置所需要的拦截器。

5.5.1　Struts2 拦截器简介

Struts2 拦截器是在访问某个 Action 或 Action 的某个方法时，对字段之前或之后实施拦截，功能类似于 web.xml 文件中的 Filter，能对用户的请求进行拦截，通过拦截用户的请求来实现对页面的控制。并且 Struts2 拦截器是可插拔的，是 AOP 的一种实现。拦截器是 Struts 框架的重要特性，Struts 中每一个 Action 请求都包装在一系列的拦截器的内部。拦截器是在 Struts-core-2.3.31.jar 中进行配置的，原始的拦截器是在 struts-default.xml 中配置的，里面封存了拦截器的基本使用方法。

Struts2 拦截器功能类似于 Servlet 过滤器。在 Action 执行 execute 方法前，Struts2 会首先执行 struts.xml 中引用的拦截器，如果有多个拦截器则会按照上下顺序依次执行，在执行完所有的拦截器的 interceptor 方法后，会执行 Action 的 execute 方法。Struts2 的拦截器必须从 com.opensymphoy.xwork2.interceptor.Interceptor 中实现该接口，在被定义的拦截器中有下面三个方法需要被实现。

```
voiddestroy();
voidinit();
String intercept(ActionInvocation invocation) throwsException;
```

自定义的拦截器需要重写上面三个方法。另外 Struts2 的拦截器配置文件 struts.xml，它是继承了原始文件 struts-default.xml 的，这样在相应的<package>中就会自动拥有 struts-default.xml 中的所有配置信息了。具体代码如下：

```
<packagename="demo"extends="struts-default"> ... </package>
```

拦截器的工作原理如图 5-5 所示，每一个 Action 请求都包装在一系列的拦截器的内部。拦截器可以在 Action 执行之前做相似的操作，也可以在 Action 执行之后做回收操作。每一个 Action 既可以将操作转交给下面的拦截器，也可以直接退出操作，返回客户既定的画面。

5.5.2　实现拦截器原理

Struts2 的拦截器实现相对简单。当请求到达 Struts2 的 ServletDispatcher 时，Struts 2 会查找配置文件，并根据其配置实例化相对的拦截器对象，然后封装成一个列表，最后一个一个地调用列表中的拦截器。事实上，我

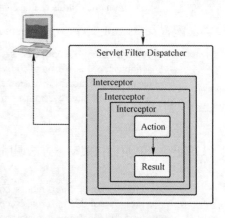

图 5-5　拦截器原理图

们之所以能够如此灵活地使用拦截器，完全归功于"动态代理"的使用。动态代理是代理对象根据客户的需求做出不同的处理。对于客户来说，只要知道一个代理对象就行了。

在 Struts2 中，拦截器是如何通过动态代理被调用的呢？当 Action 请求到来的时候，会由系统的代理生成一个 Action 的代理对象。再由这个代理对象调用 Action 的 execute()或指定的方法，并在 struts.xml 中查找与该 Action 对应的拦截器。如果有对应的拦截器，就在 Action 的方法执行前（后）调用这些拦截器；如果没有对应的拦截器则执行 Action 的方法。其中系统对于拦截器的调用，是通过 ActionInvocation 来实现的。核心代码如下：

```
if (interceptors.hasNext()) {
    Interceptor interceptor=(Interceptor)interceptors.next();
    resultCode = interceptor.intercept(this);
} else {
    if (proxy.getConfig().getMethodName() == null) {
        resultCode = getAction().execute();
    } else {
        resultCode = invokeAction(getAction(), proxy.getConfig());
    }
}
```

Interceptor 的接口定义没有什么特别的地方，除了 init 和 destory 方法以外，intercept 方法是实现整个拦截器机制的核心方法。而它所依赖的参数 ActionInvocation 则是 Action 调度者。再来看一个典型的 Interceptor 的抽象实现类：

```
public abstract class AroundInterceptor extends AbstractInterceptor {
    @Override
    public String intercept(ActionInvocation invocation) throws Exception {
        String result = null;
        before(invocation);
// 调用下一个拦截器，如果拦截器不存在，则执行 Action
        result = invocation.invoke();
        after(invocation, result);
        return result;
    }
    public abstract void before(ActionInvocation invocation) throws Exception;
    public abstract void after(ActionInvocation invocation, String resultCode) throws Exception;
}
```

在这个实现类中，实际上已经实现了最简单的拦截器的雏形。这里需要指出的是一个很重要的方法 invocation.invoke()。这是 ActionInvocation 中的方法，而 ActionInvocation 是 Action 调度者，所以这个方法具备以下两层含义：

1）如果拦截器堆栈中还有其他的 Interceptor，那么 invocation.invoke()将调用堆栈中下一个 Interceptor 执行。

2）如果拦截器堆栈中只有 Action 了，那么 invocation.invoke()将调用 Action 执行。

invocation.invoke()这个方法其实是整个拦截器框架的实现核心。基于这样的实现机制，还可以得到下面两个非常重要的推论：

1）如果在拦截器中，不使用 invocation.invoke()来完成堆栈中下一个元素的调用，而是直接返回一个字符串作为执行结果，那么整个执行将被中止。

2）可以以 invocation.invoke()为界，将拦截器中的代码分成两个部分，在 invocation.invoke()之前的代码，将会在 Action 之前被依次执行，而在 invocation.invoke()之后的代码，将会在

Action 之后被逆序执行。

由此，就可以通过 invocation.invoke()作为 Action 代码真正的拦截点，从而实现 AOP。

5.5.3　自定义拦截器

想要使用拦截器必须要经过配置，Struts2 采用的是映射的方法，所以想要使用某一个功能就必须在配置文件中配置，拦截器也不例外。所以必须在 package 中添加相应的拦截器元素，同时将拦截器关联相应的 class 文件，这样在执行 Action 前才会执行相应的拦截器，具体使用方法如下。

1）添加配置文件 struts.xml，并在该文件中添加拦截器。

```xml
<package name="testLogin" namespace="/" extends="struts-default">
<!-- 拦截器 -->
<interceptors>
  <interceptor name="myInterceptor" class="com.interceptor.MyInterceptor"></interceptor>
</interceptors>
<action name="demo" class="com.action.LoginAction">
  <result name="error" type="redirect">/error.jsp</result>
  <result name="success">/success.jsp</result>
  <result name="checkError">/checkSession.jsp</result>
  <interceptor-ref name="myInterceptor"></interceptor-ref>
  <interceptor-ref name="defaultStack"></interceptor-ref>
</action>
</package>
```

上面的 package 中添加了一个名为 myInterceptor 的拦截器，并为该拦截器注册了一个 Java 类，该类名称为 MyInterceptor，并被封存在 com.interceptor 包中。另外还在该 package 中添加了相应的 Action，在执行该 Action 前会首先执行 myInterceptor 拦截器。

2）编写被注册的拦截器类 MyInterceptor，该类必须实现 com.opensymphoy.xwork2. interceptor. Interceptor 接口，并重写相应的方法。

```java
packagecom.interceptor;
import java.util.Map;
import com.entity.User;
import com.opensymphony.xwork2.ActionContext;
import com.opensymphony.xwork2.ActionInvocation;
import com.opensymphony.xwork2.interceptor.Interceptor;
public class MyInterceptor implements Interceptor{
  private User user;
  public User getUser() {
    return user;
  }
  public void setUser(User user) {
    this.user = user;
  }
  @Override
  public void destroy() {
    // TODO 自动生成方法存根
    System.out.println("——destroy()——");
  }
  @Override
  public void init() {
```

```
        // TODO 自动生成方法存根
        System.out.println("————Init()————");
    }
    @Override
    public String intercept(ActionInvocation invocation) throws Exception {
        // TODO 自动生成方法存根
        System.out.println("————intercept()————");
        Map<String, Object> session= invocation.getInvocationContext().getSession();
        if(session.get("username")!=null){
            System.out.println("登录成功！");
            //session.put("username",user.getUsername());
            return invocation.invoke();
        }else{
            System.out.println("登录失败！");
            return "checkError";
        }
    }
}
```

3）经过前面两步后，拦截器已经配置完成，最后一步就是使用拦截器了，在显示页面上添加相应的标签，并为标签指定上面创建的名为 demo 的 Action，然后执行页面即可在控制台中打印出相应的拦截器内容。

```
<%@ page language="java" contentType="text/html; charset=UTF-8" pageEncoding="UTF-8"%>
<!DOCTYPE html PUBLIC "-//W3C//DTD HTML 4.01 Transitional//EN" "http://www.w3.org/TR/
html4/loose.dtd">
<html>
<head>
<metahttp-equiv="Content-Type"content="text/html; charset=UTF-8">
<title>Insert title here</title>
</head>
<body>
 <formaction="demo">
    用户名：<inputtype="text"name="username"><br>
    密码：<inputtype="text"name="password"><br>
    <inputtype="submit"name="ok"value="提交">
 </form>
</body>
</html>
```

打印输出内容，如图 5-6 所示。

```
五月 03, 2014 9:28:49 上午 com.opensymphony.xwork2.util.logging.commons.CommonsLogger info
信息: Parsing configuration file [struts.xml]
-----init()1------
五月 03, 2014 9:28:49 上午 org.apache.coyote.http11.Http11Protocol start
信息: Starting Coyote HTTP/1.1 on http-8080
五月 03, 2014 9:28:49 上午 org.apache.jk.common.ChannelSocket init
信息: JK: ajp13 listening on /0.0.0.0:8009
五月 03, 2014 9:28:49 上午 org.apache.jk.server.JkMain start
信息: Jk running ID=0 time=0/21  config=null
五月 03, 2014 9:28:49 上午 org.apache.catalina.startup.Catalina start
信息: Server startup in 1060 ms
------intercept()-------
登录失败！
```

图 5-6　输出结果

分析输出结果，程序编译阶段首先会读取配置文件 struts.xml，在该配置文件 Action 中顺序查找是否添加了拦截器，如果添加了拦截器则根据拦截器名称在<interceptors>中查找是否定义了该拦截器或者拦截器栈，如果发现定义的是拦截器，则根据拦截器查找对应的注册的 class，最后在包内查找注册的 class 并执行相应的 init()方法；程序运行阶段的大致流程和编译阶段类似，用户在前台提交请求后，会按照注册的 Action 在 struts.xml 中查找与之相对应的拦截器，如果查找到将会执行拦截器，没有查找到的话会相应地抛错，最后执行拦截器注册类的 intercept 方法。

5.5.4 拦截器功能

Struts2（XWork）提供的拦截器的功能说明，如表 5-1 所示。

表 5-1　Struts2 功能介绍

拦截器	名　字	说　明
Alias Interceptor	alias	在不同请求之间将请求参数在不同名字间转换，请求内容不变
Chaining Interceptor	chain	让前一个 Action 的属性可以被后一个 Action 访问，现在和 chain 类型的 result（<result type="chain">）结合使用
Checkbox Interceptor	checkbox	添加了 checkbox 自动处理代码，将没有选中的 checkbox 的内容设定为 false，而 html 默认情况下不提交没有选中的 checkbox
Cookies Interceptor	cookies	使用配置的 name,value 是指 cookies
Conversion Error Interceptor	conversionError	将错误从 ActionContext 中添加到 Action 的属性字段中
Create Session Interceptor	createSession	自动地创建 HttpSession，用来为需要使用到 HttpSession 的拦截器服务
Debugging Interceptor	debugging	提供不同的调试用的页面来展现内部的数据状况
Execute and Wait Interceptor	execAndWait	在后台执行 Action，同时将用户带到一个中间的等待页面
Exception Interceptor	exception	将异常定位到一个画面
File Upload Interceptor	fileUpload	提供文件上传功能
I18n Interceptor	i18n	记录用户选择的 locale
Logger Interceptor	logger	输出 Action 的名字
Message Store Interceptor	store	存储或者访问实现 ValidationAware 接口的 Action 类出现的消息、错误、字段错误等
Model Driven Interceptor	model-driven	如果一个类实现了 ModelDriven，将 getModel 得到的结果放在 Value Stack 中
Scoped Model Driven	scoped-model-driven	如果一个 Action 实现了 ScopedModelDriven，则这个拦截器会从相应的 Scope 中取出 model 调用 Action 的 setModel 方法，将其放入 Action 内部
Parameters Interceptor	params	将请求中的参数设置到 Action 中去
Prepare Interceptor	prepare	如果 Action 实现了 Preparable，则该拦截器调用 Action 类的 prepare 方法
Scope Interceptor	scope	将 Action 状态存入 session 和 application 的简单方法
Servlet Config Interceptor	servletConfig	提供访问 HttpServletRequest 和 HttpServletResponse 的方法，以 Map 的方式访问
Static Parameters Interceptor	staticParams	从 struts.xml 文件中将<action>的<param>中的内容设置到对应的 Action 中
Roles Interceptor	roles	确定用户是否具有 JAAS 指定的 role，否则不予执行
Timer Interceptor	timer	输出 Action 执行的时间

拦截器	名　　字	说　　明
Token Interceptor	token	通过 token 来避免双击
Token Session Interceptor	tokenSession	和 Token Interceptor 一样，不过双击的时候把请求的数据存储在 Session 中
Validation Interceptor	validation	使用 action-validation.xml 文件中定义的内容校验提交的数据
Workflow Interceptor	workflow	调用 Action 的 validate 方法，一旦有错误返回，重新定位到 INPUT 画面
Parameter Filter Interceptor	N/A	从参数列表中删除不必要的参数
Profiling Interceptor	profiling	通过参数激活 profile

5.5.5　拦截器实例

下面做一个拦截器实例，实现的功能是访问测试地址，通过拦截器注入 Date，使执行 ProductAction 时可以在页面上看到当前时间。

1）首先在 ProductAction 类中准备一个 Date 属性，用于被拦截器注入时间。

```
public class ProductAction {
        private Date date;
        public Date getDate() {
                return date;
        }
        public void setDate(Date date) {
                this.date = date;
        }
}
```

2）创建拦截器，把拦截到的 Action 强制转换成 ProductAction，并设置当前时间（注入）。

```
package interceptor;
import java.util.Date;
import com.opensymphony.xwork2.ActionInvocation;
import com.opensymphony.xwork2.interceptor.AbstractInterceptor;
import action.ProductAction;

public class DateInterceptor extends AbstractInterceptor {
        public String intercept(ActionInvocation invocation) throws Exception {
                ProductAction action = (ProductAction) invocation.getAction();
                action.setDate(new Date());
                return invocation.invoke();
        }
}
```

3）在 Struts.xml 配置文件中进行拦截器配置，声明 DateInterceptor，对 ProductAction 使用拦截器 DateInterceptor。由于使用了自定义的拦截器，本来配置在 Action 上的默认的拦截器会失效，所以需要再加上 DefaultStack。

```
<?xml version="1.0" encoding="UTF-8"?>
<!DOCTYPE struts PUBLIC
        "-//Apache Software Foundation//DTD Struts Configuration 2.0//EN"
        "http://struts.apache.org/dtds/struts-2.0.dtd">
<struts>
        <constant name="struts.i18n.encoding" value="UTF-8"></constant>
        <package name="basicstruts" extends="struts-default">
                <interceptors>
```

```
                <interceptor name="dateInterceptor"
                        class="interceptor.DateInterceptor" />
            </interceptors>
            <action name="*Product*" class="action.ProductAction"
                method="{1}">
                <interceptor-ref name="dateInterceptor" />
                <interceptor-ref name="defaultStack" />
                <result name="show">show.jsp</result>
                <result name="list">list.jsp</result>
            </action>
        </package>
    </struts>
```

经过简单的配置后，重新部署项目，运行结果如图 5-7 所示。

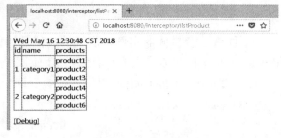

图 5-7　实例运行结果

5.6　Struts2 常用标签

在 Java Web 中，Struts2 标签库是一个比较完善，而且功能强大的标签库，它将所有标签都统一到一个标签库中，从而简化了标签的使用，它还提供主题和模板的支持，极大地简化了视图页面代码的编写，同时它还提供对 Ajax 的支持，大大地丰富了视图的表现效果。与 JSTL（JSP StandardTag Library，JSP 标准标签库）相比，Struts2 标签库更加易用和强大。

5.6.1　Struts2 标签分类

Struts2 默认提供了 4 种主题，分别为 Simple、XHTML、Css_xhtml 和 Ajax。具体分类如图 5-8 所示。

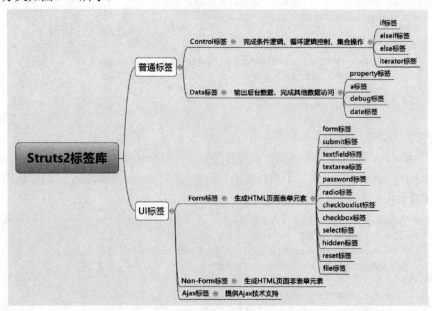

图 5-8　Struts2 标签库分类

Struts2 框架的标签库可以分为以下两类。

（1）非用户界面标签（非 UI 标签）：主要用于数据访问，逻辑控制

- 数据访问标签：主要包含用于输出值栈（ValueStack）中的值、完成国际化等功能的标签。
- 流程控制标签：主要包含用于实现分支、循环等流程控制的标签。

（2）用户界面标签（UI 标签）：主要用来生成 HTML 元素的标签

- 表单标签：主要用于生成 HTML 页面的 Form 元素，以及普通表单元素的标签。
- 非表单标签：主要用于生成页面上的 tree、Tab 页等。
- Ajax 标签：用于支持 Ajax 效果。

下面介绍几种主题：

- Simple 主题：这是最简单的主题，使用该主题时，每个 UI 标签只生成最基本的 HTML 元素，没有任何附加功能。
- XHTML 主题：这是 Struts2 的默认主题，它对 Simple 主题进行了扩展，提供了布局功能、Label 显示名称、以及与验证框架和国际化框架的集成。
- Css_xhtml：该主题是 XHTML 的扩展，在 XHTML 的基础之上添加对 CSS 的支持和控制。
- Ajax：继承自 XHTML，提供对 Ajax 的支持。

5.6.2 Struts2 标签的使用

使用标签，需要引入 Struts2 核心 jar 包，可以在 struts2-core-2.0.11.jar 压缩文件的 META-INF 目录下找到 struts-tags.tld 文件，这个文件里定义了 Struts2 的标签。

在 JSP 中使用 Struts2 的标志，先要指明标志的引入。通过 JSP 代码的顶部加入以下的代码：

```
<%@taglib prefix=&quot;s&quot; uri=&quot;/struts-tags&quot; %>
```

常用标签的应用如下。

（1）基础表单标签

addUser.jsp 的代码如下：

```
<%@ taglib prefix="s" uri="/struts-tags" %>
<html>
<body>
<s:form action="addUser">
<s:textfield name="user.name" label="user name:" />
<s:textfield name="user.pwd" label="password:" />
<s:submit value="Submit" />
</s:form>
</body>
</html>
```

运行结果如图 5-9、图 5-10 所示。

图 5-9 Form 标签的运行页面

User name: struts2form
User password: struts2

图 5-10　Form 标签的运行结果

（2）迭代标签

list.jsp 的代码如下：

```jsp
<%@ page language="java" contentType="text/html; charset=UTF-8"
    pageEncoding="UTF-8" isELIgnored="false"%>
<%@ taglib prefix="s" uri="/struts-tags"%>
<%@page isELIgnored="false"%>
<style>
table {border-collapse: collapse;}
td {border: 1px solid gray;}
</style>
<table align="center">
    <tr><td>id</td>
        <td>name</td>
        <td>st.index</td>
        <td>st.count</td>
        <td>st.first</td>
        <td>st.last</td>
        <td>st.odd</td>
        <td>st.even</td>
    </tr>
    <s:iterator value="products" var="p" status="st">
        <tr><td>${p.id}</td>
            <td>${p.name}</td>
            <td>${st.index}</td>
            <td>${st.count}</td>
            <td>${st.first}</td>
            <td>${st.last}</td>
            <td>${st.odd}</td>
            <td>${st.even}</td>
        </tr>
    </s:iterator>
</table>
```

运行结果如图 5-11 所示。

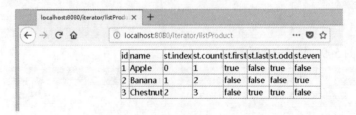

id	name	st.index	st.count	st.first	st.last	st.odd	st.even
1	Apple	0	1	true	false	true	false
2	Banana	1	2	false	false	false	true
3	Chestnut	2	3	false	true	true	false

图 5-11　Iterator 标签的运行界面

（3）单选按钮

list.jsp 的代码如下：

```
<%@ page language="java" contentType="text/html; charset=UTF-8"
    pageEncoding="UTF-8" isELIgnored="false"%>
<%@ taglib prefix="s" uri="/struts-tags"%>
<%@page isELIgnored="false"%>
<s:form action="listProduct">
<s:radio name="product.id" value="1" list="products" listValue="name" listKey="id" />
    </s:form>
```

运行结果如图 5-12 所示。

图 5-12　radio 标签的运行界面

（4）复选框

list.jsp 的代码如下：

```
<%@ page language="java" contentType="text/html; charset=UTF-8"
    pageEncoding="UTF-8" isELIgnored="false"%>
<%@ taglib prefix="s" uri="/struts-tags"%>
<%@page isELIgnored="false"%>
<s:checkboxlist value="selectedProducts"
name="product.id"
list="products"
listValue="name"
listKey="id" />
```

运行结果如图 5-13 所示。

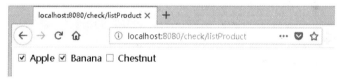

图 5-13　check 标签的运行界面

（5）下拉列表

list.jsp 的代码如下：

```
<%@ page language="java" contentType="text/html; charset=UTF-8"
    pageEncoding="UTF-8" isELIgnored="false"%>
<%@ taglib prefix="s" uri="/struts-tags"%>
<%@page isELIgnored="false"%>
Product:
<s:select
        name="product.id"
        list="products"
        listKey="id"
        listValue="name"
        multiple="false"
        size="1"
        value="selectedProducts"
```

運行結果如圖 5-14 所示。

图 5-14　select 标签的运行界面

（6）多重迭代标签

list.jsp 的代码如下：

```
<%@ page language="java" contentType="text/html; charset=UTF-8"
  pageEncoding="UTF-8" isELIgnored="false"%>
<%@ taglib prefix="s" uri="/struts-tags" %>
<%@page isELIgnored="false"%>
<table border="1" cellspacing="0">
<tr><td>id</td>
<td>name</td>
<td>products</td>
</tr>
<s:iterator value="categories" var="c">
<tr><td>${c.id}</td>
<td>${c.name}</td>
<td><s:iterator value="#c.products" var="p">${p.name}<br/></s:iterator></td>
</tr>
</s:iterator>
</table>
```

运行结果如图 5-15 所示。

图 5-15　multipleIterator 标签的运行界面

　　Struts2 标签库还包含许多标签，其他标签的使用情况与上述类似，这里不再赘述，有兴趣的读者可参见相关参考书籍。

5.7　Struts2 校验

　　校验一般分为客户端校验和服务器端校验。客户端校验是指在浏览器端通过 JavaScript 进行初步校验，是为了减轻服务器端的负载；服务器端校验是校验数据的最后一道防线。

　　Struts2 的输入校验和类型转换都是对请求参数进行处理。输入校验顾名思义就是请求参数是否能够满足一定要求。在 Struts2 中，数据校验不需要写任何代码，非常简单，只需要一个配置文件，配置校验的条件就可以了。因此数据校验文件是数据校验最重要的内容。

5.7.1 手动输入完成校验

手动编程校验主要是通过在类中编写校验逻辑代码，有两种方式：一是在 Action 类中重写 Validate()方法；二是在 Action 类中重写 ValidateXxx()方法。Validate()方法会校验 Action 中所有与 Execute()方法签名相同的方法。当某个数据校验失败时，在 Validate()方法中应该调用 AddFiledError()方法向系统 FieldErrors 添加校验失败信息。为了使用 AddFieldError 方法，Action 类需要继承 ActionSupport。

如果系统的 FieldErrors 包含失败信息，Struts2 会将请求转发到名为 Input 的 Result。在 Input 视图中可以通过<s:fielderror/>标签显示失败信息。

下面是一个手动完成输入检验的实现例子。

Action 类改写成：

```
import com.opensymphony.xwork2.ActionSupport;
import bean.Product;
public class ProductAction extends ActionSupport{
    private Product product;
    public String show(){
        product = new Product();
        product.setName("verifier");
        return "show";
    }
    public String add(){
        return "show";
    }
    public void validate(){
        if ( product.getName().length() == 0 ){
            addFieldError( "product.name", "name can't be empty" );
        }
    }
    public Product getProduct() {
        return product;
    }
    public void setProduct(Product product) {
        this.product = product;
    }
}
```

在类中定义了校验方法后，该方法会在执行系统的 Execute()方法之前执行。如果执行该方法后，Action 类的 FieldError 中已经包含了数据校验错误信息，将把请求转发到 Input 逻辑视图处，所以要在 Action 配置中加入以下代码：

```
<?xml version="1.0" encoding="UTF-8"?>
<!DOCTYPE struts PUBLIC
    "-//Apache Software Foundation//DTD Struts Configuration 2.0//EN"
    "http://struts.apache.org/dtds/struts-2.0.dtd">
<struts>
<package name="basicstruts" extends="struts-default">
<action name="showProduct" class="action.ProductAction" method="show">
<result name="show">show.jsp</result>
```

```
</action>
<action name="addProduct" class="action.ProductAction" method="add">
<result name="input">addProduct.jsp</result>
<result name="show">show.jsp</result>
</action>
</package>
</struts>
```

因为在 Struts2 框架中的表单标签<s:form.../>已经提供了输出校验错误的能力，所以要把 JSP 页面改写，才能将保存的错误信息打印到页面。

```
<%@ taglib prefix="s" uri="/struts-tags" %>
<html>
<s:head/>
<body>
<s:form action="addProduct">
<s:textfield name="product.name" label="product name " />
<s:submit value="Submit" />
</s:form>
</body>
</html>
```

运行结果如图 5-16 所示。

修改之后，部署运行。不输入任何内容直接提交，则出现如图 5-17 所示结果。

图 5-16 运行界面   图 5-17 校验结果

5.7.2 使用 Struts2 框架校验

使用 Struts2 校验框架的好处是将校验逻辑放到配置文件中，实现校验逻辑代码与业务逻辑代码的分离。使用基于框架校验方式实现输入校验时，Action 也需要继承 ActionSupport，并且提供校验文件。同样框架校验的方式也有两种：一是校验 Action 中所有 Execute 方法签名相同的方法；二是校验 Action 中某个与 Execute 方法签名相同的方法。

对于 Struts2 校验框架来说，一般有两种方式来配置校验器：

- 使用<validator>。
- 使用<field-validator>。

当<validator>的子节点中配置了<param name="fieldName">用于指定某个属性进行校验时，达到的效果与<field-validator>一样，即两种配置方式是等效的。代码如下：

```
<!--校验 user.id 属性时，用<validator>来配置-->
<validator type="required">
<s:param name="fieldName">user.id</s:param>
<message>用户的 ID 不能为空！</message>
</validator>

<!-- 方式二 -->
```

```
<field name="user.id">
<field-validator type ="required">
<message>用户的 ID 不能为空！</message>
</field-validator>
</field>
```

下面简单介绍几种常用的内置校验器的配置示例。

1. Required（必填校验器）

```
<field-validator type ="required">
<message>用户的 ID 不能为空！</message>
</field-validator>
```

2. Requiredstring（必填字符串校验器）

```
<field-validator type ="requiredstring">
<param name ="trim">true</param>
<message>用户的 ID 不能为空！</message>
</field-validator>
```

3. Stringlength（字符串长度校验器）

```
<field-validator type ="stringlength">
<param name = "maxlength">12</param>
<param name = "minilength">6</param>
<message>密码必须在 6～12 位之间</message>
</field-validator>
```

4. Email（邮件地址校验器）

```
<field-validator type ="email">
<message>邮箱格式不正确</message>
</field-validator>
```

5. Regex（正则表达式校验器）

```
<field-validator type ="regex">
<param name="expression"><![CDATA[^1[3578]\d{9}$]]></param>
<message>手机号格式不正确</message>
</field-validator>
```

6. Int（整数校验）

```
<param type ="int">
<param name="max">100</param>
<param name="mini">0</param>
<message>年龄必须在 0～100 之间</message>
</field-validator>
```

7. 字段 OGNL 表达式校验器

```
<param type ="int">
<param name="expression"><![CDATA[imagefile.length() <=0 ]]></param>
<message>文件不能为空</message>
</field-validator>
```

这里只列举了几个常用的校验器，有兴趣的读者请参见相关参考书籍。注意，这些校验器不是单独使用，在一般的项目开发中需要搭配使用，往往一个网页有很多字段需要校验，这时就需要综合应用这些校验器了。

5.8　基于 **Struts2** 的多文件上传

文件的上传下载是 Web 开发中老生常谈的功能，Struts2 提供的文件上传下载机制十分简便，使得写很少的代码就可以实现该功能。Struts2 框架为处理文件上传提供了内置支持，它使用"基于 HTML 表单的文件上传"。上传一个文件时，它通常会被存储在一个临时目录中，它们应该由 Action 类进行处理或移动到一个永久的目录，以确保数据不丢失。但需要注意的是，服务器有一个安全策略可能会禁止写到目录以外的临时目录和属于 Web 应用的目录。

在 Struts 中，文件上传是通过预先定义的拦截文件上传的拦截器。该拦截器存在于 org.apache.struts2.interceptor.FileUploadInterceptor 类的 DefaultStack 中，是每个 Action 默认使用的。具体的实现如下。

1）新建一个 Web 项目。

导入 Struts2 的类库：commons-fileupload-1.3.1.jar、commons-io-2.2.jar、commons-lang-2.4.jar、commons-lang3-3.1.jar、commons-logging-1.1.3.jar、freemarker-2.3.19.jar、javassist-3.11.0. GA.jar、ognl-3.0.6.jar、struts2-core-2.3.16.1.jar、xwork-core-2.3.16.1.jar。

2）创建上传文件的页面。

upload.jsp 的代码如下：

```jsp
<%@ page language="java" contentType="text/html; charset=UTF-8"
 pageEncoding="UTF-8" isELIgnored="false"%>
<%@page isELIgnored="false" %>
<%@ taglib prefix="s" uri="/struts-tags" %>
<html>
<head>
<title>Upload Files</title>
</head>
<body>
        <s:form action="upload" method="post" enctype="multipart/form-data">
            <s:file name="upload" label="File 1"></s:file>
            <s:file name="upload" label="File 2"></s:file>
            <s:file name="upload" label="File 3"></s:file>
            <s:submit value="Upload"></s:submit>
        </s:form>
</body>
</html>
```

在上面的代码中需要注意的是，表单的 Enctype 属性设置为 multipart/ form-data，允许处理文件上传。

3）创建 UploadAction 类处理上传文件。

uploadAction.java 的代码如下：

```java
package action;
import java.io.File;
import java.io.FileInputStream;
import java.io.FileOutputStream;
import java.io.InputStream;
import java.io.OutputStream;
import java.util.List;
```

```java
import com.opensymphony.xwork2.ActionSupport;
public class UploadAction extends ActionSupport{
    private    List<File> upload;
    private List<String> uploadFileName;
    public String execute() throws Exception {
        if(upload!=null){
            for (int i = 0; i < upload.size(); i++) {
                InputStream is=new FileInputStream(upload.get(i));
                OutputStream os=new FileOutputStream
                        ("f:\\JavaEE\\Struts2\\uploadFile\\"+getUploadFileName().get(i));
                byte buffer[]=new byte[1024];
                int count=0;
                while((count=is.read(buffer))>0){
                    os.write(buffer,0,count);
                }
                os.close();
                is.close();
            }
        }
        return SUCCESS;
    }
    public List<File> getUpload() {
        return upload;
    }
    public void setUpload(List<File> upload) {
        this.upload = upload;
    }
    public List<String> getUploadFileName() {
        return uploadFileName;
    }
    public void setUploadFileName(List<String> uploadFileName) {
        this.uploadFileName = uploadFileName;
    }
}
```

文件上传拦截器默认情况下提供三个参数，被命名为以下模式：

- [your file name parameter]：这是实际的文件的上传，在这个例子中是 "upload"。
- [your file name parameter]ContentType：这是被上传的文件的内容类型。
- [your file name parameter]FileName：这是被上传的文件的名称。在这个例子中是 "uploadFileName"。

4）创建一个简单的 JSP 文件用于显示文件上传的成功情况。

success.jsp 的代码如下：

```jsp
<%@page isELIgnored="false"%>
uploaded success!
<br/>
${upload}<br/>
File name: ${uploadFileName}
<br/>
```

5）配置 Strust.xml 文件。

struts.xml 的代码如下：

```xml
<?xml version="1.0" encoding="UTF-8"?>
```

```
<!DOCTYPE struts PUBLIC
    "-//Apache Software Foundation//DTD Struts Configuration 2.0//EN"
    "http://struts.apache.org/dtds/struts-2.0.dtd">
<struts>
    <package name="basicstruts" extends="struts-default">
        <action name="upload" class="action.UploadAction">
            <result name="success">/success.jsp</result>
        </action>
    </package>
</struts>
```

6）配置 web.xml 文件。

web.xml 的代码如下：

```
<?xml version="1.0" encoding="UTF-8"?>
<web-app xmlns:xsi="http://www.w3.org/2001/XMLSchema-instance"
xmlns:web="http://xmlns.jcp.org/xml/ns/javaee"
xsi:schemaLocation="http://xmlns.jcp.org/xml/ns/javaee
http://java.sun.com/xml/ns/javaee/web-app_2_5.xsd">
<filter>
<filter-name>struts2</filter-name>
<filter-class>
                    org.apache.struts2.dispatcher.ng.filter.StrutsPrepareAndExecuteFilter
</filter-class>
</filter>
<filter-mapping>
<filter-name>struts2</filter-name>
<url-pattern>/*</url-pattern>
<dispatcher>FORWARD</dispatcher>
<dispatcher>REQUEST</dispatcher>
</filter-mapping>
</web-app>
```

7）部署和运行。

部署到 Tomcat 中，启动 Tomcat 后，在浏览器地址栏中输入http://localhost:8080/upload/upload.jsp，运行结果如图 5-18、图 5-19 所示。

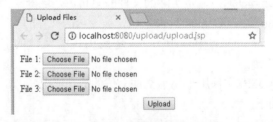

图 5-18　运行页面

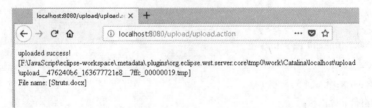

图 5-19　上传成功页面

总结如下：Struts2 本身没有提供解析上传文件内容的功能，它通过第三方上传组件来实现文件上传的功能。所以，通过使用 Struts2 实现文件上传的功能，首先要将 commons-fileupload-1.2.1.jar 和 commons-io-1.4.jar 复制到项目的 WEB-INF/lib 目录下。Struts2 的上传组件只有一个拦截器：org.apache.struts2.interceptor.FileUploadInterceptor（这个拦截器不用配置，是自动装载的），它负责调用底层的文件上传组件解析文件内容，并为 Action 准备与上传文件相关的属性值。

5.9 Struts2 国际化

首先了解下什么是国际化。国际化的英文为 Internationalization，所以它又称为 i18n（internationalization 的首末字符 i 和 n，18 为中间的字符数）。i18n 支持多种语言，但是同一时间只能是英文和一种选定的语言，例如英文+中文、英文+德文、英文+韩文等；为了使不同国家、地区的人使用到适应他们环境和语言的软件或网站，国际化成为了 Java 的必要因素之一。国际化机制在软件开发过程中，使得软件与特定的语言或地区脱钩。当软件被移植到其他国家时，不必更改软件本身的代码就可以适应当地的使用了，所以国际化是必需的。

可以通过如下代码测试获得本机操作系统的默认语言和地区。

```
public static void main(String[] args) {
    Locale defaultLocale=Locale.getDefault();
    System.out.println("country="+defaultLocale.getCountry());
    System.out.println("language="+defaultLocale.getLanguage());
}
```

下面进行国际化配置。

1）先配置 baseName 来指定资源文件，可在 struts.xml 文件中配置。

```
<constant name="struts.custom.i18n.resources" value="message"></constant>
```

📖注意：

代码中的 message 为 baseName，以后的资源名称都要一致。

2）为了实现程序的国际化，必须先提供程序所需要的资源文件。资源文件的内容是很多的 key-value 对，其中 key 是程序使用的部分，而 value 是程序的显示部分。

资源文件的命名可以是如下三种形式：baseName_language_country.properties、baseName_language.properties、baseName.properties。其中 baseName 是资源文件的基本名称，用户可自由定义，而 language 和 country 都不可随意变化，必须是 Java 所支持的语言和国家。Java 不可能支持所有的国家和语言，可以通过 Locale 类的 getAvailableLocale 方法获取支持，该方法返回一个 Locale 数组，该数组中包含了所有支持的国家和语言。获取所支持的国家和语言的代码如下：

```
public static void main(String[] args) {
    Locale [] locales = Locale.getAvailableLocales();
    for(Locale locale:locales){
    //输出支持的国家 System.out.print(locale.getDisplayCountry()+":"+locale.getCountry());
    //支持语言 System.out.println(locale.getDisplayLanguage()+":"+locale.getLanguage());
    }
}
```

Struts2 资源文件的管理：

- 全局范围，在 classes 路径下，baseName-language-country.properties，如 message_zh_CN.properties
- 包范围，在包根路径下，package-language-country.properties，如 package_zh_CN.properties。
- 类范围，在该类同一路径下，actionName-language-country.properties，如 LoginAction_zh_CN.properties。

3）Struts2 的国际化分三种情况，同时也分三个范围，分别为：前台页面的国际化、Action 类中的国际化、验证框架 xml 配置文件的国际化。

- 为了在 JSP 页面中输出国际化消息，可以使用 Struts2 的<s:text.../>标签，该标签可以指定一个 name 属性，该属性指定了国际化资源文件中的 key。

```
<%@ page language="java" contentType="text/html; charset=utf-8"%>
<%@ taglib uri="/struts-tags" prefix="s"%>
<html>
    <head>
    <!—使用 s:text 标签输出国际化消息-->
    <title><s:text name="loginPage"/></title>
    </head>
    <body>
    <h3><s:text name="loginTip"/></h3>
    <!—在表单元素中使用 key 来指定国际化消息的 key-->
    <s:form action="Login" method="post">
    <s:textfield name="username" key="user"/>
    <s:password name="password" key="password"/>
    <s:submit name="submit" key="submit" />
    </s:form>
    </body>
</html>
```

- 为了在 Action 类中访问国际化消息，可以使用 ActionSupport 类的 getText 方法，该方法可以接受一个 name 参数，该参数指定了国际化资源文件中的 key。

```
public class LoginAction extends ActionSupport{
    //完成输入校验需要重写的 validate 方法（读取资源文件 getText(String str)）
public void validate(){
        //调用 getText 方法取出国际化信息
        if(getUsername()==null||"".equals(this.getUsername().trim())){
            this.addFieldError("username", this.getText("username.required"));
        }
        if(this.getPassword()==null||"".equals(this.getPassword().trim())){
            this.addFieldError("password", this.getText("password.required"));
        }
    }
}
```

通过在 Action 类中调用 ActionSupport 类的 getText 这种方式，就可以取得国际化资源文件中的国际化消息。通过这种方式，即使 Action 需要设置在下一个页面显示的信息，也无需直接设置字符串常量，而是使用国际化消息的 key 来输出，从而实现程序的国际化。

● 验证框架 xml 配置文件的国际化。

```
<!DOCTYPE validators PUBLIC
        "-//Apache Struts//XWork Validator 1.0.3//EN"
        "http://struts.apache.org/dtds/xwork-validator-1.0.3.dtd">
<validators>
<field name="name">
<field-validator type="requiredstring">
<param name="tirm">true</param>
<message key="name"></message>
</field-validator>
</field>
</validators>
```

● 实现在 JSP 页面中的中英文切换。

Action 中的代码如下：

```
public String changeLanguage() {
    // 1、根据页面请求，创建下同的 Locale 对象
    Locale locale = Locale.getDefault();
    if(flag.equals(null) || flag.equals("")){
        locale = new Locale("zh", "CN");
    }else if (flag.equals("zh")) {
        locale = new Locale("zh", "CN");
    }else if (flag.equals("en")) {
        locale = new Locale("en", "US");
    }
        /*
        *设置 Action 中的 Locale 前台页面的 Locale 和后台 session 中的 Locale 范围是不一样的
        *只改变页面 Locale 当前页面信息会改变，但提交后 Locale 又会改回到默认的
        *改变了后台 Locale，当前线程中的页面 Locale 并不会改变，但会随下一次提交
        *Action 一同改变，所以可能要刷新页面两次，第一次只改变后台 Locale，第二次前台和
后台同时改变
        *为避免上述情况，需要前台和后台的 Locale 一起改变
        */
    ActionContext.getContext().setLocale(locale);
    ServletActionContext.getRequest().getSession().setAttribute("WW_TRANS_I18N_LOCALE", locale);
    System.out.println(SystemUtil.getPropertiesValue("currentLang")+this.getText("login.name"));
    return "SUCESS";
}
```

5.10 类型转换 OGNL

为什么要有类型转换？在前台 Form 表单中接收到服务器的是 String 类型，而服务器端却往往需要的不完全是 String 类型，还需要 int、date 类型以及其他的实体类型，这就涉及 Struts2 的类型转换。

5.10.1 OGNL 简介

OGNL（Object-Graph Navigation Language）对象图导航语言，是一种功能强大的表达式语言，是一个开源项目。它通过简单一致的语法，可以任意存取对象的属性或者调用对象的方法，能够遍历整个对象的结构图，实现对象属性类型的转换等功能。

OGNL 表达式的基本单位是"导航链"，由以下几个部分组成：

- 属性名称（Property）。
- 方法调用（Method Invoke）。
- 数组元素。

Struts2 默认的表达式语言是 OGNL，它具有几大优势：

- 支持对象方法调用，如 xxx.doSomeSpecial()；
- 支持类静态的方法调用和值访问，表达式的格式为@[类全名（包括包路径）]@[方法名 | 值名]；
- 支持赋值操作和表达式串联，如 price=100, discount=0.8, calculatePrice()，这个表达式会返回 80。
- 访问 OGNL 上下文（OGNL context）和 ActionContext。
- 操作集合对象。

5.10.2 类型转换实例

使用过 Struts2 的人都应该会喜欢它提供的这种转换方式，这让对于表单提交的处理变得更加简单。借助内置的类型转换，Struts2 可以完成字符串和基本类型之间的转换，只需要提供属性对应的 set 方法即可，而不需要像在 Servlet 中一样使用 request.getParameter("xx");来获取表单提交的信息。更加完美的是，借助于 OGNL 表达式的支持，Struts2 还可以经过简单的处理来将请求参数转化为复合类型，这对于属性众多的复合对象有很大帮助。

实例 5-4：OGNL 注册的表单。

```
<s:form action ="douserreg" method ="POST" name="regesiter"
    Enctype="multipart/form-data" id="registerForm" onsubmit="return checkReg(this);">
<div id = "sign" class="mDiv"></div>
<input type = "hidden" name = "examId" id = "examId" value = <s:property value="examId"/>>
<table class="regist_table" style="width:600px;">
<col class="regist_table_fir"/>
<col class="regist_table_sed"/>
<col class="regist_table_thi"/>
<tr>
    <td>当前正在注册的考试：</td>
    <td colspan="3">
    <font color = "red"><%=session.getAttribute("examName")%></font>
    </td>
</tr>
<tr>
    <td>用户名：</td>
    <td>
    <s:textfield name="users.uname" id="inputName"
    cssClass="regist_input" value = "手机长号" disabled="true"/>
    </td>
    <td>真实姓名：</td>
    <td><s:textfield name = "users.ucnName" cssClass = "regist_input" id="realName"/>
    </td>
</tr>
<tr>
    <td>密码：</td>
```

```html
            <td><s:password name="users.upsw" cssClass="regist_input" id = "upsw"/></td>
         <td>密码校验：</td>
         <td><s:password name="repeatPass" cssClass="regist_input" id = "repeatPass"/></td>
      </tr>
      <tr>
         <td>性别：</td>
         <td align="left">
         <s:radio name="users.ssex" list="{'男','女'}" id = "sex"/>
         </td>
         <td>是否省优<br>毕业生：</td>
         <td align="left">
         <s:radio name="users.sfsybys" list="{'是','否'}" id = "great"/>
         </td>
      </tr>
      <tr>
         <td>学位：</td>
         <td><s:select label="学位" list="ehDegreeList"   name="users.stuDegree"
         emptyOption="false" headerKey="" headerValue="--请选择--"
         listKey="formValue" listValue="formValue" cssClass="regist_input" id = "degree"/>
         </td>
         <td>学历：</td>
         <td><s:select label="学历" list="eduBakList" name="users.eduBak"
         emptyOption="false" headerKey=""    headerValue="--请选择--"
         listKey="formValue" listValue="formValue" cssClass="regist_input" id = "edubak"/>
         </td>
      </tr>
      <tr>
         <td>外语等级：</td>
         <td><s:select label="外语等级" list="wydjLists" name="users.wydj"
         emptyOption="false" headerKey="" headerValue="--请选择--"
         listKey="formValue" listValue="formValue" cssClass="regist_input" id = "foreignDegree"/>
         </td>
         <td>身份证：</td><td><s:textfield name="users.certificate" id="inputCerti"
         onblur="validateRegCertificate();"   cssClass="regist_input"/></td>
      </tr>
      <tr>
         <td>毕业时间：</td><td><input type = "text" name="users.bysj" id="time"onFocus= "WdatePicker()"></td>
         <td>毕业院校：</td><td><s:textfield name="users.byyx" cssClass="regist_input" id = "college"/></td>
      </tr>
      <tr>
         <td>专业：</td><td><s:textfield name="users.specials" cssClass="regist_input" id = "major"/></td>
         <td>政治面貌：</td><td><s:textfield name="users.zzmm" cssClass="regist_input" id = "polity"/></td>
      </tr>
      <tr><td>民族：</td><td><s:textfield name="users.nation" cssClass="regist_input" id = "nation"/></td>
         <td>固定电话：</td><td><s:textfield name="users.gddh" cssClass="regist_input" id = "phone"/></td>
      </tr>
      <tr>
         <td>手机长号：</td>
         <td><s:textfield name="users.yddh" cssClass="regist_input" id = "telephone"
         onblur="validateRegTelephone();"/></td>
         <td>户口所在地：</td>
         <td><s:textfield name="users.hkszd" cssClass="regist_input" id = "hkszd"/></td>
      </tr>
```

```
                <tr>
                        <td>邮箱: </td><td>
                        <s:textfield name="users.zcyx" cssClass="regist_address" id = "email"/></td>
                        <td>联系地址: </td><td>
                        <s:textfield name="users.lxdz" cssClass="regist_address" id = "address"/></td>
                </tr>
                <tr>
                        <td>在校荣获奖励: </td>
                        <td colspan="3"><s:textarea name="users.zxrhjl" rows="5" cols="40" id = "honour"/></td>
                </tr>
                <tr>
                        <td>个人简历: </td>
                        <td colspan="3"><s:textarea name="users.grjl" rows="5" cols="40" id = "resume"/></td>
                </tr>
                <tr>
                        <td>个人照片: </td><td colspan="3"><input type="file" name="upload" id = "photo"/></td>
                </tr>
                <tr>
                        <td><s:token/></td>
                        <td colspan="3"><input type = "submit" name="submit" style="background:url(index_update/images/
zhuce.jpg) no-repeat;height:22px; width:50px;border:none" value=""/>    <input name=
"reset" type="reset" value="" style="background:url(index_update/images/resetbut.jpg); border:none; height:22px;
width:50px;"></td>
                </tr>
        </table>
</s:form>
```

上面标签中的 name 值都是使用对象属性的标准 OGNL 表达式，这样 Struts2 标签就可以获得该标签提交的值。

后台代码很简单，只要提供复合对象 users 的 set 方法，然后在复合对象 users 的内部对所有的属性提供 set 方法即可（users 内部属性与对象持久化这里不讨论）。

```
public class UserBasicAction extends ActionSupport{
    protected StuUsers users;
    public StuUsers getUsers() {
        return users;
    }
    public void setUsers(StuUsers users) {
        this.users = users;
    }
}
```

这里有几个注意点：

1）因为 Struts2 将通过反射来创建一个复合类（StuUsers）的实例，因此系统必须为该复合类提供一个无参数的构造方法。比如：

```
public class StuUsers implements java.io.Serializable {
    // Fields
    private Integer uid;
    private String uname;
    private String upsw;
    private String ucnName;
    private String ssex;
    private String eduBak;
```

```
private String bysj;
private String byyx;
private String stuDegree;
private String specials;
private String certificate;
private String zzmm;
private String nation;
private String sfsybys;
private String wydj;
private String lxdz;
private String gddh;
private String yddh;
private String zxrhjl;
private String grjl;
private String userPhoto;
private String djbz;
private String hkszd;
private String zcyx;
private Exams exams;
private String applySign;
private String state;
private String vercode;
private String registerTime;
private String activateTime;
private Set examUsers = new HashSet(0);
    // Constructors
    /** default constructor */
    public StuUsers() {
    }
    /** minimal constructor */
    public StuUsers(String uname, String upsw, String ucnName, String ssex) {
        this.uname = uname;
        this.upsw = upsw;
        this.ucnName = ucnName;
        this.ssex = ssex;
    }
//省略 get,set 方法.....
```

2）为了能给复合对象 users 的属性以这种方式进行赋值，必须为复合对象需要赋值的属性提供 set 方法，在 Action 类中提供 users 的 get 方法。

对于难度更高的赋值，还可以直接生成 Collection,或者 Map 实例。

Map:Action 类代码如下：

```
package xidian.sl.action.user;
import java.util.Map;
import xidian.sl.entity.StuInfor;
import com.opensymphony.xwork2.ActionSupport;
@SuppressWarnings("serial")
public class Test extends ActionSupport{
    private Map<String, StuInfor> stuMap;
    @Override
    public String execute() throws Exception {
        System.out.println("进来了");
```

```
//输出组合后的复杂对象
                System.out.println("第一个用户名："+stuMap.get("one").getStuNum()+" <br/>第一个密码:
"+stuMap.get("one").getPassword()+" <br/>第二个用户名："+stuMap.get("two").getStuNum()+" <br/>第二个密码:
"+stuMap.get("two").getPassword());
                return SUCCESS;
        }
        public Map<String, StuInfor> getStuMap() {
                return stuMap;
        }
        public void setStuMap(Map<String, StuInfor> stuMap) {
                this.stuMap = stuMap;
        }
}
```

页面提交端应用代码如下：

```
<%@ page language="java" contentType="text/html; charset=UTF-8"pageEncoding="UTF-8"%>
<%@taglib prefix="s" uri="/struts-tags" %>
<!DOCTYPE html PUBLIC "-//W3C//DTD XHTML 1.0 Transitional//EN" "http://www.w3.org/TR/
xhtml1/DTD/xhtml1-transitional.dtd">
<html xmlns="http://www.w3.org/1999/xhtml">
<head>
<meta http-equiv="Content-Type" content="text/html; charset=utf-8" />
<title>测试</title>
</head>
    <body>
    <s:form action = "testAction.action">
    <s:textfield name = "stuMap['one'].stuNum" label = "第一个用户名"/>
    <s:password name = "stuMap['one'].password" label = "第一个密码"></s:password>
    <s:textfield name = "stuMap['two'].stuNum" label = "第二个用户名"/>
    <s:password name = "stuMap['two'].password" label = "第二个密码"></s:password>
    <s:submit name = "send" value = "提交" theme = "simple"></s:submit>
    </s:form>
    </body>
</html>
```

页面显示段代码如下：

```
<%@ page language="java" contentType="text/html; charset=UTF-8"pageEncoding="UTF-8"%>
<%@taglib prefix="s" uri="/struts-tags" %>
<!DOCTYPE html PUBLIC "-//W3C//DTD XHTML 1.0 Transitional//EN" "http://www.w3.org/TR/
xhtml1/DTD/xhtml1-transitional.dtd">
<html xmlns="http://www.w3.org/1999/xhtml">
<head>
<meta http-equiv="Content-Type" content="text/html; charset=utf-8" />
<title>测试 2</title>
</head>
    <body>
    第一个用户名为：<s:propertyvalue="stuMap['one'].stuNum"></s:property><br/>
    第一个密码为：<s:propertyvalue="stuMap['one'].password"></s:property><br/>
    第二个用户名为：<s:propertyvalue="stuMap['two'].stuNum"></s:property><br/>
    第一个密码为：<s:property value ="stuMap['two'].password"></s:property><br/>
    </body>
</html>
```

List 与 Map 的处理基本一致，只是 Map 是"Action 属性名['key 值'] 属性名"，而 List 是

"Action 属性名['索引值'] 属性名"。

这里还需要注意的一个问题就是在申明集合类时，最好使用泛型来明确集合类的元素类，这样 Struts2 才能知道，否则就需要自己写局部类型转换文件来指定集合元素的类型。

5.10.3 OGNL 小结

- 相对于 EL（Expression Language）表达式，OGNL 提供了平时需要的一些功能，如支持对象方法调用、支持各类静态方法调用和值访问、支持操作集合对象。
- OGNL 有一个上下文的概念，这个上下文实质就是一个 Map 结构，它实现了 java.utils.Map 接口，在 Struts2 中上下文的实现为 ActionContext。
- 当 Struts2 接受一个请求时，会迅速创建 ActionContext、ValueStack、Action。然后把 Action 存放进 ValueStack，所以 Action 的实例变量可以接受 OGNL 访问。

5.11 本章小结

本章主要讲述的是 Struts2 开发的基础知识。首先简单介绍了 Struts2 的安装配置以及工作原理，通过 Struts2 的一些具体实例对 Struts 开发过程、标签、上传文件、拦截器和输入校验等知识进行讲解，使读者更容易理解 Struts2 的开发过程及原理，最后辅以实例培养读者对 Struts2 的实际运用能力。

5.12 习题

一、选择题

1. 以下属于 Struts2 的控制器组件是＿＿＿＿＿。
   A. Action　　　　B. ActionForm　　　　C. ActionServlet　　　　D. dispatchAction
2. 关于 Struts2 配置文件，说法正确的是＿＿＿＿＿。
   A. 必须在 WEB-INF\classes 目录下　　　B. 名字必须为 struts.xml
   C. 配置 Action 时，必须配置包信息　　　D. 使用<forward>元素配置转发
3. 在 Struts2 配置中用＿＿＿＿＿元素来配置常量。
   A. <const>　　　　　　　　　　　　　B. <constants>
   C. <constant>　　　　　　　　　　　　D. <constant-mapping>
4. 关于 Struts2 包的说法正确的是＿＿＿＿＿。
   A. Struts2 框架使用包来管理常量
   B. Struts2 框架定义包时必须指定 name 属性
   C. Struts2 框架中配置包时，必须继承自 struts-default 包，否则会报错
   D. Struts2 框架中使用包来管理 Action
5. 用于实现国际化的 Struts2 标签是＿＿＿＿＿。
   A. <s:text>　　　B. <s:message>　　　C. <s:textfield>　　　D. <s:resource>
6. （多选）自定义拦截器类的方式有＿＿＿＿＿。
   A. 实现 Interceptor 接口　　　　　　　B. 实现 AbstractInterceptor 接口
   C. 继承 Interceptor 类　　　　　　　　D. 继承 AbstractInterceptor 类

7. Struts2 主要核心功能是由＿＿＿＿＿＿实现。

    A. 过滤器   B. 拦截器   C. 类型转换器   D. 配置文件

8. Struts 中的 ActionServlet 属于 MVC 模式中的＿＿＿＿＿＿。

    A. 视图   B. 模型   C. 控制器   D. 业务层

二、填空题

1. Struts2 以＿＿＿＿＿＿为核心，采用＿＿＿＿＿＿的机制来处理用户的请求。

2. Struts2 框架由＿＿＿＿＿＿和＿＿＿＿＿＿框架发展而来。

3. Struts2 中的控制器类是一个普通的＿＿＿＿＿＿。

4. 构建 Struts2 应用最基础的几个类库是＿＿＿＿＿＿，＿＿＿＿＿＿，＿＿＿＿＿＿，＿＿＿＿＿＿以及＿＿＿＿＿＿。

5. 如果要在 JSP 页面中使用 Struts2 提供的标签库，首先必须在页面中使用 taglib 编译指令导入标签库，其中编译指令为＿＿＿＿＿＿。

6. 在 Struts2 表单标签库中，表单标签为＿＿＿＿＿＿。

7. ActionSupport 类实现了＿＿＿＿＿＿接口和＿＿＿＿＿＿接口等。

三、简答题

1. 简述什么是 MVC。

2. 简述一个请求在 Struts2 框架中的处理流程，请按自己对框架的理解叙述。

3. 以文字过滤拦截器为例，简述拦截器的使用步骤。

4. 请简述 Struts2 中输入校验的几种方式。

5. 简述 Servlet 的生命周期。

四、上机操作题

1. 验证本章实例 1-2 的 struts 配置实验。

2. 验证本章实例 3 Action 类的实验。

3. 验证本章实例 4 OGNL 实验。

实训 5　用 Struts2 实现用户登录模块

一、实验目的

1. 掌握 Struts 项目的完整开发过程。

2. 掌握 Struts 标签使用。

3. 熟悉 Struts.xml 文件配置。

4. 练习使用 Struts2 自带案例的使用。

二、实验内容

在该实验中，通过构建一个实现用户登录项目，综合应用 Struts2 的知识点，包括标签、Struts2 配置等。

1）在 MyEclipse 环境中建立一个新的 Web 工程，命名为 TSGL，在 WEB-INF\lib 目录下复制所有的 jar 包，如图 5-20 所示。

2）在 MySQL 数据库中创建 TSGL 数据库，并创建用户表 users，表设计结构如图 5-21 所示。其中注意主键的选择。

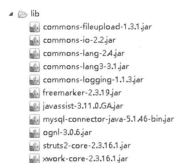

```
Field    | Type        | Null | Key | Default | Extra
uid      | int(11)     | NO   | PRI | NULL    | auto_increment
uname    | varchar(25) | NO   |     | NULL    |
upassword| varchar(16) | NO   |     | NULL    |
3 rows in set (0.03 sec)
```

图 5-20　添加 Struts2 安装包　　　　　　　图 5-21　用户表创建

3）在项目的 src 文件下配置 struts.xml 文件。

```xml
<?xml version="1.0" encoding="UTF-8"?>
<!DOCTYPE struts PUBLIC
    "-//Apache Software Foundation//DTD Struts Configuration 2.0//EN"
    "http://struts.apache.org/dtds/struts-2.0.dtd">
  <struts>
    <package name="default" extends="struts-default">
<action name="login" class="org.action.LoginAction">
        <result name="success">/success.jsp</result>
        <result name="error">/login.jsp</result>
    </action>
    </package>
</struts>
```

4）在项目的 WebRoot 文件夹下建立 login.jsp。代码如下：

```jsp
<%@ page language="java" import="java.util.*" pageEncoding="utf-8"%>
<%@taglib uri="/struts-tags" prefix="s"%>
<html>
<head>
<title>Login Page</title>
</head>
<body>
<s:form action="login" method="post" namespace="/">
<s:property value="#attr.check"/>
    <s:textfield name="user.un" label="User name"></s:textfield><br>
    <s:password name="user.pwd" label="Password" showPassword="true"></s:password>
    <s:submit value="Login"></s:submit>
</s:form>
</body>
</html>
```

5）创建 Action 类，该类是 POJO，必须有一个方法 execute()，在 src 文件夹下新建包 org.action，创建 LoginAction.java 代码如下：

```java
package org.action;
import org.apache.struts2.ServletActionContext;
import org.model.User;
import org.util.DBConn;
import com.opensymphony.xwork2.ActionSupport;
public class LoginAction extends ActionSupport {
        private User user;
```

```java
        public User getUser() {
            return user;
        }
        public void setUser(User user) {
            this.user = user;
        }
        public String execute() throws Exception{
            DBConn conn=new DBConn();
            if(conn.Check(this.user.getUn(), this.user.getPwd())){
                ServletActionContext.getRequest().setAttribute("user", this.user.getUn());
                return SUCCESS;
            }
            else{
                ServletActionContext.getRequest().setAttribute("check","User name or password is wrong!");
                return ERROR;
            }
        }
    }
```

6）在 src 下创建包 org.util，在该包中建立文件，名为 DBConn.java，代码如下：

```java
    package org.util;
    import java.sql.Connection;
    import java.sql.DriverManager;
    import java.sql.PreparedStatement;
    import java.sql.ResultSet;
    import java.sql.SQLException;
    import org.model.User;
    public class DBConn {
        Connection conn;
        PreparedStatement pstmt;
        public DBConn(){
            try{
                Class.forName("com.mysql.jdbc.Driver");
conn=DriverManager.getConnection("jdbc:mysql://localhost:3306/struts2?useUnicode=true&characterEncoding=utf-8&useSSL=false","root","root");
            }catch(Exception e){
                e.printStackTrace();
            }
        }
        public boolean Check(String un,String pwd){
            try {
                pstmt=conn.prepareStatement("select upassword from users where uname=?");
                pstmt.setString(1, un);
                ResultSet rs=pstmt.executeQuery();
                String p=null;
                System.out.println(p);
                 while(rs.next()){
                        p=rs.getString(1);
                        System.out.println(pwd+"2");
                        System.out.println(p+"3");
                        if(p.equals(pwd))
                            return true;
                }
            } catch (SQLException e) {
                // TODO Auto-generated catch block
```

```
                    e.printStackTrace();
            }
            return false;
        }
    }
```

7）在 src 下建立包 org.model 并在该包下创建文件 user.java，代码如下：

```
package org.model;
public class User {
    private String un;
    private String pwd;
    public String getUn() {
        return un;
    }
    public void setUn(String un) {
        this.un = un;
    }
    public String getPwd() {
        return pwd;
    }
    public void setPwd(String pwd) {
        this.pwd = pwd;
    }
}
```

8）创建 success.jsp 返回页面，代码如下。

```
<%@ page language="java" pageEncoding="utf-8"%>
<%@taglib prefix="s" uri="/struts-tags" %>
<html>
<head>
</head>
<body>
    Welcome users:<s:property value="#attr.user"/><br>
</body>
</html>
```

9）在 Tomcat 中部署配置并运行。

将项目整体部署后启动 Tomcat，在浏览器的地址栏中输入 http://localhost:8080/login.jsp，可以看到如图 5-22 所示界面。当输入的用户名或密码有误时，会提示错误信息，可以看到如图 5-23 所示界面；当输入正确时可以成功跳转到 Success 页面，可以看到如图 5-24 所示界面。

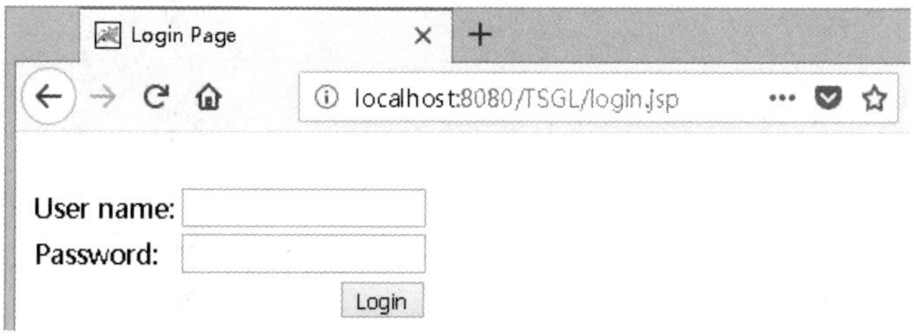

图 5-22　用户表单

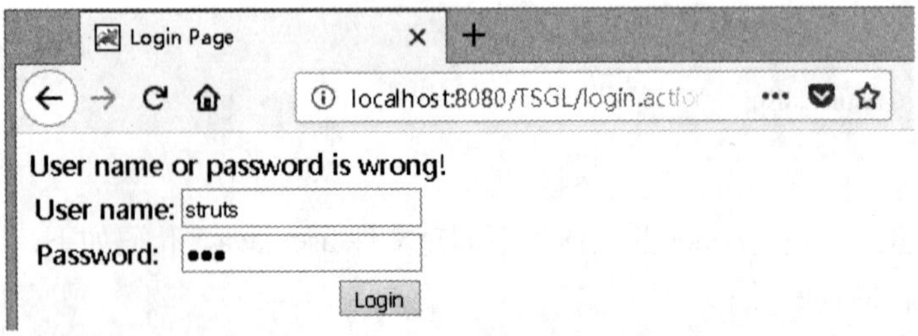

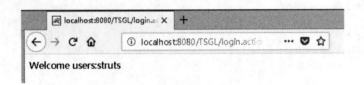

图 5-23   提示错误信息

Welcome users:struts

图 5-24   Success 成功页面

第 6 章　Hibernate 基础

Hibernate 是一种 Java 语言中的对象关系映射解决方案，它是由加文·金（Gavin King）在 2001 年提出并创建的一个开源持久框架。它是一个强大的、高性能的对象关系持久性的查询服务应用程序。Hibernate 不仅关注于从 Java 类到数据库表的映射，也有 Java 数据类型到 SQL 数据类型的映射，另外也提供了数据查询和检索服务。它对 JDBC 进行了轻量级的封装，使 Java 程序员可以使用面向对象的编程思想来操作数据库。下面开始介绍 Hibernate 框架。

本章要点：
- 了解 Hibernate 和对象映射关系（ORM）的基本概念与作用。
- 熟悉 Hibernate 体系结构与工作原理。
- 熟悉 Hibernate 核心接口及其对象状态和对象特征。
- 掌握对象关系映射。
- 熟悉 Hibernate 应用开发的基本步骤。
- 理解事务管理的基本方法。

6.1　Hibernate 概述

Hibernate 是一个开放源代码的对象关系映射框架，它对 JDBC 进行了非常轻量级的对象封装。Hibernate 可以应用在任何使用 JDBC 的场合，既可以在 Java 的客户端程序使用，也可以在 Servlet/JSP 的 Web 应用中使用。最具革命意义的是，Hibernate 可以在应用 EJB 的 J2EE 架构追踪取代 CMP，完成数据持久化的重任。它将 POJO 与数据库表建立映射关系，是一个全自动的 ORM 框架。Hibernate 可以自动生成 SQL 语句，自动执行，使得 Java 程序员可以随心所欲地使用对象编程思维来操作数据库。

6.1.1　Hibernate 简介

Hibernate 是一个 JDO（Java Data Object，Java 对象持久化）工具。它的工作原理是通过文件在值对象和数据库表之间建立起一个映射关系，这样就只需要操作这些值对象和 Hibernate 提供的一些基本类，达到使用数据库的目的。Hibernate 是一个对象关系映射（ORM）框架，ORM 即类与表、类属性与表字段、类实例与表中具体一条记录的对应关系，一个类可与多个表对应，一个表也可对应多个类，DB 中表与表的关系映射称为 Object 之间的关系。它对 JDBC 进行了非常轻量级的封装，使得可以使用对象编程思维来操作数据库。例如，使用 Hibernate 的查询，可以直接返回包含某个值对象的列表（List），而不必像传统的 JDBC 访问方式一样把结果集的数据逐个装载到一个值对象中，为编码工作节省了大量的劳动。Hibernate 提供的 HQL 是一个类 SQL 语言，HQL 在功能和使用方式上都非常接近于标准的 SQL。它的设计目标是将软件开发人员从大量相同的与数据持久层等相关的编程工作中解放出来。它不仅管理 Java 类到数据库表的映射（包括从 Java 数据类型到 SQL 数据类型的映射），还提供数据查询和获取数据的方法，由此大幅度缩短了开发时人工使用 SQL 和 JDBC 处理数据的时间。

Hibernate 版本更新速度很快，目前为止有几个阶段性的版本：Hibernate2、Hibernate3、Hibernate4 和 Hibernate5。目前被广泛使用且较为稳定的版本是 Hibernate 3.1.2 或是 Hibernate 3.1.3。

6.1.2 Hibernate 语言特点

Hibernate 语言有以下特点：
- Hibernate 将对数据库的操作转换为对 Java 对象的操作，从而简化开发。通过修改一个"持久化"对象的属性从而修改数据库表中对应的记录数据。
- 提供线程和进程两个级别的缓存提升应用程序性能。
- 有丰富的映射方式将 Java 对象之间的关系转换为数据库表之间的关系。
- 屏蔽不同数据库实现之间的差异。在 Hibernate 中只需要通过"方言"的形式指定当前使用的数据库，就可以根据底层数据库的实际情况生成适合的 SQL 语句。
- 非侵入式：Hibernate 不要求持久化类实现任何接口或继承任何类，POJO 即可。

6.1.3 ORM

要想学习 Hibernate 工作原理，首先要知道持久层（Persistence Layer）的概念，它是专注于实现数据持久化应用领域的某个特定系统的一个逻辑层面，将数据使用者和数据实体相关联。为什么要将数据持久化呢？因为数据库的读写是一个很耗费时间和资源的操作，当大量用户同时直接访问数据库的时候，效率将非常低。这时如果将数据持久化，就不需要每次都从数据库读取数据，而是直接在内存中对数据进行操作。这样不仅节约了数据库资源，而且加快了系统的反应速度。

增加 Hibernate 持久层提高了开发者的效率，使软件的体系结构更加清晰，在代码编写和系统维护方面变得更加容易，这在大型应用开发中尤为明显。不仅如此，持久层作为一个单独的逻辑层面，可以为它开发一个独立的软件包，让其实现各种应用数据的持久化，并为上层提供服务。这样一来，各个企业里从事应用开发的人员就不必再来做数据持久化的底层实现工作，而是可以直接调用持久层提供的 API（Hibernate 作为 ORM 中间件出现，通过 Hibernate API，应用程序可以访问数据库）。目前在持久层技术研究领域，实现模式有以下几种：业务逻辑和数据访问耦合、主动域对象模式、ORM 模式、CMP 模式和 JDO 模式。而接下来主要将 ORM 技术作为切入点来具体研究如何实现持久化层。如图 6-1 所示为 ORM 工具作用示意图。

为什么要引入 ORM，换句话说，它的存在意义是什么？这需要从 JDBC 说起。

（1）JDBC

JDBC 提供了一组 Java API 来访问关系数据库的 Java 程序。这些 Java APIs 可以使 Java 应用程序执行 SQL 语句，能够与任何符合 SQL 规范的数据库进行交互。它提供了一个灵活的框架来编写操作数据库的独立应用程序，该程序

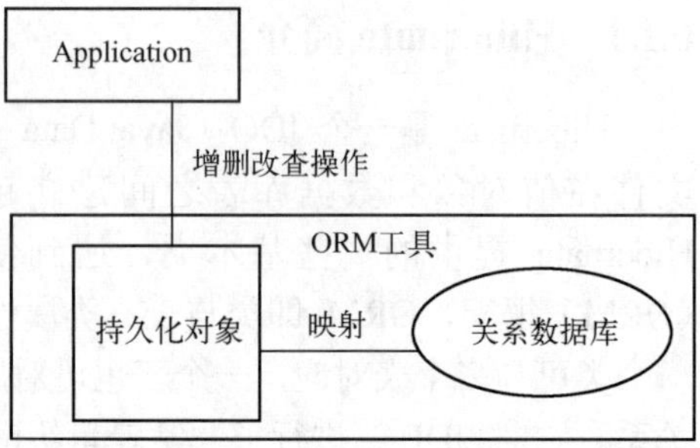

图 6-1 ORM 工具作用示意图

能够运行在不同的平台上且不需修改，能够与不同的 DBMS 进行交互。

（2）JDBC 优缺点

JDBC 的优缺点如表 6-1 所示。

表 6-1　JDBC 的优缺点

JDBC 的优点	JDBC 的缺点
干净整洁的 SQL 处理	大项目中使用很复杂
大数据下有良好的性能	很大的编程成本
对于小应用非常好	没有封装
易学的简易语法	难以实现 MVC 的概念
	查询需要指定 DBMS

（3）为什么引入对象关系映射（ORM）

当工作在一个面向对象的系统中时，存在一个对象模型和关系数据库不匹配的问题。RDBMS 用表格的形式存储数据，然而像 Java 或者 C#这样的面向对象的语言，RDBMS 表示一个对象关联图。考虑下面的带有构造方法和公有方法的 Java 类：

```java
public class Employee {
private int id;
private String first_name;
private String last_name;
    private int salary;
    public Employee() {}
    public Employee(String fname, String lname, int salary) {
        this.first_name = fname;
        this.last_name = lname;
        this.salary = salary;
    }
    public int getId() {
        return id;
    }
    public String getFirstName() {
        return first_name;
    }
    public String getLastName() {
        return last_name;
    }
    public int getSalary() {
        return salary;
    }
}
```

现考虑以上的对象需要被存储和索引进下面的 RDBMS 表格中：

```sql
create table EMPLOYEE (
    id INT NOT NULL auto_increment,
    first_name VARCHAR(20) default NULL,
    last_name   VARCHAR(20) default NULL,
    salary      INT    default NULL,
    PRIMARY KEY (id)
);
```

考虑两个问题。第一个问题，如果开发了几页代码或应用程序后，需要修改数据库的设计怎么办？第二个问题，在关系型数据库中加载和存储对象时要面临以下五个不匹配的问题，如表 6-2 所示。

表 6-2　加载和存储对象时不匹配的问题

不匹配	描　　述
粒度	有时将会有一个对象模型，该模型类的数量比数据库中关联的表的数量更多
继承	RDBMS 不会定义任何在面向对象编程语言中本来就有的继承
身份	RDBMS 明确定义一个 'sameness' 的概念：主键。 然而，Java 同时定义了对象判等（a==b）和对象值判等（a.equals(b)）
关联	面向对象的编程语言使用对象引用来表示关联，而一个 RDBMS 使用外键来表示对象关联
导航	在 Java 中和在 RDBMS 中访问对象的方式完全不相同

ORM 是解决以上所有不匹配问题的方案。下面给出 ORM 下定义：

ORM，即对象关系映射，提供了概念性的、易于理解的模型化数据方法。ORM 方法基于三个核心原则：简单、传达性和精确性。简单，即以最简单的形式建模数据；传达性，即将数据库结构变为任何人都能理解的文档化语言；而精确性就是基于数据模型创建正确标准化的结构。在这种笼统的概念上，衍生出对象关系映射的实现思想：就是将关系数据库中表的数据映射成为对象，以对象的形式展现。这样一来，开发人员就可以把对数据库的操作转化为对这些对象的操作。更加直白地说，这就是一种为了解决面向对象与关系数据库存在的互不匹配现象的技术。ORM 相比于普通的 JDBC 有以下优点。

- 使用业务代码访问对象而不是数据库中的表。
- 从面向对象逻辑中隐藏 SQL 查询的细节。
- 基于 JDBC 的 'under the hood'.
- 没有必要去处理数据库实现。
- 实体是基于业务的概念而不是数据库的结构。
- 事务管理和键的自动生成。
- 应用程序的快速开发。

一个 ORM 解决方案由以下四个实体组成：

- 一个 API 用来在持久类的对象上实现基本的 CRUD 操作。
- 一个语言或 API 用来指定引用类和属性的查询。
- 一个可配置的服务用来指定映射元数据。
- 一个技术和事务对象交互用来执行 dirty checking, lazy association fetching 和其他优化的功能。

Hibernate 就是一种提供了对象关系映射 ORM 解决方案的软件。在 Hibernate 中，ORM 模型逐步取代了复杂而又烦琐的 EJB 模型，成为了 Java ORM 工业标准。如图 6-2 所示，ORM 是 Hibernate 整体框架中的重要组成部分。

ORM 的具体对应规则如下：

- 类与表相对应（即一个类对应一张表）。
- 类的属性与表的字段相对应。
- 类实例与表中具体的一条记录相对应。

- 一个类可以对应多个表，一个表也可以对应多个类。
- DB 中的表可以没有主键，但是 Object 中必须设置主键字段。
- DB 中的表与表关系（如外键等）也可以相应地映射成为 Object 之间的关系。
- Object 中属性的个数与名称可以和表中定义的字段个数与名称不一样。

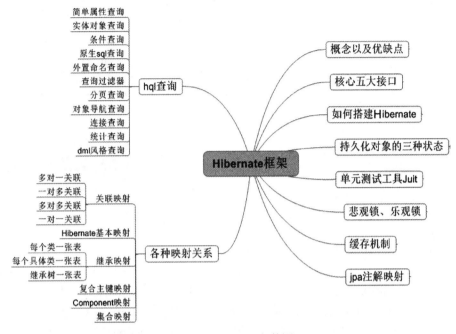

图 6-2　Hibernate 架构图

6.1.4　Hibernate 体系结构

　　Hibernate 架构是分层的，作为数据访问层，你不必知道底层 API。Hibernate 利用数据库以及配置数据来为应用程序提供持续性服务（以及持续性对象）。如图 6-3 所示为 Hibernate 应用程序架构视图。Hibernate 通过持久化对象（PO）这个媒介来对数据库进行操作，底层数据库对于应用程序来说是透明的。

　　"轻型"体系结构要求应用程序自己提供 JDBC 连接并管理自己的事务。这个是 Hibernate API 的最小子集，如图 6-4 所示。

　　Hibernate 将应用程序从原始的 JDBC 访问中释放出来，应用程序无需关心 JDBC 操作、底层数据库连接、数据库访问实现、事务控制，而是直接以面向对象方式进行持久层的操作。"全面解决"的体系方案，要求应用程序从

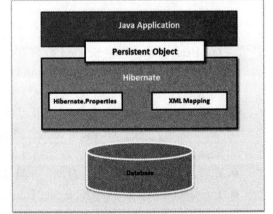

图 6-3　Hibernate 应用程序架构

JDBC/JTA APT 中抽象出来，让 Hibernate 全面操作这个细节。如图 6-5 所示为 Hibernate 全面解决方案体系架构。

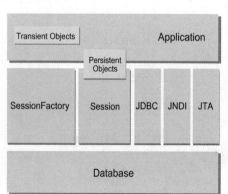

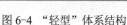

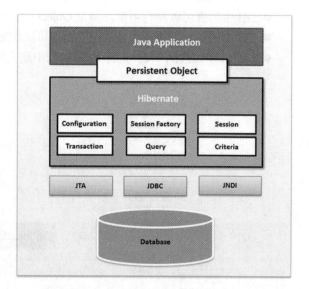

图 6-4 "轻型"体系结构　　　　　　　图 6-5　Hibernate 全面解决方案体系架构

针对以上的 Hibernate 全面解决方案架构图，进一步解释如下。

- SessionFactory（org.hibernate.SessionFactory）：该对象是 JavaBean 对象与数据库表之间的关系在内存中的镜像。一般一个数据库对应一个 SessionFactory。生成 Session 的工程，依赖 ConnectionProvider。它是单个数据库映射关系经过编译后的内存镜像，也是线程安全的。它是 Session 的工厂，使用它可以获得 Session 对象，并且它可以给事务之间可以重用的数据提供二级缓存。

- Session（org.hibernate.Session）：该对象表示应用程序和 JavaBean 对象交互操作的一个单线程对象。它底层封装了 JDBC 连接，是 Transaction 的工厂，使用它可以获得 Transaction，从而进行事务操作。所有的持久化对象必须在 Session 管理下才能进行持久化操作。

- Persistent Objects（持久化对象及其集合）：该对象是与一个 Session 对象相关联的 JavaBean 对象。当该 Session 被关闭时，它们就会脱离持久化状态，从而可以被应用程序的任何层使用。系统创建的 POJO 实例，一旦与特定的 Session 关联，并对应数据表的指定记录，该对象就处于持久化状态。

- Transient Objects（瞬态的对象及其集合）：该集合代表实例化后但还没有和任何 Session 相关联的 JavaBean 对象。通过 new 等关键字创建的 Java 实例，没有与特定 Session 关联的对象。

- 托管对象：曾经的持久化对象，一旦 Session 关闭，则对象进入托管状态。

- Transaction（事务，org.hibernate.Transaction）：该对象代表对数据库最小单位的操作。它通过抽象将应用程序和最底层具体的 JDBC、JTA 事务隔离开。某种情况下，一个 Session 可以包括多个 Transaction 对象。使用该对象一般进行事务的开启和关闭操作。代表一次原子操作，Hibernate 事务是对底层具体的 JDBC、JTA 以及 CORBA 事务的抽象。

- ConnectionProvider（连接提供者，org.hibernate.connection.ConnectionProvider）：该对象

192

是生成 JDBC 连接的工厂（同时也起到连接池的作用）。它通过抽象将应用和底层的 DataSource 或 DriverManager 隔离开。生成 JDBC 连接的工厂，通过抽象将应用程序与底层的 DataSource 或 DriverManager 隔离开。

- TransactionFactory（事务工厂，org.hibernate.TransactionFactory）：该对象用来生成 Transaction 对象实例的工厂。

Hibernate 作为 ORM 中间件出现，使得应用程序通过 Hibernate 的 API 就可以访问数据库。由于 Hibernate 只对 JDBC 做了一个轻量级的封装，因此可绕过 Hibernate 直接使用 JDBC API 来访问数据库。不过，作为面向对象的应用开发技术体系而言，推荐尽量使用 HibernateAPI。Hibernate3.X 的 API 位于 org.hibernate 包中，HibernateAPI 大致可以分为以下几类。

- 提供访问数据库的操作（如保存、更新、删除和查询对象）的接口。这些接口包括：Session、Transaction 和 Query。
- 用于配置 Hibernate 的接口：如 Configuration 等。
- 回调接口，使应用程序接受 Hibernate 内部发生的事件，并做出相应的回应。这些接口包括：Interceptor、Lifecycle 和 Validatable。
- 用于扩展 Hibernate 的功能的接口，如 UserType、CompositeUserType 和 IdentifierGenerator 接口。如果需要的话，应用程序可以扩展这些接口。

通常开发过程中，所有 Hibernate 应用中都会访问 Hibernate 的 5 个核心接口：分别是 Session 接口、SessionFactory 接口、Transaction 接口、Query 接口和 Configuration 接口。

Hibernate 内部封装了 JDBC、JTA（JavaTransaction API）和 JNDI（Java Naming and Directory Interface）。JDBC 提供底层的数据访问操作，只要用户提供了相应的 JDBC 驱动程序，Hibernate 可以访问任何一个数据库系统。JNDI 和 JTA 使 Hibernate 能够与 J2EE 应用服务器集成。本节只对各个接口的作用进行简单介绍，更详细的应用会在稍后的章节中讲到。

6.2　Hibernate 配置

本节主要针对 Hibernate3 的安装配置等细节进行讲解，为后面实例的实现打下基础。

6.2.1　下载 Hibernate

首先，要保证计算机上已经安装并配置了 JDK。按照以下这些简易的步骤来下载并安装 Hibernate。

Hibernate 下载地址：http://www.hibernate.org/downloads。考虑到兼容性，本书主要以 Hibernate3 进行讲解。Hibernate 下载界面如图 6-6 所示。

将下载下来的文件解压，并将下载目录/hibernate3.jar 和/lib 下的 Hibernate 运行时必须的包加入 classpath 中，主要文件包括：antlr.jar、cglib.jar、asm.jar、commons-collections.jar、commons-logging.jar、jta.jar、dom4j.jar。如图 6-7 所示为 Hibernate 解压目录结构，图 6-8 所示为 Hibernate 核心文件。

ORM Search Validator OGM Tools Others
Blog Community Follow Us
Hibernate. Everything data.
More news
Hibernate ORM
Domain model persistence for relational databases
More
Hibernate Search
Full-text search for your domain model
More
Hibernate Validator
Annotation based constraints for your domain model
More
Hibernate OGM
Domain model persistence for NoSQL datastores
More
Hibernate Tools
Command line tools and IDE plugins for your Hibernate usages
More
Others
We like the symmetry, everything else is here
Even more

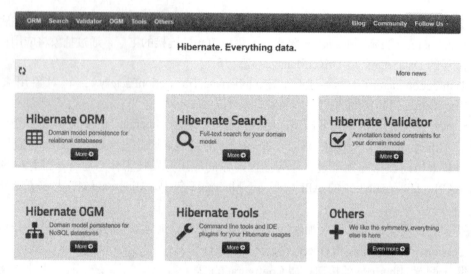

图 6-6　Hibernate 下载界面

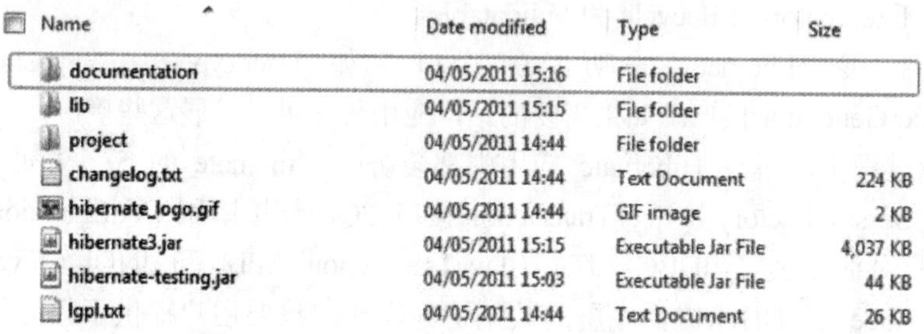

Name
Date modified
Type
Size
documentation 04/05/2011 15:16 File folder
lib 04/05/2011 15:15 File folder
project 04/05/2011 14:44 File folder
changelog.txt 04/05/2011 14:44 Text Document 224 KB
hibernate_logo.gif 04/05/2011 14:44 GIF image 2 KB
hibernate3.jar 04/05/2011 15:15 Executable Jar File 4,037 KB
hibernate-testing.jar 04/05/2011 15:03 Executable Jar File 44 KB
lgpl.txt 04/05/2011 14:44 Text Document 26 KB

图 6-7　Hibernate 目录结构

antlr-2.7.6.jar
commons-collections-3.1.jar
dom4j-1.6.1.jar
javassist-3.9.0.GA.jar
jta-1.1.jar
junit-4.8.2.jar
mysql-connector-java-5.1.10-bin.jar
slf4j-api-1.5.8.jar
hibernate3.jar
log4j.jar
slf4j-log4j12.jar
一个语言转换工具，Hibernate利用它实现HQL到SQL的转换
collections Apache的工具集，用来增强Java对集合的处理能力
dom4 j XML解析器
代码生成工具，Hibernate用它在运行时扩展Java类
标准的Java事务处理接口
Hibernate使用的一个日志系统
核心包

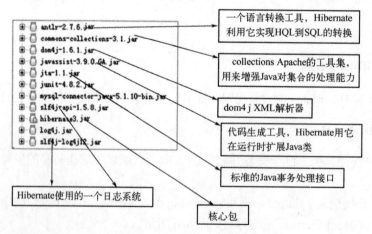

图 6-8　Hibernate 系统文件

6.2.2　Hibernate 配置文件

Hibernate 需要事先知道在哪里找到映射信息，这些映射信息定义了 Java 类怎样关联到数据库表。Hibernate 也需要一套相关数据库和其他相关参数的配置设置，所有这些信息通常是

作为一个标准的 Java 属性文件提供的。Hibernate 的基本配置文件有两种形式：hibernate.cfg.xml 和 hibernate. Properties。

考虑 hibernate.cfg.xml 这个 XML 格式文件，决定例子里指定需要的 Hibernate 应用属性。这个 XML 文件中大多数的属性是不需要修改的。文件保存在应用程序的类路径的根目录里。Hibernate 框架的配置文件用来为程序配置连接数据库的参数。例如，数据库的驱动程序名、URL、用户名和密码等。上述的两种文件中，前者包含了 Hibernate 与数据库的基本连接信息。在 Hibernate 工作的初始阶段，这些信息会被先后加载到 Configuration 和 SessionFactory 实例中。它还包含了 Hibernate 的基本映射信息，即系统中每一个类与其对应的数据库表之间的关联信息。这些信息通过 hibernate.cfg.xml 的 mapping 元素被加载到 Configuration 和 SessionFactory 实例中。

这两种文件的配置内容基本相同，但 hibernate.cfg.xml 的使用稍微方便一些。例如，在 hibernate.cfg.xml 中可定义要用到的 xxx.hbm.xml 映射文件，而使用 hibernate.Properties 则需要在程序中以编码形式指明映射文件。另外，hibernate.cfg.xml 是 Hibernate 的默认配置文件。自然，使用 hibernate.cfg.xml 是一种比较好的方式。

1．创建 XML 格式的配置文件

Hibernate 默认的 XML 格式的配置文件名称为 hibernate.cfg.xml。它包含了 Hibernate 与数据库的基本连接信息，在 Hibernate 工作的初始阶段，这些信息被先后加载到 Configuration 和 SessionFactory 实例。下面结合详细的例子对 XML 格式的配置文件进行解析。

```
<?xml version='1.0' encoding='utf-8'?>
<!DOCTYPE hibernate-configuration
PUBLIC"-//Hibernate/Hibernate Configuration DTD 3.0//EN"
"http://www.hibernate.org/dtd/hibernate-configuration-3.0.dtd">
<hibernate-configuration>
<!--SessionFactory 配置-->
<session-factory>
```

指定数据库使用的 SQL 方言。尽管多数关系数据库都支持标准的 SQL 语言，但是建议在此指定自己的 SQL 方言。

```
<property name="dialect">org.hibernate.dialect.MySQLDialect
</property>
<property name="connection.driver_class">com.mysql.jdbc.Driver
</property> -->
```

对于不同的关系数据库，其驱动是不同的，需要根据实际情况修改，所以要指定连接数据库用的驱动并且指定连接数据库的路径（因为对于不同的关系数据库，其 URL 路径也是不同的）。

```
<property name="connection.url">
jdbc:mysql://localhost:1433；DatabaseName=数据库
</property>
```

指定连接数据库的用户名。

```
<property name="connection.username">用户名</property>
```

指定连接数据库的密码：如果密码为空，则在"密码"的位置不写任何字符。

```
<property name="connection.password">admin</property>
```

指定当程序运行时是否在控制台输出 SQL 语句。当 show_sql 属性为 true 时，表示在控制

台输出 SQL 语句，一般默认它为 false。调试程序时可以设为 true，但在发布程序之前建议改为 false，因为输出 SQL 语句会影响程序的运行速度。

```
<property name="show_sql">true</property>
```

指定当程序运行时，是否按照标准格式在控制台上输出 SQL 语句。当 format_sql 属性为 true 时，表示按照标准格式在控制台上输出 SQL 语句，默认为 false。建议在调试程序时设为 true，发布程序之前再改为 false。该属性只有当 show_sql 属性为 true 时才有效。

```
<property name="format_sql">true</property>
```

指定当程序运行时，是否在 SQL 语句中输出便于调试的注释信息。当 show_sql 属性为 true 时，表示输出注释信息，默认为 false。建议在调试程序时设为 true，发布程序之前再改为 false。该属性只有当 show_sql 属性为 true 时才有效。

```
<property name="use_sql_comments">true</property>
```

指定持久化类映射文件的位置，由包名与映射文件组成，包名与映射文件之间用 "/" 分隔。

```
<mapping resource="com/BranchForm.hbm.xml"/>
</session-factory>
</hibernate-configuration>
```

在上面的配置文件 hibernate.cfg.xml 中，包含了一系列的属性元素，Hibernate 将根据这些属性元素连接数据库。

2. 创建 Java 属性文件格式的配置文件

在实际开发中，一般都是 hibernate.properties 和 hibernate.cfg.xml 结合使用。一般在属性文件 hibernate.properties 中存放数据库连接相关的操作数据。它是 Hibernate 默认的 Java 属性文件格式，其基本格式如下：

```
<span style="font-family:SimSun;font-size:18px;">
hibernate.dialect=org.hibernate.dialect.MySQLDialect
hibernate.connection.driver_class=com.mysql.jdbc.Driver
hibernate.connection.url=jdbc:mysql://localhost:3306/firstdb?characterEncoding=utf8
hibernate.connection.username=root
hibernate.connection.password=root
hibernate.show_sql=true//表示是否输出操作数据库的语句
hibernate.format_sql=true//表示是否格式化输出 sql 语句
hibernate.hbm2ddl.auto=update//表示是否根据映射文件自动创建数据库表
</span>
```

3. Hibernate 常用数据库连接配置

除了上述的 SQL Server 连接配置外，还有一些常用数据库的配置文件如下。

（1）MySQL 连接配置

MySQL 数据库的 Hibernate 连接设置，在 hibernate.cfg.xml 配置文件中内容如下：

```
<?xml version='1.0' encoding='UTF-8'?>
<!DOCTYPE hibernate-configuration
PUBLIC "-//Hibernate/Hibernate Configuration DTD 3.0//EN"
    "http://hibernate.sourceforge.net/hibernate-configuration-3.0.dtd">
<!-- Generated by MyEclipse Hibernate Tools.>                          -->
<hibernate-configuration>
<session-factory>
<property name="myeclipse.connection.profile">mysql</property>
```

```
<property name="connection.url">
        jdbc:mysql://localhost:3306/test
</property>
<property name="connection.username">root</property>
<property name="connection.password">admin</property>
<property name="connection.driver_class">
    com.mysql.jdbc.Driver
</property>
<property name="dialect">
        org.hibernate.dialect.MySQLDialect
</property>
<property name="show_sql">true</property>
<property name="transaction.factory_class">
net.sf.hibernate.transaction.JDBCTransactionFactory</property>
<mapping resource="User.hbm.xml" />
</session-factory>
</hibernate-configuration>
```

上述的代码使用的驱动类是 com.mysql.jdbc.Driver。需要将 MySQL 的连接器 jar 包复制到 classpath 中。

（2）Oracle 中的连接配置

Oracle 数据库中的 Hibernate 在配置文件中内容如下：

```
<!DOCTYPE hibernate-configuration
PUBLIC "-//Hibernate/Hibernate Configuration DTD//EN"
"http://hibernate.sourceforge.net/hibernate-configuration-3.0.dtd">
<hibernate-configuration>
<session-factory>
<property name="connection.driver_class">
oracle.jdbc.driver.OracleDriver
</property>
<property name="connection.url">
jdbc:oracle:thin:@localhost:1521:db_database02
</property>
<property name="connection.username">SYSTEM</property>
<property name="connection.password">SYSTEM</property>
<property name="dialect">org.hibernate.dialect.Oracle9Dialect</property>
<property name="show_sql">true</property>
<mapping resource="UserForm.hbm.xml"/>
</session-factory>
</hibernate-configuration>
```

上述代码中使用的驱动类是 oracle.jdbc.driver.OracleDriver，开发人员需要将 Oracle11 相关 的 jar 包加入到 classpath 中。

（3）DB2 连接配置

DB2 数据库的 Hibernate 在配置文件中内容如下：

```
<property name="connection.driver_class">
com.ibm.db2.jdbc.app.DB2Driver </property>
<property name="connection.url">
jdbc:db2://localhost:5000/sample </property>
<property name="connection.username">admin</property>
<property name="connection.password"></property>
```

上述代码中使用的驱动类为 com.ibm.db2.jdbc.app.DB2Driver，开发人员需要将相关的 jar 包加入到 classpath 中。

6.2.3 Hibernate 属性

Hibernate 的基本属性，如表 6-3 所示。

表 6-3   Hibernate 基本属性

序号	属性和描述
1	hibernate.dialect 这个属性使 Hibernate 应用为被选择的数据库生成适当的 SQL
2	hibernate.connection.driver_class JDBC 驱动程序类
3	hibernate.connection.url 数据库实例的 JDBC URL
4	hibernate.connection.username 数据库用户名
5	hibernate.connection.password 数据库密码
6	hibernate.connection.pool_size 限制在 Hibernate 应用数据库连接池中连接的数量
7	hibernate.connection.autocommit 允许在 JDBC 连接中使用自动提交模式

如果正在使用 JNDI 和数据库应用程序服务器，必须配置以下属性，如表 6-4 所示。

表 6-4   HibernateJNDI 属性

序号	属性和描述
1	hibernate.connection.datasource 在应用程序服务器环境中你正在使用的应用程序 JNDI 名
2	hibernate.jndi.class JNDI 的 InitialContext 类
3	hibernate.jndi.<JNDIpropertyname> 在 JNDI 的 InitialContext 类中通过任何你想要的 Java 命名和目录接口属性
4	hibernate.jndi.url 为 JNDI 提供 URL
5	hibernate.connection.username 数据库用户名
6	hibernate.connection.password 数据库密码

6.2.4 Hibernate 与 MySQL

MySQL 数据库是目前可用的开源数据库系统中最受欢迎的数据库之一。我们要创建 hibernate.cfg.xml 配置文件并将其放置在应用程序的 classpath 的根目录里。要确保 MySQL 数据库中 testdb 数据库是可用的，而且要有一个用户 test 可以用来访问数据库。

XML 配置文件一定要遵守 Hibernate 3 Configuration DTD，代码如下：

```
<hibernate-configuration>
<session-factory>
<property name="hibernate.dialect">
        org.hibernate.dialect.MySQLDialect
</property>
<property name="hibernate.connection.driver_class">
        com.mysql.jdbc.Driver
</property>
```

```
<!-- Assume test is the database name -->
<property name="hibernate.connection.url">
    jdbc:mysql://localhost/test
</property>
<property name="hibernate.connection.username">
    root
</property>
<property name="hibernate.connection.password">
    root123
</property>
<!-- List of XML mapping files -->
<mapping resource="Employee.hbm.xml"/>
</session-factory>
</hibernate-configuration>
```

上面的配置文件包含与 hibernate-mapping 文件相关的<mapping>标签，在后面将讲解 hibernate mapping 文件到底是什么，并且要知道为什么用它，怎样用它。以下是各种重要数据库同源语属性类型的列表，如表 6-5 所示。

表 6-5　Hibernate 方言属性

数据库	方言属性
DB2	org.hibernate.dialect.DB2Dialect
HSQLDB	org.hibernate.dialect.HSQLDialect
HypersonicSQL	org.hibernate.dialect.HSQLDialect
Informix	org.hibernate.dialect.InformixDialect
Ingres	org.hibernate.dialect.IngresDialect
Interbase	org.hibernate.dialect.InterbaseDialect
Microsoft SQL Server 2000	org.hibernate.dialect.SQLServerDialect
Microsoft SQL Server 2005	org.hibernate.dialect.SQLServer2005Dialect
Microsoft SQL Server 2008	org.hibernate.dialect.SQLServer2008Dialect
MySQL	org.hibernate.dialect.MySQLDialect
Oracle (any version)	org.hibernate.dialect.OracleDialect
Oracle 11g	org.hibernate.dialect.Oracle10gDialect
Oracle 10g	org.hibernate.dialect.Oracle10gDialect
Oracle 9i	org.hibernate.dialect.Oracle9iDialect
PostgreSQL	org.hibernate.dialect.PostgreSQLDialect
Progress	org.hibernate.dialect.ProgressDialect
SAP DB	org.hibernate.dialect.SAPDBDialect
Sybase	org.hibernate.dialect.SybaseDialect
Sybase Anywhere	org.hibernate.dialect.SybaseAnywhereDialec

6.2.5　Hibernate 核心接口

Hibernate 的核心接口一共有 5 个，分别为 Session、SessionFactory、Transaction、Query 和 Configuration。这 5 个核心接口在多数开发中都会用到。通过这些接口，不仅可以对持久化对象进行存取，还能够进行事务控制。下面对这 5 个核心接口分别加以介绍。

1．Configuration 接口

Configuration 接口主要负责配置和启动 Hibernate。Hibernate 应用通过 Configuration 执行关系 -映射文件的位置或者动态配置 Hibernate 属性，最后创建 SessionFactory 实例对象。

在 Hibernate 的 hibernate.cfg.xml 文件配置中，通常会看到下面这一段代码，这段代码就是在指定关系-映射文件的位置：

```
<mapping resource="com/lanhuigu/hibernate/entity/Customer.hbm.xml" />
```

在使用 Configuration 接口时，需要一些底层实现的基本信息，包括数据库 URL、数据库用户名、数据库用户密码、数据库 JDBC 驱动类、数据库 Dialect 等。使用 Hibernate 必须首先提供这些基础信息以完成初始化工作，为后续操作做好准备。

Hibernate 会自动在目录下搜索 hibernate.cfg.xml 文件，并将其读取到内存中作为后续操作的基础配置。

2．SessionFactory 接口

SessionFactory 接口主要负责初始化 Hibernate，创建 Session 接口对象，其中一个 SessionFactory 对应一个实例数据源。

SessionFactory 接口具有这样两个特点：一是线程安全，一个实例可以多个线程共享；二是不能进行随意创建和销毁。

当需要同时访问多个数据库时，需要为每个数据库创建对应的实例，否则在线程共享数据时，容易发生数据混乱。

```
Configuration config=new Configuration ().configure ();
SessionFactory sessionFactory=config.buildSessionFactory ();
```

3．Session 接口

这是一个轻量级的接口，它创建和销毁消费资源少，被称为持久化管理器。它主要负责数据的保存、更新、删除、加载和查询对象，涉及的方法分别对应 save()、update()、delete()、load()和find()。但线程不安全，所以要避免多个线程共享一个 Session。

Session 实例由 SessionFactory 构建，语句如下：

```
Configuration config=new Configuration ().configure();
SessionFactory sessionFactory=config.buldSessionFactory ();
Session session=sessionFactory.openSession ();
```

4．Transaction 接口

Transaction 接口是 Hibernate 中进行事物操作的接口，Transaction 接口是对实际事务实现的一个抽象。这些实现是将 JDBC、JTA 和 CORBA 事物进行底层封装，这样可以让开发者能够使用一个统一的操作界面，使得自己的项目可以在不同的环境和容器之间进行方便地移植。

事物对象通过 Session 创建：

```
Transaction ts=session.beginTransaction ();
```

5．Query 和 Criteria 接口

Query 和 Criteria 接口是一个查询接口，用于向数据库查询对象以及控制执行查询的过程。Query 实例包装了一个 HQL（Hibernate Query Language）查询语句，它与 SQL 查询语句有些相似，但 HQL 查询语句是面向对象的，它引用类名及类的属性名，而不是表名及表的字段名。Criteria 接口完全封装了基于字符串形式的查询语句，比 Query 接口更加面向对象，

Criteria 接口擅长于执行动态查询。下面有一些语句：

```
Query query = session.createQuery("from User where name=? and age=? ");
```

上面这行代码中的查询条件并未直接给出，而是设为参数。这时就要用到 Query 接口中的方法来完成。

```
query.setString(0,"要设置的值");
```

6.2.6　HQL 查询

Hibernate 查询语言（HQL）是一种面向对象的查询语言，类似于 SQL，但不是去对表和列进行操作，而是面向对象和它们的属性。HQL 查询被 Hibernate 翻译为传统的 SQL 查询，从而对数据库进行操作，这符合编程人员的思维方式，不过 HQL 查询提供了更加丰富和灵活的查询特性，因此 Hibernate 将 HQL 查询方式作为官方推荐的标准查询方式。

Criteria 查询对查询条件进行了面向对象封装，HQL 查询在涵盖 Criteria 查询的所有功能的前提下，提供了类似标准 SQL 语句的查询方式，同时也提供了更加面向对象的封装。尽管能直接使用本地 SQL 语句，但还是尽可能地使用 HQL 语句，以避免数据库关于可移植性的麻烦，并且体现了 Hibernate 的 SQL 生成和缓存策略。

在 HQL 中一些关键字比如 SELECT、FROM 和 WHERE 等，是不区分大小写的，但是一些属性比如表名和列名是区分大小写的。

完整的 HQL 语句形式如下：

```
select/update/delete......
from.......
where......
group by......
having......
order by......
asc/desc.....
```

HQL 的语法和 SQL 的很像，但 HQL 是一种面向对象的查询语言，可见 HQL 查询非常类似于标准 SQL 查询。HQL 查询在整个 Hibernate 实体操作体系中占据核心地位，需要掌握其使用方法。SQL 的操作对象是数据表和列等数据对象，而 HQL 的操作对象是类、实例、属性等。HQL 的查询依赖于 Query 类，每个 Query 实例对应一个查询对象。在使用 HQL 查询时按照如下的步骤进行：

1）获取 Hibernate Session 对象。

2）编写 HQL 语句。

3）以 HQL 语句作为参数，调用 Session 的 createQuery 方法创建查询对象。

4）如果 HQL 语句包含参数，则调用 Query 的 set 方法为参数赋值。

5）调用 Query 独享的 list()或 uniqueResult()方法返回查询结果列表。

1．常用查询

（1）FROM 语句

如果想要在存储中加载一个完整并持久的对象，可使用 FROM 语句。以下是 FROM 语句的一些简单的语法：

```
String hql = "FROM Employee";
Query query = session.createQuery(hql);
```

```
List results = query.list();
```

如果需要在 HQL 中完全限定类名，只需要指定包和类名，代码如下：

```
String hql = "FROM com.hibernatebook.criteria.Employee";
Query query = session.createQuery(hql);
List results = query.list();
```

（2）AS 语句

在 HQL 中 AS 语句能够用来给类分配别名，尤其是在长查询的情况下。例如，之前的例子可以用如下方式展示：

```
String hql = "FROM Employee AS E";
Query query = session.createQuery(hql);
List results = query.list();
```

关键字 AS 是可选择的并且可以在类名后直接指定一个别名，代码如下：

```
String hql = "FROM Employee E";
Query query = session.createQuery(hql);
List results = query.list();
```

（3）SELECT 语句

SELECT 语句比 FROM 语句提供了更多的对结果集的控制。如果只想得到对象的几个属性而不是整个对象，需要使用 SELECT 语句。下面是一个 SELECT 语句的简单语法示例，这个例子是为了得到 Employee 对象的 first_name 字段：

```
String hql = "SELECT E.firstName FROM Employee E";
Query query = session.createQuery(hql);
List results = query.list();
```

值得注意的是 Employee.firstName 是 Employee 对象的属性，而不是一个 EMPLOYEE 表的字段。

（4）WHERE 语句

如果想要精确地从数据库存储中返回特定对象，则需要使用 WHERE 语句。下面是 WHERE 语句的简单语法例子：

```
String hql = "FROM Employee E WHERE E.id = 10";
Query query = session.createQuery(hql);
List results = query.list();
```

（5）ORDER BY 语句

为了给 HQL 查询结果进行排序，将需要使用 ORDER BY 语句。能利用任意一个属性给结果进行排序，包括升序或降序排序。下面是一个使用 ORDER BY 语句的简单示例：

```
String hql = "FROM Employee E WHERE E.id > 10 ORDER BY E.salary DESC";
Query query = session.createQuery(hql);
List results = query.list();
```

如果想要给多个属性进行排序，只需要在 ORDER BY 语句后面添加要进行排序的属性，并且用逗号进行分隔：

```
String hql = "FROM Employee E WHERE E.id > 10 " +
             "ORDER BY E.firstName DESC, E.salary DESC ";
Query query = session.createQuery(hql);
List results = query.list();
```

（6）GROUP BY 语句

这一语句允许 Hibernate 将信息从数据库中提取出来，并且基于某种属性的值将信息进行编组，通常而言，该语句会使用得到的结果来包含一个聚合值。下面是一个简单的使用 GROUP BY 语句的语法：

```
String hql = "SELECT SUM(E.salary), E.firtName FROM Employee E " +
            "GROUP BY E.firstName";
Query query = session.createQuery(hql);
List results = query.list();
```

（7）使用命名参数

在 Hibernate 的 HQL 查询功能支持命名参数。这使得 HQL 查询功能既能接受来自用户的简单输入，又无需防御 SQL 注入攻击。下面是使用命名参数的简单语法：

```
String hql = "FROM Employee E WHERE E.id = :employee_id";
Query query = session.createQuery(hql);
query.setParameter("employee_id",10);
List results = query.list();
```

（8）UPDATE 语句

HQL Hibernate 3 较 HQL Hibernate 2，新增了批量更新功能和选择性删除工作的功能。查询接口包含一个 executeUpdate() 方法，可以执行 HQL 的 UPDATE 或 DELETE 语句。

UPDATE 语句能够更新一个或多个对象的一个或多个属性。下面是使用 UPDATE 语句的简单语法：

```
String hql = "UPDATE Employee set salary = :salary " +
            "WHERE id = :employee_id";
Query query = session.createQuery(hql);
query.setParameter("salary", 1000);
query.setParameter("employee_id", 10);
int result = query.executeUpdate();
System.out.println("Rows affected: " + result);
```

（9）DELETE 语句

DELETE 语句可以用来删除一个或多个对象。以下是使用 DELETE 语句的简单语法：

```
String hql = "DELETE FROM Employee " +
            "WHERE id = :employee_id";
Query query = session.createQuery(hql);
query.setParameter("employee_id", 10);
int result = query.executeUpdate();
System.out.println("Rows affected: " + result);
```

（10）INSERT 语句

在 HQL 中只有当记录从一个对象插入到另一个对象时才支持 INSERT INTO 语句。下面是使用 INSERT INTO 语句的简单语法：

```
String hql = "INSERT INTO Employee(firstName, lastName, salary)" +
            "SELECT firstName, lastName, salary FROM old_employee";
Query query = session.createQuery(hql);
int result = query.executeUpdate();
System.out.println("Rows affected: " + result);
```

（11）聚合方法

HQL 类似于 SQL，支持一系列的聚合方法，它们以同样的方式在 HQL 和 SQL 中工作，以下列出了几种可用方法，如表 6-6 所示。

表 6-6 聚合方法

方法	描述
avg(property name)	属性的平均值
count(property name or *)	属性在结果中出现的次数
max(property name)	属性值的最大值
min(property name)	属性值的最小值
sum(property name)	属性值的总和

distinct 关键字表示只计算行集中的唯一值。下面的查询只计算唯一的值：

```
String hql = "SELECT count(distinct E.firstName) FROM Employee E";
Query query = session.createQuery(hql);
List results = query.list();
```

2．分页查询

为了满足分页查询的需要，Hibernate 的 Query 实例提供了两个有用的方法：setFirstResult（int firstResult）和 setMaxResult（int maxResult）。其中 setFirstResult（int firstResult）方法用于指定从哪一个对象开始查询（序号从 0 开始），默认为第一个对象，也就是序号 0。setMaxResult（int maxResult）方法用于指定一次最多查询出的对象数目，默认为所有对象。具体代码如下：

```
public void test09() {
Session session = HibernateUtils.openSession();
List<Student> stus = session.createQuery(" from Student ")//
.setFirstResult(0)//
.setMaxResults(2)//
.list();
for (Student stu : stus) {
System.out.println(stu);
}
}
```

6.3 Hibernate 实例开发

至此，大家对 Hibernate 开发过程中所需掌握的知识有一定了解，下面将进入实践环节。通过下面的例子来演示如何使用 Hibernate 往数据库里插入一条记录。

实例 6-1：通过 Hibernate 实现对数据库中的表进行插入操作。

（1）创建数据库

首先准备数据库 test。注意：新安装的数据库账号密码是 root：admin，后续的配置里也使用这个账号密码。在 MySQL-Front 中的 SQL 编辑器中输入如下代码创建数据库 test。

```
create database test;
```

MySQL-Front 页面如图 6-9 所示。

图 6-9　MySQL-Front 页面

（2）创建表

需要在数据库中创建表 product，表中有三个字段，分别是：id，主键（自增长）；name，字符串；price，浮点数。在 MySQL-Front 中的 SQL 编辑器中输入如下代码。

```
use test;
CREATE TABLE product_ (
id int(11) NOT NULL AUTO_INCREMENT,
name varchar(30) ,
price float ,
PRIMARY KEY (id)
) DEFAULT CHARSET=UTF8;
```

（3）创建一个 Java Project

打开 MyEclipse，创建一个新的 Java Project，如图 6-10 所示。

（4）导入 Hibernate 所依赖的 jar 包

下载所需要的 jar 包 lib.rar，并解压到 Hibernate 所在的项目目录下，即在 Hibernate 目录下解压 lib.rar。下面为这个 Java Project 导入 jar 包：右击 Project，选中 Properties，选择 Java Build Path，单击 Libraries，选择 Add External JARs。如图 6-11 所示，即为导入的 jar 包。

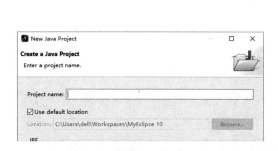

图 6-10　创建 Java Project

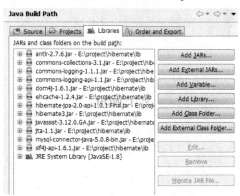

图 6-11　导入 jar 包

（5）创建实体类

创建一个实体 Product 用于映射数据库中的表 product。在 MyEclipse 中新建一个名为 com.how2java.pojo 的包，在该包下新建一个名为 Product 的类。在其中输入如下代码。

```
package com.how2java.pojo;
public class Product {
int id;
```

```
            String name;
            float price;
            public int getId() {
                return id;
            }
            public void setId(int id) {
                this.id = id;
            }
            public String getName() {
                return name;
            }
            public void setName(String name) {
                this.name = name;
            }
            public float getPrice() {
                return price;
            }
            public void setPrice(float price) {
                this.price = price;
            }
        }
```

（6）配置 Product.hbm.xml

在包 com.how2java.pojo 下新建一个配置文件 Product.hbm.xml，用于映射 Product 类对应数据库中的 product 表。在其中输入如下代码。

```
<?xml version="1.0"?>
<!DOCTYPE hibernate-mapping PUBLIC
 "-//Hibernate/Hibernate Mapping DTD 3.0//EN"
 "http://www.hibernate.org/dtd/hibernate-mapping-3.0.dtd">
<hibernate-mapping package="com.how2java.pojo">
<class name="Product" table="product_">
<id name="id" column="id">
<generator class="native">
</generator>
</id>
<property name="name" />
<property name="price" />
</class>
</hibernate-mapping>
```

（7）配置 hibernate.cfg.xml

在 src 目录下创建 hibernate.cfg.xml，配置访问数据库要用到的驱动、URL 和账号密码等。在其中输入如下代码。

```
<?xml version='1.0' encoding='utf-8'?>
<!DOCTYPE hibernate-configuration PUBLIC
"-//Hibernate/Hibernate Configuration DTD 3.0//EN"
"http://www.hibernate.org/dtd/hibernate-configuration-3.0.dtd">
<hibernate-configuration>
<session-factory>
<!-- Database connection settings -->
<property name="connection.driver_class">com.mysql.jdbc.Driver
</property>
<property name="connection.url">
```

```
                       jdbc:mysql://localhost:3306/test?characterEncoding=UTF-8
                       </property>
                       <property name="connection.username">root</property>
                       <property name="connection.password">admin</property>
                       <!-- SQL dialect -->
                       <property name="dialect">org.hibernate.dialect.MySQLDialect
                       </property>
                       <property name="current_session_context_class">thread</property>
                       <property name="show_sql">true</property>
                       <property name="hbm2ddl.auto">update</property>
                       <mapping resource="com/how2java/pojo/Product.hbm.xml" />
                       </session-factory>
                       </hibernate-configuration>
```

（8）创建测试类 TestHibernate

下面需要创建一个 Product 对象，并通过 Hibernate 把这个对象插入到数据库中。在 MyEclipse 中新建一个名为 com.how2java.test 的包，在这个包下新建一个名为 TestHibernate 的类。在其中输入如下代码。

```
package com.how2java.test;
import org.hibernate.Session;
import org.hibernate.SessionFactory;
import org.hibernate.cfg.Configuration;
import com.how2java.pojo.Product;
public class TestHibernate {
    public static void main(String[] args) {
        SessionFactory sf = new Configuration().configure().buildSessionFactory();
        Session s = sf.openSession();
        s.beginTransaction();
        Product p = new Product();
        p.setName("iphone7");
        p.setPrice(7000);
        s.save(p);
        s.getTransaction().commit();
        s.close();
        sf.close();
    }
}
```

（9）运行代码

在 MyEclipse 中运行 TestHibernate 代码。成功运行后进入 MySQL-Front 中查询 product 表，将会看到如图 6-12 所示的页面，这说明 Hibernate 也能像 JDBC 一样帮助开发者完成数据的持久化操作。

图 6-12　MySQL-Front 中查询 product 表

查看数据浏览器，可以发现已经成功往自定义的数据库表中插入了一条记录。接着对上述数据库映射文件代码稍作修改，成功往里面插入了十条新记录。具体如图 6-13 所示。

图 6-13　插入十条新记录

从实例 6-1 来看，不难发现 Hibernate 有诸多优点。

- 代码简洁：代码量上做了很大的精减，代码不再那么烦琐。
- 易编写 SQL：不再需要编写复杂的 SQL 语句和具体区分底层数据库的不同实现。
- 易操作：对数据库的操作是面向对象的。
- 易拓展：当持久类或数据库表设计发生变化时，持久层不需要改动，只要修改相应的映射文件即可。
- 易移植：当进行数据库移植的时候，也只需要修改 Hibernate 配置文件。
- 易维护：如果再结合设计模式进行设计，DAO 层的代码会非常精简和干净。

📖提示：

- 从理论上讲进行 Hibernate 应用开发是不需要数据知识的，但从软件公司实际要求来讲，数据库技术是软件开发人员必须具备的基本能力。
- Hibernate 本身对数据库操作封装的比较好，因此对数据知识的要求相对较低。但从长远来讲，数据库技术非常重要。

6.4 Hibernate 会话

Session 用于获取与数据库的物理连接。Session 对象是轻量级的，并且设计为在每次需要与数据库进行交互时被实例化。持久态对象被保存，并通过 Session 对象检索找回。

Session 对象不应该长时间保持开放状态，因为它们通常不能保证线程安全，而应该根据需求被创建和销毁。Session 的主要功能是为映射实体类的实例提供创建、读取和删除操作。这些实例可能在给定时间点存在于以下三种状态之一。

- 瞬时状态：一种新的持久性实例，被 Hibernate 认为是瞬时的，它不与 Session 相关联，在数据库中没有与之关联的记录且无标识符值。

- 持久状态：可以将一个瞬时状态实例通过与一个 Session 关联的方式将其转化为持久状态实例。持久状态实例在数据库中没有与之关联的记录，有标识符值，并与一个 Session 关联。
- 脱管状态：一旦关闭 Hibernate Session，持久状态实例将会成为脱管状态实例。若 Session 实例的持久态类别是序列化的，则该 Session 实例是序列化的。

一个典型的事务应该使用以下语法：

```
Session session = factory.openSession();
Transaction tx = null;
try {
    tx = session.beginTransaction();
    // 进行更多操作
    ...
    tx.commit();
}
catch (Exception e) {
    if (tx!=null) tx.rollback();
    e.printStackTrace();
}finally {
    session.close();
}
```

如果 Session 引发异常，则事务必须被回滚，该 Session 必须被丢弃。关于 Session 接口方法有必要进行简单介绍。

Session 接口提供了很多方法，但在以下讲解中将仅列出几个会在本书中应用的重要方法。可以查看 Hibernate 文件，查询与 Session 及 SessionFactory 相关的完整方法目录，见表6-7。

表6-7　HibernateSession 方法

序号	Session 方法及说明
1	Transaction beginTransaction()：开始工作单位，并返回关联事务对象
2	void cancelQuery()：取消当前的查询执行
3	void clear()：完全清除该会话
4	Connection close()：通过释放和清理 JDBC 连接以结束该会话
5	Criteria createCriteria(Class persistentClass)：为给定的实体类或实体类的超类创建一个新的 Criteria 实例
6	Criteria createCriteria(String entityName)：为给定的实体名称创建一个新的 Criteria 实例
7	Serializable getIdentifier(Object object)：返回与给定实体相关联的会话的标识符值
8	Query createFilter(Object collection, String queryString)：为给定的集合和过滤字符串创建查询的新实例
9	Query createQuery(String queryString)：为给定的 HQL 查询字符串创建查询的新实例
10	SQLQuery createSQLQuery(String queryString)：为给定的 SQL 查询字符串创建 SQLQuery 的新实例
11	void delete(Object object)：从数据存储中删除持久化实例
12	void delete(String entityName, Object object)：从数据存储中删除持久化实例
13	Session get(String entityName, Serializable id)：返回给定命名的且带有给定标识符或 null 的持久化实例（若无该种持久化实例）
14	SessionFactory getSessionFactory()：获取创建该会话的 session 工厂
15	void refresh(Object object)：从基本数据库中重新读取给定实例的状态
16	Transaction getTransaction()：获取与该 session 关联的事务实例

序号	Session 方法及说明
17	boolean isConnected()：检查当前 session 是否连接
18	boolean isDirty()：该 session 中是否包含必须与数据库同步的变化
19	boolean isOpen()：检查该 session 是否仍处于开启状态
20	Serializable save(Object object)：先分配一个生成的标识，以保持给定的瞬时状态实例
21	void saveOrUpdate(Object object)：保存（对象）或更新（对象）给定的实例
22	void update(Object object)：更新带有标识符且是给定的处于脱管状态的实例的持久化实例
23	void update(String entityName, Object object)：更新带有标识符且是给定的处于脱管状态的实例的持久化实例

6.5 Hibernate 对象

众所周知，Java 对象的生命周期，是从通过 new 语句创建开始，到不再被任何引用变量引用结束，结束后其占用内存将被 JVM 垃圾回收机制收回。在 Hibernate 中的对象其生命周期可以划分为三种状态，分别是瞬时态、持久态、脱管态。接下来重点分析 Hibernate 持久化类、持久化对象以及对象的状态。

6.5.1 持久化类

Hibernate 的完整概念是提取 Java 类属性中的值，并且将它们保存到数据库表单中。映射文件能够帮助 Hibernate 确定如何从该类中提取值，并将它们映射在表格和相关域中。在 Hibernate 中，其对象或实例将会被存储在数据库表单中的 Java 类被称为持久化类。若该类遵循一些简单的规则或者被大家所熟知的 POJO 编程模型，Hibernate 将会处于其最佳运行状态。以下所列就是持久化类的主要规则，然而在这些规则中没有一条是硬性要求。

- 所有将被持久化的 Java 类都需要一个默认的构造函数。
- 为了使对象能够在 Hibernate 和数据库中容易识别，所有类都需要包含一个 ID 号。此属性映射到数据库表的主键列。
- 所有将被持久化的属性都应该声明为 private，并具有由 JavaBean 风格定义的 getXXX 和 setXXX 方法。
- Hibernate 的一个重要特征为代理，它取决于该持久化类是处于非 final 的，还是处于一个所有方法都声明为 public 的接口。
- 所有的类是不可扩展或按 EJB 要求实现的一些特殊的类和接口。
- POJO 的名称用于强调一个给定的对象是普通的 Java 对象，而不是特殊的对象，尤其不是一个 Enterprise JavaBean。

基于以上所述规则，能够定义如下 POJO 类：

```
public class Employee {
    private int id;
    private String firstName;
    private String lastName;
    private int salary;

    public Employee() {}
    public Employee(String fname, String lname, int salary) {
        this.firstName = fname;
```

```
            this.lastName = lname;
            this.salary = salary;
        }
        public int getId() {
            return id;
        }
        public void setId( int id ) {
            this.id = id;
        }
        public String getFirstName() {
            return firstName;
        }
        public void setFirstName( String first_name ) {
            this.firstName = first_name;
        }
        public String getLastName() {
            return lastName;
        }
        public void setLastName( String last_name ) {
            this.lastName = last_name;
        }
        public int getSalary() {
            return salary;
        }
        public void setSalary( int salary ) {
            this.salary = salary;
        }
    }
```

6.5.2 对象的特征

了解完类后，就该学习对象了。当应用程序通过 new 语句创建一个 Java 对象时，JVM 会为这个对象分配一块内存空间，只要这个对象被引用，它就一直存在于内存中。如果这个对象不被任何引用变量引用，它就结束生命周期，此时 JVM 的垃圾回收器会在适当时候回收它占用的内存。如果希望一个 Java 对象一直处于生命周期中，就必须保证至少一个变量引用它，或者在一个 Java 集合中存放这个对象的引用。

在 Session 接口的实现类 SessionImpl 中定义了一系列的 Java 集合，这些 Java 集合构成了 Session 的缓存。当 Session 的 save()方法持久化一个 Customer 对象时，Customer 对象被加入 Session 的缓存中，以后即使程序中的引用变量中不再引用 Customer 对象，只要 Session 的缓存还没有被清空，Customer 对象仍然处于生命周期中。当 Session 的 load()方法视图从数据库中加载一个 Customer 对象时，Session 先判断缓存中是否已经存在这个 Customer 对象，就不需要再到数据库中检索。

1. 临时对象的特征

● 不处于 Session 的缓存中，也可以说，不被任何一个 Session 实例关联。

● 在数据库中没有对应的记录。

在以下情况下，Java 对象进入临时状态：

● 当通过 new 语句刚创建了一个 Java 对象时，它处于临时状态，此时不和数据库中的任何记录对应。

- Session 的 delete()方法能使一个持久化对象或游离对象转变为临时对象。对于游离对象，delete()方法从数据库中删除与它对应的记录；对于持久化对象，delete()方法从数据库中删除与它对应的记录，并且把它从 Session 的缓存中删除。

2. 持久化对象的特征

- 位于一个 Session 实例的缓存中，也可以说，持久化对象总是被一个 Session 实例关联。
- 持久化对象和数据库中的相关记录对应。
- Session 在清理缓存时，会根据持久化对象的属性变化来同步更新数据库。

Session 的许多方法都能够触发 Java 对象进入持久化状态：

- Session 的 save()方法把临时对象转变为持久化对象。
- Session 的 load()或 get()方法返回的对象总是处于持久化状态。
- Session 的 find()方法返回的 List 集合中存放的都是持久化对象。
- Session 的 update()、saveOrUpdate()和 lock()方法使游离对象转变为持久化对象。
- 当一个持久化对象关联一个临时对象，在允许级联保存的情况下，Session 在清理缓存时会把这个临时对象也转变为持久化对象。

Hibernate 保证在同一个 Session 实例的缓存中，数据库表中的每条记录只对应唯一的持久化对象。例如对于以下代码，共创建了两个 Session 实例：session1 和 session2。session1 和 session2 拥有各自的缓存。在 session1 的缓存中，只会有唯一的 OID 为 1 的 Customer 持久化对象，在 session2 的缓存中，也只会有唯一的 OID 为 2 的 Customer 持久化对象。因此在内存中共有两个 Customer 持久化对象，一个属于 session1 的缓存，一个属于 session2 的缓存。引用变量 a 和 b 都引用 session1 缓存中的 Customer 持久化对象，而引用变量 c 引用 session2 缓存中的 Customer 持久化对象。

Java 对象的持久化状态是相对于某个具体的 Session 实例的，以下代码试图使一个 Java 对象同时被两个 Session 实例关联。

```
Session session1=sessionFactory.openSession();
Session session2=sessionFactory.openSession();
Transaction tx1 = session1.beginTransaction();
Transaction tx2 = session2.beginTransaction();
Customer c=(Customer)session1.load(Customer.class,new Long(1));
//Customer 对象被 session1 关联
session2.update(c); //Customer 对象被 session2 关联
c.setName("Jack"); //修改 Customer 对象的属性
tx1.commit(); //执行 update 语句
tx2.commit(); //执行 update 语句
session1.close();
session2.close();
```

当执行 session1 的 load()方法时，OID 为 1 的 Customer 对象被加入到 session1 的缓存中，因此它是 session1 的持久化对象，此时它还没有被 session2 关联，相对于 session2，它处于游离状态。当执行 session2 的 update()方法时，Customer 对象被加入到 session2 的缓存中，因此也成为 session2 的持久化对象。接下来修改 Customer 对象的 name 属性，会导致两个 Session 实例在清理各自的缓存时，都执行相同的 update 语句。

```
update CUSTOMERS set NAME='Jack' …… where ID=1;
```

在实际应用程序中，应该避免一个 Java 对象同时被多个 Session 实例关联，因为这会导致重复执行 SQL 语句，并且极容易出现一些并发问题。

3．游离对象的特征

● 不再位于 Session 的缓存中，也可以说，游离对象不被 Session 关联。

● 游离对象是由持久化对象转变过来的，因此在数据库中可能还存在与它对应的记录（前提条件是没有其他程序删除了这条记录）。

游离对象与临时对象的相同之处在于，两者都不被 Session 关联，因此 Hibernate 不会保证它们的属性变化与数据库保持同步。游离对象与临时对象的区别在于：前者是由持久化对象转变过来的，因此可能在数据库中还存在对应的记录，而后者在数据库中没有对应的记录。

Session 的以下方法使持久化对象转变为游离对象：

● 当调用 Session 的 close()方法时，Session 的缓存被清空，缓存中的所有持久化对象都转变为游离对象。如果在应用程序中没有引用变量引用这些游离对象，它们就会结束生命周期。

● Session 的 evict()方法能够从缓存中删除一个持久化对象，使它变为游离状态。当 Session 的缓存中保存了大量的持久化对象，会消耗许多内存空间。为了提高性能，可以考虑调用 evict()方法，从缓存中删除一些持久化对象。但是多数情况下不推荐使用 evict()方法，而应该通过查询语言，或者显式的导航来控制对象图的深度。

6.5.3　对象的状态

Hibernate 持久化对象可以划分为三种状态，分别是：瞬时态（Transient）、持久态（Persistent）、脱管态（Detached），其实一个 Hibernate 对象可以在这三种状态之间进行转换，如图 6-14 所示的状态转换图可以清晰地展示各状态的转换方式。

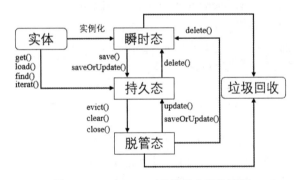

图 6-14　Hibernate 对象的状态变化过程

● 瞬时态：由 new 命令开辟内存空间的 Java 对象，例如 Person person = new Person("amigo","女");如果没有变量对该对象进行引用，它将被 Java 虚拟机回收。瞬时对象在内存孤立存在，它是携带信息的载体，不和数据库的数据有任何关联关系。在 Hibernate 中，可通过 session 的 save()或 saveOrUpdate()方法将瞬时对象与数据库相关联，并将数据对应地插入数据库中，此时该瞬时对象转变成持久化对象。

● 持久态：处于该状态的对象在数据库中具有对应的记录，并拥有一个持久化标识。如果是用 Hibernate 的 delete()方法，对应的持久对象就变成瞬时对象，因数据库中的对应数据已被删除，该对象不再与数据库的记录关联。当一个 Session 执行 close()或 clear()、evict()之后，持久对象变成脱管对象，此时该对象虽然具有数据库识别值，但它已不在 Hibernate 持久层的管理之下。

● 脱管态：当与某持久对象关联的 Session 被关闭后，该持久对象转变为脱管对象。当脱管对象被重新关联到 Session 上时，会再次转变成持久对象。脱管对象拥有数据库的识别值，可通过 update()、saveOrUpdate()等方法，转变成持久对象。

📖注意：
● 持久对象具有如下特点：和 Session 实例关联；在数据库中有与之关联的记录。
● 脱管对象具有如下特点：本质上与瞬时对象相同，在没有任何变量引用它时，JVM 会在适当的时候将它回收；比瞬时对象多了一个数据库记录标识值。

6.5.4 主键生成策略

Java 语言按内存地址来识别或区分同一个类的不同对象，关系数据库表按主键（一般为代理主键）来识别或区分同一个表的不同记录，Hiberante 根据对象标识符（OID，或主键）来维持 Java 对象和数据库表中记录的对应关系。

基于相同实体类和表，实现相互映射，类的对象对应了表中的记录，不同对象对应不同的记录，不同的记录对应不同的对象。表中不同的记录通过主键来区分，不同的对象通过对象 id 来区分，对象 id 是对象中的一个成员变量，该变量的值唯一性地标识了对象。对象 id 和表主键的映射构成了 ORM 的核心。数据库往往具备特定的主键生成算法，而对象系统则不具备，所以要配置特定的策略，以使对象具备和数据库中的数据同步的对象标识。

主键生成策略是通过配置文件来实现的，映射文件中<id>标签对应的是表中的主键列，<generator>子标签配置主键的生成策略，class 属性值指定具体的策略，可以有 identity、sequence、hilo、native、swqhilo、increment、uuid、assigned、foreign、select 等。

Hibernate 中主键生成策略格式为：

```
<id name="id" column="表主键字段名" type="java.lang.Integer">
<generator class="设置主键生成策略类型"/>
</id>
```

Hibernate 常用的主键生成策略有以下几种。

1. assigned

主键由外部程序负责生成，在 save() 之前必须指定一个。Hibernate 不负责维护主键生成。与 Hibernate 和底层数据库都无关，可以跨数据库。在存储对象前，必须使用主键的 setter 方法给主键赋值，至于这个值怎么生成，完全由自己决定，这种方法应该尽量避免。

```
<id name="id" column="id">
<generator class="assigned" />
</id>
```

"ud"是自定义的策略名，是人为起的名字，后面均用"ud"表示。

特点：可以跨数据库，是人为控制主键生成，应尽量避免。

2. increment

由 Hibernate 从数据库中取出主键的最大值（每个 Session 只取 1 次），以该值为基础，每次增量为 1，在内存中生成主键，不依赖于底层的数据库，因此可以跨数据库。

```
<id name="id" column="id">
<generator class="increment" />
</id>
```

Hibernate 调用 org.hibernate.id.IncrementGenerator 类里面的 generate()方法，使用 select max(idColumnName) from tableName 语句获取主键最大值。该方法被声明成了 synchronized，所以在一个独立的 Java 虚拟机内部是没有问题的，然而，在多个 JVM 同时并发访问数据库 select max 时就可能取出相同的值，再插入就会发生 Dumplicate entry 的错误。所以只能有一个 Hibernate 应用进程访问数据库，否则就可能产生主键冲突，所以不适合多进程并发更新数据库，适合单一进程访问数据库，不能用于集群环境。

官方文档：只有在没有其他进程往同一张表中插入数据时才能使用，在集群环境下不要使用。

特点：跨数据库，不适合多进程并发更新数据库，适合单一进程访问数据库，不能用于集群环境。

3．hilo

hilo（高低位方式 high low）是 Hibernate 中最常用的一种生成方式，需要一张额外的表保存 hi 的值。保存 hi 值的表至少有一条记录（只与第一条记录有关），否则会出现错误，可以跨数据库。

```
<id name="id" column="id">
<generator class="hilo">
<param name="table">hibernate_hilo</param>
<param name="column">next_hi</param>
<param name="max_lo">100</param>
</generator>
</id>
<param name="table">hibernate_hilo</param> 指定保存 hi 值的表名
<param name="column">next_hi</param> 指定保存 hi 值的列名
<param name="max_lo">100</param> 指定低位的最大值
//也可以省略 table 和 column 配置，其默认的表为 hibernate_unique_key，列为 next_hi
<id name="id" column="id">
<generator class="hilo">
<param name="max_lo">100</param>
</generator>
</id>
```

特点：跨数据库，hilo 算法生成的标志只能在一个数据库中保证唯一。

4．seqhilo

与 hilo 类似，通过 hi/lo 算法实现的主键生成机制，只是将 hilo 中的数据表换成了序列 sequence，需要数据库中先创建 sequence。适用于支持 sequence 的数据库，如 Oracle。

```
<id name="id" column="id">
<generator class="seqhilo">
<param name="sequence">hibernate_seq</param>
<param name="max_lo">100</param>
</generator>
</id>
```

特点：与 hilo 类似，只能在支持序列的数据库中使用。

5．sequence

采用数据库提供的 sequence 机制生成主键，需要数据库支持 sequence。如 Oralce、DB、SAP DB、PostgerSQL、McKoi 中的 sequence。MySQL 这种不支持 sequence 的数据库则不行（可以使用 identity）。

```
<generator class="sequence">
```

```
<param name="sequence">hibernate_id</param>
</generator>
<param name="sequence">hibernate_id</param> 指定 sequence 的名称
```

Hibernate 生成主键时，查找 sequence 并赋给主键值，主键值由数据库生成，Hibernate 不负责维护，使用时必须先创建一个 sequence，如果不指定 sequence 名称，则使用 Hibernate 默认的 sequence，名称为 hibernate_sequence，前提是要在数据库中创建该 sequence。

特点：只能在支持序列的数据库中使用，如 Oracle。

6. identity

identity 由底层数据库生成标识符。identity 是由数据库自己生成的，但这个主键必须设置为自增长，使用 identity 的前提条件是底层数据库支持自动增长字段类型，如 DB2、SQL Server、MySQL、Sybase 和 HypersonicSQL 等，Oracle 这类没有自增字段的则不支持。

```
<id name="id" column="id">
<generator class="identity" />
</id>
```

例如：如果使用 MySQL 数据库，则主键字段必须设置成 auto_increment。

```
id int(11) primary key auto_increment
```

特点：只能在支持自动增长的字段数据库中使用，如 MySQL。

7. native

native 由 Hibernate 根据使用的数据库自行判断采用 identity、hilo、sequence 其中一种作为主键生成方式，灵活性很强。如果能支持 identity 则使用 identity，如果支持 sequence 则使用 sequence。

```
<id name="id" column="id">
<generator class="native" />
</id>
```

例如，MySQL 使用 identity，Oracle 使用 sequence。

> 注意：如果 Hibernate 自动选择 sequence 或者 hilo，则所有的表的主键都会从 Hibernate 默认的 sequence 或 hilo 表中获取。并且，有的数据库对于默认情况主键生成测试的支持，效率并不是很高。

使用 sequence 或 hilo 时，可以加入参数，指定 sequence 名称或 hi 值表名称等，例如：

```
<param name="sequence">hibernate_id</param>
```

特点：根据数据库自动选择，项目中如果用到多个数据库时，可以使用这种方式。使用时需要设置表的自增字段或建立序列、建立表等。

8. uuid

uuid：Universally Unique Identifier，是指在一台计算机上生成的数字，它保证对在同一时空中的所有计算机都是唯一的。按照开放软件基金会（OSF）制定的标准计算，用到了以太网卡地址、纳秒级时间、芯片 ID 码和许多可能的数字，标准的 uuid 格式为：

xxxxxxxx-xxxx-xxxx-xxxx-xxxxxxxxxxxx (8-4-4-4-12)。其中每个 x 是 0-9 或 a-f 范围内的一个十六进制的数字。

```
<id name="id" column="id">
<generator class="uuid" />
</id>
```

Hibernate 在保存对象时，生成一个 uuid 字符串作为主键，保证了唯一性，但其并无任何业务逻辑意义，只能作为主键，唯一缺点是长度较大，32 位（Hibernate 将 uuid 中间的 "–" 删除了）的字符串占用存储空间大，但是有两个很重要的优点，Hibernate 在维护主键时，不用去数据库查询，从而提高了效率；而且它是跨数据库的，以后切换数据库极其方便。

特点：uuid 长度大，占用空间大，跨数据库，不用访问数据库就能生成主键值，所以效率高且能保证唯一性，移植非常方便，推荐使用。

9．guid

guid：Globally Unique Identifier 全球唯一标识符，是一个 128 位长的数字，用十六进制表示。算法的核心思想是结合机器的网卡、当地时间、一个随机数来生成 guid。从理论上讲，如果一台机器每秒产生 10000000 个 guid，则可以保证（概率意义上）3240 年不重复。

```
<id name="id" column="id">
<generator class="guid" />
</id>
```

Hibernate 在维护主键时，先查询数据库，获得一个 uuid 字符串，该字符串就是主键值，该值的缺点是长度较大，支持数据库有限；优点同 uuid，跨数据库，但是仍然需要访问数据库。

📖 **注意**：字符串长度因数据库不同而不同。MySQL 中使用 select uuid()语句获得的为 36 位（包含标准格式的 "–"）。
Oracle 中，使用 select rawtohex(sys_guid()) from dual 语句获得的为 32 位（不包含 "–"）。

特点：需要数据库支持查询 uuid。生成时需要查询数据库，效率没有 uuid 高，推荐使用 uuid。

10．foreign

使用另外一个相关联的对象的主键作为该对象主键。主要用于一对一关系中。

```
<id name="id" column="id">
<generator class="foreign">
<param name="property">user</param>
</generator>
</id>
<one-to-one name="user" class="domain.User" constrained="true" />
```

该例使用 domain.User 的主键作为本类映射的主键。

特点：很少使用，大多用在一对一关系中。

11．select

使用触发器生成主键，主要用于早期的数据库主键生成机制，能用到的地方非常少。

6.5.5 Hibernate 映射文件

一个对象/关系型映射一般定义在 XML 文件中。映射文件指示 Hibernate 如何将已经定义的类或类组与数据库中的表对应起来。尽管有些 Hibernate 用户选择手写 XML 文件，但是有很多工具可以用来给先进的 Hibernate 用户生成映射文件。这样的工具包括 XDoclet、Middlegen 和 AndroMDA。

下面考虑之前定义的 POJO 类，它的对象将延续到下一部分定义的表中。

对于每一个想要提供持久性的对象都需要一个表与之保持一致。考虑上述对象需要存储和检索到下列 RDBMS 表中。

```
create table EMPLOYEE (
    id INT NOT NULL auto_increment,
```

```
        first_name VARCHAR(20) default NULL,
        last_name VARCHAR(20) default NULL,
        salary INT default NULL,
        PRIMARY KEY (id)
    );
```

基于这两个实体之上,可以定义下列映射文件来指示 Hibernate 如何将已定义的类或类组与数据库表匹配。

```
<?xml version="1.0" encoding="utf-8"?>
<!DOCTYPE hibernate-mapping PUBLIC
 "-//Hibernate/Hibernate Mapping DTD//EN"
 "http://www.hibernate.org/dtd/hibernate-mapping-3.0.dtd">
<hibernate-mapping>
<class name="Employee" table="EMPLOYEE">
<meta attribute="class-description">
        This class contains the employee detail.
</meta>
<id name="id" type="int" column="id">
<generator class="native"/>
</id>
<property name="firstName" column="first_name" type="string"/>
<property name="lastName" column="last_name" type="string"/>
<property name="salary" column="salary" type="int"/>
</class>
</hibernate-mapping>
```

需要以格式<classname>.hbm.xml 保存映射文件。可以保存映射文件在 Employee.hbm.xml 中。下面来详细地看一下在映射文件中使用的一些标签:

- 映射文件是一个以<hibernate-mapping>为根元素的 XML 文件,里面包含所有<class>标签。
- <class>标签是用来定义从一个 Java 类到数据库表的特定映射。Java 的类名使用 name 属性来表示,数据库表名用 table 属性来表示。
- <meta>标签是一个可选元素,可以被用来修饰类。
- <id>标签将类中独一无二的 ID 属性与数据库表中的主键关联起来。id 元素中的 name 属性引用类的性质,column 属性引用数据库表的列。type 属性保存 Hibernate 映射的类型,这个类型将会从 Java 转换成 SQL 数据类型。
- 在 id 元素中的<generator>标签用来自动生成主键值。<generator>标签中的 class 属性可以设置 native 使 Hibernate 可以使用 identity, sequence 或 hilo 算法根据底层数据库的情况来创建主键。
- <property>标签用来将 Java 类的属性与数据库表的列匹配。标签中 name 属性引用的是类的性质,column 属性引用的是数据库表的列。type 属性保存 Hibernate 映射的类型,这个类型将会从 Java 转换成 SQL 数据类型。

6.5.6　Hibernate 映射类型

当准备一个 Hibernate 映射文件时,已经把 Java 数据类型映射到了 RDBMS 数据格式。在映射文件中已经声明被使用的类型不是 Java 数据类型;它们也不是 SQL 数据库类型。这种类型被称为 Hibernate 映射类型,可以从 Java 翻译成 SQL,反之亦然。

在本章中列举出所有的原始类型、日期和时间类型、大型数据对象，以及其他内嵌的映射数据类型，如表 6-8～表 6-11 所示。

表 6-8 Hibernate 原始类型

映射类型	Java 类型	ANSI SQL 类型
integer	int 或 java.lang.Integer	INTEGER
long	long 或 java.lang.Long	BIGINT
short	short 或 java.lang.Short	SMALLINT
float	float 或 java.lang.Float	FLOAT
double	double 或 java.lang.Double	DOUBLE
big_decimal	java.math.BigDecimal	NUMERIC
character	java.lang.String	CHAR(1)
string	java.lang.String	VARCHAR
byte	byte 或 java.lang.Byte	TINYINT
boolean	boolean 或 java.lang.Boolean	BIT
yes/no	boolean 或 java.lang.Boolean	CHAR(1) ('Y' or 'N')
true/false	boolean 或 java.lang.Boolean	CHAR(1) ('T' or 'F')

表 6-9 Hibernate 日期和时间类型

映射类型	Java 类型	ANSI SQL 类型
date	java.util.Date 或 java.sql.Date	DATE
time	java.util.Date 或 java.sql.Time	TIME
timestamp	java.util.Date 或 java.sql.Timestamp	TIMESTAMP
calendar	java.util.Calendar	TIMESTAMP
calendar_date	java.util.Calendar	DATE

表 6-10 Hibernate 二进制和大型数据对象

映射类型	Java 类型	ANSI SQL 类型
binary	byte[]	VARBINARY
text	java.lang.String	CLOB
serializable	any Java class that implements java.io.Serializable	VARBINARY
clob	java.sql.Clob	CLOB
blob	java.sql.Blob	BLOB

表 6-11 JDK 相关类型

映射类型	Java 类型	ANSI SQL 类型
class	java.lang.Class	VARCHAR
locale	java.util.Locale	VARCHAR
timezone	java.util.TimeZone	VARCHAR
currency	java.util.Currency	VARCHAR

6.5.7 对象关系映射

ORM 的实现思想就是将关系数据库中表的数据映射成对象，以对象的形式展现。这样开发人员就可以把对数据库的操作转化为对这些对象的操作。Hibernate 正是实现了这种思想，方便了开发人员以面向对象的思想来实现对数据库的操作。在域模型中，类与类之间最常见的关系就是关联关系。关联关系根据实体联系又可分为一对多、一对一、多对多。各种关联关系又分为单向和双向映射。

1. 单向一对一关联映射（one-to-one）

两个对象之间一对一的关系，例如：Person（人）-IdCard（身份证）。有两种策略可以实现一对一的关联映射。

1）主键关联：即让两个对象具有相同的主键值，以表明它们之间的一一对应关系；数据库表不会有额外的字段来维护它们之间的关系，仅通过表的主键来关联。如图 6-15 所示。

2）唯一外键关联：外键关联，本来是用于多对一的配置，但是加上唯一的限制之后（采用 <many-to-one>标签来映射，指定多的一端 unique 为 true，这样就限制了多的一端的多重性为一），也可以用来表示一对一关联关系，其实它就是多对一的特殊情况。如图 6-16 所示。

📖 注意：

● 因为一对一的主键关联映射扩展性不好，当需要发生改变想要将其变为一对多的时候便无法操作了，所以遇到一对一关联的时候经常会采用唯一外键关联来解决问题，而很少使用一对一主键关联。

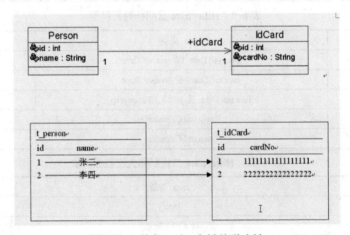

图 6-15　单向一对一主键关联映射

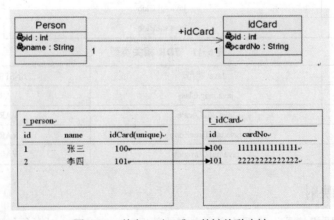

图 6-16　单向一对一唯一外键关联映射

2．单向多对一关联映射（many-to-one）

多对一关联映射原理：在多的一端加入一个外键，指向一的一端，如图 6-17 所示。

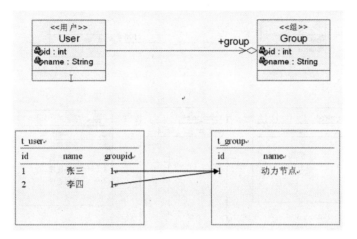

图 6-17　单向多对一关联映射

关键映射代码——在多的一端加入如下标签映射：

```
<many-to-one name="group" column="groupid"/>
```

3．单向一对多关联映射（one-to-many）

一对多关联映射和多对一关联映射原理是一致的，都是在多的一端加入一个外键，指向一的一端。如图 6-18 所示（学生和班级）。

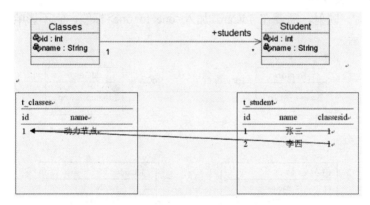

图 6-18　单向一对多关联映射

📖 注意：

- 多对一维护的关系是：多指向一的关系，有了此关系，在加载多的时候可以将一加载上来。
- 一对多维护的关系是：一指向多的关系，有了此关系，在加载一的时候可以将多加载上来。

关键映射代码如下：

```
<set name="students">
<key column="classesid"/>
<one-to-many class="com.hibernate.Student"/>
</set>
```

4．单向多对多关联映射（many-to-many）

多对多关联映射新增加一张表才完成基本映射，如图 6-19 所示。

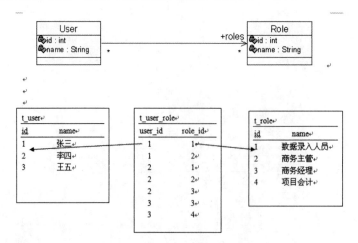

图 6-19　单向多对多关联映射

关键映射代码——可以在 User 的一端加入如下标签映射：

```
<set name="roles" table="t_user_role">
<key column="user_id"/>
<many-to-many class="com.hibernate.Role" column="role_id"/>
</set>
```

5．双向一对一关联映射

对比单向一对一映射，需要在 IdCard 加入<one-to-one>标签，它不影响存储，只影响加载。如图 6-20 所示。

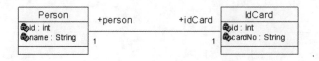

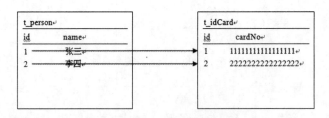

图 6-20　双向一对一关联映射

双向一对一主键映射关键映射代码——在 IdCard 端新加入如下标签映射：

```
<one-to-one name="person"property-ref="idCard"/>
```

双向一对一唯一外键映射关键映射代码——在 IdCard 端新加入如下标签映射：

```
<one-to-one name="person"/>
```

一对一唯一外键关联双向采用<one-to-one>标签映射，必须指定<one-to-one>标签中的 property-ref 属性为关系字段的名称。

6．双向一对多关联映射（非常重要）

采用一对多双向关联映射主要是为了解决一对多单向关联的缺陷，而不是需求驱动的。

一对多双向关联的映射方式：

● 在一的一端的集合上采用<key>标签，在多的一端加入一个外键。

● 在多的一端采用<many-to-one>标签。

<key>标签和<many-to-one>标签加入的字段保持一致，否则会产生数据混乱。

关键映射代码：

在 Classes 的一端加入如下标签映射：

```
<set name="students"inverse="true">
<key column="classesid"/>
<one-to-many class="com.hibernate.Student"/>
</set>
```

在 Student 的一端加入如下标签映射：

```
<many-to-one name="classes" column="classesid"/>
```

inverse 属性可以用在一对多和多对多双向关联上，inverse 属性默认为 false，表示本端可以维护关系；如果 inverse 为 true，则本端不能维护关系，会交给另一端维护关系，本端失效。所以一对多关联映射通常在多的一端维护关系，让一的一端失效。

inverse 是控制方向上的反转，只影响存储。

7．双向多对多关联映射

双向的目的就是两端都能将对方加载上来，和单向多对多的区别是双向需要在两端都加入标签映射。

● 生成的中间表名称必须一样。

● 生成的中间表中的字段必须一样。

Role（角色）端关键映射代码：

```
<set name="users" table="t_user_role">
<key column="role_id"/>
<many-to-many class="com.hibernate.User" column="user_id"/>
</set>
```

上面这七种关联映射中，最重要的就是一对多的映射，因为它更贴近我们的现实生活，比如：教室和学生就是典型的一对多的关系，而开发软件的目的之一就是解决一些生活中重复性问题，把那些重复的问题交给计算机帮助人们完成，从而来提高人们的工作效率。

6.5.8 关系映射实例

至此，大家对 Hibernate 对象关系映射有了一定的了解，接下来将进入实践环节。通过下面的例子来对 Hibernate 对象关系映射进行更深入的认识。

实例 6-2：测试 Hibernate4 中一对多关系映射。

1．创建数据库

准备数据库，需要注意的是新安装的数据库账号密码是 root：admin。利用 Navicat 工具分别在 MySQL5.7 中分别创建两张表，用户 User 表和座位 Seat 表结构。如图 6-21 和图 6-22 所示。

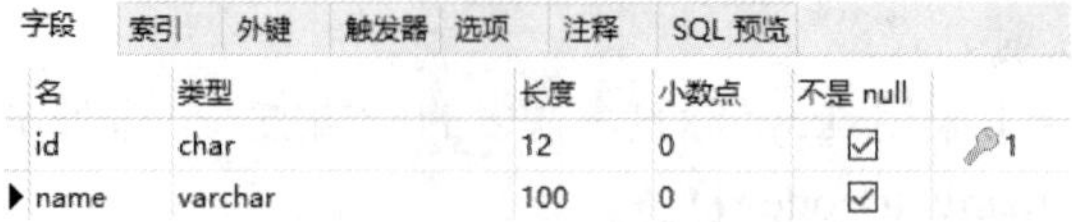

字段	索引	外键	触发器	选项	注释	SQL 预览		
名	类型		长度	小数点	不是 null		
id	char		12	0	☑	🔑1
▶ name	varchar		100	0	☑	

图 6-21　User 表结构

字段	索引	外键	触发器	选项	注释	SQL 预览		
名	类型		长度	小数点	不是 null		
▶ id	char		32	0	☑	🔑1
place	varchar		100	0	☐	
user_id	char		32	0	☐	

图 6-22　Seat 表结构

2．在 MyEclipse 2014 中创建对 MySQL5.7 的连接

启动 MyEclipse 2014，选择 Window→Open Perspective→MyEclipse Database Explorer 菜单项，打开 MyEclipse 中 DB Browser 浏览器，右击菜单，选择 New 菜单项，单击"下一步"按钮，创建一个名为 MySQL 的连接驱动并测试连接成功，编辑数据库连接驱动，如图 6-23 所示。

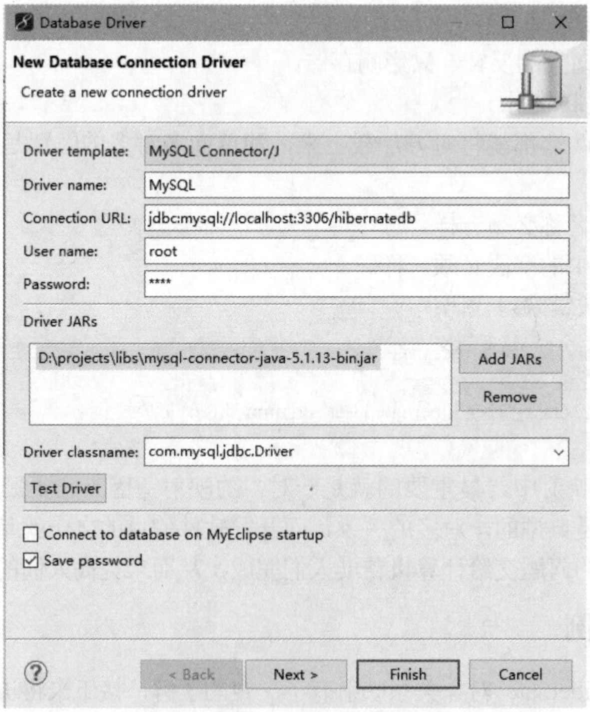

图 6-23　创建对 MySQL5.7 的连接

3．创建 Web 项目，添加 Hibernate 开发能力

在 MyEclipse2014 中，选择菜单 File→new→Web Project，新建一个名为 Hibernate3 的项目。右击项目名 Hibernate3，选择 MyEclipse→Project Facets 菜单项，在列表中选择 Install Hibernate Facet，选择 Hibernate 框架应用版本及所需要的 Java EE 版本。具体操作见实例 6-1。

4．生成数据库表对应的 Java 类对象和映射文件

从主菜单栏，选择 Windows→Open Perspective→Other→MyEclipse Database Explorer 菜单项，打开 MyEclipse Database Explorer 视图。打开前面创建的 MySQL 数据连接，选择 hibernatedb→dbo→TABLE 菜单项，分别右击 User 表和 Seat 表，选择 Hibernate Reverse Engineering...菜单项，启动 Hibernate Reverse Engineering 向导，该向导用于完成从已有的数据库表生成对应的 Java 类和相关映像文件的配置工作。最后自动生成两个 POJO 类为 User.java 和 Seat.java 文件，以及两个表对应配置文件 User.hbm.xml 和 Seat.hbm.xml。

列出 User.hbm.xml 中的代码如下，Seat.hbn.xml 文件代码与之类似。

```xml
<?xml version="1.0"?>
<!DOCTYPE hibernate-mapping PUBLIC
    "-//Hibernate/Hibernate Mapping DTD 3.0//EN"
    "http://www.hibernate.org/dtd/hibernate-mapping-3.0.dtd">
<hibernate-mapping package="hibernate3">
<class name="Product" table="product_">
<id name="id" column="id">
<generator class="native">
</generator>
</id>
<property name="name" />
</class>
</hibernate-mapping>
```

5．创建测试类

在 src 文件夹下创建包 test，在该包下建立测试类，命名为 TestHibernate3.java，具体操作可见实例 6-1。

6．运行项目

单击 MyEclipse 中的 Hibernate3 项目的 TestHibernate3.java 文件，右键选择 run as→java application，会出现以下效果。如图 6-24 所示。因为该程序为 Java Application，所以可以直接运行。运行程序，控制台就会打印出"操作成功"结果。

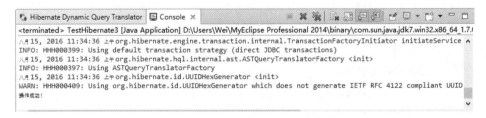

图 6-24　控制台输出结果

6.6　Hibernate 事务编程

事务（Transaction）是工作中的基本逻辑单位，可以用于确保数据库能够被正确修改，避免数据只修改了一部分而导致数据不完整，或者在修改时受到用户干扰。作为一名软件设计师，必须了解事务并合理利用，以确保数据库保存正确、完整的数据。数据库向用户提供保存当前程序状态的方法，称为事务提交（commit）；事务执行过程中，使数据库忽略当前的状态并回到前面保存状态的方法，称为事务回滚（rollback）。

6.6.1　事务概述

事务一般是指要做的或所做的事情。在计算机术语中是指访问并可能更新数据库中各种数据项的一个程序执行单元（Unit）。事务是数据库恢复和并发控制不可分离的基本工作单位，具有原子性、一致性、隔离性和持久性的特点。

- 原子性（Atomicity）：一个事务是一个不可分割的工作单位，事务中包括的所有操作要么都做，要么都不做。
- 一致性（Consistency）：事务必须是使数据库从一个一致性状态变到另一个一致性状态的。一致性与原子性是密切相关的。
- 隔离性（Isolation）：一个事务的执行不能被其他事务干扰。即一个事务内部的操作及使用的数据对并发的其他事务是隔离的，并发执行的各个事务之间不能互相干扰。
- 持久性（Durability）：持续性也称永久性（Permanence），指一个事务一旦提交，它对数据库中数据的改变就应该是永久性的。接下来的其他操作或故障不应该对其有任何影响。

事务由事务开始（Begin Transaction）和事务结束（End Transaction）之间执行的全体操作组成。例如，在关系数据库中，一个事务可以是一条 SQL 语句、一组 SQL 语句或整个程序。

6.6.2　JDBC 中使用事务

当 JDBC 程序向数据库获得一个 Connection 对象时，默认情况下这个 Connection 对象会自动向数据库提交在它上面发送的 SQL 语句。若想关闭这种默认提交方式，让多条 SQL 在一个事务中执行，并且保证这些语句是在同一时间共同执行的，就应该为这些多条语句定义一个事务。

银行转账这一示例，最能说明使用事务的重要性了。

```
update from account set money=money-100 where name='a';
update from account set money=money+100 where name='b';
```

因为这时两个账户的增减变化是在一起执行的。现实生活中这种类似于同步通信的例子还有很多，这里不再赘述。当然，对于事务的编写，也是要遵守一定顺序的。首先，设置事务的提交方式为非自动提交。

```
conn.setAutoCommit(flase);
```

接下来，将需要添加事务的代码放入 try，catch 块中。然后，在 try 块内添加事务的提交操作，表示操作无异常，提交事务。

```
conn.commit( );
```

尤其不要忘记，在 catch 块内添加回滚事务，表示操作出现异常，撤销事务。

```
conn.rollback( );
```

最后，设置事务提交方式为自动提交。

```
conn.setAutoCommit(true);
```

这样，通过简单的几步，就可以完成对事务处理的编写了。例如，定义了一个事务方法并在方法内实现了语句之间的一致性操作。

6.6.3　Hibernate 事务管理

Hibernate 对 JDBC 进行了轻量级的对象封装，Hibernate 本身在设计时并不具备事务处理功能，平时所用的 Hibernate 的事务，只是将底层的 JDBCTransaction 或者 JTATransaction 进行了一下封装，在外面套上 Transaction 和 Session 的外壳，其实是通过委托底层的 JDBC 或 JTA 来实现事务的调度功能。

1．基于 JDBC 的事务管理

要在 Hibernate 中使用事务，可以配置 Hibernate 事务为 JDBCTransaction 或者 JTATransaction，这两种事务的生命周期不一样，可以在 hibernate.cfg.xml 中指定使用的是哪一种事务。

📖 **注意:**

如果不进行配置，Hibernate 的默认事务处理机制基于 JDBCTransaction，也可以通过配置文件设定采用 JTA 作为事务管理实现。

代码如下:

```
<hibernate-configuration>
<session-factory>
......
<property name="hibernate.transaction.factory_class">
net.sf.hibernate.transaction.JTATransactionFactory
<!--net.sf.hibernate.transaction.JDBCTransactionFactory-->
</property>
......
</session-factory>
</hibernate-configuration>
```

基于 JDBC 的事务管理将事务管理委托给 JDBC 进行处理无疑是最简单的实现方式，Hibernate 事务对于 JDBC 事务的封装也极为简单。如下面代码所示。

```
session = sessionFactory.openSession();
Transaction tx = session.beginTransaction();
......
tx.commit();
```

从 JDBC 层面而言，上面的代码实际上对应着:

```
Connection dbconn = getConnection();
dbconn.setAutoCommit(false);
......
dbconn.commit();
```

Hibernate 并没有做更多的事情（实际上也没法做更多的事情），只是将这样的 JDBC 代码进行了封装而已。

这里要注意的是，在 sessionFactory.openSession()中，Hibernate 会初始化数据库连接，与此同时，将其 AutoCommit 设为关闭状态（false）。而其后，在 Session.beginTransaction 方法

中，Hibernate 会再次确认 Connection 的 AutoCommit 属性被设为关闭状态（为了防止用户代码对 Session 的 Connection.AutoCommit 属性进行修改）。

也就是说，一开始从 SessionFactory 获得的 Session，其自动提交属性就已经被关闭（AutoCommit=false），下面的代码将不会对数据库产生任何效果。

```
session = sessionFactory.openSession();
session.save(user);
session.close();
```

这实际上相当于 JDBC Connection 的 AutoCommit 属性被设为 false，执行了若干 JDBC 操作之后，没有调用 commit 操作即将 Connection 关闭。如果要使代码真正作用到数据库，必须显式地调用 Transaction 指令：

```
session = sessionFactory.openSession();
Transaction tx = session.beginTransaction();
session.save(user);
tx.commit();
session.close();
```

2. 基于 JTA 的事务管理

JTA 提供了跨 Session 的事务管理能力。这一点是与 JDBC Transaction 最大的差别。JDBC 事务由 Connnection 管理，也就是说，事务管理实际上是在 JDBC Connection 中实现的。事务周期限于 Connection 的生命周期之内。同样，对于基于 JDBC Transaction 的 Hibernate 事务管理机制而言，事务管理在 Session 所依托的 JDBC Connection 中实现，事务周期限于 Session 的生命周期。

JTA 事务管理则由 JTA 容器实现，JTA 容器对当前加入事务的众多 Connection 进行调度，实现其事务性要求。JTA 的事务周期可横跨多个 JDBC Connection 生命周期。同样对于基于 JTA 事务的 Hibernate 而言，JTA 事务可横跨多个 Session。

JTA 事务是由 JTA Container 维护，而参与事务的 Connection 无需对事务管理进行干涉。这也就是说，如果采用 JTA Transaction，就不应该再调用 HibernateTransaction 功能。上面基于 JDBC Transaction 的正确代码，这里就会产生问题，代码如下：

```
public class ClassA {
    public void saveUser(User user) {
        session = sessionFactory.openSession();
        Transaction tx = session.beginTransaction();
        session.save(user);
        tx.commit();
        session.close();
    }
}
public class ClassB {
    public void saveOrder(Order order) {
        session = sessionFactory.openSession();
        Transaction tx = session.beginTransaction();
        session.save(order);
        tx.commit();
        session.close();
    }
}
public class ClassC {
```

```
            public void save(){
                ……
                UserTransaction tx = new InitialContext().lookup("……");
                ClassA.save(user);
                ClassB.save(order);
                tx.commit();
                ……
            }
        }
```

　　这里有两个类 ClassA 和 ClassB，分别提供了两个方法：saveUser 和 saveOrder 用于保存用户信息和订单信息。在 ClassC 中，接连调用了 ClassA.saveUser 方法和 ClassB.saveOrder 方法，同时引入了 JTA 中的 UserTransaction 以实现 ClassC.save 方法中的事务性。问题出现了，ClassA 和 ClassB 中分别都调用了 Hibernate 的 Transaction 功能。在 Hibernate 的 JTA 封装中，Session.beginTransaction 同样也执行了 InitialContext.lookup 方法获取 UserTransaction 实例，Transaction.commit 方法同样也调用了 UserTransaction.commit 方法。实际上，这就形成了两个嵌套式的 JTA Transaction：ClassC 申明了一个事务，而在 ClassC 事务周期内，ClassA 和 ClassB 也企图申明自己的事务，这将导致运行期错误。因此，如果决定采用 JTA Transaction，应避免再重复调用 Hibernate 的 Transaction 功能，上面的代码修改如下：

```
        public class ClassA{
            public void save(TUser user){
                session = sessionFactory.openSession();
                session.save(user);
                session.close();
            }
            ……
        }
        public class ClassB{
            public void save (Order order){
                session = sessionFactory.openSession();
                session.save(order);
                session.close();
            }
            ……
        }
        public class ClassC{
            public void save(){
                ……
                UserTransaction tx = new InitialContext().lookup("……");
                classA.save(user);
                classB.save(order);
                tx.commit();
                ……
            }
        }
```

　　实际上，这是利用 Hibernate 来完成启动和提交 UserTransaction 的功能，但这样的做法比原本直接通过 InitialContext 获取 UserTransaction 的做法消耗了更多的资源，得不偿失。在 EJB 中使用 JTATransaction 无疑最为简便，只需要将 save 方法配置为 JTA 事务支持即可，无需显式申明任何事务，下面是一个 Session Bean 的 save 方法，它的事务属性被申明为

"Required"，EJB 容器将自动维护此方法执行过程中的事务。

```
/**
* @ejb.interface-method
* view-type="remote"
* @ejb.transaction type = "Required"
**/
public void save(){
    //EJB 环境中，通过部署配置即可实现事务申明，而无需显式调用事务
    classA.save(user);
    classB.save(log);
} //方法结束时，如果没有异常发生，则事务由 EJB 容器自动提交
```

3. 乐观锁与悲观锁

业务逻辑的实现过程中，往往需要保证数据访问的排他性。例如，在金融系统的日终结算处理中，希望对某个结算时间点的数据进行处理，而不希望在结算过程中（可能是几秒，也可能是几个小时）数据再发生变化。此时，需要通过一些机制来保证这些数据在某个操作过程中不会被外界修改，这样的机制就是所谓的"锁"，即给选定的目标数据上锁，使其无法被其他程序修改。

谈到事务，就不得不谈到事务的并发性问题，先回顾一下并发性带来的问题，往深里分析，多个事务并发可能引起下面几个问题。

- 第一类丢失更新：撤销一个事务时，把其他事务已提交的更新的数据覆盖了。
- 读脏数据：一个事务读到另一个事务未提交的更新数据。
- 多读：一个事务执行两次查询，但第二次查询比第一次查询多出了一些数据行。
- 不可重复读：一个事务两次读同一行数据，可是这两次读到的数据不一样。
- 第二类丢失更新：这是不可重复读中的特例，一个事务覆盖另一个事务已提交的更新数据。

为了解决多个事务并发会引发的问题，数据库系统提供了 4 种事务隔离级别供用户选择。

- Serializable：串行化。隔离级别最高。
- Repeatable Read：可重复读。
- Read Committed：读已提交数据。
- Read Uncommitted：读未提交数据。隔离级别最差。

数据库系统采用不同的锁类型来实现以上 4 种隔离级别，具体的实现过程对用户是透明的。用户应该关心的是如何选择合适的隔离级别。对于多数应用程序，可以优先考虑把数据库系统的隔离级别设为 Read Committed，它能够避免脏读，而且具有较好的并发性能。

在 Hibernate 的配置文件中可以显式地设置隔离级别，每一种隔离级别对应着一个正整数。

- Read Uncommitted: 1。
- Read Committed: 2。
- Repeatable Read: 4。
- Serializable: 8。

在 hibernate.cfg.xml 中显式设置隔离级别的代码如下：

```
<session-factory><!--设置 JDBC 的隔离级别 -->
    <property name="hibernate.connection.isolation">2</property>
</session-factory>
```

设置之后，在开始一个事务之前，Hibernate 将为从连接池中获得的 JDBC 连接设置级别。需要注意的是，在受管理环境中，如果 Hibernate 使用的数据库连接来自于应用服务器提供的数据源，Hibernate 不会改变这些连接的事务隔离级别。在这种情况下，应该通过修改应用服务器的数据源配置来修改隔离级别。

当数据库系统采用 Read Committed 隔离级别时，会导致不可重复读和第二类丢失更新的并发问题，在可能出现这种问题的场合，可以在应用程序中采用悲观锁或乐观锁来避免这类问题。Hibernate 支持两种锁机制，悲观锁（Pessimistic Locking）和乐观锁（Optimistic Locking）。从应用程序的角度，锁可以分为以下几类。

（1）悲观锁

指在应用程序中显式地为数据资源加锁。悲观锁尽管能防止丢失更新和不可重复读这类并发问题，但是它会影响并发性能，因此应该谨慎地使用。

悲观锁有两种实现方式：

● 在应用程序中显式指定采用数据库系统的独占锁来锁定数据资源。SQL 语句：select... for update，在 Hibernate 中使用 get，load 时如 session.get(Account.class,new Long(1), LockMode, UPGRADE)。

● 在数据库表中增加一个表明记录状态的 LOCK 字段，当它取值为 Y 时，表示该记录已经被某个事务锁定；如果为 N，表明该记录处于空闲状态，事务可以访问，增加锁标记字段就可以实现。

（2）乐观锁

乐观锁假定当前事务操作数据资源时，不会有其他事务同时访问该数据资源，因此完全依靠数据库的隔离级别来自动管理锁的工作。应用程序采用版本控制手段来避免可能出现的并发问题。

利用 Hibernate 的版本控制来实现乐观锁，乐观锁是由程序提供的一种机制，这种机制既能保证多个事务并发访问数据，又能防止第二类丢失更新问题。在应用程序中可以利用 Hibernate 提供的版本控制功能来实现乐观锁，OR 映射文件中的<version></version>元素和 <timestamp></timestamp>都具有版本控制的功能，一般推荐采用<version></version>。

6.7 本章小结

Hibernate 功能强大，使用也十分灵活，支持多种数据库，是一种"跨数据库平台"的 ORM 框架。使用 Hibernate 时需要先创建一个 Session 对话，然后开启 Transaction 事务、进行数据库读写、提交事务、关闭会话。

本章通过在 MyEclipse 2014 中实现 3 个具体案例来讨论了 Hibernate 的入门开发知识，例子虽简单却涵盖了 Hibernate 3 和 Hibernate 4 的大部分基础内容，包括 Hibernate 应用的开发步骤，Hibernate 开发过程的配置文件与映射文件，MySQL 5.7 与 SQL Server 2012 数据库连接配置以及核心接口的使用，并对上述不同版本软件开发过程中经常出现的错误问题提出了相应解决方案。另外，还讲解了 Hibernate 的 JDCB 事务编程和 JTA 事务的相关知识，同时对事务概念等相关知识进行了回顾。本章并没有对 Hibernate 的 API 进行详细列举，在需要的时候可以参阅 Hibernate 官方文档与 API 帮助文档。

6.8 习题

一、选择题

1. 一般情况下，关系数据模型与对象模型之间有_____匹配关系。（多选）

    A. 表对应类

    B. 记录对应对象

    C. 表的字段对应类的属性

    D. 表之间的参考关系对应类之间的依赖关系

2. 事务隔离级别是由_____实现的。

    A. Java 应用程序   B. Hibernate

    C. 数据库系统   D. JDBC 驱动程序

3. 假设对 Customer 类的 orders 集合采用延迟检索策略，编译或运行以下程序，会出现的情况是_____。

```
Session session=sessionFactory.openSession();
tx = session.beginTransaction();
Customer customer=(Customer)session.get(Customer.class,new Long(1));
tx.commit();
session.close();
Iterator orderIterator=customer.getOrders().iterator();
```

    A. 编译出错   B. 编译通过，并正常运行

    C. 编译通过，但运行时抛出异常   D. 编译出错，抛出异常

4. 以下关于 SessionFactory 的说法_____正确。（多选）

    A. 对于每个数据库事务，应该创建一个 SessionFactory 对象。

    B. 一个 SessionFactory 对象对应一个数据库存储源。

    C. SessionFactory 是重量级的对象，不应该随意创建。如果系统中只有一个数据库存储源，只需要创建一个。

    D. SessionFactory 的 load()方法用于加载持久化对象。

5. <set>元素有一个 cascade 属性，如果希望 Hibernate 级联保存集合中的对象，cascade 属性应该取_____值。

    A. none   B. save   C. delete   D. save-update

二、简答题

1. 简述对象关系映射 ORM 概念。

2. Hibernate 的 5 个核心接口有哪些？

3. 简述 Hibernate 3 Web 应用的开发步骤。

4. 简述 Hibernate 配置文件支持的两种形式过程。

5. 简述 HQL 查询步骤。

三、上机操作题

1. 验证本章实例 6-1 到实例 6-2 的实验。

2. 测试不同数据库的连接使用（Oracle、MySQL 和 SQL Server 等）。

实训 6 利用 **Struts** 和 **Hibernate** 实现学生注册系统

一、实验目的

1. 掌握 Hibernate 框架的使用以及项目的完整开发过程。
2. 了解 Hibernate3 与 Hibernate4 开发时的异同。
3. 掌握 MyEclipse 2014 配置不同数据库、实体类和配置文件自动实现过程。
4. 验证本章 Hibernate 的实例。
5. 完整实现一个 Struts 和 Hibernate 框架应用案例。

二、实验内容

（1）建立数据库以及表结构

使用 SQL Server 数据库，在其中新建一个数据库并在该数据库中创建学生信息注册表。

（2）在 MyEclipse 中创建 SQL Sever 的连接

启动 MyEclipse，选择 Window→Open Perspective→MyEclipse Database Explorer 命令，打开 MyEclipse 中的 DB Browser 浏览器，右击菜单，在弹出的快捷菜单中选择 New 命令，弹出相应对话框，编辑数据库连接驱动。

在 Driver template 下拉列表框中选择 Microsoft SQL Server，在 Driver name 文本框中填写要建立连接的名称，命名为 Hibernate2，在 Connection URL 栏中输入要连接数据库的 URL，在 User name 文本框中输入连接数据库的用户名，在 Password 文本框中输入拦截数据库的密码（本机 SQL Server 的登录名和密码）。在 Driver JARs 区域中单击 Add JARs 按钮，找到数据库驱动。

📖 **注意:**

● 若使用 Windows 10 和 SQL Server 2012 以上版本时，很可能程序一连接数据库就会出现错误提示"com.microsoft.sqlserver,jdbc.SQLServerException:驱动程序无法通过使用安全套接字层（SSL）加密与 SQL Server 建立安全连接。错误：Java.lang.RuntimeException:Could not generate DH keypair"。

● 网上很多解决方案为：更新驱动包，JDK 更新为 JDK 1.8，修改 java.security 文件参数等方法均无效。最终采用 MyEclipse2014 以上版本才能解决。

编辑完成后，在 MyEclipse Database 浏览器中，右击刚才创建的 Hibernate2 数据库连接，在弹出的快捷菜单中选择 Open connection 命令，打开名为 Hibernate2 的数据连接。

（3）打开 MyEclipse，创建 Web 项目，命名为 SH_MemberManage

（4）添加 Hibernate 开发能力

在 MyEclipse 中选择 File-new-Web Project 命令，新建一个名为 Hibernate2 的项目。然后右击项目名 Hibernate2，在弹出的快捷菜单中选择 MyEclipse→Project Facets 命令，在列表中选择 Install HibernateFacet，单击创建按钮弹出对话框，选择 Hibernate 框架应用版本及所需要的 Java EE 版本。单击 Next 按钮，进入创建 Hibernate 配置文件 hibernate.cfg.xml 界面，将该文件放在 src 文件夹下，创建名为 fw 的包用于存放 HibernateSessionFactory 类。

接着，单击 Next 按钮，指定 Hibernate 数据库连接细节，因为在之前已经配置好名为 Hibernate2 的数据库连接，所以这里只需要选择 DB Driver 为 Hibernate2。

最后，单击 Finish 按钮，完成 Hibernate 的配置。

通过以上步骤，项目中增加了一些 Hibernate4.4Jar 包、一个 hibernate.cfg.xml 配置文件和一个 HibernateSessionFactory.java 类。

更加详细的步骤实例可见前面的实例 6-1。

（5）生成数据库表对应的 Java 类对象和映射文件

详细步骤可见前面的实例 6-1。

（6）DAO 层组件实现

下面是这几个实体类的 DAO 层组件的实现。首先要建立它们的 DAO 接口类，代码如下。

```java
package com.bysj.dao;
import java.util.List;
public interface    IStudentDao {
    public void delete(java.lang.Integer studentid);
    public List<Student> getAll();
    public void saveOrUpdate(Student student);
    public Student get(java.lang.Integer studentid);
    public List<Student> listForPage(final String hql, final int offset,final int length);
    public Long countBySql(String sql, List<Object> param);
}
```

接着，对应实现类代码如下：

```java
package com.bysj.dao.impl;
import java.util.ArrayList;
public class StudentDaoImpl implements IStudentDao {
    public void delete(java.lang.Integer studentid){
        Transaction transaction =null;
        try {
            Sessionsession= HibernateUtils.getSessionFactory().openSession();
            transaction =session.beginTransaction();
            String hql = "delete from Student e WHERE e.studentid = ? ";
            int result = session.createQuery(hql).setInteger(0, studentid).executeUpdate();
            transaction.commit();
            if (result>0){
                System.out.println("成功删除");
            }else{
                System.out.println("删除失败");
            }
        }catch (Exception e){
            e.printStackTrace();
        }finally {
            if(transaction!=null){
                transaction=null;
            }
        }
    }
    public List<Student> getAll(){
        List<Student> studentList = new ArrayList<Student>();
        Transaction transaction =null;
        try {
            Sessionsession= HibernateUtils.getSessionFactory().openSession();
            transaction =session.beginTransaction();
            String hql = " from Student e ";
```

```java
                    studentList = session.createQuery(hql).list();
                    transaction.commit();
                }catch (Exception e){
                    e.printStackTrace();
                }finally {
                    if(transaction!=null){
                        transaction=null;
                    }
                }
                    return studentList;
}
public void saveOrUpdate(Student student){
    Transaction transaction =null;
    try {
            Sessionsession= HibernateUtils.getSessionFactory().openSession();
            transaction =session.beginTransaction();
            session.saveOrUpdate(student);
            transaction.commit();
    }catch (Exception e){
            e.printStackTrace();
    }finally {
        if(transaction!=null){
            transaction=null;
        }
    }
}
public Student get(java.lang.Integer studentid) {
        Student student = null;
        Transaction transaction =null;
        try {
            Sessionsession= HibernateUtils.getSessionFactory().openSession();
            transaction =session.beginTransaction();
            student = (Student)session.get(Student.class, studentid);
            transaction.commit();
        }catch (Exception e){
            e.printStackTrace();
        }finally {
            if(transaction!=null){
                transaction=null;
            }
        }
    return student;
}
public List<Student> listForPage(final String hql, final int offset,final int length){
    List<Student> studentList = new ArrayList<Student>();
    Transaction transaction =null;
    try {
        Sessionsession= HibernateUtils.getSessionFactory().openSession();
        transaction =session.beginTransaction();
        Query q = session.createQuery(hql);
        q.setFirstResult(offset);
        q.setMaxResults(length);
        studentList = q.list();
```

```
                    transaction.commit();
                }catch (Exception e){
                    e.printStackTrace();
                }finally {
                    if(transaction!=null){
                        transaction=null;
                    }
                }
            }
            return studentList;
        }
        public Long countBySql(String sql, List<Object> param){
            Long totalrow = 0l;
            Transaction transaction =null;
            try {
                Sessionsession= HibernateUtils.getSessionFactory().openSession();
                transaction =session.beginTransaction();
                Query q = session.createSQLQuery(sql);
                if (param != null && param.size() > 0) {
                    for (int i = 0; i < param.size(); i++) {
                        q.setParameter(i, param.get(i));
                    }
                }
                totalrow = Long.valueOf(q.uniqueResult().toString());
                transaction.commit();
            }catch (Exception e){
                e.printStackTrace();
            }finally {
                if(transaction!=null){
                    transaction=null;
                }
            }
            return totalrow;
        }
    }
```

其他类用相同方法实现，准备工作完成后，就可以实现具体功能了。

（7）添加 Struts 2 的类库及编写 struts.xml 文件

把 Struts 2 所需要的 5 个 Jar 包复制到项目的 WEB-INF/lib 文件夹下。因为在添加学生信息中用到了照片上传，所以这里要把 common-upload.jar、commin-io.jar 也复制到项目的 WEB-IFN/lib 文件夹下。在项目的 src 文件夹下建立文件 struts.xml。内容修改如下：

```
<?xml version="1.0" encoding="UTF-8" ?>
<!DOCTYPE struts PUBLIC
    "-//Apache Software Foundation//DTD Struts Configuration 2.0//EN"
    "http://struts.apache.org/dtds/struts-2.0.dtd">
<struts>
    <package name="default" extends="struts-default">
    <!--这里以后添加 Action 配置，后面配置的 Action 都要添加在这里-->
    </package>
</struts>
```

（8）修改 web.xml 文件，代码如下：

```
<?xml version="1.0" encoding="UTF-8"?>
```

```
<web-app version="2.5" xmlns="http://java.sun.com/xml/ns/javaee"
    xmlns:xsi="http://www.w3.org/2001/XMLSchema-instance"
    xsi:schemaLocation="http://java.sun.com/xml/ns/javaee
    http://java.sun.com/xml/ns/Java EE/web-app_2_5.xsd">
    <welcome-file-list>
        <welcome-file>login.jsp</welcome-file>
    </welcome-file-list>
    <filter>
        <filter-name>struts 2</filter-name>
        <filter-class>org.apache.struts2.dispatcher.FilterDispatcher</filter-class>
    </filter>
    <filter-mapping>
        <filter-name>struts 2</filter-name>
        <url-pattern>/*</url-pattern>
    </filter-mapping>
</web-app>
```

（9）表示层功能实现

从 JSP 文件中可以看出，该表单要进行提交操作，所以需要在 struts.xml 中配置 Action。

```
<action name="student-*"class="com.bysj.action.StudentAction"    method="{1}">
    <result name="add" >/admin/student/Student_add.jsp</result>
    <result name="edit" >/admin/student/Student_edit.jsp</result>
    <result name="detail" >/admin/student/Student_detail.jsp</result>
    <result name="list" >/admin/student/Student_list.jsp</result>
</action>
```

这样信息存入成功后会跳转至 Student_detail.jsp 页面，然后根据 Action 配置，找到 main.jsp 文件，所以要建立 main.jsp 文件。

```
<BODY>
    <TABLE cellSpacing=0 cellPadding=0 width="100%" align=center border=0>
        <TR height=28>
        <TD background="<%=request.getContextPath() %>
                /frame/images/title_bg1.jpg">当前位置</TD>
        </TR>
        <TR>
            <TD bgColor=#b1ceef height=1></TD>
        </TR>
        <TR height=20>
                <TD background="<%=request.getContextPath() %>
                /frame/images/shadow_bg.jpg"></TD>
        </TR>
    </TABLE>
    <TABLE cellSpacing=0 cellPadding=0 width="90%" align=center
    border=0>
        < TR height=100>
            <TD align=middle width=100><IMG height=100
                src="<%=request.getContextPath()
%>/frame/images/admin_p.gif" width=90></TD>
            <TD width=60> </TD>
            <TD>
    <TABLE height=100 cellSpacing=0 cellPadding=0 width="100%"border=0>
```

其他页面 jsp 文件用类似的方法实现，下面就可以进行部署运行了。

（10）部署运行

设置完成以后，部署项目到 Tomcat 中，或者在 MyEclipse 的 Servers 控制台中启动 Debug Server 就可以运行项目了。一个简易的学生注册信息系统就完成了。运行程序进入主页面，如图 6-25 所示。

图 6-25　主页面

单击左侧按钮进入注册新学生页面，如图 6-26 所示。

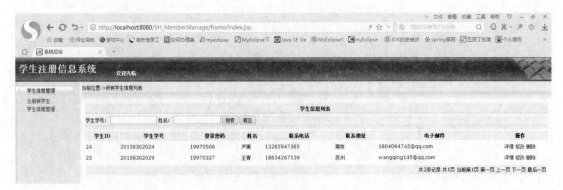

图 6-26　注册新学生页面

在文本框中输入新学生信息，单击保存按钮，跳转至学生信息列表。如图 6-27 所示，该页面列出了所有注册后保存成功的学生信息，可进行搜索。右侧针对每条信息可以进行后台查看详情、修改和删除等。

图 6-27　信息列表

第 7 章　Spring 应用

Spring 是一个开源框架，是于 2003 年兴起的一个轻量级的 Java 开发框架，由 Rod Johnson 在其著作《Expert One-On-One J2EE Development and Design》中阐述的部分理念和原型衍生而来。它是为了解决企业应用开发的复杂性而创建的。框架的主要优势之一就是其分层架构，分层架构允许使用者选择使用哪一个组件，同时为 J2EE 应用程序开发提供集成的框架。Spring 使用基本的 JavaBean 来完成以前只可能由 EJB 完成的事情。然而，Spring 的用途不仅限于服务器端的开发。从简单性、可测试性和松耦合的角度而言，任何 Java 应用都可以从 Spring 中受益。Spring 的核心是控制反转（IoC）和面向切面（AOP）。

本章要点：
- 了解 Spring 框架概念及特征。
- 掌握 Spring 体系结构。
- 熟练掌握 Spring 开发环境。
- 了解 Spring 相关 API。
- 理解 IoC 容器、AOP 功能。
- 掌握 SSH 组合开发。

7.1　Spring 概述

Spring 已经成为 Java 应用首选的 full-stack 开发框架，该框架本着"从实践中来，到实践中去"的原则，对传统 EJB 重量型框架的思想进行了颠覆式的革新，通过 Rod Johnson 天才般的演绎，使 Spring 在短短的时间内就成为用户众多、社群庞大、文档丰富、极具实用性的开源开发框架。Spring 拥有一支活跃的开发队伍，功能的改进和版本的升级从来没有停止过。目前，Spring 已经升级到 5.0 版本，但考虑到兼容性，本书采用 Spring3.x。Spring3.x 充分拥抱 Java5.0 技术，核心 API 对泛型、可变参数等语言特征提供了全面的支持。Bean 的配置得到了重大的升级，更加灵活和强大。此外还增加了 SpEL、OXM、通用类型转换和属性格式化等功能，全面支持 REST 风格的 Web 开发。Spring 家族系列的子项目更加丰富，特别是 Spring 在云计算、OSGI 这些技术上拥有令人敬慕的表现。本章对 Spring 整体性进行了详细介绍。

7.1.1　Spring 简介

Spring 是一个轻量级（IoC）和面向切面（AOP）的窗口框架，它的基本组成：完善的轻量级核心构架，通用的事物管理抽象层，JDBC 抽象层，灵活的 MVC Web 应用框架，AOP 功能，集成了 Toplink、Hibernate、JDO 等。Spring 框架是基于 Java 平台的，为开发 Java 应用提供了全方位的基础设施支持，并且很好地处理了这些基础设施，所以开发者只需要关注应用本身即可。Spring 可以使用 POJO 创建应用，并且可以将企业服务非侵入式地应用到 POJO。这项功能适用于 Java SE 编程模型以及全部或部分的 Java EE。

目前 Spring 最新版本为 Spring5.0，MyEclipse2014 支持到 Spring3.1。本章将主要介绍 Spring3.x 及 Spring4.X。使用 Spring 框架要到 Spring 的官方网站下载 Spring 的软件包，Spring 的官方网站是http://wwww.springsource.org。

7.1.2　Spring 的特点

EJB 的复杂源于它对所有企业应用采用统一的标准，它认为所有的企业应用都需要分布式对象和远程事务，因此造成了 EJB 架构的极度复杂。但 EJB 并非一无是处，它提供了很多可圈可点的服务，如声明事务、透明持久化等。Spring 承认 EJB 中存在优秀的东西，只是它的实现太过于复杂，所以 Spring 在努力提供类似服务的同时尽量简化开发，Spring 认为 Java EE 的开发应该更容易、更简单。在实现这一目标，Spring 有以下优势。

1）方便解耦，简化开发。通过 Spring 提供的 IoC 容器，可以将对象之间的依赖关系交由 Spring 进行控制，避免硬编码所导致的过度耦合问题。有了 Spring，用户不必再为单实例模式类、属性文件解析等这些底层的需求编写代码，可以更专注于上层的应用。

2）AOP 编程的支持。通过 Spring 提供的 AOP 功能，方便进行面向切片的编程，许多不容易用 OOP 实现的功能可以通过 AOP 轻松应付。

3）声明式事务的支持。在 Spring 中，可以从单调的事务管理代码中解脱出来，通过声明式方式灵活地进行事务管理，提高开发效率和质量。

4）方便程序的测试。可以用非容器依赖的编程方式进行几乎所有的测试工作，在 Spring 中，测试不再是昂贵的操作，而是随手可做的事情。

Spring 框架的特点主要有以下 5 个方面。

- 轻量：从大小与开销两方面而言 Spring 都是轻量的。完整的 Spring 框架可以在一个大小只有 1MB 左右的 JAR 文件里发布。并且 Spring 所需的处理开销也是微不足道的。此外，Spring 是非侵入式的。典型地，Spring 应用中的对象不依赖于 Spring 的特定类。
- 控制反转：Spring 通过一种称作控制反转（IoC）的技术促进了松耦合。当应用了 IoC，一个对象依赖的其他对象会通过被动的方式传递进来，而不是这个对象自己创建或者查找依赖对象。可以认为 IoC 与 JNDI 相反——不是对象从容器中查找依赖，而是容器在对象初始化时不等对象请求就主动将依赖传递给它。
- 面向切面：Spring 提供了面向切面编程的丰富支持，允许通过分离业务的应用逻辑与系统级服务（如审计和事务管理）进行内聚性的开发。应用对象只实现它们应该做的，即完成业务逻辑，仅此而已，它们并不负责其他的系统级关注点，如日志或事务支持。
- 容器：Spring 包含并管理应用对象的配置和生命周期，在这个意义上它是一种容器，开发人员可以配置每个 Bean 如何被创建——基于一个可配置原型（Prototype），你的 Bean 可以创建一个单独的实例或者每次需要时都生成一个新的实例，以及它们是如何相互关联的。然而，Spring 不应该被混同于传统的重量级 EJB 容器，它们经常是庞大与笨重的，难以使用。
- 框架：Spring 可以将简单的组件配置、组合成为复杂的应用。在 Spring 中，应用对象被声明式地组合，典型的是在一个 XML 文件里。Spring 也提供了很多基础功能（事务管理、持久化框架集成等），将应用逻辑的开发留给开发人员。

以上 Spring 的这些特征使开发人员能够编写更干净、更可管理并且更易于测试的代码，它们也为 Spring 中的各种模块提供了基础支持。这样，作为开发人员可以从 Spring 获得以下好处。

- 不用关心事务 API 就可以执行数据库事务。
- 不用关心远程 API 就可以使用远程操作。
- 不用关心 JMX API 就可以进行管理操作。
- 不用关心 JMS API 就可以进行消息处理。

7.1.3 Spring 体系结构

Spring 是一个开源框架，是为解决企业应用程序开发复杂性而创建的。框架的主要优势之一就是其分层架构，分层架构允许用户选择使用哪一个组件，这也是 Spring 与 Struts、Hibernate 等其他框架不同的地方。Spring 框架是一个分层架构，由 7 个定义良好的模块组成。Spring 模块构建在核心容器之上，核心容器定义了创建、配置和管理 Bean 的方式，如图 7-1 所示。

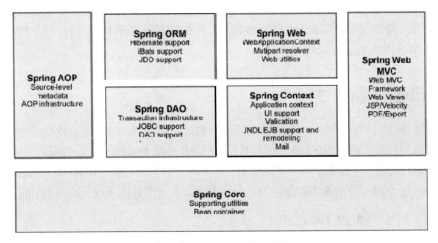

图 7-1   Spring 框架结构图

组成 Spring 框架的每个模块（或组件）都可以单独存在，或者与其他一个或多个模块联合实现。从整体看这几个主要模块几乎为企业应用提供了所需的一切，从持久层、业务层到展示层都拥有相应的支持。其中，IoC 和 AOP 是 Spring 所依赖的根本。在此基础上，Spring 整合了各种企业应用开源框架和许多优秀的第三方类库，成为 Java 企业应用 full-stack 的开发框架。

每个模块的功能如下。

- 核心容器：核心容器提供 Spring 框架的基本功能。核心容器的主要组件是 BeanFactory，它是工厂模式的实现。BeanFactory 使用控制反转（IoC）模式将应用程序的配置和依赖性规范与实际的应用程序代码分开。
- Spring 上下文：Spring 上下文是一个配置文件，向 Spring 框架提供上下文信息。Spring 上下文包括企业服务，例如 JNDI、EJB、电子邮件、国际化、校验和调度功能。
- Spring AOP：通过配置管理特性，Spring AOP 模块直接将面向方面的编程功能集成到了 Spring 框架中。所以，可以很容易地使 Spring 框架管理的任何对象支持 AOP。Spring AOP 模块为基于 Spring 的应用程序中的对象提供了事务管理服务。通过使用 Spring AOP，不用依赖 EJB 组件，就可以将声明性事务管理集成到应用程序中。
- Spring DAO：JDBC DAO 抽象层提供了有意义的异常层次结构，可用该结构来管理异常处理和不同数据库供应商抛出的错误消息。异常层次结构简化了错误处理，并且极大地降低了需要编写的异常代码数量（例如打开和关闭连接）。Spring DAO 的面向 JDBC 的异常遵从通用的 DAO 异常层次结构。

- Spring ORM：Spring 框架插入了若干个 ORM 框架，从而提供了 ORM 的对象关系工具，其中包括 JDO、Hibernate 和 iBatis SQL Map。所有这些都遵从 Spring 的通用事务和 DAO 异常层次结构。
- Spring Web 模块：Web 上下文模块建立在应用程序上下文模块之上，为基于 Web 的应用程序提供了上下文。所以，Spring 框架支持与 Jakarta Struts 的集成。Web 模块还简化了处理多部分请求以及将请求参数绑定到域对象的工作。
- Spring MVC 框架：MVC 框架是一个全功能的构建 Web 应用程序的 MVC 实现。通过策略接口，MVC 框架变成为高度可配置的，MVC 容纳了大量视图技术，其中包括 JSP、Velocity、Tiles、iText 和 POI。

此外，Spring 在远程访问以及 WebService 上提供了对很多著名框架的整合。由于 Spring 框架的扩展性，特别是随着 Spring 框架影响性的扩大，越来越多框架主动支持 Spring 支持，让 Spring 框架应用涵盖面越来越宽广。

7.2 Spring3.x 新特性

Spring3.x 相对于 Spring2.x，添加了众多新功能。它基于 Java5.0 语言特性，提供了 EL 和 REST 的支持，同时还支持 JSR-330（依赖注入）和 JSR-303（Bean 验证）的规范。在进入 Spring 具体内容的学习之前，有必要了解一下这些新功能。由于有些新功能可能是在 Spring3.0 添加的，也有可能是在 Spring3.x 等版本添加的，为了叙述方便，在一般情况下统一称为 Spring3。

7.2.1 核心 API 更新到 Java5.0

在 Spring2.x 中，其实已经可以看到这个趋势。当时 Spring 已经有很多类采用 Java5.0 的语言特点，不过它们被谨慎地放到一个单独的 tiger 包中。鉴于当前基本上所有的 Java 应用都已经采用 Java5.0 开发，Spring3 顺应大势，也将其核心 API 都更新到 Java5.0 上，方便开发者调用。

这个更新的最大标志是将核心 API 采用泛型和不定入参的特性。如 BeanFactory 的部分方法签名已经调整成如下形式：

- T getBean(Class<T> requiredType)。
- T getBean(String name,Class<T> requiredType)。
- Map<String ,T> getBeansOfType(Class<T> type)。

此外，Spring 让 TaskExecutor 直接扩展 java.util.concurrent.Executor 的接口，在 Spring2.x 中 TaskExecutor 则是一个独立的接口。AsyncTaskExecutor 扩展于 TaskExecutor，支持在一段时间后异步调用某个方法。

新增了一个用于类型转换的 ConversionService 接口，它是 Spring3 新增类型转换系统的核心接口，其提供的方法都支持泛型。Spring3 使用类型转换系统替换掉原来标准 JDK 的 JDKPropertyEditors。

最后，Spring 的事件监听器也支持泛型，形如 ApplicationListener<E extends ApplicationEvent>。这样，只要指定事件的类型就可以监听某一类型的事件了。

7.2.2　IoC 配置信息

Spring 拥有众多的子项目，Spring 在升级时经常将那些熟悉的子项目整合到 Spring 主项目中。SpringJavaConfig 是一个通过 Java 类提供 Spring 配置元信息的子项目，Spring3 已经将其纳入到 Spring 框架的核心模块中。

在早期版本中，Spring 仅提供 XML 配置方式，在 Spring2.5 中提供了基于注解的配置方式，在 Spring3 中则提供了基于 Java 类的配置方式。这三种配置方式无非是形式上的区别，最终提供的都是 Spring 配置的元数据。Spring 要提供这么多配置方式，并不是要用一种方式替换另一种方式，它们在不同的应用场景下将表现出各自的优势。所以可能会同时使用到这三种方式。

实例 7-1： AppConfig 配置示例。

```
Package org.example.config;
@Configuration
public class AppConfig{
    private
    @Value("#{jdbcProperites.url}")
    String jdbcUrl;
    Private
    @Value("#{jdbcProperites.username}")
    String username;
    private
    @Value("#{jdbcProperites.password}")
    String password;

    @Bean
    public FooService fooService(){
        return new FooServiceImpl(fooRepository());
    }
    @Bean
    public FooRepository fooRepository(){
        return new HibernateFooRepository(sessionFactory());
    }
    @Bean
    public SessionFactory sessionFactory(){
        AnnotationSessionFactoryBean asFactoryBean =
                    new AnnotationSessionFactoryBean();
        asFactoryBean.setDataSource(dataSource());
         return asFactoryBean.getObject();
    }
    @Bean
    public DataSource dataSource(){
        return new DriverManagerDataSource(jdbcUrl,username,password);
    }
}
```

这个 Java 类通过 Spring 特定的注解，提供了配置的元数据信息，定义了 Bean。它和 XML 或注解的配置方式相比，最大的优势是灵活使用了@Bean 的方法返回一个 Bean，可以通过代码决定要如何实例化这个 Bean，而不像在 XML 中那样只能指定一个类名。

7.2.3　通用类型转换系统和属性格式化系统

引入了一种通用的"类型转换系统"，Spring 的 SpELl 目前使用该系统类型转换，也可以在 Spring 容器及 DataBinder 的 Bean 属性绑定时使用。在格式化 Bean 属性值时，引入了一套格式化的 SPI 接口，它比早期使用的 JavaBeanPropertyEditors 更为强大易用。

7.2.4 数据访问层新增 OXM 功能

来自于 SpringWebService 项目的 OXM 已经被移到 Spring 核心框架中，OXM 类似于之前学过的 ORM，它通过元数据描述对象和 XML 转换的映射。它对应的包是 org.springframework.oxm。

7.2.5 Web 功能增强

Spring3 最令人振奋的一个增强是 SpringMVC 提供了对 REST 风格编码的支持。在服务器端提供了一些易用的 REST 注解，在调用端则提供了 RestTemplate 模板类，服务端和调用端都通过 HttpConverter 进行对象和 Http 请求/响应的转换。

在 Spring2.5 中引入了一套 SpringMVC 的注解，如@Controller、@Request Mapping 等，Spring3 继续完善这一注解体系，新增了@Cookie Value、@RequestHeaders 的注解，可以直接绑定 Cookie 及请求报文头的数据。

7.2.6 其他特性

- 声明式模式验证：Spring3 对模型校验进行了很多增强。首先，它全面支持 JSR-303 的 Bean 验证 API；其次，可以使用 Spring 的 DataBinder 对 Bean 进行校验；最后，SpringMVC 支持声明式验证。
- 对 Java EE6 的支持：Spring3 可以使用@Async 或 EJB3.1的@Asynchronous 注解异步调用某个方法。此外，还支持 JSR-303、JSF2.0 及 JPA2.0 中的大部分功能。
- 支持内嵌的数据库：提供便捷的方法支持内嵌数据库引擎，如 HSQL、H2 和 Berby。

7.3 Spring 快速入门

Spring 开源框架，用途比较广泛，从服务器端开发到任何 Java 应用都可以找到 Spring 的身影。下面介绍如何搭建 Spring 环境过程。

7.3.1 搭建 Spring 环境

可以手动安装 Spring 框架环境，也可以利用 MyEclipse 工具直接使用 Spring 框架。

1．手动添加 Spring

将下载好的 Spring 包解压，新建项目并通过 ConfigureBuildPath 为这个项目添加 Spring 以下几个 jar 文件。

```
org.springframework.core-3.0.1.RELEASE-A.jar
org.springframework.beans-3.0.1.RELEASE-A.jar
org.springframework.context-3.0.1.RELEASE-A.jar。
org.springframework.context.support-3.0.1.RELEASE-A.jar
org.springframework.asm-3.0.1.RELEASE-A.jar
org.springframework.expression-3.0.1.RELEASE-A.jar
```

另外还要添加 Struts 软件包里的：commons-logging-1.0.4.jar。

找到 applicationContext.xml 文件并复制到项目 src 路径下。通过以上步骤完成 Spring 开发环境的配置。

2．使用 MyEclipse 自动添加 Spring

MyEclipse2014 中自带了 Spring 包，最高支持 Spring 3.1 版本，直接添加即可。

1）开始选择添加 Spring。右击项目选择 MyEclipse→Project Facets→Install Spring Facet。

2）设置 Spring 运行环境。然后一步步选择 Spring 版本信息和 Java EE 运行环境等。

3）选中 Enable AOP Builder 配置 Spring 参数，生成 Application.xml 文件。

4）选择 Spring 包，最后单击 Finish 按钮就完成了 Spring 添加。

7.3.2　简单依赖注入实例

Spring 最重要的思想就是 IoC（Inversion of Control，控制反转），或称为 DI（Dependence Injection，依赖注入）。IoC 是对传统控制流程的一种颠覆。

实例 7-2：HelloSpring 实例。

1）创建 Web Project 项目和添加 Spring。

在 MyEclipse 中单击菜单 New→Web Project，创建一个名为 Spring1 的项目。然后根据 7.3.1 节的内容添加 Spring 框架。

2）在项目 src 目录中，创建 Hello 接口及其实现类 HelloSpring。

Hello 接口比较简单，里面只有一个方法 hello()，代码如下：

```
package fw.spring;
public interface Hello {
    public void hello();
}
//实现 Hello 接口的类 HelloSpring，代码如下：
package fw.spring;
public class HelloSpring implements Hello {
    private String name;
    public void setName(String name){
        this.name=name;
    }
    @Override
    public void hello(){
        System.out.println("hello:"+name);
    }
}
```

3）修改项目文件夹 src 下的 applicationContext.xml 配置文件，添加以下 Bean 内容。

```
    ……
        <bean id="helloSpring" class="fw.spring.HelloSpring">
            <property name="name" value="Spring"></property>
        </bean>
    </beans>
```

4）创建一个运行的主程序 TestMain.java。

在主程序里，首先创建一个对应 applicationContext.xml 的 ApplicationContext 对象 ctx，通过调用对象 ctx 的 getBean 方法获取对象 helloSpring，然后执行对象 helloSpring 的 hello()方法。主程序的代码如下：

```
package fw.spring;
import org.springframework.context.ApplicationContext;
```

```
import org.springframework.context.support.ClassPathXmlApplicationContext;
public class TestMain {
    public static void main(String []args){
        ApplicationContext ctx=new ClassPathXmlApplicationContext ("applicationcontext.xml");
        HelloSpring helloSpring=(HelloSpring) ctx.getBean("helloSpring");
        helloSpring.hello();
    }
}
```

5）右击 TestMain.java 文件，选择 Run as→Java Application，运行得到如图 7-2 所示结果。

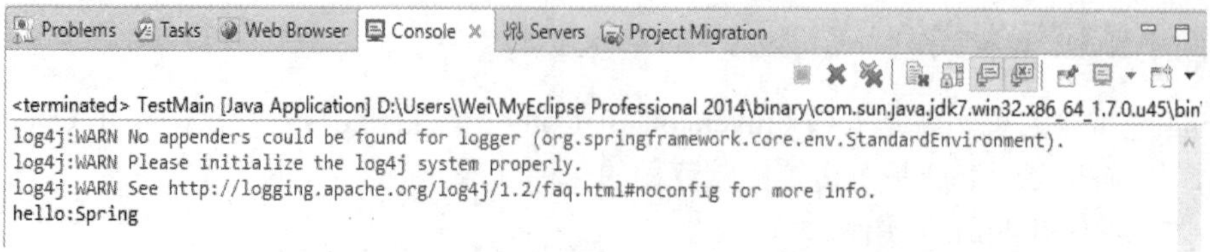

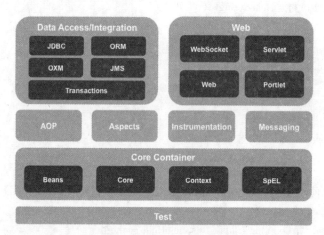

图 7-2　实例 7-2 运行结果

由于注入的对象 helloSpring 是 HelloSpring 类的对象，所以执行的是 HelloSpring 类的 hello 方法，得到配置文件中的值 "Spring"，故最后输出的结果是 "hello:Spring"。若想注入不同类的对象，则只要改变配置文件 applicationContext.xml 中 class=" fw.spring.HelloSpring "的类就可以，而不需要改变程序。

7.3.3　Spring 内容组成

Spring 的主要组成部分如图 7-3 所示。

图 7-3　Spring 运行框架

从下向上看 Spring 的主要内容包括：

Test：Spring 支持 Junit 单元测试。

核心容器（IoC）：Beans（Beans 工厂，创建对象）、Core（一切的基础）、Context（上下文）、SpEL（Spring 的表达式语言）。

Spring AOP：参考 7.1.3 节内容。

Spring Web 模块：参考 7.1.3 节内容。

Spring MVC 框架：参考 7.1.3 节内容。

Spring DAO：参考 7.1.3 节内容。

Spring ORM：参考 7.1.3 节内容。

7.4 IoC 容器概述

本节讲解 Spring IoC 容器的知识，为了理解 Spring 的 IoC 容器，将通过实例详细讲解 IoC 概念。

7.4.1 IoC 概述

IoC 是 Spring 容器的内核，AOP、声明式事务等功能在此基础上开花结果。但是 IoC 这个概念理解起来比较生涩难懂，它包含很多内涵，涉及代码解耦、设计模式、代码优化等问题的考量。

IoC 不是什么技术，而是一种设计思想。在 Java 开发中，IoC 意味着将设计好的对象交给容器控制，而不是传统的在对象内部直接控制。理解好 IoC 的关键是要明确“谁控制谁，控制什么，为何是反转（有反转就应该有正转了），哪些方面反转了”，下面来深入分析。

- 谁控制谁，控制什么：传统 Java SE 程序设计，直接在对象内部通过 new 进行创建对象，是程序主动去创建依赖对象；而 IoC 是由专门一个容器来创建这些对象，即由 IoC 容器来控制对象的创建；谁控制谁？当然是 IoC 容器控制了对象；控制什么？那就是主要控制了外部资源获取（不只是对象，包括比如文件等）。

- 为何是反转，哪些方面反转了：有反转就有正转，传统应用程序是自己在对象中主动控制去直接获取依赖对象，也就是正转；而反转则是由容器来帮忙创建及注入依赖对象。为何是反转？因为由容器帮我们查找及注入依赖对象，对象只是被动地接收依赖对象，所以是反转。哪些方面反转了？依赖对象的获取被反转了。

如图 7-4 所示，传统程序设计都是主动去创建相关对象然后再组合起来：当有了 IoC/DI 的容器后，在客户端中不再主动去创建这些对象了，如图 7-5 所示。

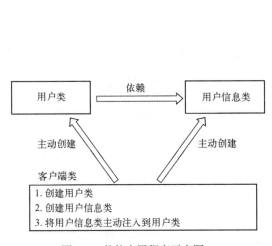

图 7-4　传统应用程序示意图

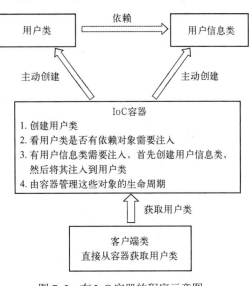

图 7-5　有 IoC 容器的程序示意图

7.4.2　IoC 和 DI

IoC 是 Spring 的核心，贯穿始终。对于 Spring 框架来说，就是由 Spring 来负责控制对象的生命周期和对象间的关系。传统的程序开发也是如此，在一个对象中，如果要使用另外的对象，就必须得到它（自己创建一个，或者从 JNDI 中查询一个），使用完之后还要将对象资源释放掉，对象始终会和其他的接口或类耦合起来。

那么 IoC 是如何做的呢？有点像交易车辆，在我和车之间引入了一个中间人：交易中介。中介管理了很多车辆资料，我可以向中介提出一个列表，告诉它我想要什么样的车，之后中介就会按照我们的要求反馈一个，我们只需要去找这辆车即可。简单明了，如果中介给我们的车不符合要求，我们就会抛出异常。整个过程不再由我自己控制，而是由中介这样一个类似容器的机构来控制。Spring 所倡导的开发方式就是如此，所有的类都会在 Spring 容器中登记，告诉 Spring 你是什么，你需要什么东西，然后 Spring 会在系统运行到适当的时候，把你要的东西主动给你，同时也把你交给其他需要你的东西。所有的类的创建、销毁都由 Spring 来控制，也就是说控制对象生存周期的不再是引用它的对象，而是 Spring。对于某个具体的对象而言，以前是它控制其他对象，现在是所有对象都被 Spring 控制，所以这叫控制反转。

IoC 的一个重点是在系统运行中，动态地向某个对象提供它所需要的其他对象。这一点是通过 DI（Dependency Injection，依赖注入）来实现的。比如对象 A 需要操作数据库，以前总是要在 A 中自己编写代码来获得一个 Connection 对象，有了 Spring 就只需要告诉 Spring，A 中需要一个 Connection，至于这个 Connection 怎么构造、何时构造，A 不需要知道。在系统运行时，Spring 会在适当的时候制造一个 Connection，然后像打针一样，注射到 A 当中，这样就完成了对各个对象之间关系的控制。A 需要依赖 Connection 才能正常运行，而这个 Connection 是由 Spring 注入到 A 中的，依赖注入的名字就是这么来的。那么 DI 是如何实现的呢？Java1.3 之后一个重要特征是反射（Reflection），它允许程序在运行的时候动态地生成对象、执行对象的方法、改变对象的属性，Spring 就是通过反射来实现注入的。

理解了 IoC 和 DI 的概念后，一切都将变得简单明了，剩下的工作只是在 Spring 的框架中堆积木而已。

7.4.3　依赖注入基本原理

依赖注入和控制反转是对同一件事情的不同描述，从某个方面讲，就是它们描述的角度不同。依赖注入是从应用程序的角度描述，可以把依赖注入描述更完整，即：应用程序依赖容器创建并注入它所需要的外部资源；而控制反转是从容器的角度描述，描述更完整，即：容器控制应用程序，由容器反向地向应用程序注入应用程序所需要的外部资源。

在 Spring IoC 中有三种实现依赖注入的形式，即接口注入、setter 方法注入和构造方法注入。

1. 接口注入

接口注入就是将要注入的内容转入到一个接口中，然后将其注入到它的实现类中，因为实现一个接口必须实现接口定义的所有方法。

实例 7-3：不同国家的人说不同的话。

在 MyEclipse2014 中创建名为 Spring2 的 Web Project 项目，然后在 src 目录下创建接口。

1）创建 Person 接口的代码如下：

```
package fw.spring;
public interface Person {
    public void sayHello();
    public void sayBye();
}
```

2）建立两种具体实现的类：Chinese（中国人）和 American（美国人）。

Chinese.java 代码：

```
package fw.spring;
public class Chinese implements Person {
//中国人说中文
    @Override
    public void sayHello() {
       // TODO 自动创建方法存根
        System.out.println("你好");
    }
@Override
    public void sayBye() {
       // TODO 自动创建方法存根
        System.out.println("再见");
    }
}
```

Americian.java 代码：

```
package fw.spring;
public class American implements Person {
    //美国人说英语
    @Override
    public void sayHello() {
       // TODO 自动创建方法存根
        System.out.println("hello");
    }
    @Override
    public void sayBye() {
       // TODO 自动创建方法存根
        System.out.println("Bye");
    }
}
```

3）修改 src 下 applicationContext.xml 配置文件，添加以下 Bean 内容。

```
<bean id="chinese" class="fw.spring.Chinese"/>
<bean id="american" class="fw.spring.American"/>
```

4）建立 Java 测试类运行。测试类 Caller1.java 代码如下：

```
package fw.spring;
import org.springframework.context.ApplicationContext;
Import org.springframework.context.support.ApplicationContext;
public class Caller1 {
        public static void main(String[] args) {
               // TODO 自动创建方法存根
               ApplicationContext ctx=new ClassPathXmlApplicationContext("applicationcontext.xml");
            Person person=null;
               person=(Person) ctx.getBean("chinese");
               person.sayHello();
```

```
            person.sayBye();
            person=(Person) ctx.getBean("american");
            person.sayHello();
            person.sayBye();
        }
    }
```

右击 Caller.java 文件，在弹出的快捷菜单中选择 Run as→Java Application 命令，运行后得到如图 7-6 所示结果。

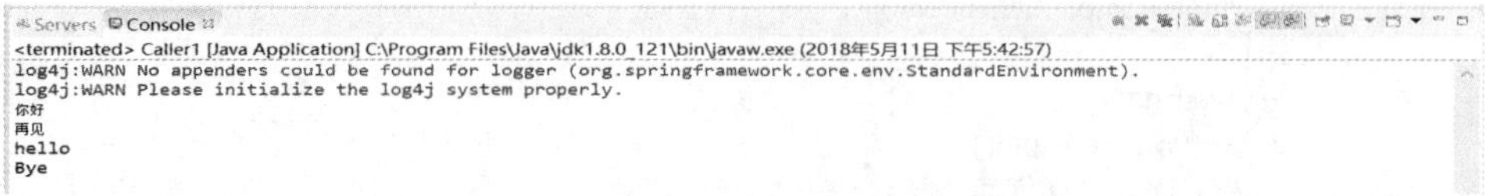

图 7-6   接口方法注入运行效果

从实例 7-3 可以看出，子类不是通过显示创建出来的，而是通过 Spring 工厂映射配置生成的。

2．setter 方法注入

setter 方法注入指注入者通过 setter 方法将一个对象注入进去。此方法简单、直观，因而在 Spring 的依赖注入里大量使用。

实例 7-4：人使用斧头。

在 MyEclipse2014 中创建名为 Spring3 的 Web Project 项目，实例 7-4 创建过程同实例 7-3，主要是要掌握其不同之处。

1）创建接口：人与斧头。

Person 接口的代码如下：

```
package fw.spring;
public interface Person {
    public void useAxe();
}
```

斧头 Axe 接口的代码如下：

```
package fw.spring;
public interface Axe {
    public void chop();
}
```

2）建立接口的实现类：人使用石斧。

Chinese 类代码如下：

```
package fw.spring;
public class Chinese implements Person {
        // TODO 自动创建方法存根
        /*默认无参构造方法不管为私有的还是公有的，都可以访问，并且要保证 Bean 中存在
可以被外界访问的无参构造函数*/
        private Chinese(){};
        /*定义需要被使用的斧头接口，具体使用什么斧头这里不管*/
        private Axe axe;
        /*定义被注入斧头的 set 方法，该方法一定要符合 JavaBean 的标准。在运行时候，
          *Sping 就会根据配置的<ref local=""/>，找到需要注入的实现类*/
        public void setAxe(Axe axe){
```

```
                this.axe=axe;
            }
            /*这个时候使用的 axe，就不再是接口 Axe 本身，而是被注入的子类实例，所以这里的
chop()动作就是具体子类的 chop 动作*/
            public void useAxe() {
            axe.chop();
            }
        }
```

石斧 StoneAxe 实现类代码如下：

```
    package fw.spring;
    public class StoneAxe implements Axe {
        @Override
            public void chop() {
                // TODO 自动创建方法存根
                System.out.println("用石斧慢慢砍！");
        }
        }
```

3）修改 src 下的 applicationContext.xml 配置文件，添加以下 Bean 内容。

```
    <bean id="chinese" class="fw.spring.Chinese">
    <!-- 声明实现类 test2.Chinese 中的属性 -->
    <property name="axe">
    <!-- 指定其中声明的属性，需要用本地的那个 id 对应的 class
        这里 local 的值为"stoneAxe"，表示 axe 的属性值在注入的时候，
        将会用 test2.StoneAxe 实例注入，到时在实例类 Chinese 中使用
        axe 的时候，实际上调用的时候 StoneAxe 的实例-->
        <ref local="stoneAxe"/>
        </property>
    </bean>
    <bean id="stoneAxe" class="fw.spring.StoneAxe"/>
```

4）建立 Java 测试类运行。测试类 Caller2.java 代码如下：

```
    package fw.spring;
    import org.springframework.context.ApplicationContext;
    Import org.springframework.context.support.ApplicationContext;
    public class Caller2 {
        public static void main(String[] args) {
            // TODO 自动创建方法存根
            ApplicationContext ctx=new ClassPathXmlApplicationContext("applicationcontext.xml");
            Person person=(Person) ctx.getBean("chinese");
            person.useAxe();
        }
    }
```

右击 Caller2.java 文件，在弹出的快捷菜单中选择 Run as→Java Application 命令，运行后
得到如图 7-7 所示结果。

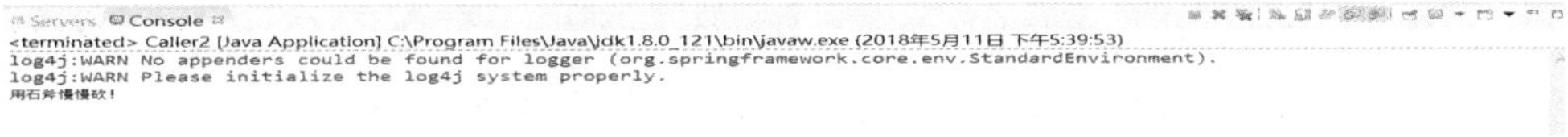

```
 Servers  Console
<terminated> Caller2 [Java Application] C:\Program Files\Java\jdk1.8.0_121\bin\javaw.exe (2018年5月11日 下午5:39:53)
log4j:WARN No appenders could be found for logger (org.springframework.core.env.StandardEnvironment).
log4j:WARN Please initialize the log4j system properly.
用石斧慢慢砍！
```

图 7-7　setter 方法注入运行效果

3．构造方法注入

构造方法注入即是通过一个带参的构造函数将一个对象注入进去。

1）在实体类 Person.java 中添加两个构造方法：有参和无参。

```
public Person(){
        Public Person(Long pid,Student st){
    //带参构造函数
        this.pid=pid;
        this.st=st;
        }
}
```

2）在 applicationContext.xml 中进行赋值。

```
<bean id="person_con" class="fw.spring.Person"/>
<constructor_arg index="0" type="java.lang.Long" value="1"/>
</constructor_arg>
<constructor_arg index="1" type="java.lang.Student" ref="st"/>
</constructor_arg>
</bean>
```

总之，接口注入模式因为历史较为悠久，在很多容器中都已经得到应用。但由于其在灵活性、易用性上不如其他两种注入模式，如果依赖关系较为复杂，构造子注入模式的构造函数也会相当庞大，此时 setter 方法模式更为简洁。

7.4.4　IoC 装载机制

Spring 可以用这样一个数学公式表示，即 Spring=Beans+XML。在 Spring 中所有组件都会被认为是一个 Bean，Bean 是容器管理的一个基本单位。

Setter 方法注入和构造注入有时在做配置时比较麻烦。所以框架为了提高开发效率，提供自动装配功能，简化配置。Spring 框架是默认不支持自动装配的，要想使用自动装配需要修改 Spring 配置文件中<bean>标签的 autowire 属性（自动装配）。所谓自动装配，就是将一个 Bean 注入到其他 Bean 的 Property 中，类似于：

```
<bean id="customer" class="fw.spring.Customer" autowire="byname" />
```

Spring 支持 5 种自动装配模式，具体如下：

- 默认情况下，不自动装配，通过"ref"attribute 手动设定。
- byName：根据 Property 的 Name 自动装配，如果一个 Bean 的 name，和另一个 Bean 中 Property 的 name 相同，则自动装配这个 Bean 到 Property 中。
- byType：根据 Property 的数据类型（Type）自动装配，如果一个 Bean 的数据类型，兼容另一个 Bean 中 Property 的数据类型，则自动装配。
- constructor：根据构造函数参数的数据类型，进行 byType 模式的自动装配。
- autodetect：如果发现默认的构造函数，用 constructor 模式，否则用 byType 模式。

一般不推荐在大型项目中使用自动装配。如果一个 Bean 声明被标志为 autowire，Bean 工厂会自动将其他的受管对象与其要求的依赖关系进行匹配，从而完成对象的装配。当然只有当对象关系无歧义时才能完成自动装配。因为不需要明确指定某个协作对象，所以可以带来很多便利性。

IoC 中也可以用注解的方式实现 Bean 管理和依赖注入。注解实现 Bean 配置主要用来进行如依赖注入、生命周期回调方法定义等，不能消除 XML 文件中的 Bean 元数据定义，且基于 XML 配置中的依赖注入的数据将覆盖基于注解配置中的依赖注入的数据。用注解来向 Spring 容器注册 Bean，需要在 applicationContext.xml 中注册。

```
<context:component-scan base-pagkage="pagkage1[,pagkage2,…,pagkageN]"/>。
<context:component-scan base-pagkage="cn.gacl.java"/>表明 cn.gacl.java 包及其子包中。
```

如果某个类的头上带有特定的注解【@Component/@Repository/@Service/@Controller】，就会将这个对象作为 Bean 注册进 Spring 容器。也可以在 package=" "中指定多个包，例如：

```
<context:component-scan
base-package="cn.gacl.dao.impl,cn.gacl.service.impl,cn.gacl.action"/>
```

（1）@Component

@Component 是所有受 Spring 管理组件的通用形式，@Component 注解可以放在类的头上，不推荐使用。

（2）@Controller

@Controller 对应表现层的 Bean，也就是 Action，例如：

```
@Controller
@Scope("prototype")
public class UserAction extends BaseAction<User>{
……
}
```

使用@Controller 注解标识 UserAction 之后，就表示要把 UserAction 交给 Spring 容器管理，在 Spring 容器中会存在一个名字为"userAction"的 Action，这个名字是根据 UserAction 类名来取的。注意：如果@Controller 不指定其 value【@Controller】，则默认的 Bean 名字为这个类的类名首字母小写，如果指定 value【@Controller(value="UserAction")】或者【@Controller ("UserAction")】，则使用 value 作为 Bean 的名字。这里的 UserAction 还使用了@Scope 注解，@Scope("prototype")表示将 Action 的范围声明为原型，可以利用容器的 scope="prototype"来保证每一个请求有一个单独的 Action 来处理，避免 Struts 中 Action 的线程安全问题。Spring 默认 scope 是单例模式(scope="singleton")，这样只会创建一个 Action 对象，每次访问都是同一 Action 对象，数据不安全，Struts2 是要求每次访问都对应不同的 Action，scope="prototype" 可以保证当有请求的时候都创建一个 Action 对象。

（3）@Service

@Service 对应的是业务层 Bean，例如：

```
@Service("userService")
public class UserServiceImpl implements UserService {
………
}
```

@Service("userService")注解是告诉 Spring，当 Spring 要创建 UserServiceImpl 的实例时，Bean 的名字必须叫作"userService"，这样当 Action 需要使用 UserServiceImpl 的实例时，就可以由 Spring 创建好"userService"，然后注入给 Action。在 Action 只需要声明一个名字叫 "userService"的变量来接收由 Spring 注入的"userService"即可，具体代码如下：

```
// 注入 userService
@Resource(name = "userService")
private UserService userService;
```

（4）@Repository

@Repository 对应数据访问层 Bean，例如：

```
@Repository(value="userDao")
public class UserDaoImpl extends BaseDaoImpl<User> {
………
}
```

@Repository(value="userDao")注解是告诉 Spring，让 Spring 创建一个名字叫"userDao"的 UserDaoImpl 实例。当 Service 需要使用 Spring 创建的名字叫"userDao"的 UserDaoImpl 实例时，就可以使用@Resource(name = "userDao")注解告诉 Spring，Spring 把创建好的 userDao 注入给 Service 即可。

Spring 支持以下 4 种类型的过滤方式：

- 注解 org.example.SomeAnnotation 将所有用 SomeAnnotation 注解的类过滤出来。
- 类名指定 org.example.SomeClass 过滤指定的类。
- 正则表达式 com. spring.annotation.web.* 通过正则表达式过滤一些类。
- AspectJ 表达式 org.example.*Service+ 通过 AspectJ 表达式过滤一些类。

7.5　SpringAOP

AOP（Aspect Oriented Programming），也叫面向方面编程。AOP 是软件开发中的一个热点，也是 Spring 框架中的一个重要内容。利用 AOP 可以对业务逻辑的各个部分进行隔离，从而使得业务逻辑各部分之间的耦合度降低，提高程序的可重用性，同时提高了开发的效率。

7.5.1　AOP 简介

AOP 基于 IoC 基础，是对 OOP 的有益补充。AOP 将应用系统分为两部分，核心业务逻辑（Core Business Concerns）及横向的通用逻辑，也就是所谓的切面。

使用 AOP，你可以将处理 Aspect 的代码注入主程序，通常主程序的主要目的并不在于处理这些 Aspect。AOP 可以防止代码混乱。Spring 作为一种非侵略性的、轻型的 AOP 框架，开发人员无需使用预编译器或其他的元标签，便可以在 Java 程序中使用它。AOP 有一些重要概念需要理解，包括以下方面。

- 连接点（Joinpoint）：程序执行过程中明确的点。
- 切入点（Pointcut）：指定一个通知将被引发的一系列连接点的集合。
- 增强（Advice）：在特定的连接点，AOP 框架执行的动作。
- 目标对象（Target）：包含连接点的对象，也被称作被增强或被代理对象。
- 引入（Introduction）：添加方法或字段到被增强的类。Spring 允许引入新的接口到任何增强的对象。
- 织入（Weaving）：织入是将增强添加对目标类具体连接点上的过程。
- 代理（Proxy）：AOP 框架创建的对象，包含增强。
- 切面（Aspect）：切面由切入点和增强组成。

各种通知又包括以下类型。

- Around 通知：环绕通知，包围一个连接点的通知。是最通用的通知类型。
- Before 通知：在一个连接点之前执行的通知。

- Throws 通知：在方法抛出异常时执行的通知。
- After returning 通知：在连接点正常完成后执行的通知。

Spring 提供所有类型的通知，推荐使用最为合适的通知类型来实现需要的行为，使用最合适的通知类型使编程模型变得简单，并能减少潜在错误。

切入点的概念是 AOP 的关键，它使 AOP 区别于其他使用拦截的技术，切入点使通知独立于 OO 的层次选定目标。使用"横切"技术，AOP 把软件系统分为两个部分：核心关注点和横切关注点。横切关注点的一个特点是，它们经常发生在核心关注点的多处，而各处都基本相似。AOP 的核心思想就是将应用程序中的商业逻辑同对其提供支持的通用服务进行分离。

7.5.2　AOP 实现机制

实现 AOP 的技术，主要分为两大类：

- 采用静态织入的方式，引入特定的语法创建"方面"，从而使得编译器可以在编译期间织入有关"方面"的代码。在代码的编译阶段植入 Pointcut 的内容。优点是性能好，但灵活性不够。
- 采用动态代理技术，利用截取消息的方式，对该消息进行装饰，以取代原有对象行为的执行；在代码执行阶段，在内存中截获对象，动态地插入 Pointcut 的内容。优点是不需要额外的编译，但是性能比静态织入要低。

1．静态织入方式

（1）先定义一个接口类

```
package fw.proxy.staticproxy;
public interface Log {
    public void record();
}
```

（2）定义一个该接口的实现类

```
package fw.proxy.staticproxy;
public class LogImpl implements Log {
@Override
    public void record() {
    System.out.println("日志记录中……");
    }
}
```

（3）定义一个静态代理类

```
package fw.proxy.staticproxy;
public class LogProxy implements Log {
    public Log log;
    public LogProxy(Log log) {
      super();
      this.log = log;
    }
      @Override
      public void record() {
      System.out.println("开始记录日志！");
      log.record();
      System.out.println("日志记录结束！");
      }
```

```
        }
```

（4）定义一个测试类

```
        package fw.proxy.staticproxy;
        public class Client {
            public static void main(String[] args) {
                Log log = new LogImpl();
             LogProxy staticProxy = new LogProxy(log);
                staticProxy.record();
            }
        }
```

运行结果如下：

```
        开始记录日志！
        日志记录中……
        日志记录结束！
```

可以看出静态代理类的缺点：如果接口加一个方法，所有的实现类和代理类里都需要修改实现这个方法，这样就增加了代码的复杂度。再者如果需要时间的代理必须再写一个代理的类，当有多个类需要代理的时候，就需要写多个代理类。

2．动态代理

Java 在 JDK1.3 后引入的动态代理机制，使我们可以在运行期动态地创建代理类。动态代理是实现 AOP 的绝好底层技术。使用动态代理实现 AOP 需要有四个角色：被代理的类、被代理类的接口、Weaving 和 InvocationHandler，而 Weaving 使用接口反射机制生成一个代理类，然后在这个代理类中织入代码。被代理的类是 AOP 里所说的目标，InvocationHandler 是切面，它包含了 Advice 和 Pointcut。在 Spring 中，虽然引入了 AspectJ 的语法，但是它本质上使用的是动态代理的方式。Spring 提供了两种方式来生成代理对象：JDKProxy 和 CGLIB。

- 使用接口（JDK 动态代理）：如果被代理的对象是面向接口编程的，那么 Spring 直接使用实现这些接口，然后把需要插入的内容在这个接口上下文中插入。
- 使用继承（CGLIB）：如果被代理的对象没有基于接口编程，那么 Spring 会调用 CGLIB 库，通过子类继承的方式，动态插入需要的内容，并且调用父类的方法实现。CGLIB 内部拥有一个小的字节码处理框架 ASM 来转换字节码生成新的类。所以 Spring 调用了 CGLIB，相当于生成了一个被代理对象的子类来取代被代理对象。

（1）JDK 动态代理

JDK 动态代理主要涉及 java.lang.reflect 包中的两个类：Proxy 和 InvocationHandler。其中 InvocationHandler 是一个接口，可以通过实现该接口定义横切逻辑，并通过反射机制调用目标类的代码，动态将横切逻辑和业务逻辑编织在一起。

实例 7-5： 动态代理示例。

在项目开发过程中通常一个应用里面有很多的业务方法，如果开发人员想要对其中某个方法的执行做全面监控或部分监控，这时就要为一些方法加上一条日志记录。

首先创建一个接口 IHello，其代码如下：

```
        package com.fw.proxy;
        public interface IHello {
            void sayHello(String name);
        }
```

里面有一个方法 sayHello，用于输入传进来的姓名；然后写个类实现 IHello 接口，Hello.java 文件代码如下：

```
package com.fw.proxy;
public class Hello implements IHello {
    public void sayHello(String name) {
        System.out.println("Hello " + name);
    }
}
```

现在要为这个业务方法加上日志记录的业务，在不改变原代码的情况下，通常会写一个类去实现 IHello 接口，并依赖 Hello 这个类，HelloProxy 类代码如下：

```
package com.fw.proxy;
public class HelloProxy implements IHello {
    private IHello hello;
    public HelloProxy(IHello hello) {
        this.hello = hello;
    }
    public void sayHello(String name) {
        // TODO 自动生成方法存根
        Logger.logging(Level.DEBUGE, "sayHello method start.");
        hello.sayHello(name);
        Logger.logging(Level.INFO, "sayHello method end!");
    }
}
```

上面代码中使用到的 Logger 类和 Level 枚举，Logger.java 代码如下：

```
package com.fw.proxy;
import java.util.Date;
public class Logger {
    public static void logging(Level level, String context) {
        if (level.equals(Level.INFO)) {
        System.out.println(new Date().toLocaleString() + " " + context);
        }
        if (level.equals(Level.DEBUGE)) {
          System.err.println(new Date() + " " + context);
        }
    }
}
```

Level.java 枚举代码如下：

```
package com.fw.proxy;
public enum Level {
    INFO, DEBUGE;
}
```

然后，写个测试类看看运行结果，Test.java 代码如下：

```
package com.fw.proxy;
public class Test {
    public static void main(String[] args) {
        IHello hello = new HelloProxy(new Hello());
        hello.sayHello("SPringAOP! ");
    }
}
```

从上面的代码可以看出，hello 对象是被 HelloProxy 这个所谓的代理态所创建的。这样，如果以后要把日志记录的功能去掉，只要把得到 hello 对象的代码改成以下代码即可。

```
package com.fw.proxy;
public class Test {
    public static void main(String[] args) {
        IHello hello = new Hello();
        hello.sayHello("SPringAOP! ");
    }
}
```

上面代码，是 AOP 的一个简单的实现，运行结果如图 7-8 所示。

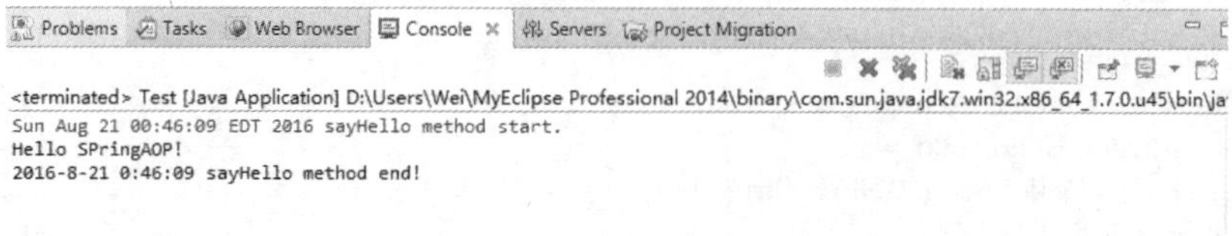

```
🔲 Problems  🗹 Tasks  🌐 Web Browser  🖳 Console ✕  🖧 Servers  🔩 Project Migration
                                                    ■ ✖ ✖ | 🔒 🔒 📓 | 🔒 🔒 🔒 | 🖃 ▾ 🖃 ▾
<terminated> Test [Java Application] D:\Users\Wei\MyEclipse Professional 2014\binary\com.sun.java.jdk7.win32.x86_64_1.7.0.u45\bin\ja
Sun Aug 21 00:46:09 EDT 2016 sayHello method start.
Hello SPringAOP!
2016-8-21 0:46:09 sayHello method end!
```

图 7-8　实例 7-5 运行效果

但是在实际开发过程中会遇到这样一个问题，如果像 Hello 这样的类有很多，那么，我们是否需要写很多个像 HelloProxy 这样的类呢？在 JDK1.3 以后 JDK 给我们提供了一个 API 名为 java.lang.reflect.InvocationHandler 的类。这个类可以让我们在 JVM 调用某个类的方法时动态调用一些方法。下面改写上面的实例 7-5，在 IHello 的接口中定义了两个方法，同样修改 Hello 的实现类，接口文件 IHello.java 增加了一个 sayGoodBye()方法，代码修改如下：

```
package com.fw.proxy;
public interface IHello {
    void sayHello(String name);
    void sayGoodBye(String name);
}
```

实例 7-6：动态代理示例。

实现 IHello 接口的类 Hello.java 代码修改如下：

```
package com.fw.proxy;
public class Hello implements IHello {
    @Override
    public void sayHello(String name) {
        // TODO 自动生成方法存根
        System.out.println("Hello " + name);
    }
     public void sayGoodBye(String name) {
            System.out.println(name+" GoodBye!");
    }
}
```

同样，还需写一个代理类。只不过，这个类可以实现 java.lang.reflect.InvocationHandler 接口，DynaProxyHello.java 动态代理类代码如下：

```
package com.fw.proxy;
import java.lang.reflect.InvocationHandler;
import java.lang.reflect.Method;
import java.lang.reflect.Proxy;
public class DynaProxyHello implements InvocationHandler {
    private Object delegate;
```

```
        public Object bind(Object delegate) {
            this.delegate = delegate;
            return Proxy.newProxyInstance(
            this.delegate.getClass().getClassLoader(), this.delegate.getClass().getInterfaces(), this);
        }
    public Object invoke(Object proxy, Method method, Object[] args)
        throws Throwable {
        Object result = null;
        try {
        //执行原来的方法之前记录日志
        Logger.logging(Level.DEBUGE, method.getName() + " Method end.");
        //JVM 通过这条语句执行原来的方法(反射机制)
        result = method.invoke(this.delegate, args);
        //执行原来的方法之后记录日志
        Logger.logging(Level.INFO, method.getName() + " Method Start!");
        } catch (Exception e) {
        e.printStackTrace();
        }
        //返回方法返回值给调用者
        return result;
        }
    }
```

上面类中出现的 Logger 类和 Level 枚举没有变，直接用前面代码即可。最后，写一个 Test 类去测试一下程序运行结果，如图 7-9 所示。Test.java 代码如下：

```
    package com.fw.proxy;
    public class Test {
    public static void main(String[] args) {
            // TODO  自动生成方法存根
            IHello hello = (IHello)new DynaProxyHello().bind(new Hello());
            hello.sayGoodBye("SPringAOP!");
            hello.sayHello("SPringAOP!");
        }
    }
```

从上面的例子可以看出，只要是采用面向接口编程，那么，任何对象的方法执行之前要加上记录日志的操作都是可以的。动态代理 DynaPoxyHello 类自动去代理执行被代理对象 "Hello" 中的每一个方法，一个 java.lang.reflect.InvocationHandler 接口就可以把代理对象和被代理对象解耦了。

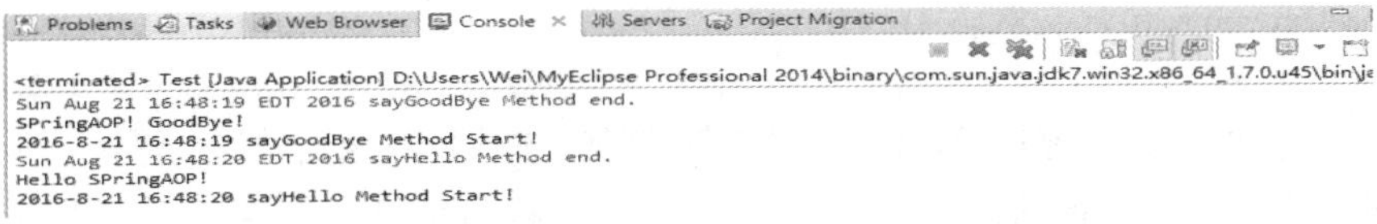

图 7-9 实例 7-6 运行效果

（2）CGLIB 代理

JDK 实现动态代理需要实现类通过接口定义业务方法，对于没有接口的类，如何实现动态代理呢，这就需要 CGLIB 了。

下面通过一个简单例子来介绍，有一个需要被代理的类，也就是父类，通过字节码技术创建这个类的子类，实现动态代理。

259

```
public class SayHello {
 public void say(){
  System.out.println("hello everyone!");
 }
}
```

该类实现了创建子类的方法与代理的方法。getProxy(SuperClass.class)方法通过入参即父类的字节码，通过扩展父类的 class 来创建代理对象。

```
proxy.invokeSuper(obj, args)//通过代理类调用父类中的方法
public class CglibProxy implements MethodInterceptor{
 private Enhancer enhancer = new Enhancer();
  public Object getProxy(Class clazz){
   //设置需要创建子类的类
   enhancer.setSuperclass(clazz);
   enhancer.setCallback(this);
   //通过字节码技术动态创建子类实例
  return enhancer.create();
 }
 //实现 MethodInterceptor 接口方法
 public Object intercept(Object obj, Method method, Object[] args, MethodProxy proxy) throws Throwable {
   System.out.println("前置代理");
   //通过代理类调用父类中的方法
  Object result = proxy.invokeSuper(obj, args);
  System.out.println("后置代理");
   return result;
 }
}
```

具体实现类如下：

```
public class DoCGLib {
 public static void main(String[] args) {
   CglibProxy proxy = new CglibProxy();
   //通过生成子类的方式创建代理类
   SayHello proxyImp = (SayHello)proxy.getProxy(SayHello.class);
   proxyImp.say();
 }
}
```

输出结果如下：

```
前置代理
hello everyone!
后置代理
```

CGLIB 创建的动态代理对象性能比 JDK 创建的动态代理对象的性能高不少，但是 CGLIB 在创建代理对象时所花费的时间却比 JDK 多得多，所以对于单例的对象，因为无需频繁创建对象，用 CGLIB 合适。反之，使用 JDK 方式要更为合适一些。同时，由于 CGLIB 是采用动态创建子类的方法，对于 final 方法，无法进行代理。

7.6 配置 AOP

可以通过配置文件或者编程的方式来使用 Spring AOP。配置可以通过 xml 文件来进行，

大概有四种方式：

- 配置 ProxyFactoryBean，显式地设置 advisors、advice、target 等。
- 配置 AutoProxyCreator，这种方式下，还是如以前一样使用定义的 Bean，但是从容器中获得的其实已经是代理对象。
- 通过<aop:config>来配置。
- 通过<aop: aspectj-autoproxy>来配置，使用 AspectJ 的注解来标识通知及切入点。
- 也可以直接使用 ProxyFactory 以编程的方式使用 Spring AOP，通过 ProxyFactory 提供的方法可以设置 target 对象、advisor 等相关配置，最终通过 getProxy()方法来获取代理对象。

1. AspectJ 切入点

切入点的概念是 AOP 的关键，它使 AOP 区别于其他使用拦截的技术。切入点指示符用来指示切入点表达式目的，在 Spring AOP 中目前只有执行方法这一个连接点，Spring AOP 支持的 AspectJ 切入点指示符如下。

- execution：用于匹配方法执行的连接点。
- within：用于匹配指定类型内的方法执行。
- this：用于匹配当前 AOP 代理对象类型的执行方法；注意是 AOP 代理对象的类型匹配，这样就可能包括引入接口也类型匹配。
- target：用于匹配当前目标对象类型的执行方法；注意是目标对象的类型匹配，这样就不包括引入接口也类型匹配。
- args：用于匹配当前执行的方法传入的参数为指定类型的执行方法。
- @within：用于匹配所有持有指定注解类型内的方法。
- @target：用于匹配当前目标对象类型的执行方法，其中目标对象持有指定的注解。
- @args：用于匹配当前执行的方法传入的参数持有指定注解的执行。
- @annotation：用于匹配当前执行方法持有指定注解的方法。
- bean：Spring AOP 扩展的，AspectJ 没有对应指示符，用于匹配特定名称的 Bean 对象的执行方法。
- reference pointcut：表示引用其他命名切入点，只有@ApectJ 风格支持，Schema 风格不支持。

2. 配置文件 applicationContext.xml

Spring 配置文件是用于指导 Spring 工厂进行 Bean 生产、依赖关系注入（装配）及 Bean 实例分发的"图纸"。Java EE 程序员必须学会并灵活应用这份"图纸"准确地表达自己的"生产意图"。使用 MyEclipse2014 时，它会自动在项目的 src 下建立 applicationContext.xml 文件。下面是一个比较完整的配置文件内容，其代码示例如下：

```
<?xml version="1.0" encoding="UTF-8"?>
<beans
xmlns="http://www.springframework.org/schema/beans"
xmlns:xsi="http://www.w3.org/2001/XMLSchema-instance"
xsi:schemaLocation="http://www.springframework.org/schema/beans
http://www.springframework.org/schema/beans/spring-beans-2.5.xsd">
<bean id="fw" class="fw.spring.test" />
<!-- 配置数据源 -->
<bean id="dataSource"
```

```
                class="org.springframework.jdbc.datasource.DriverManagerDataSource">
        <property name="driverClassName">
        <value>com.mysql.jdbc.Driver</value>
        </property>
        <property name="url">
        <value>
                jdbc:mysql://localhost/ssh?characterEncoding=utf-8
        </value>
        </property>
        <property name="username">
        <value>root</value>
        </property>
        <property name="password">
        <value>123</value>
        </property>
        </bean>
        <!--配置 SessionFactory -->
        <bean id="sessionFactory"
                class="org.springframework.orm.hibernate3.LocalSessionFactoryBean">
        <property name="dataSource">
        <ref bean="dataSource" />
        </property>
        <property name="mappingResources">
        <list>
        <value>com/ssh/pojo/User.hbm.xml</value>
        </list>
        </property>
        <property name="hibernateProperties">
        <props>
        <prop key="hibernate.show_sql">true</prop>
        </props>
        </property>
        </bean>
        <!-- 事务管理 -->
        <bean id="transactionManager"
                class="org.springframework.orm.hibernate3.HibernateTransactionManager">
        <property name="sessionFactory">
        <ref bean="sessionFactory" />
        </property>
        </bean>
        <!-- hibernateTemplate -->
        <bean id="hibernateTemplate"
                class="org.springframework.orm.hibernate3.HibernateTemplate">
        <property name="sessionFactory">
        <ref bean="sessionFactory" />
        </property>
        </bean>
        <!-- 配置数据持久层 -->
        <bean id="userDao"
                class="com.ssh.dao.impl.UserDaoImpl">
        <property name="hibernateTemplate" ref="hibernateTemplate"></property>
        </bean>
        <!-- 配置业务逻辑层 -->
        <bean id="userService"
                class="com.ssh.service.impl.UserServiceImpl">
```

```
        <property name="userDao" ref="userDao"></property>
    </bean>
    <!-- 配置控制层 -->
    <bean id="UserAction"
        class="com.ssh.action.UserAction"    scope="prototype">
    <property name="userService" ref="userService"></property>
    </bean>
    <!-- 配置 POJO -->
    <bean id="User" class="com.ssh.pojo.User" scope="prototype"/>
    </beans>
    ……
    </beans>
```

其中<bean id="fw" class=" fw.spring.Test " />指定了 fw 是一个 Test 类的对象，即在程序运行用到对象 fw 时，会创建一个 Test 对象。如果想换成其他类的对象，只要改变一下 class= "fw.spring.Test "就可以，不需要改变程序。

3．Spring AOP 编程

下面介绍一个完整的 Spring AOP 具体实现过程。该程序模拟用户登录身份验证过程，假设用户通过 login.jsp 页面输入相应的用户名和密码之后，首先 Spring AOP 的环绕通知验证该用户名和密码是否符合要求，若符合要求，则到数据库中查找该用户，若用户存在，将该用户相关的信息写入日志。

实例 7-7：Spring AOP 编程。

1）创建 Web Project 项目和添加 Spring。

2）编写接口类 IUser.java 和实现类 UserImpl.java，接口类 IUser.java 代码如下：

```
package fw.spring.aop;
public interface IUser {
        public void Login(String username,String password);
}
```

实现类 UserImpl.java 代码如下：

```
package fw.spring.aop;
public class UserImpl implements IUser {
public void Login(String username, String password) {
    System.out.println("程序正在执行类名：fw.spring.aop.UserImpl 方法名:Login");
    }
}
```

3）编写 BaseLoginAdvice 类实现前置通知接口（MethodBeforeAdvice）、环绕通知接口（MethodInterceptor）、后置通知接口（AfterReturningAdvice）这三个接口。

```
package fw.spring.aop;
import java.lang.reflect.Method;
import org.aopalliance.intercept.MethodInterceptor;
import org.aopalliance.intercept.MethodInvocation;
import org.springframework.aop.AfterReturningAdvice;
import org.springframework.aop.MethodBeforeAdvice;
public abstract class BaseLoginAdvice implements MethodBeforeAdvice, MethodInterceptor,
AfterReturningAdvice {
        /**
        * @param returnValue 目标方法返回值
        * @param method 目标方法
```

```
    * @param args  方法参数
    * @param target  目标对象
    */
    @Override
    public void afterReturning(Object returnValue, Method method,
    Object[] args, Object target) throws Throwable {
throw new UnsupportedOperationException("Exception");
    }
    /**
    * @param invocation  目标对象的方法
    */
    @Override
    public Object invoke(MethodInvocation invocation) throws Throwable {
throw new UnsupportedOperationException("Exception");
    }
    /**
    * @param method  将要执行的目标对象方法
    * @param args  方法的参数
    * @param target  目标对象
    */
    @Override
    public void before(Method method, Object[] args, Object target)throws Throwable {
        throw new UnsupportedOperationException("Exception");
    }
}
```

4）编写 LoginAdviceSupport 类继承 BaseLoginAdvice 类，并重写 BaseLoginAdvice 类的三个方法，代码如下。

```
package fw.spring.aop;
import java.lang.reflect.Method;
import org.aopalliance.intercept.MethodInvocation;
public class LoginAdviceSupport extends BaseLoginAdvice {
    /**
    * 若在数据库中存在指定的用户，将用户登录信息写入日志文件
    * @param returnValue  目标方法返回值
    * @param method  目标方法
    * @param args  方法参数
    * @param target  目标对象
    */
@Override
    public void afterReturning(Object returnValue, Method method,
        Object[] args, Object target) throws Throwable {
        System.out.println("————— 程序正在执行类名：   fw.spring.aop.LoginAdviceSupport 方法名:
afterReturning————— ");
        //将用户登录信息写入日志文件
    }
    /**
    * 验证用户输入是否符合要求
    * @param invocation  目标对象的方法
    */
    @Override
    public Object invoke(MethodInvocation invocation) throws Throwable {
        System.out.println("————— 程序正在执行类名：   fw.spring.aop.LoginAdviceSupport 方法名:
invoke————— ");
```

```
            String username=invocation.getArguments()[0].toString();
            String password=invocation.getArguments()[1].toString();
            //在这里进行相关的验证操作
            //假设验证通过
            return invocation.proceed();
    }
    /**
     * 在数据库中查找指定的用户是否存在
     * @param method 将要执行的目标对象方法
     * @param args 方法的参数
     * @param target 目标对象
     */
    @Override
    public void before(Method method, Object[] args, Object target)
            throws Throwable {
        System.out.println("——— 程序正在执行类名：fw.spring.aop.LoginAdviceSupport 方法名：
before——— ");

        String username=(String)args[0];
        String passowrd=(String)args[1];    //在这里进行数据库查找操作
    }
}
```

5）修改 applicationContext.xml 配置文件，代码如下。

```
<?xml version="1.0" encoding="UTF-8"?>
<beans
    xmlns="http://www.springframework.org/schema/beans"
    xmlns:xsi="http://www.w3.org/2001/XMLSchema-instance"
    xmlns:aop="http://www.springframework.org/schema/aop"
    xmlns:tx="http://www.springframework.org/schema/tx"
    xsi:schemaLocation="http://www.springframework.org/schema/beans
http://www.springframework.org/schema/beans/spring-beans-3.1.xsd
    http://www.springframework.org/schema/tx
    http://www.springframework.org/schema/tx/spring-tx-3.1.xsd
    http://www.springframework.org/schema/aop
    http://www.springframework.org/schema/aop/spring-aop-3.1.xsd">
<bean id="loginAdvice" class="fw.spring.aop.LoginAdviceSupport"></bean>
<bean id="userTarget" class="fw.spring.aop.UserImpl"></bean>
<bean id="user" class="org.springframework.aop.framework.ProxyFactoryBean">
<property name="proxyInterfaces">
<value>fw.spring.aop.IUser</value>
</property>
<property name="interceptorNames">
<list>
<value>loginAdvice</value>
</list>
</property>
<property name="target">
<ref bean="userTarget"/>
</property>
</bean>
</beans>
```

注意上述参数中 Spring 的版本要和项目中导入的 Spring 版本一致。

6）编写主程序文件 ConsoleApp.java 测试，代码如下。

```
package fw.spring.aop;
import org.springframework.context.ApplicationContext;
import org.springframework.context.support.ClassPathXmlApplicationContext;
public class ConsoleApp {
    public static void main(String[] args) {
        // TODO Auto-generated method stub
        ApplicationContext ctx=new ClassPathXmlApplicationContext("applicationcontext.xml");
        IUser user=(IUser)ctx.getBean("user");
        user.Login("username", "123456");
    }
}
```

运行程序之后，控制台上输出的结果如图 7-10 所示。

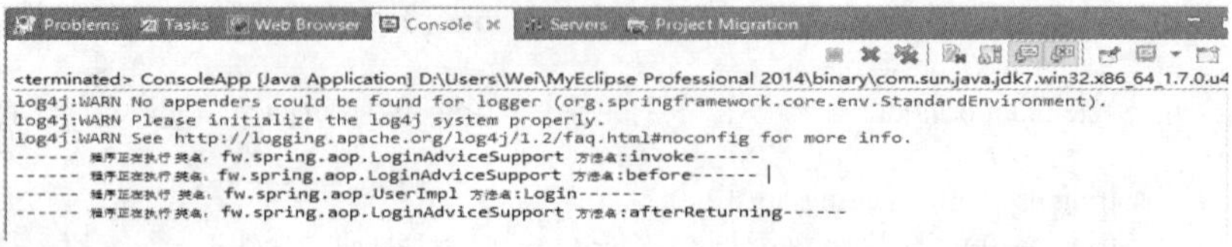

图 7-10　实例 7-7 运行效果

7.7　Spring 事务管理机制

Spring 提供的事务管理可以分为两类：编程式实现事务和 AOP 配置声明式解决方案。编程式实现事务，比较灵活，但是代码量大，存在重复的代码比较多；AOP 配置声明式的比编程式的更灵活方便。

7.7.1　传统使用 JDBC 的事务管理

以往使用 JDBC 进行数据操作，使用 DataSource，从数据源中得到 Connection，数据源是线程安全的，而连接不是线程安全的，所以对每个请求都是从数据源中重新取出一个连接。一般的数据源由容器进行管理，包括连接池。

以往使用 JDBC 在写代码时，事务管理可能会是这样的：

```
Connection conn = null;
try{
    conn = DBConnectionFactory.getConnection;
conn.setAutoCommit(false);
......
    conn.commit(); //提交事务
}catch(Exception e){
conn.rollback(); //事务回滚  }
finally{
try{
    conn.close();
    } catch(SQLException se){//异常处理}
}
```

7.7.2　Spring 提供的编程式的事务处理

Spring 提供了几个关于事务处理的类：

266

- TransactionDefinition：事务属性定义。
- TranscationStatus：代表了当前的事务，可以提交，回滚。
- PlatformTransactionManager：Spring 提供的用于管理事务的基础接口，其下有一个实现的抽象类 AbstractPlatformTransactionManager，我们使用的事务管理类例如 DataSourceTransactionManager 等都是这个类的子类。

使用编程式的事务管理流程可能如下：

1）声明数据源。

2）声明一个事务管理类，例如：DataSourceTransactionManager，HibernateTransactionManger，JTATransactionManager 等。

3）在代码中加入事务处理代码：

```
TransactionDefinition td = new TransactionDefinition();
TransactionStatus ts = transactionManager.getTransaction(td);
try{
    //do sth
      transactionManager.commit(ts);
}
catch(Exception e){
      transactionManager.rollback(ts);
}
//使用 Spring 提供的事务模板 TransactionTemplate：
void add() {
      transactionTemplate.execute( new TransactionCallback(){
pulic Object doInTransaction(TransactionStatus ts){
          //do sth
            }
}
}
```

7.7.3 Spring 声明式事务处理

Spring 声明式事务处理也主要使用了 IoC 和 AOP 思想，提供了 TransactionInterceptor 拦截器和常用的代理类 TransactionProxyFactoryBean，可以直接对组件进行事务代理。

使用 TransactionInterceptor 的步骤如下：

1）定义数据源，事务管理类。

2）定义事务拦截器，例如：

```
<bean id = "transactionInterceptor"
class="org.springframework.transaction.interceptor.TransactionInterceptor">
<property name="transactionManager">
<ref bean="transactionManager"/>
</property>
<property name="transactionAttributeSource">
<value>
com.test.UserManager.*r=PROPAGATION_REQUIRED
</value>
</property>
</bean>
```

3）为组件声明一个代理类：ProxyFactoryBean，代码如下：

```
<bean id="userManager"
  class="org.springframework.aop.framework.ProxyFactoryBean">
<property name="proxyInterfaces">
<value>com.test.UserManager</value>
</property>
<property name="interceptorNames">
<list>
<idref local="transactionInterceptor"/>
</list>
</property>
</bean>
```

4）使用 TransactionProxyFactoryBean：

```
<bean id="userManager"
class="org.springframework.transaction.interceptor.TransactionProxyFactoryBean">
<property name="transactionManager">
<ref bean="transactionManager"/>
</property>
<property name="target">
<ref local="userManagerTarget"/>
</property>
<property name="transactionAttributes">
<props>
<prop key="insert*">PROPAGATION_REQUIRED</prop>
<prop key="update*">PROPAGATION_REQUIRED</prop>
<prop key="*">PROPAGATION_REQUIRED, readOnly</prop>
</props>
</property>
</bean>
```

7.7.4 事务的传播行为和隔离级别

事务是逻辑处理原子性的保证手段，通过使用事务控制，可以极大地避免出现逻辑处理失败导致的脏数据等问题。事务最重要的两个特性是事务的传播级别和数据隔离级别。传播级别定义的是事务的控制范围，事务隔离级别定义的是事务在数据库读写方面的控制范围。

1. Spring 事务的传播行为

Spring 事务的传播行为说的是当一个方法调用另一个方法时，事务该如何操作。事务的第一个方面是传播行为。传播行为定义关于客户端和被调用方法的事务边界。Spring 定义了 7 种传播行为。

● PROPAGATION_MANDATORY：该方法必须运行在一个事务中。如果当前事务不存在则抛出异常。

● PROPAGATION_NESTED：如果当前存在一个事务，则该方法运行在一个嵌套的事务中。

● PROPAGATION_NEVER：当前方法不应该运行在一个事务中。如果当前存在一个事务，则抛出异常。

● PROPAGATION_NOT_SUPPORTED：当前方法不应该运行在一个事务中。如果一个事务正在运行，它将在该方法的运行期间挂起。

- PROPAGATION_REQUIRED：该方法必须运行在一个事务中。如果一个事务正在运行，该方法将运行在这个事务中。否则，就开始一个新的事务。
- PROPAGATION_REQUIRES_NEW：该方法必须运行在自己的事务中。它将启动一个新的事务。如果一个现有的事务正在运行，将在这个方法的运行期间挂起。
- PROPAGATION_SUPPORTS：当前方法不需要事务处理环境，但如果一个事务已经在运行的话，这个方法也可以在这个事务里运行。

2. Spring 的事务隔离级别

声明式事务的第二个方面是隔离级别。隔离级别定义一个事务可能受其他并发事务活动影响的程度。另一种考虑一个事务的隔离级别的方式，是把它想象为那个事务对于事务处理数据的自私程度。

在一个典型的应用程序中，多个事务同时运行，经常会为了完成它们的工作而操作同一个数据。并发虽然是必须的，但是会导致以下问题。

- 脏读（Dirty Read）：脏读发生在一个事务读取了被另一个事务改写但尚未提交数据时。如果这些改变在稍后被回滚了，那么第一个事务读取的数据就会是无效的。
- 不可重复读（Unrepeatable Read）：不可重复读发生在一个事务执行相同的查询两次或两次以上，但每次查询结果都不相同时。这通常是由于另一个并发事务在两次查询之间更新了数据。
- 幻影读（Phantom Read）：幻影读和不可重复读相似。当一个事务（T1）读取几行记录后，另一个并发事务（T2）插入了一些记录时，幻影读就发生了。在后来的查询中，第一个事务（T1）就会发现一些原来没有的额外记录。
- 在理想状态下，事务之间将完全隔离，从而可以防止这些问题发生。然而，完全隔离会影响性能，因为隔离经常牵扯到锁定在数据库中的记录（而且有时是锁定完整的数据表）。侵占性的锁定会阻碍并发，要求事务相互等待来完成工作。

考虑到完全隔离会影响性能，而且并不是所有应用程序都要求完全隔离，所以有时可以在事务隔离方面灵活处理。因此，就会有以下 5 个隔离级别。

- ISOLATION_DEFAULT：使用数据库默认的隔离级别。
- ISOLATION_READ_UNCOMMITTED：允许读取改变了的还未提交的数据，可能导致脏读、不可重复读和幻影读。
- ISOLATION_READ_COMMITTED：允许并发事务提交之后读取，可以避免脏读，可能导致重复读和幻影读。
- ISOLATION_REPEATABLE_READ：对相同字段的多次读取结果一致，可能导致幻影读。
- ISOLATION_SERIALIZABLE：完全服从 ACID 的原则，确保不发生脏读、不可重复读和幻影读。

开发者可以根据自己的系统对数据的要求采用适应的隔离级别，因为隔离涉及锁定数据库中的记录，对数据正确性要求越严格，并发的性能也越差。

7.8 本章小结

Spring 是一个轻量级容器框架。它能以 IoC、AOP 的形式管理 Struts、Hibernate、Web Service、JSF 等众多框架，减少代码之间的耦合。使用 Spring 后，程序变得更加灵活，各个模块像插件一样随意配置，在不改变代码的情况下随意添加、拆除不同方法。

本章首先简述了 Spring 框架概念、特点及其结构，通过一个简单例子快速掌握 Spring 框架的开发和原理，本章专业术语比较多而且难以理解，力求通过一些简单实例来理解 Spring 中大量概念和原理，如 AOP、IoC、DI 等。当然，Spring 还有很多功能没有介绍到，本书希望通过对 Spring 一些概念原理的介绍，展示一些 Spring 奇妙的功能及特性。

7.9 习题

一、选择题

1. Spring 中提供通过 Web 容器来启动 Spring 框架的类有_____。
   A．ContextLoaderListener
   B．ServletLoaderListener
   C．ContextLoaderServer
   D．ActionServlet

2. Spring 的环绕通知必须实现的接口是_____。
   A．InvocationHandler
   B．MethodInterceptor
   C．MethodBeforeAdvice
   D．AfterReturningAdvice

3. Spring 的后置通知必须实现的接口是_____。
   A．InvocationHandler
   B．MethodInterceptor
   C．MethodBeforeAdvice
   D．AfterReturningAdvice

4. 在 Spring 中，关于 IoC 的理解，下列说法正确的有_____。【选两项】
   A．控制反转
   B．对象被动地接受依赖类
   C．对象主动地寻找依赖类
   D．一定要用接口

5. 下列关于在 Spring 中配置 Bean 的 id 属性的说法，正确的有_____。【选两项】
   A．id 属性值可以重复
   B．id 属性值不可以重复
   C．id 属性是必须的，没有 id 属性会报错
   D．id 属性不是必须的

6. Spring 常见的注入方式有_____。【选两项】
   A．setter 注入
   B．getter 注入
   C．接口注入
   D．构造注入

7. 在 Spring 中，关于依赖注入，下列选项中说法错误的是_____。
   A．依赖注入能够独立开发各组件，然后根据组件间的关系进行组装
   B．依赖注入使组件之间相互依赖、相互制约
   C．依赖注入提倡使用接口编程
   D．依赖注入指对象在使用时动态注入

8. Spring 实现了_____两种基本设计模式。
   A．门面模式
   B．工厂模式
   C．单态模式
   D．多态模式

二、简答题

1. Spring 框架的优点有哪些？
2. Spring 中的核心类有哪些，各有什么作用？
3. Spring 框架有哪些模块？
4. Spring 事务有几种方式？谈谈 Spring 事务的隔离级别和传播行为。

三、上机操作题

1. 验证本章实例 7-1 Spring 的依赖注入及其开发过程实验。

2．验证本章实例 7-2 Spring 的接口注入实验。

3．验证本章实例 7-3 Spring 的 setter 注入实验。

实训 7　Spring MVC 集成示例

一、实验目的

1．理解 Spring 基本工作原理及配置文件使用。

2．掌握 MyEclipse 2014 下开发 Spring 项目过程。

3．验证本章 Spring 应用的几个实例。

4．掌握 Spring MVC+JSP 项目开发过程。

二、实验内容

1．开发工具获取

参见 7.1.1 节内容。

2．开发工具安装及环境配置

1）MyEclipse2014 的安装。

2）Spring3 的配置。

上述过程参见 1.5.3 节、7.6 节内容。

3．创建一个小项目进行测试

1）创建 Web Project 项目和添加 SpringMVC。根据之前章节中讲过的步骤，完成项目创建和 Struts、Spring 框架添加，另外建议添加 Maven 项目管理功能支持。整个项目的结构图如图 7-11 所示。

图 7-11　项目结构图

2）在项目 src 目录中，分别创建 controller 包和 pojo 包。编写 IndexController 接口，代码如下：

```
package controller;
import javax.servlet.http.HttpServletRequest;
import javax.servlet.http.HttpServletResponse;
import javax.servlet.http.HttpSession;
import org.springframework.stereotype.Controller;
import org.springframework.web.bind.annotation.RequestMapping;
import org.springframework.web.servlet.ModelAndView;
@Controller
public class IndexController {
    @RequestMapping("/index")
    public ModelAndView handleRequest(HttpServletRequest request, HttpServletResponse response)
throws Exception {
        ModelAndView mav = new ModelAndView("index");
        mav.addObject("message", "Hello Spring MVC");
        return mav;
    }
    @RequestMapping("/jump")
    public ModelAndView jump() {
        ModelAndView mav = new ModelAndView("redirect:/index");
        return mav;
    }
```

```
                @RequestMapping("/check")
                public ModelAndView check(HttpSession session) {
                        Integer i = (Integer) session.getAttribute("count");
                        if (i == null)
        i = 0;

                        i++;
                        session.setAttribute("count", i);
                        ModelAndView mav = new ModelAndView("check");
                        return mav;
                }
        }
```

3）编写 productcontroller.java，代码如下：

```
        package controller;
        import org.springframework.stereotype.Controller;
        import org.springframework.web.bind.annotation.RequestMapping;
        import org.springframework.web.servlet.ModelAndView;
        import pojo.Product;
        @Controller
        public class ProductController {

                @RequestMapping("/addProduct")
                public ModelAndView add(Product product) throws Exception {
                        ModelAndView mav = new ModelAndView("showProduct.jsp");
                        return mav;
                }
        }
```

4）编写 uploadController.java 详细代码如下：

```
        package controller;
        import java.io.File;
        import java.io.IOException;
        import javax.servlet.http.HttpServletRequest;
        import org.apache.commons.lang.xwork.RandomStringUtils;
        import org.springframework.stereotype.Controller;
        import org.springframework.web.bind.annotation.RequestMapping;
        import org.springframework.web.servlet.ModelAndView;
        import pojo.UploadedImageFile;
        @Controller
        public class UploadController {

                @RequestMapping("/uploadImage")
                public ModelAndView upload(HttpServletRequest request, UploadedImageFile file)
                                throws IllegalStateException, IOException {
                        String name = RandomStringUtils.randomAlphanumeric(10);
                        String newFileName = name + ".jpg";
                        File newFile = new File(request.getServletContext().getRealPath("/image"), newFileName);
                        newFile.getParentFile().mkdirs();
                        file.getImage().transferTo(newFile);
                        ModelAndView mav = new ModelAndView("showUploadedFile");
                        mav.addObject("imageName", newFileName);
                        return mav;
                }
        }
```

5）pojo 包文件中详细代码如下：

```
Product.java:
package pojo;
publicclass Product {
privateintid;
private String name;
privatefloatprice;
publicint getId() {
    returnid;
}
publicvoid setId(intid) {
    this.id = id;
}
public String getName() {
    returnname;
}
publicvoid setName(String name) {
    this.name = name;
}
publicfloat getPrice() {
    returnprice;
}
publicvoid setPrice(floatprice) {
    this.price = price;
}
}
```

Uploadedimagefile.java 详细代码如下：

```
package pojo;
import org.springframework.web.multipart.MultipartFile;
public class UploadedImageFile {
    MultipartFile image;
    public MultipartFile getImage() {
        return image;
    }
    public void setImage(MultipartFile image) {
        this.image = image;
    }
}
```

6）创建一个 addproduct 文件，代码如下：

```
<%@ page language="java" contentType="text/html; charset=UTF-8"
pageEncoding="UTF-8" import="java.util.*" isELIgnored="false"%>
<form action="addProduct" method="post">
产品名称：<input type="text" name="name" value=""><br />
产品价格：<input type="text" name="price" value=""><br />
<input type="submit" value="增加商品">
</form>
```

7）主要 xml 配置文件：

```
Springmvc_servlet.xml:
<?xml version="1.0" encoding="UTF-8" ?>
<!DOCTYPE beans PUBLIC "-//SPRING//DTD BEAN//EN" "http://www.springframework.org/dtd/
spring-beans.dtd">
    <beans>
        <bean id="simpleUrlHandlerMapping"
```

```
                    class="org.springframework.web.servlet.handler.SimpleUrlHandlerMapping">
                    <property name="mappings">
                        <props>
                            <prop key="/index">indexController</prop>
                        </props>
                    </property>
                </bean>
                <bean id="indexController" class="controller.IndexController"></bean>
                    <bean   id="multipartResolver"   class="org.springframework.web.multipart.commons.   Commons
Multipart Resolver"/>
            </beans>
```

Web.xml 代码如下:

```
<?xml version="1.0" encoding="UTF-8"?>
<web-app version="2.4" xmlns="http://java.sun.com/xml/ns/j2ee"
    xmlns:xsi="http://www.w3.org/2001/XMLSchema-instance"
    xsi:schemaLocation="http://java.sun.com/xml/ns/j2ee
http://java.sun.com/xml/ns/j2ee/web-app_2_4.xsd">
    <servlet>
        <servlet-name>springmvc</servlet-name>
        <servlet-class>
            org.springframework.web.servlet.DispatcherServlet
        </servlet-class>
        <load-on-startup>1</load-on-startup>
    </servlet>
    <servlet-mapping>
        <servlet-name>springmvc</servlet-name>
        <url-pattern>/</url-pattern>
    </servlet-mapping>
    <filter>
        <filter-name>CharacterEncodingFilter</filter-name>
        <filter-class>org.springframework.web.filter.CharacterEncodingFilter</filter-class>
        <init-param>
            <param-name>encoding</param-name>
            <param-value>utf-8</param-value>
        </init-param>
    </filter>
    <filter-mapping>
        <filter-name>CharacterEncodingFilter</filter-name>
        <url-pattern>/*</url-pattern>
    </filter-mapping>
</web-app>
```

8) 将项目部署到 Tomcat 服务器中,然后在浏览器中输入访问网址: http://localhost:8080/
struts2spring/userAction.action,运行效果如图 7-12 所示。

图 7-12　运行结果

注: 另外 Struts+Spring 集成示例请参见本书配套电子资源。

274

第 8 章　MyBatis 基础

MyBatis 本是Apache的一个开源项目iBatis。由 Apache Software Foundation 在 2010 年迁移到了 Google Code，并且改名为 MyBatis，并在 2013 年 11 月迁移到 Github 上。iBatis 一词来源于"internet"和"abatis"的组合，是一个基于 Java 的持久层框架。MyBatis 提供的持久层框架包括 SQL Maps 和 Data Access Objects（DAOs）。

作为一款优秀的持久层框架，它支持定制化 SQL、存储过程以及高级映射。MyBatis 避免了几乎所有的 JDBC 代码和手动设置参数以及获取结果集，可以使用简单的 XML 或注解来配置和映射原生信息，将接口和 Java 的 POJOs 映射成数据库中的记录。

本章要点：
- 了解 MyBatis 的基本概念与工作原理。
- 了解 MyBatis 与 JDBC、Hibernate 之间的异同。
- 掌握 MyBatis 体系结构、核心接口。
- 熟悉 MyBatis 应用开发的基本步骤。

8.1　MyBatis 概述

MyBatis 是支持普通 SQL 查询、存储过程和高级映射的优秀持久层框架。MyBatis 消除了几乎所有的JDBC代码和参数的手工设置以及结果集的检索。它是一个优秀的基于 Java 的持久层框架，内部封装了 JDBC，使开发者只需要关注 SQL 语句本身，而不需要花费精力去处理加载驱动、创建连接、创建 statement 等繁杂的过程。

MyBatis 通过 XML 或注解的方式将要执行的各种 statement 配置起来，并通过 Java 对象和 statement 中 SQL 的动态参数进行映射生成，以此来执行 SQL 语句。最后由 MyBatis 框架执行 SQL 语句将结果映射为 Java 对象并返回。

8.1.1　MyBatis 简介

MyBatis 的前身是 iBatis，是 Clinton Begin 在 2001 年发起的一个开源项目，最初侧重于密码软件的开发，后来发展成为一款基于 Java 的持久层框架。2004 年，Clinton 将 iBatis 的名字和源代码捐赠给了 Apache 软件基金会。在接下来的六年中，开源软件世界发生了巨大的变化，一切开发实践、基础设施、许可甚至数据库技术都彻底改变了。2010 年，核心开发团队决定离开 Apache 软件基金会，并将 iBatis 改名为 MyBatis。

MyBatis 与其他的 ORM（对象关系映射）框架不同，MyBatis 并没有将 Java 对象与数据库表关联起来，而是将 Java 方法与 SQL 语句关联。MyBatis 允许用户充分利用数据库的各种功能，例如存储过程、视图、各种复杂的查询以及某数据库的专有特性。如果要对遗留数据库或不规范的数据库进行操作，或者要完全控制 SQL 的执行，MyBatis 将会是一个不错的选择。

与 JDBC 相比，MyBatis 简化了相关代码，SQL 语句在一行代码中就能执行。MyBatis 提供了一个映射引擎，申明式地将 SQL 语句的执行结果与对象树映射起来。通过使用一种内建的类 XML 表达式语言，SQL 语句可以动态生成。

MyBatis 支持声明式数据缓存（Declarative Data Caching）。当一条 SQL 语句被标记为"可缓存"后，首次执行它时从数据库获取的所有数据会被存储在高速缓存中，后面再执行这条语句时就会从高速缓存中读取结果，而不是再次从数据库获取。

8.1.2　MyBatis 特点

在学习 MyBatis 之前，先简要介绍下这个框架的特点。MyBatis 的特点如下：

● 简单易学：本身就很小且简单。没有任何第三方依赖，最简单的安装只要两个 jar 文件以及配置几个 SQL 映射文件。MyBatis 易于学习，易于使用，通过文档和源代码，可以比较完全地掌握它的设计思路和实现。

● 灵活：MyBatis 不会对应用程序或者数据库的现有设计强加任何影响。SQL 语句写在 XML 里，便于统一管理和优化。通过 SQL 基本上可以实现不使用数据访问框架便实现的所有功能。

● 解除 SQL 与程序代码的耦合：通过提供 DAO 层，将业务逻辑和数据访问逻辑分离，使系统的设计更清晰，更易维护，更易单元测试。SQL 和代码的分离，提高了可维护性。

● 提供映射标签，支持对象与数据库的 ORM 字段关系映射。

● 提供对象关系映射标签，支持对象关系组建维护。

● 提供 XML 标签，支持编写动态 SQL。

8.1.3　MyBatis 与 JDBC、Hibernate 的比较

在讨论 MyBatis 与现有框架比较之前，先回顾传统 JDBC 操作过程。传统 JDBC 编程的步骤如下：

1）注册数据库驱动。

2）获得数据库连接对象。

3）设置 SQL 语句。

4）创建 Statement 对象。

5）设置 SQL 语句中的参数。

6）返回执行结果。

7）对结果进行解析和处理。

8）释放资源。

实例 8-1：利用传统 JDBC 给 user 表添加一条数据。

```
/**
 * 传统 JDBC 操作数据库
 */
import java.sql.Connection;
import java.sql.DriverManager;
import java.sql.PreparedStatement;
import java.sql.ResultSet;
publicclass Jdbc {
publicstaticvoidmain(String[] args) {
try {
// 1.加载数据库驱动
```

```
                    Class.forName("com.mysql.jdbc.Driver");
      // 2.创建并获取数据库链接
                    Connection conn = DriverManager.getConnection
                            ("jdbc:mysql://localhost:3306/mybatis?characterEncoding=utf-8",
"root", "root");
      // 3.设置 SQL 语句 ?表示占位符
                    String sql = "select * from user where id = ?";
      // 4. 创建 statement 对象
                    PreparedStatement statement = conn.prepareStatement(sql);
      // 5. 设置参数，第一个参数为 SQL 语句中参数的序号（从 1 开始），第二个参数为设置的参数值
                    statement.setInt(1, 1);
      // 6. 执行 SQL 语句，得到结果集
                    ResultSet resultSet = statement.executeQuery();
      // 7. 遍历结果
      while (resultSet.next()) {
                    System.out.println(resultSet.getString("id") + "    " +
                            resultSet.getString("name") + "    " + resultSet.getString("sex"));
      }
      // 8. 关闭资源
                    resultSet.close();
                    statement.close();
                    conn.close();
            } catch (Exception e) {
                    e.printStackTrace();
            }
        }
    }
```

由以上代码可以看出，传统 JDBC 的缺点如下：

● 数据库连接创建、释放频繁造成系统资源浪费，影响性能。

● SQL 语句在代码中硬编码，代码不易维护。

● 使用 PreparedStatement 向占位符传递参数存在硬编码，不易维护。

● 对结果集解析存在硬编码，也不易维护。

总结下，经典 JDBC 硬编码，性能差。

（1）MyBatis 相比于 JDBC 的优势

● 通过在 SqlMapConfig.xml 中配置数据库连接池，使用连接池管理数据库连接，解决了数据库连接创建、释放频繁造成系统资源浪费，影响性能的问题。

● 将 SQL 语句配置在映射器中，与 Java 代码分离。解决了 SQL 语句在代码中的硬编码问题。

● MyBatis 自动将 Java 对象映射至 SQL 语句，通过 Statement 中的 ParameterType 定义输入参数的类型。代替了使用 PreparedStatement 向占位符传参的问题以及优化了处理结果集的硬编码问题。

（2）MyBatis 与 Hibernate 的比较

在之前的章节中学习了 Hibernate，针对 Hibernate 的优缺点我们简要回忆下。

优点：

● 消除了代码的映射规则，它全部被分离到 XML 或者注解里面去配置。

● 无需再管理数据库连接，它也配置到 XML 里面。

● 一个会话中，不要操作多个对象，只要操作 Session 即可。

● 关闭资源只需要关闭一个 Session 即可。

缺点：

- 全表映射带来的不便，比如更新时需要发送所有的字段。
- 无法根据不同的条件组装不同的 SQL。
- 对多表关联和复杂的 SQL 查询支持较差。需要自己写 SQL，返回后，需要自己将数据组装到 POJO 中。
- 不能有效支持存储过程。
- 虽然有 HQL，但是性能较差，大型互联网往往需要优化 SQL，而 Hibernate 做不到。

为了解决 Hibernate 的不足，一个半自动映射的框架 MyBatis 应运而生。之所以称之为半自动，是因为它需要手动匹配提供 POJO、SQL 和映射关系。MyBaties 的优势在于：

- 易于上手和掌握；
- SQL 写在 XML 里，便于统一管理和优化；
- 解除 SQL 与程序代码的耦合；
- 提供映射标签，支持对象与数据库的 ORM 字段关系映射；
- 提供对象关系映射标签，支持对象关系组建维护；
- 提供 XML 标签，支持编写动态 SQL。

因此综合对比下 MyBatis 和 Hibernate，我们可以得出：

MyBatis：是一个 SQL 语句映射的框架（工具），注重 POJO 与 SQL 之间的映射关系。不会为程序员在运行期自动生成 SQL，自动化程度低、手工映射 SQL，灵活程度高，需要开发人员熟练掌握 SQL 语句。

Hibernate：主流的 ORM 框架，提供了从 POJO 到数据库表的全套映射机制，会自动生成全套 SQL 语句，因为自动化程度高，映射配置复杂，API 也相对复杂，灵活性低，开发人员不必关注 SQL 底层语句开发。

1）Hibernate 是全自动，而 MyBatis 是半自动。Hibernate 完全可以通过对象关系模型实现对数据库的操作，拥有完整的 JavaBean 对象与数据库的映射结构来自动生成 SQL。而 MyBatis 仅有基本的字段映射，对象数据以及对象实际关系仍然需要通过手写 SQL 来实现和管理。

2）Hibernate 数据库移植性远大于 MyBatis。Hibernate 通过它强大的映射结构和 HQL 语言，大大降低了对象与数据库（Oracle、MySQL 等）的耦合性，而 MyBatis 需要手写 SQL，因此与数据库的耦合性直接取决于程序员写 SQL 的方法，如果 SQL 不具通用性而用了很多某数据库特性的 SQL 语句的话，移植性也会随之降低很多，成本很高。

3）Hibernate 拥有完整的日志系统，MyBatis 则欠缺一些。Hibernate 日志系统非常健全，涉及广泛，包括 SQL 记录、关系异常、优化警告、缓存提示、脏数据警告等；而 MyBatis 则除了基本记录功能外，功能薄弱很多。

4）MyBatis 相比 Hibernate 需要关心很多细节。Hibernate 配置要比 MyBatis 复杂得多，学习成本也比 MyBatis 高。但也正因为 MyBatis 使用简单，才导致它要比 Hibernate 关心更多技术细节。MyBatis 由于不用考虑很多细节，开发模式上与传统 JDBC 区别很小，因此很容易上手并开发项目，但忽略细节会导致项目前期 bug 较多，因而开发出相对稳定的软件很慢，而开发出软件却很快。Hibernate 则正好与之相反。但是如果使用 Hibernate 很熟练的话，实际上开发效率丝毫不差于甚至超越 MyBatis。

5）在 SQL 直接优化上，MyBatis 要比 Hibernate 方便很多。由于 MyBatis 的 SQL 都是写在 XML 里，因此优化 SQL 比 Hibernate 方便很多。而 Hibernate 的 SQL 很多都是自动生成

的，无法直接维护 SQL；虽有 HQL，但功能还是不及 SQL 强大，也就是说 HQL 是有局限的；Hibernate 虽然也支持原生 SQL，但开发模式上却与 ORM 不同，需要转换思维，因此使用上不是非常方便。总之写 SQL 在灵活度上 Hibernate 不及 MyBatis。

8.2　MyBatis 应用基础

MyBatis 是目前非常流行的 ORM 框架，它的功能很强大，然而其实现却比较简单、优雅。本节将针对 MyBatis 架构设计思路以及配置问题做详细讲解。

8.2.1　MyBatis 框架设计

MyBatis 框架运行的总体流程分为以下四步。

1）加载配置并初始化。触发条件是加载配置文件。配置来源于两个地方，一个是配置文件，另一个是 Java 代码的注解。将 SQL 的配置信息加载成为一个个 MappedStatement 对象（包括了传入参数映射配置、执行的 SQL 语句、结果映射配置），存储在内存中。

2）接收调用请求。触发条件是调用 MyBatis 提供的 API。传入参数为 SQL 的 id 和传入参数对象。将请求传递给下层的请求处理层进行处理。

3）处理操作请求。触发条件是 API 接口层传递的请求。传入参数为 SQL 的 id 和传入参数对象。它的处理过程分为以下几个步骤：根据 SQL 的 id 查找对应的 MappedStatement 对象；根据传入参数对象解析 MappedStatement 对象，得到最终要执行的 SQL 和执行传入参数；获取数据库连接，根据得到的最终 SQL 语句和执行传入参数到数据库执行，并得到执行结果；根据 MappedStatement 对象中的结果映射配置对得到的执行结果进行转换处理，并得到最终的处理结果；最后释放连接资源。

4）将最终的处理结果返回。MyBatis 架构组成如图 8-1 所示。

图 8-1　MyBatis 架构图

8.2.2　解析 MyBatis 架构

根据 MyBatis 架构，自上而下分析各个层的原理。

1．接口层

MyBatis 和数据库的交互有两种方式：使用传统的 MyBatis 提供的 API；使用 Mapper 接口。

使用传统的 MyBatis 提供的 API：这是传统的传递 Statement ID 和查询参数给 SqlSession 对象，使用 SqlSession 对象完成和数据库的交互；MyBatis 提供了非常方便和简单的 API，供用户实现对数据库的增删改查数据操作，以及对数据库连接信息和 MyBatis 自身配置信息的维护操作，如图 8-2 所示。

图 8-2　传统的 MyBatis 工作模式

上述使用 MyBatis 的方法，是创建一个和数据库打交道的 SqlSession 对象，然后根据 Statement ID 和参数来操作数据库，这种方式固然很简单和实用，但是它不符合面向对象语言的概念和面向接口编程的编程习惯。由于面向接口的编程是面向对象的大趋势，MyBatis 为了适应这一趋势，增加了第二种使用 MyBatis 支持接口（Interface）的调用方式。

使用 Mapper 接口：MyBatis 将配置文件中的每一个\<mapper\> 节点抽象为一个 Mapper 接口，而这个接口中声明的方法和\<mapper\> 节点中的\<select|update|delete|insert\> 节点项对应，即\<select|update|delete|insert\> 节点的 id 值为 Mapper 接口中的方法名称，parameterType 值表示 Mapper 对应方法的入参类型，resultMap 值则对应了 Mapper 接口表示的返回值类型或者返回结果集的元素类型，如图 8-3 所示。

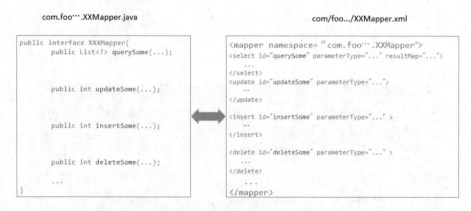

图 8-3　Mapper 接口和 Mapper.xml 配置文件之间的对应关系

根据 MyBatis 的配置规范配置好后，通过 SqlSession.getMapper(XXXMapper.class) 方法，MyBatis 会根据相应的接口声明的方法信息，通过动态代理机制生成一个 Mapper 实例，在使用 Mapper 接口的某一个方法时，MyBatis 会根据这个方法的方法名和参数类型，确定 Statement ID，底层还是通过 SqlSession.select("statementId",parameterObject)或者 SqlSession.

update("statementId",parameterObject)等来实现对数据库的操作。MyBatis 引用 Mapper 接口这种调用方式，纯粹是为了满足面向接口编程的需要。

2．数据处理层

数据处理层可以说是 MyBatis 的核心，从大的方面讲，它要完成两个功能：

● 通过传入参数构建动态 SQL 语句。

● SQL 语句的执行以及封装查询结果集成 List<E>。

参数映射和动态 SQL 语句生成：动态语句生成可以说是 MyBatis 框架非常优雅的一个设计，MyBatis 通过传入的参数值，使用 OGNL 来动态地构造 SQL 语句，使得 MyBatis 有很强的灵活性和扩展性。参数映射指的是对于 Java 数据类型和 JDBC 数据类型之间的转换，这里包括两个过程：查询阶段，要将 Java 类型的数据转换成 JDBC 类型的数据，通过 preparedStatement.setXXX() 来设置值；另一个就是将 resultset 查询结果集的 jdbcType 数据转换成 Java 数据类型。

SQL 语句的执行以及封装查询结果集成 List<E>：动态 SQL 语句生成之后，MyBatis 将执行 SQL 语句，并将可能返回的结果集转换成 List<E> 列表。MyBatis 在对结果集的处理中，支持结果集关系一对多和多对一的转换，并且有两种支持方式，一种为嵌套查询语句的查询，还有一种是嵌套结果集的查询。

3．架构支撑层

这一层包含四种机制，了解即可，后续会针对其中的几个重点机制进行讲解。

● 事务管理机制：事务管理机制对于 ORM 框架而言是不可缺少的一部分，事务管理机制的质量也是考量一个 ORM 框架是否优秀的一个标准。

● 连接池管理机制：由于创建一个数据库连接所占用的资源比较大，对于数据吞吐量大和访问量非常大的应用而言，连接池的设计就显得非常重要。

● 缓存机制：为了提高数据利用率和减小服务器与数据库的压力，MyBatis 会对一些查询提供会话级别的数据缓存，会将某一次查询放置到 SqlSession 中。在允许的时间间隔内，对于完全相同的查询，MyBatis 会直接将缓存结果返回给用户，而不用再到数据库中查找。

● SQL 语句的配置方式：传统的 MyBatis 配置 SQL 语句方式就是使用 XML 文件进行配置的，但是这种方式不能很好地支持面向接口编程的理念，为了支持面向接口的编程，MyBatis 引入了 Mapper 接口的概念。面向接口的引入对使用注解来配置 SQL 语句成为可能，用户只需要在接口上添加必要的注解即可，不用再去配置 XML 文件了。但是，目前的 MyBatis 只是对注解配置 SQL 语句提供了有限的支持，某些高级功能还是要依赖 XML 配置文件配置 SQL 语句。

4．引导层

引导层是配置和启动 MyBatis 配置信息的方式。MyBatis 提供两种方式来引导 MyBatis：基于 XML 配置文件的方式和基于 Java API 的方式。

8.2.3　MyBatis 主要构建及其相互关系

从 MyBatis 代码实现的角度来看，MyBatis 主要的核心部件有以下几个。

● SqlSession：作为 MyBatis 工作的主要顶层 API，表示和数据库交互的会话，完成必要数据库增删改查功能。

● Executor：MyBatis 执行器，是 MyBatis 调度的核心，负责 SQL 语句的生成和查询缓存的维护。

- StatementHandler：封装了 JDBC Statement 操作，负责对 JDBC Statement 的操作，如设置参数、将 Statement 结果集转换成 List 集合。
- ParameterHandler：负责对用户传递的参数转换成 JDBC Statement 所需要的参数。
- ResultSetHandler：负责将 JDBC 返回的 ResultSet 结果集对象转换成 List 类型的集合。
- TypeHandler：负责 Java 数据类型和 JDBC 数据类型之间的映射与转换。
- MappedStatement：MappedStatement 维护了一条<select|update|delete|insert>节点的封装。
- SqlSource：负责根据用户传递的 parameterObject，动态地生成 SQL 语句，将信息封装到 BoundSql 对象中并返回。
- BoundSql：表示动态生成的 SQL 语句以及相应的参数信息。
- Configuration：MyBatis 所有的配置信息都维持在 Configuration 对象之中。

它们的关系如图 8-4 所示。

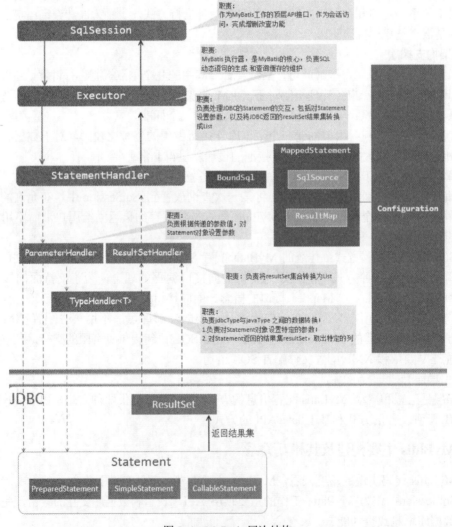

图 8-4　MyBatis 层次结构

8.3 MyBatis 配置

前面讲解了 MyBatis 的理论基础和架构原理。由于这些知识过于抽象，难以理解，在本节针对 MyBatis 配置采用边实践边讲解的方式，深入剖析 MyBatis 工作原理。

8.3.1 创建 JavaProject 项目

使用 MyEclipse2014 作为开发工具。具体过程如下：

1）在 Eclipse 中打开 File→New→Java Project，输入 mybatisTest，单击 Next。

2）选择 JRE System Library 下的 Build Path，单击 Configure Build Path，如图 8-5 所示。

3）选择 Add External JARS，添加 mybatis-3.1.1.jar 和 mysql-connector-java-5.1.20.jar。

4）新建一个 folder，取名为 lib，向 lib 中添加刚添加的两个 jar 文件。

5）完整的 Java Project 项目，如图 8-6 所示。

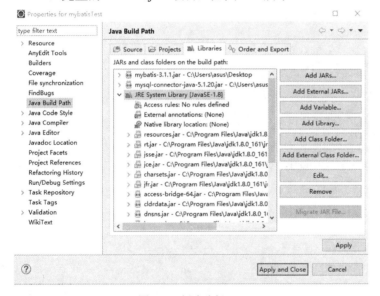

图 8-5　创建路径

图 8-6　JavaProject 项目目录结构

8.3.2 MyBatis 实例

实例 8-2：利用 MyBatis 进行表格查询。

下面将通过一个 MyBatis 的简单例子让大家对 MyBatis 有一个初步的了解。实例步骤如下。

1. 准备数据库

创建一个名为 mybatis 的数据库，编码方式为 UTF-8，然后再创建一个名为 country 的表并插入一些简单的数据，代码如下。

```
CREATETABLE `country` (
    `id` int(11) NOTNULLAUTO_INCREMENT,
```

```
         `countryname` varchar(255) DEFAULTNULL,
         `countrycode` varchar(255) DEFAULTNULL,
PRIMARYKEY (`id`)
         );
INSERTINTO `country` VALUES ('1', '中国', 'CN');
INSERTINTO `country` VALUES ('2', '美国', 'US');
INSERTINTO `country` VALUES ('3', '俄罗斯', 'RU');
INSERTINTO `country` VALUES ('4', '英国', 'GB');
INSERTINTO `country` VALUES ('5', '法国', 'FR');
```

2. 配置 MyBatis

配置 MyBatis 有多种方式，本节使用最基础最常用的 XML 形式进行配置，首先在 src/tk/mybatis/simple/mybatis 下面创建 mybatis-config.xml 配置文件，然后输入如下内容。

```
<?xmlversion="1.0" encoding="UTF-8" ?>
<!DOCTYPEconfiguration
PUBLIC "-//mybatis.org//DTDConfig3.0//EN"
        "http://mybatis.org/dtd/mybatis-3-config.dtd">
<configuration>
<settings>
<setting name="loglmpl" value="LOG4J">
</settings>
<typeAliases>
<packagename="tk.mybatis.simple.model"/>
</typeAliases>
<environmentsdefault="development">
<environmentid="development">
<transactionManagertype="JDBC">
<propertyname="" value=""/>
</transactionManager>
<dataSourcetype="UNPOOLED">
<propertyname="driver" value="com.mysql.jdbc.Driver"/>
<propertyname="url" value="jdbc:mysql://localhost:3306/mybatis"/>
<propertyname="username" value="root"/>
<propertyname="password" value="8888"/>
</dataSource>
</environment>
</environments>
<mappers>
<mapperresource="CountryMapper.xml"/>
</mappers>
</configuration>
```

简单讲解这个配置。

● <settings>中的 loglmpl 属性配置指定使用 Log4j 输出日志。

● <typeAliases>元素下面配置一个包的别名，通常确定一个类的时候需要使用类的全限定名称，例如 tk.mybatis.simple.model.Country。在 MyBatis 中需要频繁用到类的全限定名称，为了方便使用，配置了 tk.mybatis.simple.model 包。这样配置后，在使用类的时候不需要写包名的部分，只使用 Country 即可。

● <environments>环境配置中主要配置了数据库连接，数据库的 URL 为 jdbc:mysql://localhost:3306/mybatis，使用的是本机 MySQL 中的 mybatis 数据库，后面的 username 和 password 分别是数据库的用户名和密码。

- <mappers>中配置一个包含完整类路径的 CountryMapper.xml，这是一个 MyBatis 的 SQL 语句和映射配置文件，这个 XML 文件会在后面介绍。

3．创建实体类和 Mapper.xml 文件

MyBatis 是一个结果映射框架，这里创建的实体类实际上是一个数据值对象(DataValueObject)。在实际应用中，一个表一般会对应一个实体，用于 INSERT、UPDATE、DELETE 和简单的 SELECT 操作，所以称这个简单的对象为实体类。

1）在 src 下创建一个基础的包 tk.mybatis.simple，在这个包下面再创建 model 包。根据数据库表 country，在 model 包下创建实体类 Country，代码如下。

```
packagetk.mybatis.simple.model;
publicclassCountry {
    privateLongid;
    privateStringcountryname;
    privateStringcountrycode;
}
```

2）在 src/mybatis/simple/mapper 下面创建 CountryMapper.xml 文件，添加如下内容。

```
<?xmlversion="1.0" encoding="UTF-8"?>
<!DOCTYPEmapperPUBLIC "-//mybatis.org//DTDMapper3.0//EN"
"http://mybatis.org/dtd/mybatis-3-mapper.dtd" >
<mappernamespace="tk.mybatis.simple.mapper.CountryMapper">
    <selectid="selectAll" resultType="Country">
        selectid,countryname,countrycodefromcountry
    </select>
</mapper>
```

SQL 定义在 CountryMapper.xml 文件中，里面的配置作用如下。

- <mapper>：XML 的根元素，属性 namespace 定义了当前 XML 的命名空间。
- <select>元素：所定义的一个 SELECT 查询。
- id 属性：定义了当前 SELECT 查询的唯一一个 id。
- resultType：定义了当前查询的返回值类型，此处就是指实体类 Country，前面配置中提到的别名主要用于这里，如果没有设置别名，此处就需要写成 resultType="tk.mybatis. simple. model.Country"。
- selectid：查询 SQL 语句。

4．配置 Log4j 以便查看 MyBatis 操作数据库的过程

在 src/main/resources 中添加 log4j.properties 配置文件，输入如下内容。

```
#全局配置
log4j.rootLogger=ERROR, stdout
#MyBatis 日志配置
log4j.logger.tk.mybatis.simple.mapper=TRACE
#控制台输出配置
log4j.appender.stdout=org.apache.log4j.ConsoleAppender
log4j.appender.stdout.layout=org.apache.log4j.PatternLayout
log4j.appender.stdout.layout.ConversionPattern=%5p [%t] - %m%n
```

用过 Log4j 日志组件的人可能会知道，配置中的 log4j.logger.tk.mybatis.simple.mapper 对应的是 tk.mybatis.simple.mapper 包，但是在这个例子中，Java 目录下并没有这个包名，只在资源目录下有 mapper 目录。在 MyBatis 的日志实现中，所谓的包名实际上 XML 配置中的

namespace 属性的一部分。当使用纯注解方式时，使用的就是纯粹的包名。

MyBatis 日志的最低级别是 TRACE，在这个日志级别下，MyBatis 会输出执行 SQL 过程中的详细信息，这个级别特别适合在开发时使用。配置好 Log4j 后，接下来就可以编写测试代码让 MyBatis 跑起来了。

5．编写测试代码

首先在 src 中创建 tk.mybatis.simple 包，然后创建 CountryMapperTest 测试类，代码如下。

```
package tk.mybatis.simple.mapper;
import java.io.IOException;
import java.io.Reader;
import java.util.List;
import org.apache.ibatis.io.Resources;
import org.apache.ibatis.session.SqlSession;
import org.apache.ibatis.session.SqlSessionFactory;
import org.apache.ibatis.session.SqlSessionFactoryBuilder;
import org.junit.BeforeClass;
import org.junit.Test;
import tk.mybatis.simple.model.Country;
public class CountryMapperTest {
    private static SqlSessionFactory sqlSessionFactory;
    public static void init(){
        try {
        Reader reader = Resources.getResourceAsReader("mybatis-config.xml");
            sqlSessionFactory = new SqlSessionFactoryBuilder().build(reader);
            reader.close();
        } catch (IOException ignore) {
    ignore.printStackTrace();
        }
    }
    public void testSelectAll(){
        SqlSession sqlSession = sqlSessionFactory.openSession();
        try {
            List<Country> countryList = sqlSession.selectList("selectAll");
            printCountryList(countryList);
        } finally {
            sqlSession.close();
        }
    }
    private void printCountryList(List<Country> countryList){
        for(Country country : countryList){
            System.out.printf("%-4d%4s%4s\n",country.getId(), country.getCountryname(), country.
getCountrycode());
        }
    }
}
```

对上面这段代码做一个简单的说明，具体如下。

● 通过 Resources 工具类将 mybatis-config.xml 配置文件读入 Reader。
● 再通过 SqlSessionFactory 对象的过程中，首先解析 mybatis-config.xml 配置文件，读取配置文件中的 mappers 配置后会读取全部的 Mapper.xml 进行具体方法的解析，在这些解析完成后，SqlSessionFactory 就包含了所有的属性配置和执行 SQL 信息。

- 在使用通过 SqlSessionFactory 工厂对象获取一个 SqlSession。
- 通过 SqlSession 的 selectList 方法查找到 CountryMapper. xml 中 id="selectAll"的方法，执行 SQL 查询。
- MyBatis 底层使用 JDBC 执行 SQL，获得查询结果集 ResultSet 后，根据 resultType 的配置将结果映射为 Country 类型的集合，返回查询结果。
- 这样就得到了最后的查询结果 CountryList，简单将结果输出到控制台。
- 最后一定不要忘记关闭 SqlSession，否则会因为连接没有关闭导致数据库连接数过多，造成系统崩溃。

完成以上步骤后，整个项目的构成将会如图 8-7 所示。

上面的测试代码成功执行后，会输出如图 8-8 所示的实验运行结果。

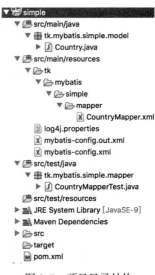

图 8-7　项目目录结构

图 8-8　实验运行结果

本节对 MyBatis 有了一个简单的认识，通过对一些 MyBatis 的简单配置以及方法调用，让一个简单的 MyBatis 项目跑了起来。

8.4　MyBatis XML 基本用法

接下来将通过完成权限管理的常见业务来学习 MyBatis XML 方式的基本用法。在这里使用一个权限管理的例子作讲解：一个用户拥有若干角色，一个角色拥有若干权限，权限就是对某个资源（模块）的某种操作（增，删，改，查），这样就构成了"用户-角色-权限"的授权模型。在这种模型中，用户与角色之间，角色与权限之间一般是多对多的关系。

8.4.1　创建数据库表

首先，要创建五个表：用户表、角色表、权限表、用户角色关系表和角色权限关系表。在已经创建好的 mybatis 数据库中执行如下 SQL 语句。

```
CREATETABLE `sys_user` (
```

```
   `id` bigint(20) NOTNULLAUTO_INCREMENTCOMMENT '用户 ID',
   `user_name` varchar(50) COMMENT '用户名',
   `user_password` varchar(50) COMMENT '密码',
   `user_email` varchar(50) COMMENT '邮箱',
   `user_info` textCOMMENT '简介',
   `head_img` blobCOMMENT '头像',
   `create_time` datetimeCOMMENT '创建时间',
PRIMARYKEY (`id`)
);
altertablesys_userCOMMENT='用户表';
CREATETABLE `sys_role` (
   `id` bigint(20)    COMMENT '角色 ID',
   `role_name` varchar(50) COMMENT '角色名',
   `enabled` int(11) COMMENT '有效标志',
   `create_by` bigint(20) COMMENT '创建人',
   `create_time` datetimeCOMMENT '创建时间',
PRIMARYKEY (`id`)
);
altertablesys_roleCOMMENT='角色表';
CREATETABLE `sys_privilege` (
   `id` bigint(20) NOTNULLAUTO_INCREMENTCOMMENT '权限 ID',
   `privilege_name` varchar(50) COMMENT '权限名称',
   `privilege_url` varchar(200) COMMENT '权限 URL',
PRIMARYKEY (`id`)
);
altertablesys_privilegeCOMMENT='权限表';
CREATETABLE `sys_user_role` (
   `user_id` bigint(20) COMMENT '用户 ID',
   `role_id` bigint(20) COMMENT '角色 ID'
);
altertablesys_user_roleCOMMENT='用户角色关联表';
CREATETABLE `sys_role_privilege` (
   `role_id` bigint(20) COMMENT '角色 ID',
   `privilege_id` bigint(20) COMMENT '权限 ID'
);
altertablesys_role_privilegeCOMMENT='角色权限关联表';
```

为了方便后面的测试，先在表中插入一些测试数据，SQL 语句如下。

```
INSERTINTO `sys_user` VALUES ('1', 'admin', '123456', 'admin@mybatis.tk', '管理员', null,
'2016-04-0117:00:58');
   INSERTINTO `sys_user` VALUES ('1001', 'test', '123456', 'test@mybatis.tk', '测试用户', null, '2016-06-
0717:01:52');
   INSERTINTO `sys_role` VALUES ('1', '管理员', '1', '1', '2016-04-0117:02:14');
   INSERTINTO `sys_role` VALUES ('2', '普通用户', '1', '1', '2016-04-0117:02:34');
   INSERTINTO `sys_user_role` VALUES ('1', '1');
   INSERTINTO `sys_user_role` VALUES ('1', '2');
   INSERTINTO `sys_user_role` VALUES ('1001', '2');
   INSERTINTO `sys_privilege` VALUES ('1', '用户管理', '/users');
   INSERTINTO `sys_privilege` VALUES ('2', '角色管理', '/roles');
   INSERTINTO `sys_privilege` VALUES ('3', '系统日志', '/logs');
   INSERTINTO `sys_privilege` VALUES ('4', '人员维护', '/persons');
   INSERTINTO `sys_privilege` VALUES ('5', '单位维护', '/companies');
   INSERTINTO `sys_role_privilege` VALUES ('1', '1');
   INSERTINTO `sys_role_privilege` VALUES ('1', '3');
   INSERTINTO `sys_role_privilege` VALUES ('1', '2');
```

```
INSERTINTO `sys_role_privilege` VALUES ('2', '4');
INSERTINTO `sys_role_privilege` VALUES ('2', '5');
```

如图 8-9 所示建立了五个 sys 表。

图 8-9　sys 表结构

8.4.2　创建实体类

用户表对应的实体类 Sys-User 的代码如下。

```
packagetk.mybatis.simple.model;
importjava.io.Serializable;
importjava.util.Date;
importjava.util.List;
publicclassSysUserimplementsSerializable {
    privatestaticfinallongserialVersionUID = -328602757171077630L;
    privateLongid;
    privateStringuserName;
    privateStringuserPassword;
    privateStringuserEmail;
    privateStringuserInfo;
    privatebyte[] headImg;
    privateDatecreateTime;
    privateSysRolerole;
    privateList<SysRole>roleList;
    publicLonggetId() {
        returnid;
    }
publicvoidsetId(Longid) {
        this.id = id;
    }
    publicStringgetUserName() {
        returnuserName;
    }
    publicvoidsetUserName(StringuserName) {
        this.userName = userName;
    }
    publicStringgetUserPassword() {
        returnuserPassword;
```

```
            }
            publicvoidsetUserPassword(StringuserPassword) {
                this.userPassword = userPassword;
            }
            publicStringgetUserEmail() {
                returnuserEmail;
            }
            publicvoidsetUserEmail(StringuserEmail) {
                this.userEmail = userEmail;
            }
            publicStringgetUserInfo() {
                returnuserInfo;
            }
            publicvoidsetUserInfo(StringuserInfo) {
                this.userInfo = userInfo;
            }
            publicbyte[] getHeadImg() {
                returnheadImg;
            }
            publicvoidsetHeadImg(byte[] headImg) {
                this.headImg = headImg;
            }
            publicDategetCreateTime() {
                returncreateTime;
            }
            publicvoidsetCreateTime(DatecreateTime) {
                this.createTime = createTime;
            }
            publicSysRolegetRole() {
                returnrole;
            }
            publicvoidsetRole(SysRolerole) {
                this.role = role;
            }
            publicList<SysRole>getRoleList() {
                returnroleList;
            }
            publicvoidsetRoleList(List<SysRole>roleList) {
                this.roleList = roleList;
            }
        }
```

在完成上面五个实体类的创建之后，下面是 MyBatis XML 方式的基本用法。

8.4.3　使用 XML

MyBatis 的真正强大之处在于它的映射语句，这也是它的魔力所在。由于它的映射语句异常强大，映射器的 XML 文件就显得相对简单。如果将其与具有相同功能的 JDBC 代码进行对比，立刻就会发现，使用这种方法节省了将近 95%的代码量。MyBatis 就是针对 SQL 构建的，并且比普通的方法做得更好。以前使用 SqlSession 通过命名空间调用 MyBatis 方法时，首先需要用到命名空间和方法 id 组成的字符串来调用相应的方法。当参数多于 1 个的时候，需要将所有参数放到 Map 对象中。通过 Map 传递多个参数，使用起来很不方便，而且还无法避免很多重复的代码。

首先，在 src 的 tk.mybatis.simple.mapper 目录下创建 5 个表各自对应的 XML 文件，分别为 UserMapper.xml、RoleMapper.xml、PrivilegeMapper.xml、UserRoleMapper.xml、RolePrivilegeMapper.xml。然后，在 src 下面创建包 tk.mybatis.simple。接着，在该包下创建 XML 文件对应的接口类，分别为 UserMapper.java、RoleMapper.java、PrivilegeMapper.java、UserRoleMapper.java 和 RolePrivilegeMapper.java。

Mapper.xml 文件如何写，大家在 8.3.2 节应该已经有所了解。下面以用户表对应的 Mapper 接口 UserMapper.java 为例进行说明。

```
packagetk.mybatis.simple.mapper;
importjava.util.List;
importjava.util.Map;
importorg.apache.ibatis.annotations.Param;
importtk.mybatis.simple.model.SysRole;
importtk.mybatis.simple.model.SysUser;
    publicinterfaceUserMapper {
}
```

到目前为止，Mapper 接口和对应的 XML 文件都是空的，后续会逐步添加接口方法。src 下结构如图 8-10 所示。

创建完所有文件后，打开 UserMapper.xml 文件，在文件中输入以下内容。

```
<?xmlversion="1.0" encoding="UTF-8" ?>
<!DOCTYPEmapperPUBLIC "-//mybatis.org//DTDMapper3.0//EN"
                        "http://mybatis.org/dtd/mybatis-3-mapper.dtd" >
<mappernamespace="tk.mybatis.simple.mapper.UserMapper">
</mapper>
```

需要注意的是<mapper>根标签的 namespace 属性。当 Mapper 接口和 XML 文件关联的时候，命名空间口 namespace 的值就需要配置成接口的全限定名称，例如 UserMapper 接口对应的 tk.mybatis.simple.mapper.UserMapper, MyBatis 内部就是通过这个值将接口和 XML 关联起来的。更详细的原理会在下一节配合简单的例子进行讲解。按照相同的方式将另外 4 个 Mapper.xml 文件写完。准备好这几个 XML 映射文件后，还需要在 mybatis-config.xml 配置文件中的 mappers 元素中配置所有的 mapper，部分配置代码如下。完成后的 mapper 文件夹结构如图 8-11 所示。

```
<mappers>
<mapper resource= "tk/mybatis/simple/mapper/CountryMapper.xml" / >
<mapper resource= "tk/mybatis/simple/mapper/UserMapper.xml" / >
<mapper resource= "tk/mybatis/simple/mapper/RoleMapper.xml" / >
<mapper resource= "tk/mybatis/simple/mapper/PrivilegeMapper.xml" / >
<mapper resource= "tk/mybatis/simple/mapper/UserRoleMapper.xml" / >
<mapper resource= "tk/mybatis/simple/mapper / RolePrivilegeMapper.xml" / >
< /mappers>
```

图 8-10　目录结构

图 8-11　mapper 结构图

这种配置方式需要将所有映射文件一一列举出来，如果增加了新的映射文件，还需要注意在此处进行配置，操作起来比较麻烦。因为此处所有的 XML 映射文件都有对应的 Mapper 接口，所以还有一种更简单的配置方式，代码如下。

```
<mappers>
<packagename="tk.mybatis.simple.mapper"/>
</mappers>
```

这种配置方式会先查找 tk.mybatis.simple.mapper 包下所有的接口，循环对接口进行如下操作。

1）判断接口对应的命名空间是否已经存在，如果存在就抛出异常，不存在就继续进行接下来的操作。

2）加载接口对应的映射文件，将接口完全限定名转换为路径，例如，将接口 tk.mybatis.simple.mapper.UserMapper 转换为 tk/mybatis/simple/mapper/UserMapper.xml，以.xml 为后缀搜索 XML 资源，如果找到就解析 XML。

3）处理接口中的注解方法。因为这里的接口和 XML 映射文件完全符合上面操作的第二点，因此直接配置包名就能自动扫描包下的接口和 XML 映射文件，省去了很多麻烦。

8.5 数据库操作

在权限系统中有几个常见的业务，需要对系统中的用户、角色、权限等数据进行操作。在使用纯粹的 JDBC 时，需要写 SQL 语句，并且对结果集进行手动处理，将结果映射到对象的属性中。使用 MyBatis 时，只需要在 XML 中添加一个指定元素，写一个 SQL，再做一些简单的配置，就可以将查询结果直接映射到对象中。

8.5.1 select 用法

先写一个根据用户 id 查询用户信息的简单方法。在 UserMapper 接口中添加一个 selectByid 方法，代码如下。

```
publicinterfaceUserMapper {
    SysUserselectById(Longid);
}
```

然后在对应的 UserMapper.xml 中添加如下的<resultMap>和<select>部分的代码。

```
<?xml version="1.0" encoding="UTF-8"?>
<!DOCTYPE mapper PUBLIC "-//mybatis.org//DTD Mapper 3.0//EN"
                "http://mybatis.org/dtd/mybatis-3-mapper.dtd">
<mapper namespace="tk.mybatis.simple.mapper.UserMapper">
<resultMap id="userMap" type="tk.mybatis.simple.model.SysUser">
<id property="id" column="id"/>
<result property="userName" column="user_name"/>
<result property="userPassword" column="user_password"/>
<result property="userEmail" column="user_email"/>
<result property="userInfo" column="user_info"/>
<result property="headImg" column="head_img" jdbcType="BLOB"/>
<result property="createTime" column="create_time" jdbcType="TIMESTAMP"/>
</resultMap>
<select id="selectById" resultMap="userMap">
        select * from sys_user where id = #{id}
```

```
      </select>
    </mapper>
```

前面创建接口和 XML 时提到过，接口和 XML 是通过将 namespace 的值设置为接口的权限名称来进行关联的，那么接口中方法和 XML 又是怎样关联的呢？

可以发现，XML 中的 select 标签的 id 属性值和定义的接口方法名是一样的。MyBatis 就是通过这种方式将接口方法和 XML 中定义的 SQL 语句关联到一起的，如果接口方法没有和 XML 中的 id 属性值相对应，启动程序便会报错。映射 XML 和接口的命名需要符合如下规则。

1）当只使用 XML 而不使用接口的时候，namespace 的值可以设置为任意不重复的名称。

2）标签的 id 属性值在任何时候都不能出现英文句号 "."，并且同一个命名空间下不能出现重复的 id。

3）因为接口方法是可以重载的，所以接口中可以出现多个同名但参数不同的方法，但是 XML 中 id 的值不能重复，因而接口中的所有同名方法会对应着 XML 中的同一个 id 的方法。最常见的用法就是，同名方法中其中一个方法增加一个 RowBound 类型的参数用于实现分页查询。

明白上述两者之间的关系后，通过 UserMapper.xml 先来了解一下 XML 中的一些标签和属性的作用。

1）<select>：映射查询语句使用的标签。

2）id：命名空间中的唯一标识符，可用来代表这条语句。

3）resultMap：用于设置返回值的类型和映射关系。

4）select 标签中的 select * from sys_user where id = #{id} 是查询语句。

5）#{id}：MyBatis SQL 中使用预编译参数的一种方式，大括号中的 id 是传入的参数名。

在上面的 select 中，使用 resultMap 设置返回值的类型，这里的 userMap 就是上面 <resultMap> 中的 id 属性值，通过 id 引用需要的 <resultMap>。resultMap 标签用于配置 Java 对象的属性和查询结果列的对应关系，通过 resultMap 中配置的 column 和 property 可以将查询列的值映射到 type 对象的属性上，因此当使用 select * 查询所有列的时候，MyBatis 也可以将结果正确地映射到 SysUser 对象上。

resultMap 是一种很重要的配置结果映射的方法，resultMap 包含的所有属性如下。

1）id：必填且唯一。在 select 标签中，resultMap 指定的值即为此处 id 所设的值。

2）type：必填，用于配置查询列所映射到的 Java 对象类型。

3）extends：选填，可以配置当前的 resultMap 继承自其他的 resultMap，属性值为继承 resultMap 的 id。

4）autoMapping：选填，可选值为 true 或 false，用于配置是否启用非映射字段（没有在 resultMap 中配置的字段）的自动映射功能，该配置可以覆盖全局的 autoMappingBehavior 配置。

以上是 resultMap 的属性，resultMap 包含的所有标签如下。

1）constructor：配置使用构造方法注入结果，包含以下两个子标签。

● idArg：id 参数，标记结果作为 id（唯一值），可以帮助提高整体性能。

● arg：注入到构造方法的一个普通结果。

2）id：一个 id 结果，标记结果作为 id（唯一值），可以帮助提高整体性能。

3）result：注入到 Java 对象属性的普通结果。

4）association：一个复杂的类型关联，许多结果将包成这种类型。

5）collection：复杂类型的集合。

6）discriminator：根据结果值来决定使用哪个结果映射。

7）case：基于某些值的结果映射。

首先来了解这些标签属性之间的关系。

1）constructor：通过构造方法注入属性的结果值。构造方法中的 idArg、arg 参数分别对应着 resultMap 中的 id、result 标签，它们的含义相同，只是注入方式不同。

2）resultMap 中的 id 和 result 标签包含的属性相同，不同的地方在于 id 代表的是主键（或唯一值）的字段（可以有多个），它们的属性值是通过 setter 方法注入的。

接着来看 id 和 result 标签包含的属性。

1）column：从数据库中得到的列名，或者是列的别名。

2）property：映射到列结果的属性。例如"address.street.number"，这会通过"."方式的属性嵌套赋值。

3）javaType：一个 Java 类的完全限定名，或一个类型别名。如果映射到一个 JavaBean，MyBatis 通常可以自动判断属性的类型。如果映射到 HashMap，则需要明确地指定 javaType 属性。

4）jdbcType：列对应的数据库类型。JDBC 类型仅仅需要对插入、更新、删除操作可能为空的列进行处理。这是 JDBC 的需要，而不是 MyBatis 的需要。

5）typeHandler：使用这个属性可以覆盖默认的类型处理器。这个属性值是类的完全限定名或类型别名。

下面来看接口方法的返回值要如何定义。

接口中定义的返回值类型必须和 XML 中配置的 resultType 类型一致，否则就会因为类型不一致而抛出异常。返回值类型是由 XML 中的 resultType（或 resultMap 中的 type）决定的，不是由接口中写的返回值类型决定的（暂时忽略注解的情况）。UserMapper 接口中的 selectById 方法，通过主键 id 查询，最多只有一条记录，所以这里定义的返回值为 SysUser。在讲解这个方法时，为了方便初学者理解，我们给出了完整的代码。之后再添加方法时，不会列出完整代码，只会像下面这样给出新增的代码。在 UserMapper 接口中添加 selectAll 方法，代码如下。

```
List<SysUser> selectAll();
```

在对应的 UserMapper.xml 中添加如下的<select>部分的代码。

```
<selectid="selectAll" resultType="tk.mybatis.simple.model.SysUser">
    selectid,
        user_nameuserName,
    user_passworduserPassword,
    user_emailuserEmail,
    user_infouserInfo,
    head_imgheadImg,
    create_timecreateTime
    fromsys_user
</select>
```

这个接口中对应方法的返回值类型为 List<SysUser>，而不是 SysUser。在定义接口中方法的返回值时，必须注意查询 SQL 可能返回的结果数量。当返回值最多只有 1 个结果的时候，可以将接口返回值定义为 SysUser，而不是 List<SysUser>。当然，如果将返回值改为 List<SysUser>或 SysUser，也没有问题，只是不建议这么做。当执行 SQL 返回多个结果时，必须使用 List<SysUser>

或 SysUser 作为返回值，如果使用 SysUser，就会抛出 TooManyResultsException 异常。

观察一下 UserMapper.xml 中 selectById 和 selectAll 的区别：selectById 中使用了 resultMap 来设置结果映射，而 selectAll 中则通过 resultType 直接指定了返回结果的类型。可以发现，如果使用 resultType 来设置返回结果的类型，需要在 SQL 中为所有列名和属性名不一致的列设置别名，通过设置别名使最终的查询结果列和 resultType 指定对象的属性名保持一致，进而实现自动映射。

了解上面这些要点之后，基本的查询就没有什么问题了。接下来通过测试用例来验证上面的两个查询。

```java
public class BaseMapperTest {
    private static SqlSessionFactory sqlSessionFactory;
    @BeforeClass
    public static void init() {
        try {
            Reader reader = Resources.getResourceAsReader("mybatis-config.xml");
            sqlSessionFactory = new SqlSessionFactoryBuilder().build(reader);
            reader.close();
        }catch(IOException ignore) {
            ignore.printStackTrace();
        }
    }
    public SqlSession getSqlSession() {
        return sqlSessionFactory.openSession();
    }
}
```

此时之前用到的 CountryMapperTest 测试类便可以继承 BaseMapperTest 了。各位可以自行修改，需要注意的是修改后的测试类继承了 BaseMapperTest，通过调用 getSqlSession()方法获取一个 SqlSession 对象，另外由于在 UserMapper 中添加了一个 selectAll 方法，因此 CountryMapperTest 中的 selectAll 方法不再唯一，调用时必须带上 namespace。参考 CountryMapperTest 测试类，可以模仿编写一个 UserMapperTest 测试类，代码如下：

```java
public class UserMapperTest extends BaseMapperTest {

    @Test
    public void testSelectById() {
        //获取 sqlSession
        SqlSession sqlSession = getSqlSession();
        try {
            //获取 UserMapper 接口
            UserMapper userMapper = sqlSession.getMapper(UserMapper.class);
            //调用 selectById 方法，查询 id = 1 的用户
            SysUser user = userMapper.selectById(1l);
            //user 不为空
            Assert.assertNotNull(user);
            //userName = admin
            Assert.assertEquals("admin", user.getUserName());
        }finally {
            //关闭 sqlSession
            sqlSession.close();
        }
    }
```

```
@Test
public void testSelectAll() {
    SqlSession sqlSession = getSqlSession();
    try {
        UserMapper userMapper = sqlSession.getMapper(UserMapper.class);
        //调用 selectAll 方法查询所有用户
        List<SysUser> userList = userMapper.selectAll();
        //结果不为空
        Assert.assertNotNull(userList);
        //用户数量大于 0 个
        Assert.assertTrue(userList.size() > 0);
    } finally {
        //关闭 sqlSession
        sqlSession.close();
    }
}
```

选择 JUnit Test 执行测试，测试通过，会输出日志，如图 8-12 所示。

图 8-12　输出日志

上面两个 Select 查询仅仅是简单的单表查询，这里列举的是两种常见情况，在实际业务中还需要多表关联查询，关联查询结果的类型也会有多种情况，下面来列举一些复杂的用法。

第一种简单的情形：根据用户 id 获取用户拥有的所有角色，返回的结果是角色集合，结果只有角色的信息，不包含额外的其他字段信息。这个方法会涉及 sys_user、sys_role 和 sys_user_role 这三个表，并且该方法写在任何一个对应的 Mapper 接口都可以。将这个方法写到 UserMapper 中，代码如下。

```
List<SysRole> selectRolesByUserId(Long userId);
```

在对应的 UserMapper.xml 中添加如下代码。

```
<select id="selectRolesByUserId" resultType="tk.mybatis.simple.model.SysRole">
    select
        r.id,
        r.role_name roleName,
        r.enabled,
        r.create_by createBy,
        r.create_time createTime
    from sys_user u
    inner join sys_user_role ur on u.id = ur.user_id
    inner join sys_role r on ur.role_id = r.id
```

```
                    where u.id = #{userId}
        </select>
```

虽然这个多表关联的查询涉及了三个表，但是返回的结果只有 sys_role 表中的信息，所以直接使用 SysRole 作为返回值类型即可。输出结果如图 8-13 所示。

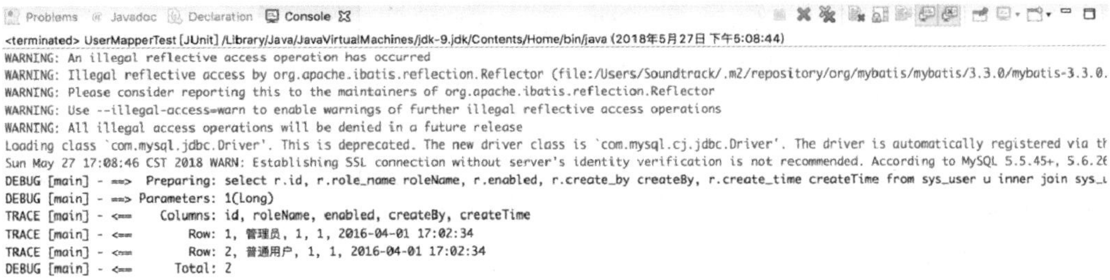

```
 Problems   Javadoc   Declaration   Console 
<terminated> UserMapperTest [JUnit] /Library/Java/JavaVirtualMachines/jdk-9.jdk/Contents/Home/bin/java (2018年5月27日 下午5:08:44)
WARNING: An illegal reflective access operation has occurred
WARNING: Illegal reflective access by org.apache.ibatis.reflection.Reflector (file:/Users/Soundtrack/.m2/repository/org/mybatis/mybatis/3.3.0/mybatis-3.3.0.
WARNING: Please consider reporting this to the maintainers of org.apache.ibatis.reflection.Reflector
WARNING: Use --illegal-access=warn to enable warnings of further illegal reflective access operations
WARNING: All illegal access operations will be denied in a future release
Loading class `com.mysql.jdbc.Driver'. This is deprecated. The new driver class is `com.mysql.cj.jdbc.Driver'. The driver is automatically registered via th
Sun May 27 17:08:46 CST 2018 WARN: Establishing SSL connection without server's identity verification is not recommended. According to MySQL 5.5.45+, 5.6.2€
DEBUG [main] - ==>  Preparing: select r.id, r.role_name roleName, r.enabled, r.create_by createBy, r.create_time createTime from sys_user u inner join sys_u
DEBUG [main] - ==> Parameters: 1(Long)
TRACE [main] - <==    Columns: id, roleName, enabled, createBy, createTime
TRACE [main] - <==        Row: 1, 管理员, 1, 1, 2016-04-01 17:02:34
TRACE [main] - <==        Row: 2, 普通用户, 1, 1, 2016-04-01 17:02:34
DEBUG [main] - <==      Total: 2
```

图 8-13　输出结果

当然还有一种情形，假设查询的结果不仅要包含 sys_role 中的信息，还要包含当前用户的部分信息，例如增加查询列 u.user_name as userName。这时 resultType 该如何设置呢？这里有两种简单的方法，第一种方法就是在 SysRole 对象中直接添加 userName 属性，这样仍然使用 SysRole 作为返回值，或者也可以创建一个如下所示的对象。

```
package tk.mybatis.simple.model;
public class SysRoleExtend extends SysRole{
    private String userName;
    public String getUserName() {
        return userName;
    }
    public void setUserName(String userName) {
        this.userName = userName;
    }
}
```

将 resultType 设置为扩展属性后的 SysRoleExtend 对象，通过这种方式来接收多余的值。这种方式比较适合在需要少量额外字段时使用，但是如果需要其他表中大量列的值时，这种方式就不适用了，因为不能将一个类的属性都照搬到另一个类中。针对这种情况，在不考虑嵌套 XML 配置的情况下，可以使用第二种方法，代码如下。

```
public class SysRole {
    private Long id;
    private String roleName;
    private int enabled;
    private Long createBy;
    private Date createTime;
private SysUser user;
}
```

直接在 SysRole 中增加 SysUser 对象，字段名为 user，增加这个字段后，修改 XML 中的 selectRoleByUserId。

```
<select id="selectRolesByUserId" resultType="tk.mybatis.simple.model.SysRole">
    select
        r.id,
        r.role_name roleName,
```

```
                    r.enabled,
                    r.create_by createBy,
                    r.create_time createTime,
                    u.user_name as "user.userName",
                    u.user_email as "user.userEmail"
                from sys_user u
                inner join sys_user_role ur on u.id = ur.user_id
                inner join sys_role r on ur.role_id = r.id
                where u.id = #{userId}
            </select>
```

注意看查询列增加的两行。这里在设置别名的时候，使用的是"user.属性名"，user 是
SysRole 中刚刚增加的属性，userName 和 userEmail 是 SysUser 对象中的属性，通过这种方式
可以直接将值赋给 user 字段中的属性。

执行测试代码后，输出日志，如图 8-14 所示。

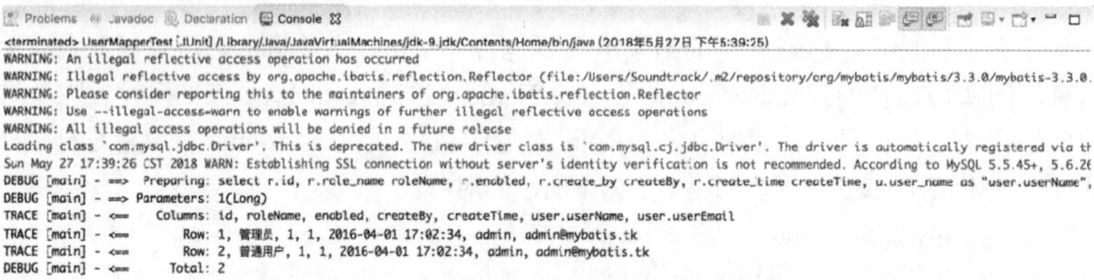

图 8-14　输出日志

关于 select 的属性如表 8-1 所示，请读者在开发中自行应用。

表 8-1　select 属性

属　性	描　述
id	在命名空间中唯一的标识符，可以被用于引用该语句
parameterType	将会传入该语句的参数类的完全限定名或别名
resultType	从该语句中返回的期望类型的类的完全限定名或别名
resultMap	命名引用外部的 resultMap
flushCache	将其设置为 true，无论语句什么时候被调用，都会导致缓存被清空。默认值为 false
useCache	将其设置为 true，将会导致本条语句的结果被缓存。默认值为 true
timeout	该设置驱动程序等待数据库返回请求结果
fetchSize	暗示驱动程序每次批量返回的结果行数。默认不设置（驱动自行处理）
statementType	STATEMENT、PREPARED 或 CALLABLE 的一种
resultSetType	FORWARD_ONLY|SCROLL_SENSITIVE|SCROLL_INSENSITIVE 中的一种

8.5.2　insert 方法

和上一节的 select 相比，insert 方法要简单很多。只有让它返回主键值时，由于不同数据
库的主键生成方式不同，这种情况下会有一些复杂。首先从最简单的 insert 开始。

在 UserMapper 中添加如下方法。

```
int insert (SysUser sysUser);
```

在 UserMapper.xml 中添加如下代码。

```xml
<insert id="insert">
insert into sys_user(
id, user_name, user_password, user_email,
user_info,head_img,create_time)
values(
#{id},#{userName},#{userPassword},#{userEmail},
#{userInfo}, #{headImg, jdbcType=BLOB},
#{createTime, jdbcType=TIMESTAMP})
</insert>
```

先看<insert>元素，这个标签包含如下属性。

1）id：命名空间中的唯一标识符，可用来代表这条语句。

2）parameterType：即将传入的语句参数的完全限定类名或别名。这个属性是可选的，因为 MyBatis 可以推断出传入语句的具体参数，因此不建议配置该属性。

3）flushCache：默认值为 true，任何时候只要语句被调用，都会清空一级缓存和二级缓存。

4）timeout：设置在抛出异常之前，驱动程序等待数据库返回请求结果的秒数。

5）statementType：对于 STATEMENT，PREPARED，CALLABLE，MyBatis 分别会使用对应的 Statement，PreparedStatement，CallableStatement，默认值为 PREPARED。

6）useGeneratedKeys：默认值为 false。如果设置为 true，MyBatis 会使用 JDBC 的 getGeneratedKeys 方法来取出由数据库内部生成的主键。

7）keyProperty：MyBatis 通过 getGeneratedKeys 获取主键值后将要复制的属性名。如果希望得到多个数据库自动生成的列，属性值也可以是以逗号分隔的属性名称列表。

8）keyColumn：仅对 INSERT 和 UPDATE 有用。通过生成的键值设置表中的列名，这个设置仅在某些数据库（如 PostgreSQL）中是必须的，当主键列不是表中的第一列时需要设置。如果希望得到多个生成的列，也可以是逗号分隔的属性名称列表。

9）databaseId：如果配置了 databaseIdProvider，MyBatis 会加载所有的不带 databaseId 的或匹配当前 databaseId 的语句。如果同时存在带 databaseId 和不带 databaseId 的语句，后者会被忽略。

此处<insert>中的 SQL 就是一个简单的 INSERT 语句，将所有的列都列举出来，在 values 中通过#{property}方式从参数中取出属性的值。现在在 UserMapperTest 测试类中增加一个方法来测试这个 insert 方法，代码如下。

```java
@Test
    public void testInsert() {
        SqlSession sqlSession = getSqlSession();
        try {
            UserMapper userMapper = sqlSession.getMapper(UserMapper.class);
            SysUser user = new SysUser();
            user.setUserName("test1");
            user.setUserPassword("123456");
            user.setUserEmail("test@mybatis.tk");
user.setUserInfo("Here is a test");
            user.setHeadImg(new byte[] {1, 2, 3});
            user.setCreateTime(new Date(0));
            //将新建的对象插入数据库中，特别注意这里的返回值result 是执行的 SQL 影响的行数
```

```
                    int result = userMapper.insert(user);
                    //只插入 1 条数据
                    Assert.assertEquals(1, result);
                    //id 为 null，没有给 id 赋值，并且没有配置回写 id 的值
                    Assert.assertNull(user.getId());
            } finally {
                    sqlSession.rollback();
                    sqlSession.close();
            }
    }
```

执行这个测试，输出结果如图 8-15 所示。

```
Problems  @ Javadoc  Declaration  Console ✕                                          ✖ ✖ ▣ ▣ ▣ ▣ ▣ ▣ ▣ ▾ ▭ ▾ ▭ ▭
<terminated> UserMapperTest [JUnit] /Library/Java/JavaVirtualMachines/jdk-9.jdk/Contents/Home/bin/java (2018年5月27日 下午9:37:29)
WARNING: An illegal reflective access operation has occurred
WARNING: Illegal reflective access by org.apache.ibatis.reflection.Reflector (file:/Users/Soundtrack/.m2/repository/org/mybatis/mybatis/3.3.0/mybatis-3.3.0.
WARNING: Please consider reporting this to the maintainers of org.apache.ibatis.reflection.Reflector
WARNING: Use --illegal-access=warn to enable warnings of further illegal reflective access operations
WARNING: All illegal access operations will be denied in a future release
Loading class `com.mysql.jdbc.Driver'. This is deprecated. The new driver class is `com.mysql.cj.jdbc.Driver'. The driver is automatically registered via th
Sun May 27 21:37:32 CST 2018 WARN: Establishing SSL connection without server's identity verification is not recommended. According to MySQL 5.5.45+, 5.6.26
DEBUG [main] - ==>  Preparing: insert into sys_user( id, user_name, user_password, user_email, user_info, head_img, create_time) values( ?, ?, ?, ?, ?, ?, ?
DEBUG [main] - ==> Parameters: null, test1(String), 123456(String), test@mybatis.tk(String), Here is a test(String), java.io.ByteArrayInputStream@79351f41(E
DEBUG [main] - <==    Updates: 1
```

图 8-15　输出结果

看一下接口中对应的方法 int insert（SysUser sysUser）。很多人会把这个 int 类型的返回值当成数据库返回的主键的值，它其实是执行的 SQL 影响的行数，这个值和日志中的 Updates：1 是一致的。也就是说，这个 INSERT 语句影响了数据库中的 1 行数据。如果是批量插入、批量更新、批量删除，这里的数字会是插入的数据个数、更新的数据个数、删除的数据个数。一般在数据库管理软件中，执行 SQL 语句时，这些工具都会显示影响的行数。

8.5.3　update 用法

先来看一个简单的通过主键更新数据的 update 方法的例子。在 UserMapper 接口中添加以下方法。

```
int updateById(SysUser sysUser);
```

这里的参数 sysUser 就是要更新的数据，在接口对应的 UserMapper.xml 中添加如下代码。

```
<update id="updateById">
        update sys_user
        set user_name = #{userName},
            user_password = #{userPassword},
            user_email = #{userEmail},
            user_info = #{userInfo},
            head_img = #{headImg, jdbcType=BLOB},
            create_time = #{createTime, jdbcType=TIMESTAMP}
        where id = #{id}
</update>
```

这个方法的 SQL 很简单，下面写一个简单的测试来验证一下。在 UserMapperTest 中添加如下代码。

```
@Test
    public void testUpdateById() {
        SqlSession sqlSession = getSqlSession();
```

```
                try {
                        UserMapper userMapper = sqlSession.getMapper(UserMapper.class);
                        //从数据库查询 1 个 user 对象
                        SysUser user = userMapper.selectById(1L);
                        //当前 userName 为 admin
                        Assert.assertEquals("admin", user.getUserName());
                        //修改用户名
                        user.setUserName("admin_test");
                        user.setUserEmail("hanzhiwen@mybatis.tk");
                        //更新数据，特别注意这里的返回值 result 是执行的 SQL 影响的行数
                        int result = userMapper.updateById(user);
                        //只更新一条数据
                        Assert.assertEquals(1, result);
                        //根据当前 id 查询修改后的数据
                        user = userMapper.selectById(1L);
                        //修改后的名字是 admin_test
                        Assert.assertEquals("admin_test", user.getUserName());
                } finally {
        sqlSession.rollback();
                        sqlSession.close();
                }
        }
```

执行该测试，输出日志内容，如图 8-16 所示。

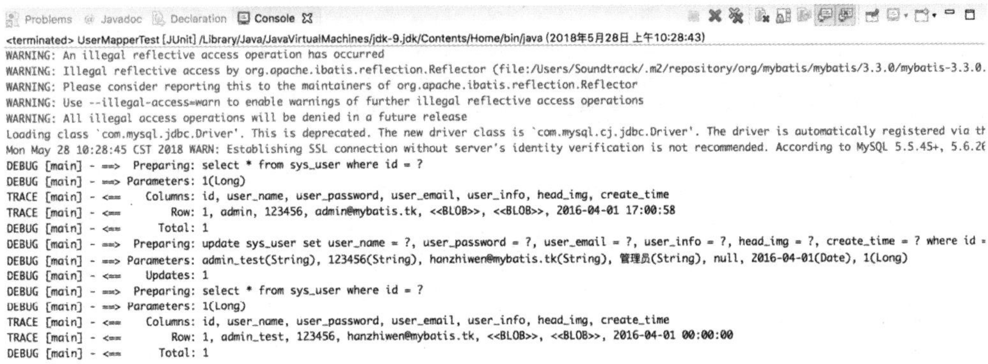

图 8-16   日志内容

还可以通过修改 UPDATE 语句中的 WHERE 条件来更新一条或一批数据。基本的 update
用法就这么简单，在此了解这么多即可。

8.5.4   delete 用法

delete 同 update 类似，下面也用一个简单的例子说明。在 UserMapper 中添加一个简单的
例子，代码如下：

```
        int deleteById(Long id);
```

在根据主键删除数据的时候，如果主键只有一个字段，那么就可以像这个方法一样使用
一个参数 id，这个方法对应 UserMapper.xml 中的代码如下。

```
        <delete id="deleteById">
                delete from sys_user where id = #{id}
```

```
</delete>
```

对于以上接口，在 UserMapperTest 中编写一个测试，代码如下。

```
//使用 SysUser 参数再进行一次测试，根据 id = 1001 查询
            SysUser user2 = userMapper.selectById(1001L);
            Assert.assertNotNull(user2);
            Assert.assertEquals(1, userMapper.deleteById(1001L));
            Assert.assertNull(userMapper.selectById(1001L));
        }finally {
            sqlSession.rollback();
            sqlSession.close();
        }
    }
```

执行该测试，输出日志结果如图 8-17 所示。

```
@Test
    public void testDeleteById() {
        SqlSession sqlSession = getSqlSession();
        try {
            UserMapper userMapper = sqlSession.getMapper(UserMapper.class);
            //从数据库查询 1 个 user 对象，根据 id = 1 查询
            SysUser user1 = userMapper.selectById(1L);
            //现在还能查询出 user 对象
            Assert.assertNotNull(user1);
            //调用方法删除
            Assert.assertEquals(1, userMapper.deleteById(1L));
            //再次查询，这时应该没有值，为 null
            Assert.assertNull(userMapper.selectById(1L));
```

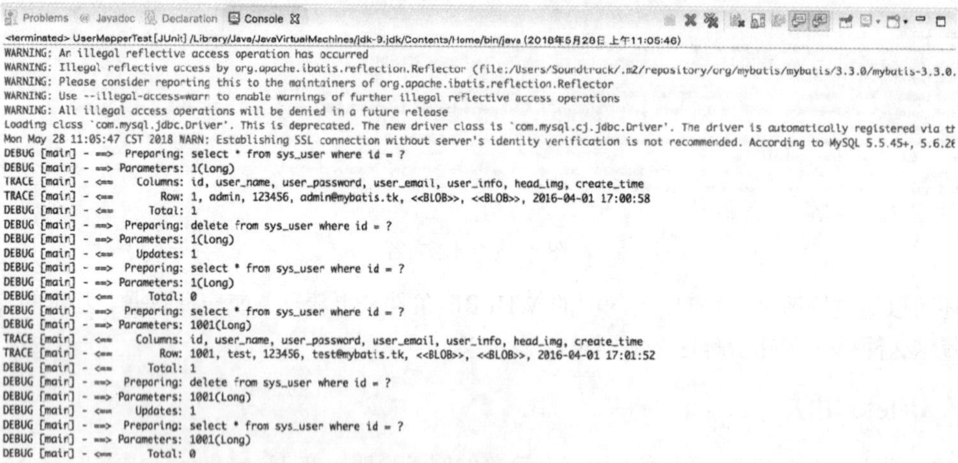

图 8-17　输出日志

insert、update 和 delete 的属性如表 8-2 所示。

表 8-2　insert、update 和 delete 属性表

属　　性	描　　述
id	在命名空间中唯一的标识符，可以被用于引用该语句
parameterType	将会传入该语句的参数类的完全限定名或别名

属　　性	描　　述
flushCache	将其设置为 true，无论语句什么时候被调用，都会导致缓存被清空。默认值为 false
timeout	该设置驱动程序等待数据库返回请求结果，并抛出异常时间的最大等待值。默认不设置（驱动自行处理）
statementType	STATEMENT、PREPARED 或 CALLABLE 的一种。用于方便 MyBatis 选择使用 Statement、PreparedStatement 或 CallableStatement。默认值为 PREPARED
useGeneratedKeys	（仅对 insert 有用）通知 MyBatis 使用 JDBC 的 getGeneratedKeys 方法来取出由数据（如 MySQL 和 SQL Server 的数据库管理系统的自动递增字段）内部生成的主键。默认值为 false
keyProperty	（仅对 insert 有用）标记一个属性，MyBatis 会通过 getGeneratedKeys 或 insert 语句的 selectKey 子元素设置其值

8.6　MyBatis 缓存配置

使用缓存可以使应用更快地获取数据，避免频繁的数据库交互，尤其是在查询越多、缓存命中率越高的情况下，使用缓存的作用就越明显。MyBatis 作为持久化框架，提供了非常强大的查询缓存特性，可以非常方便地配置和定制使用。

一般提到 MyBatis 缓存的时候，都是指二级缓存。一级缓存（也叫本地缓存）默认会启用，并且不能控制，因此很少会提到。一开始简单介绍 MyBatis 一级缓存，了解 MyBatis 的一级缓存可以避免产生一些难以发现的错误。后面几节则会全面介绍 MyBatis 的二级缓存，包括二级缓存的基本配置用法，还有一些常用缓存框架和缓存数据库的结合。

8.6.1　一级缓存

在 src.mybatis.simple.mapper 包下，新建如下测试类。

```java
public class CacheTest extends BaseMapperTest {
    public void testL1Cache(){
        SqlSession sqlSession = getSqlSession();
        SysUser user1 = null;
        try {
            UserMapper userMapper = sqlSession.getMapper(UserMapper.class);
            user1 = userMapper.selectById(1l);
            user1.setUserName("New Name");
            SysUser user2 = userMapper.selectById(1l);
            Assert.assertEquals("New Name", user2.getUserName());
            Assert.assertEquals(user1, user2);
        } finally {
            sqlSession.close();
        }
        System.out.println("开启新的 sqlSession");
        sqlSession = getSqlSession();
        try {
            UserMapper userMapper = sqlSession.getMapper(UserMapper.class);
            SysUser user2 = userMapper.selectById(1l);
            Assert.assertNotEquals("New Name", user2.getUserName());
            Assert.assertNotEquals(user1, user2);
            userMapper.deleteById(2L);
            SysUser user3 = userMapper.selectById(1l);
            Assert.assertNotEquals(user2, user3);
        } finally {
            sqlSession.close();
```

```
            }
        }
    }
```

从测试代码来看，获取 user1 后重新设置了 userName 的值，之后没有进行任何更新数据库的操作。在获取 user2 对象后，发现 user2 对象的 userName 值竟然和 user1 重新设置后的值一样。再往下可以发现，原来 user1 和 user2 竟然是同个对象，之所以这样就是因为 MyBatis 的一级缓存。

MyBatis 的一级缓存存在于 SqlSession 的生命周期中，在同 SqlSession 中查询时，MyBatis 会把执行的方法和参数通过算法生成缓存的键值，将键值和查询结果存入一个 Map 对象中。如果同一个 SqlSession 中执行的方法和参数完全一致，那么通过算法会生成相同的键值，当 Map 缓存对象中已经存在该键值时，则会返回缓存中的对象。

8.6.2 二级缓存

MyBatis 的二级缓存非常强大，可以提高查询速度，改善用户体验。它不同于一级缓存只存在于 SqlSession 的生命周期中，而是可以理解为存在于 SqlSessionFactory 的生命周期中。虽然目前还没有接触过同时存在多个 SqlSessionFactory 的情况，但可以知道，当存在多个 SqlSessionFactory 时，它们的缓存都是绑定在各自对象上的，缓存数据在一般情况下是不相通的。只有在使用如 Redis 这样的缓存数据库时，才可以共享缓存。

1. 配置二级缓存

首先从 MyBatis 最简单的二级缓存配置开始。在 MyBatis 全局配置 settings 中有一个参数 cacheEnabled，这个参数是二级缓存的全局开关，默认值是 true，初始状态为启用状态。如果把这个参数设置为 false，即使有后面二级缓存配置，也不会生效。由于这个参数值默认为 true，所以不必配置，如果想要配置，可以在 mybatis-config.xml 中添加如下代码。

```
<settings>
    <!--开启 Mybatis 二级缓存-->
    <setting name = "cacheEnabled" value = "true"/>
</settings>
```

2. Mapper.xml 中配置二级缓存

在保证二级缓存的全局配置开启的情况下，给 RoleMapper.xml 开启二级缓存只需要在 UserMapper.xml 中添加<cache/>元素即可，添加后的 UserMapper.xml 如下。

```
<?xml version="1.0" encoding="UTF-8" ?>
<!DOCTYPE mapper PUBLIC "-//mybatis.org//DTD Mapper 3.0//EN"
                        "http://mybatis.org/dtd/mybatis-3-mapper.dtd" >
<mapper namespace="tk.mybatis.simple.mapper.UserMapper">
<cache/>
<!--其他配置-->
</mapper>
```

默认的二级缓存会有如下效果。
- 映射语句文件中的所有 SELECT 语句将会被缓存。
- 映射语句文件中的所有 INSERT、UPDATE、DELETE 语句会刷新缓存。

所有的这些属性都可以通过缓存元素的属性来修改，示例如下。

```
<cache
```

```
eviction = "FIFO"
flushInterval = "60000"
size = "512"
readOnly = "true"/>
```

8.6.3 二级缓存适用场景

二级缓存虽然好处很多，但并不是什么时候都可以使用。在以下场景中，推荐使用二级缓存。

- 以查询为主的应用中，只有尽可能少的增、删、改操作。
- 绝大多数以单表操作存在时，由于很少存在互相关联的情况，因此不会出现脏数据。
- 可以按业务划分对表进行分组时，如关联的表比较少，可以通过参照缓存进行配置。

8.7　本章小结

MyBatis 是支持定制化 SQL、存储过程以及高级映射的优秀的持久层框架。MyBatis 应用程序根据 XML 配置文件创建 SqlSessionFactory，SqlSessionFactory 再根据配置，配置来源于两处，一处是配置文件，另一处是 Java 代码的注解，获取一个 SqlSession。SqlSession 包含了执行 SQL 所需要的所有方法，可以通过 SqlSession 实例直接运行映射的 SQL 语句，完成对数据的增删改查和事务提交等，用完之后关闭 SqlSession。

本章通过在 Mybatis 中实现两个具体案例来讨论 MyBatis 的入门开发知识，例子虽然简单却覆盖了 MyBatis 的大部分基础内容，包括 MyBatis 应用的开发步骤，MyBatis 开发过程的配置文件和映射文件，MySQL5.5 数据库连接配置。另外还讲解了 MyBatis 的缓存配置，同时对 SQL 语句等相关知识进行了回顾。

8.8　习题

一、选择题

1. 下面关于 MyBatis 的描述中，错误的是_____。

   A．MyBatis 可以使用 XML 或注解进行配置和映射，并且通过将参数映射到 SQL 形成最终执行的 SQL 语句，最后将执行 SQL 的结果映射成 Java 对象返回

   B．MyBatis 简化了相关代码，SQL 语句在一行代码中就能执行

   C．MyBatis 中，通过使用一种内建的类 XML 表达式语言，SQL 语句可以动态生成

   D．当一条 SQL 语句被标记为"可缓存"后，首次执行它时从数据库获取的所有数据会被存储在高速缓存中，后面再执行这条语句时，将再次从数据库获取

2. 在配置 MyBatis 时，包的别名须在_____元素中配置。

   A．<enviroments>　　　B．<typeAliases>　　　C．<settings>　　　D．<mappers>

3. 在配置结果映射时，resultMap 包含的所有属性中，_____属性是必填且唯一的。

   A．id　　　　　　B．type　　　　　　C．extends　　　　D．automapping

4. 以下哪个不属于 resultMap 的标签_____？

   A．result　　　　B．discriminator　　C．type　　　　D．collection

5. 对于映射 XML 和接口的命名规则的描述，哪个是正确的_____？

A. 同一个命名空间下能出现重复的 id

B. 因为接口方法是可以重载的，所以接口中可以出现多个同名但参数不同的方法

C. XML 中 id 的值可以重复

D. 以上均错误

二、填空题

1. 配置 MyBatis 最基础最常用的方式是_____形式。

2. 定义了当前查询的返回值类型使用的关键词是_____。

3. 在编写运行代码时，通过_____类将 mybatis-config.xml 配置文件读入 Reader。

4. XML 映射文件中，常见的标签是 select，_____，_____，_____。

5. 接口方法的返回值类型是由 XML 中的_____或_____决定的，而不是由接口中写的返回值类型决定的。

6. resultMap 包含的所有属性有 id，_____，_____，extends。

7. 同名方法的解决方法是，在其中一个方法增加一个_____类型的参数用于实现分页查询。

三、简答题

1. 请简述 MyBatis 与其他的 ORM（对象关系映射）框架的不同之处。

2. 描述接口中方法和 XML 是怎样关联的。

3. 解释返回值类型 List<SysUser>和 SysUser 的区别。

4. 简述 resultMap 标签的作用。

四、上机操作题

1. 验证本章实例创建权限控制需求数据库。

2. 使用本章权限控制需求，查询 userName 和 userEmail。

实训 8 用 MyBatis 实现对数据库表的插入和更新操作

一、实验目的

1. 掌握 MyBatis 项目的完整开发过程。

2. 了解 MyBatis 与 Hibernate 开发时的异同。

3. 掌握 Eclipse 和 Navicat 配置不同数据库、实体类和配置文件的过程。

4. 验证本章 MyBatis 的实例。

5. 完整实现一个 MyBatis 框架应用案例。

二、实验内容

1）建立数据库及表结构。使用 Navicat 数据库，在 MyBatis 数据库中建立 persons 表即连接表，如图 8-18 所示。

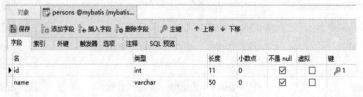

图 8-18 Person 表

2）打开 Eclipse，创建 Java Project，命名为 Java-mybatis，如图 8-19 所示。

3）在目录下创建 lib 包，向 lib 包里添加 jar，在 JRE System Library 中创建 Path，如图 8-20 所示。

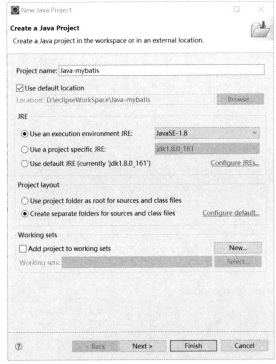

图 8-19　新建 Java 项目

图 8-20　项目目录

4）在项目 src 目录中，创建实体类 Person。Person.java 代码如下。

```java
package com.hmkcode.vo;
public class Person    {
    private int id;
    private String name;
    public int getId() {
        return id;
    }
    public void setId(int id) {
        this.id = id;
    }
    public String getName() {
        return name;
    }
    public void setName(String name) {
        this.name = name;
    }
    public String toString(){
        return "id: "+id+" Name: "+name;
    }
}
```

5）DAO 层组件的实现，对应实体类 PersonDAO.java 代码，代码如下。

```java
package com.hmkcode.dao;
import java.util.List;
import org.apache.ibatis.session.SqlSession;
import org.apache.ibatis.session.SqlSessionFactory;
import com.hmkcode.vo.Person;
public class PersonDAO {
    private SqlSessionFactory sqlSessionFactory = null;
    public PersonDAO(SqlSessionFactory sqlSessionFactory){
     this.sqlSessionFactory = sqlSessionFactory;
    }
    @SuppressWarnings("unchecked")
    public   List<Person> selectAll(){
     List<Person> list = null;
        SqlSession session = sqlSessionFactory.openSession();
        try {
            list = session.selectList("Person.selectAll");
        } finally {
            session.close();
        }
        System.out.println("selectAll() --> "+list);
        return list;

    }
    public Person selectById(int id){
     Person person = null;
        SqlSession session = sqlSessionFactory.openSession();
        try {
     person = session.selectOne("Person.selectById", id);
        } finally {
            session.close();
        }
        System.out.println("selectById("+id+") --> "+person);
        return person;

    }
    public int insert(Person person){
        int id = -1;
        SqlSession session = sqlSessionFactory.openSession();
        try {
            id = session.insert("Person.insert", person);
        } finally {
            session.commit();
            session.close();
        }
        System.out.println("insert("+person+") --> "+person.getId());
        return id;

    }
    public void update(Person person){
        int id = -1;
     SqlSession session = sqlSessionFactory.openSession();
     try {
            id = session.update("Person.update", person);
        } finally {
            session.commit();
            session.close();
        }
        System.out.println("update("+person+") --> updated");
```

```
    }
    public void delete(int id){
        SqlSession session = sqlSessionFactory.openSession();
        try {
            session.delete("Person.delete", id);
        } finally {
            session.commit();
            session.close();
        }
        System.out.println("delete("+id+")");
    }
}
```

6）配置 SqlSessionFactory 对象，在 src 目录下创建 MyBatisSqlSessionFactory。MyBatis SqlSessionFactory.java 代码如下。

```
package com.hmkcode.mybatis;
import java.io.FileNotFoundException;
import java.io.IOException;
import java.io.Reader;
import org.apache.ibatis.io.Resources;
import org.apache.ibatis.session.SqlSessionFactory;
import org.apache.ibatis.session.SqlSessionFactoryBuilder;
public class MyBatisConnectionFactory {
    private static SqlSessionFactory sqlSessionFactory;
    static {
        try {
            String resource = "com/hmkcode/mybatis/config.xml";
            Reader reader = Resources.getResourceAsReader(resource);
            if (sqlSessionFactory == null) {
                sqlSessionFactory = new SqlSessionFactoryBuilder().build(reader);
            }
        }
        catch (FileNotFoundException fileNotFoundException) {
            fileNotFoundException.printStackTrace();
        }
        catch (IOException iOException) {
            iOException.printStackTrace();
        }
    }
    public static SqlSessionFactory getSqlSessionFactory() {
        return sqlSessionFactory;
    }
}
```

7）在 MyBatisSqlSessionFactory 目录下配置 config 文件，config.xml 代码如下。

```
<?xml version="1.0" encoding="UTF-8"?>
<!DOCTYPE configuration
    PUBLIC "-//mybatis.org//DTD Config 3.0//EN"
    "http://mybatis.org/dtd/mybatis-3-config.dtd">
<configuration>
<typeAliases>
<typeAlias alias="Person" type="com.hmkcode.vo.Person"/>
</typeAliases>
<environments default="development">
```

```
<environment id="development">
<transactionManager type="JDBC"/>
<!--   connecting to Local MySql -->
<dataSource type="POOLED">
<property name="driver" value="com.mysql.jdbc.Driver"/>
<property name="url" value="jdbc:mysql://localhost:3306/mybatis"/>
<property name="username" value="root"/>
<property name="password" value="8888"/>
</dataSource>
</environment>
</environments>
<mappers>
<mapper resource="com/hmkcode/mybatis/mapper/Person.xml"/>
</mappers>
</configuration>
```

8）在 src/hmkcode/mybatis/mapper 目录下新建 Person.xml 映射文件，如图 8-21 所示。

图 8-21　Person.xml

Person.xml 代码如下：

```
<?xml version="1.0" encoding="UTF-8"?>
<!DOCTYPE mapper
    PUBLIC "-//mybatis.org//DTD Mapper 3.0//EN"
      "http://mybatis.org/dtd/mybatis-3-mapper.dtd">
<mapper namespace="Person">
<resultMap id="result" type="Person">
<result property="id" column="id"/>
<result property="name" column="name"/>
</resultMap>
<select id="selectAll" resultMap="result">
        SELECT * FROM persons;
</select>
    <select id="selectById" parameterType="int" resultMap="result">
        SELECT * FROM persons WHERE id = #{id}
</select>
    <insert id="insert" parameterType="Person" useGeneratedKeys="true" keyProperty="id">
```

```
                INSERT INTO persons (name) VALUES (#{name});
        </insert>
        <update id="update" parameterType="Person">
                UPDATE persons
                SET name = #{name}
                WHERE id = #{id}
        </update>
        <delete id="delete" parameterType="int">
                DELETE from persons WHERE id = #{id}
        </delete>
        </mapper>
```

9）最后在 src/com/hmkcode 目录下创建测试类 Main.java，Main.java 代码如下。

```java
package com.hmkcode;
import java.util.List;
import com.hmkcode.mybatis.MyBatisConnectionFactory;
import com.hmkcode.dao.PersonDAO;
import com.hmkcode.vo.Person;
public class Main {
        public static void main(String args[]){
ClassPathXmlApplicationContext("com/hmkcode/config/spring-config.xml");
                PersonDAO personDAO = new PersonDAO(MyBatisConnectionFactory.getSqlSessionFactory());
                Person person = new Person();
                person.setName("Person 1");
                personDAO.insert(person);
                person.setName("Person 2");
                int id = personDAO.insert(person);
                personDAO.selectById(id);
                List<Person> persons = personDAO.selectAll();
                for(int i = 0; i < persons.size(); i++){
                        persons.get(i).setName("Person Name "+i);
                        personDAO.update(persons.get(i));
                }
                persons = personDAO.selectAll();
        }
}
```

10）运行 Main.java，结果如图 8-22 所示。

```
insert(id: 5 Name: Person 1) --> 5
insert(id: 6 Name: Person 2) --> 6
selectById(1) --> id: 1 Name: Person Name 0
selectAll() --> [id: 1 Name: Person Name 0, id: 2 Name: Person Name 1, id: 3 Name: Person Name 2, id: 4 Name: Person Name 3, id: 5 Name:
update(id: 1 Name: Person Name 0) --> updated
update(id: 2 Name: Person Name 1) --> updated
update(id: 3 Name: Person Name 2) --> updated
update(id: 4 Name: Person Name 3) --> updated
update(id: 5 Name: Person Name 4) --> updated
```

图 8-22　运行结果

第9章　Java EE 综合案例 1（SSH）

在实际开发中，不乏有大量的显示代码和业务逻辑混淆在一起的情况，彼此嵌套，导致程序的维护和扩展受限。当业务需求发生变化时，这对于程序员和 UI 工程师都是一个很重的负担。为了提高程序的维护性和扩展性，就需要使用 Java EE 相关技术来进行项目开发。而 Java EE 是一门实验性很强的课程，因此设置 Java EE 架构与开发课程的实验是非常重要的。我们可以通过实验掌握 Java EE 平台的理论与方法，学会应用研究各种轻量级框架技术，针对不同的问题选择合适的框架技术，提高 Java EE 平台的开发能力和动手实验的技能。

本章在 MyEclipse、Tomcat、MySQL 等开发工具下，设计了一个基于 SSH 框架的课程辅导教学系统，主要功能模块包括：用户的注册、不同用户身份验证登录、信息维护、作业下载与提交、发布作业信息与学习资料管理等。主要工具 MyEclipse 搭建 SSH 框架，Tomcat 负责开发和调试 JSP 程序与响应页面的访问请求，MySQL 建立数据库以实现课程辅导教学系统的各个功能。SSH 集成开发中，Struts 为表示层主要负责控制使用，Hibernate 为持久层负责操作数据库，Spring 为业务逻辑层解耦业务使用。本章着重介绍了系统数据库从分析到设计最后到实现的全过程，给出了系统的设计和技术实现的过程，特别在细节上分析了 SSH 框架下 Web 应用程序开发的关键技术。

本章要点：
- 了解 Java EE 课程设计要求。
- 掌握 Java EE 集成框架开发过程。
- 掌握 Java EE 模块化开发步骤。
- 熟悉 Java EE 中 SSH 框架的综合应用。
- 熟悉后台数据库的设计原理。

9.1　设计简述

本综合案例设计使用了一套基于 SSH 的课程辅导教学系统，它采用模块化方式来开发，完成具有不同用户身份验证登录，上机代码的上传与下载，作业下载与提交，上机实验演示系统（包括视频演示与 PPT 演示），发布作业信息与学习资料管理，信息维护等相关功能的 Web 应用程序。

对于这套系统的基本要求如下：
- 完成 PPT 的上传和下载功能。
- 完成作业下载与提交。
- 完成上机实验演示系统。
- 完成发布留言讨论功能。
- 完成发布系统公告功能。
- 完成信息维护。

- 完成不同用户身份的验证登录，管理员、老师、学生登录后进入不同界面，能够使用不同功能，管理不同信息。

其中，管理员负责老师信息管理、学生信息管理和公告管理，同时可以修改自己的登录密码。老师账号和学生账号必须由管理员导入后才能进行登录。老师可以进行教学资料管理、教学视频管理、信息交流管理、布置作业管理和个人信息管理。学生可以进行作业下载、作业管理和个人信息修改。

9.2 需求分析

项目需求分析是一个项目的开端，也是项目建设的基石。在以往建设失败的项目中，大多数是由于需求分析的不明确而造成的。需求分析是分析系统在功能上需要"实现什么"，而不是考虑如何去"实现"。需求分析的目标是把用户对待开发软件提出的"要求"或"需要"进行分析与整理，确认后形成描述完整、清晰与规范的文档，确定软件需要实现哪些功能、完成哪些工作。

9.2.1 功能性描述

课程辅导教学系统旨在解决老师和学生通过系统进行教与学，在系统帮助下进行学习或辅导教学的问题。主要实现教学资料（包括 PPT）和视频的上传、下载以及在线浏览，作业的发布和提交，教师和学生的交流以及学生和学生之间的交流等功能。本系统使用管理员、老师、学生三种不同的用户身份验证登录，不同的用户身份权限不同。整个系统主要由老师信息管理、学生信息管理、系统公告管理、教学资料管理、教学视频管理、信息交流管理、作业信息管理和个人信息管理等模块组成。其具体功能如下。

- 老师信息管理和学生信息管理：由管理员进行管理，可以对老师和学生的各类信息进行增加、删除操作。只有老师或学生的信息被管理员增加到系统中后，该教师或学生才能登录本系统。
- 系统公告管理：由管理员进行管理，对系统公告进行增加、删除操作。
- 教学资料管理和教学视频管理：由老师进行操作，对 PPT、视频、文本文档或其他文件进行上传和删除操作。视频上传后，学生可以进行下载或在线播放。
- 信息交流管理：由老师进行管理，可以发布留言信息，也可以对自己或学生发布的留言信息进行删除操作。
- 作业信息管理：由老师和学生共同管理。老师可以发布作业任务并上传相关附件，也可以删除作业任务。老师上传作业任务后，学生可以下载或在线浏览作业任务。学生完成作业任务，可以通过系统将作业上传。这时老师能够查看学生提交的作业任务信息，并给出评语，同时可以删除学生完成的作业任务。
- 登录密码管理：对自己可以在验证旧密码成功之后，修改新密码。
- 个人信息管理：除管理员可以对所有老师和学生用户的信息进行管理外，老师或学生也可以对自己的个人信息进行修改。

9.2.2 设计思想

在平台系统功能设计的过程当中，所遵循的思想为：

- 为了满足多数用户浏览网页的习惯，可以利用 SSH 当中的 MVC 模式，彻底分开前台页面的处理和后台服务器的操作。
- 采用面向对象技术能对整个系统进行高度和准确抽象。这是整个 Java 语言的特点。
- 划分系统，分成若干个小的功能块，有利于代码的重载、简化设计和实现过程。
- 将系统的界面设计得简单友好，使用户能够快速操作。
- 为了更加全面地满足用户的需求，有任何可能需要修改进步的地方，都要很细致地完成修改，达到用户的设计需求。

9.2.3 系统功能结构

根据系统功能需求，把整个系统划分成几个功能模块：管理员、学生和老师模块。系统的功能模块如图 9-1 所示。

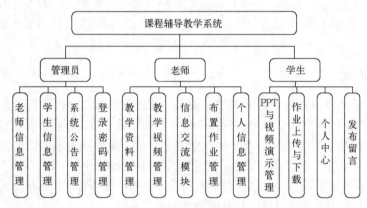

图 9-1　平台系统功能模块图

9.3　搭建开发环境

本系统采用 SSH 框架架构。SSH 集成开发中，Struts 为表示层主要负责控制使用，Hibernate 为持久层负责操作数据库，Spring 为业务逻辑层用于各层解耦业务使用。

1）在 MySQL 中建立数据库 db_javaxc 和各个对应的表，并在表中添加相关信息。

2）在 MyEclipse 中建立 Web 项目 javaxc。给项目添加 Spring 核心容器。使用了版本较高的 MyEclipse，所以自带 Spring 包，可以直接添加。右击项目名称选择 MyEclipse→Project Facts [Capabilities]→Install Spring Facet。然后选择 Spring 版本和服务器运行环境配置，配置 Spring，选择 Spring 包，即可将 Spring 容器添加完毕。

3）给项目添加 Hibernate 框架。添加 Hibernate 框架之前要先将 MyEclipse 链接数据库，正确填写相关信息，并使用 mysql.jar 即可链接成功。Hibernate 框架也可以在 MyEclipse 中直接添加。右击项目名称选择 MyEclipse→Project Facts [Capabilities]→Install Hibernate Facet，选择 Hibernate 版本运行时信息，即可添加成功。

4）给项目添加 Struts 框架。同样的，右击项目名称选择 MyEclipse→Project Facets [Capabilities]→Install Apache Struts (2.x) Facet 添加 Struts，配置 Struts2，选择 Spring 包。

5）生成数据库表对应的 Java 类对象和映射文件。打开前面创建的 MySQL 链接，对每个表启动 Hibernate Reverse Engineering 向导，从已有的数据库表生成对应的 POJO 对象及映射文件。

6）分别在 src 目录下创建各个类文件，并修改 web.xml、applicationContext.xml、struts.xml 等配置文件。添加 JSP 页面，在每个 JSP 页面对用户进行拦截操作。将系统部署到 Tomcat 中，在浏览器中输入 URL 即可显示界面。至此，整个开发过程结束。

9.4 功能流程设计方案

本节将会对设计中各个界面关系、数据库设计以及各种业务流程做详细阐述。

9.4.1 各模块关系流程

1．设计界面关系

在分析完项目设计的功能后，需要对整个程序的界面逻辑业务进行构思。一个好的程序不仅要有严格的体系，更要有友好的界面业务逻辑，这样才能让用户更方便地使用产品。课程辅导教学系统的界面关系如图 9-2 所示。

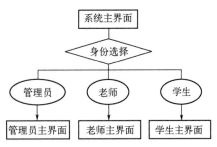

图 9-2　课程辅导教学界面关系图

在系统主页面首先要选择身份登录，不同的身份意味着有不同的操作权限，因此，在身份的选择上，本系统提供了三种：管理员、老师和学生。选择相对应的身份，方可进入相应的操作界面。

2．用户登录流程

用户登录需要输入信息验证，信息包括用户名和密码。校验的根据是输入的内容是否与先前存储在数据库中的信息一致，换句话说就是是否与注册的信息一致。当校验成功后，会有验证码验证环节，成功输对验证码后方可登录成功，否则其他情况一律失败。用户登录流程图如图 9-3 所示。

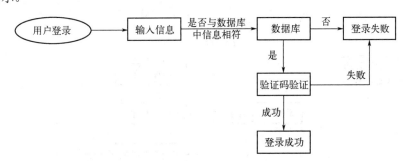

图 9-3　用户登录流程图

3．老师信息管理和学生信息管理流程

用户的信息管理方式基本都是一样的，这里主要包含两大功能：信息添加与信息管理。信息添加需要注意所添加的内容是否符合相关要求，只有全部符合才会被成功写到数据库中。信息管理主要做的工作就是查询和删除，流程图如图 9-4、图 9-5 所示。

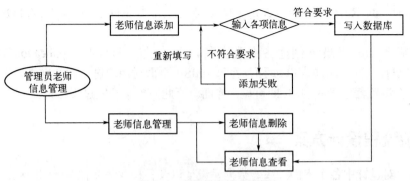

图 9-4　老师信息管理流程

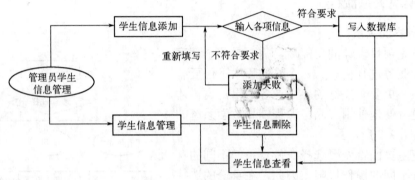

图 9-5　学生信息管理流程

4．系统公告管理流程

系统公告管理与信息管理逻辑相似，同样分为两大板块：公告添加和公告管理。不同于信息管理的是，它添加了清空信息项和返回学生主界面的操作。具体流程如图 9-6 所示。

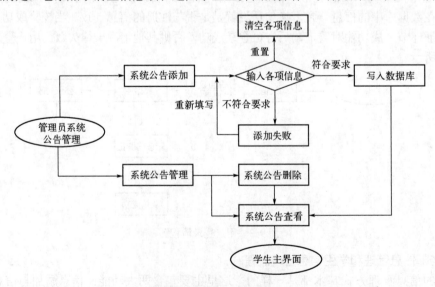

图 9-6　系统公告管理流程

5．教学资料管理和教学视频管理流程

教学资料管理和视频管理流程图如图 9-7、图 9-8 所示。

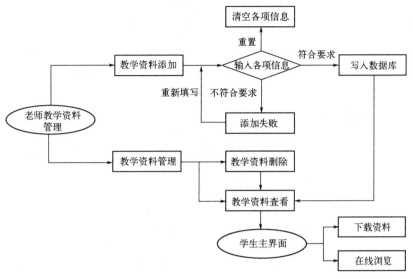

图 9-7　教学资料管理流程图

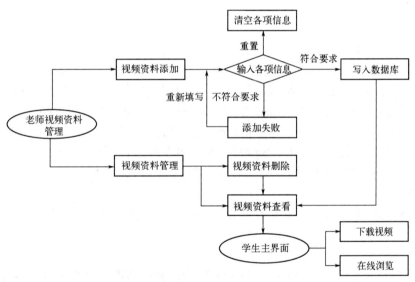

图 9-8　视频资料管理流程图

6. 信息交流管理流程

在信息交流管理模块中，学生必须登录后才能上传留言，而处理这些留言是由老师信息交流模块处理的。方式包括删除和回复，具体流程如图 9-9 所示。

7. 作业信息管理流程

作业信息管理模块较为复杂，对于学生而言，操作权限仅限于作业的下载和上传。对于老师而言，操作权限包括布置作业、评作业以及作业信息发布。具体流程如图 9-10 所示。

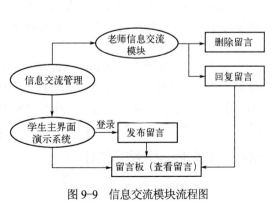

图 9-9　信息交流模块流程图

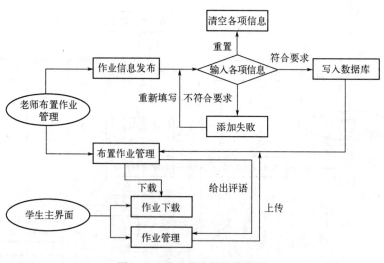

图9-10 作业信息管理流程图

9.4.2 类设计

（1）Action 类

action 包里主要有 adminAction、docAction、gonggaoAction、indexAction 等类。它们的作用大致相同。action 类在 Struts2 中承担了 Model 的角色，主要用于处理业务逻辑并存放 HTTP 请求处理过程中各个变量的值。Action 充当着 MVC 中模型的角色，也就是 Action 既封装了业务数据，又要处理业务功能。在 Struts2 中，作为 action 的 Java 类不需要继承任何父类，也不需要实现任何接口。只要包含一个叫作 execute() 的方法，同时该 execute() 方法返回类型为 String，那么这个 Java 类就可以作为 Struts2 应用程序中的 action 类而出现。这么做的原因很明显：降低了应用程序代码和 Struts 代码之间的耦合，让应用代码更加独立。

（2）Service 类

即 loginService 类。Service 层是业务层，做相应的业务逻辑处理，引用对应的 DAO 层数据库操作。

（3）DAO 类

DAO 包里主要有 TadminDAO、TdocDAO、TgonggaoDAO、TLiuyanDAO、TShipinDAO 等类。DAO 层负责数据库访问，在系统中，当需要和数据源进行交互的时候则使用这个接口，并且编写一个单独的类来实现这个接口，这个单独的类就是 DAO 类。DAO 层处理的应该是对象关系相互转换的工作，它需要的是一个连接对象。

（4）Model 类

model 包里主要有 Tadmin、Tdoc、Tgonggao、TLiuyan、TShipin 等类。Model 层，代表模型，从已有的数据库表生成对应的 POJO 对象及映射文件。Model 层里面的一个类对应数据库里面的一张表，类里面的每一个属性对应表里面的一个字段，每个属性都有自己的 GET 和 SET 方法，项目中的数据存取都要依靠 GET 和 SET 方法来实现。

9.4.3 数据库逻辑结构设计

为了提高整个系统的质量和效率，有必要设计出好的数据库。需要进行数据的存储收集、检索整理和更新加工等。规划数据后，进行需求分析，设计出数据概念，分析数据逻辑，最后物理实现。这就是核心数据库的开发设计过程。

数据库对应着特定独立的数据库概念模型。具体使用本平台的用户，根据需要将得到不同的关系模型，有学生用户、老师用户和管理员用户等。如图 9-11 所示，内容包含管理员注册的相关信息。

#	Field	Schema	Table	Type	Character Set	Display Size	Precision	Scale
1	userId	db_javaxc	t_admin	INT	binary	11	1	0
2	userName	db_javaxc	t_admin	VARCHAR	utf8	66	5	0
3	userPw	db_javaxc	t_admin	VARCHAR	utf8	55	5	0

图 9-11　管理员用户信息表

老师用户信息表如图 9-12 所示，内容包含老师用户在系统中的基本信息。

#	Field	Schema	Table	Type	Character Set	Display Size	Precision	Scale
1	tea_id	db_javaxc	t_tea	INT	binary	11	1	0
2	tea_bianhao	db_javaxc	t_tea	VARCHAR	utf8	66	4	0
3	tea_realna...	db_javaxc	t_tea	VARCHAR	utf8	55	6	0
4	tea_sex	db_javaxc	t_tea	VARCHAR	utf8	50	3	0
5	tea_age	db_javaxc	t_tea	VARCHAR	utf8	50	2	0
6	login_name	db_javaxc	t_tea	VARCHAR	utf8	50	4	0
7	login_pw	db_javaxc	t_tea	VARCHAR	utf8	50	6	0
8	del	db_javaxc	t_tea	VARCHAR	utf8	50	2	0

图 9-12　老师用户信息表

学生用户信息表如图 9-13 所示，内容包含学生用户在系统中的基本信息。

#	Field	Schema	Table	Type	Character Set	Display Size	Precision	Scale
1	stu_id	db_javaxc	t_stu	INT	binary	11	1	0
2	stu_xuehao	db_javaxc	t_stu	VARCHAR	utf8	66	7	0
3	stu_realname	db_javaxc	t_stu	VARCHAR	utf8	50	9	0
4	stu_sex	db_javaxc	t_stu	VARCHAR	utf8	50	3	0
5	stu_age	db_javaxc	t_stu	VARCHAR	utf8	55	2	0
6	login_pw	db_javaxc	t_stu	VARCHAR	utf8	50	6	0
7	zhuangtai	db_javaxc	t_stu	VARCHAR	utf8	50	1	0
8	del	db_javaxc	t_stu	VARCHAR	utf8	50	2	0

图 9-13　学生用户信息表

作业内容信息表如图 9-14 所示，内容包含作业内容在系统中的相关信息。

#	Field	Schema	Table	Type	Character Set	Display Size	Precision	Scale
1	id	db_javaxc	t_zuoyes	INT	binary	11	1	0
2	mingcheng	db_javaxc	t_zuoyes	VARCHAR	utf8	50	7	0
3	fujian	db_javaxc	t_zuoyes	VARCHAR	utf8	50	25	0
4	tijiaoshi	db_javaxc	t_zuoyes	VARCHAR	utf8	50	16	0
5	stuId	db_javaxc	t_zuoyes	INT	binary	11	1	0
6	zuoyetId	db_javaxc	t_zuoyes	INT	binary	11	1	0
7	huifu	db_javaxc	t_zuoyes	VARCHAR	utf8	255	0	0

#	Field	Schema	Table	Type	Character Set	Display Size	Precision	Scale
1	id	db_javaxc	t_zuoyet	INT	binary	11	1	0
2	mingcheng	db_javaxc	t_zuoyet	VARCHAR	utf8	50	28	0
3	fujian	db_javaxc	t_zuoyet	VARCHAR	utf8	50	25	0
4	beizhu	db_javaxc	t_zuoyet	VARCHAR	utf8	255	12	0
5	fabushi	db_javaxc	t_zuoyet	VARCHAR	utf8	50	16	0
6	tea_id	db_javaxc	t_zuoyet	INT	binary	11	1	0

图 9-14　作业内容信息表

教学视频内容信息表如图 9-15 所示，内容包含教学内容在系统中的相关信息。

#	Field	Schema	Table	Type	Character Set	Display ...	Precision	Scale
1	shipin_id	db_javaxc	t_shipin	INT	binary	11	1	0
2	shipin_name	db_javaxc	t_shipin	VARCHAR	utf8	66	4	0
3	shipin_jianjie	db_javaxc	t_shipin	VARCHAR	utf8	2000	0	0
4	fujian	db_javaxc	t_shipin	VARCHAR	utf8	55	25	0
5	fujianYuanshiming	db_javaxc	t_shipin	VARCHAR	utf8	2000	12	0
6	shijian	db_javaxc	t_shipin	VARCHAR	utf8	50	10	0
7	del	db_javaxc	t_shipin	VARCHAR	utf8	50	2	0

图 9-15　教学视频内容信息表

教学资料信息表如图 9-16 所示，包含教学资料内容在系统中的相关信息。

#	Field	Schema	Table	Type	Character Set	Display Size	Precision	Scale
1	id	db_javaxc	t_doc	INT	binary	11	1	0
2	mingcheng	db_javaxc	t_doc	VARCHAR	utf8	66	6	0
3	fujian	db_javaxc	t_doc	VARCHAR	utf8	50	25	0
4	fujianYuanshiming	db_javaxc	t_doc	VARCHAR	utf8	55	10	0
5	shijian	db_javaxc	t_doc	VARCHAR	utf8	50	10	0
6	del	db_javaxc	t_doc	VARCHAR	utf8	50	2	0

图 9-16　教学资料信息表

留言信息表如图 9-17 所示，内容包含学生用户留言内容的相关信息。

#	Field	Schema	Table	Type	Character Set	Display Size	Precision	Scale
1	id	db_javaxc	t_liuyan	INT	binary	11	1	0
2	neirong	db_javaxc	t_liuyan	VARCHAR	utf8	2000	33	0
3	liuyanshi	db_javaxc	t_liuyan	VARCHAR	utf8	55	16	0
4	stu_id	db_javaxc	t_liuyan	INT	binary	11	1	0
5	huifu	db_javaxc	t_liuyan	VARCHAR	utf8	2000	41	0
6	huifushi	db_javaxc	t_liuyan	VARCHAR	utf8	50	16	0

图 9-17　留言信息表

公告内容信息表如图 9-18 所示，包含了系统中公告内容的基本信息。

#	Field	Schema	Table	Type	Character Set	Display Size	Precision	Scale
1	gonggao_id	db_javaxc	t_gonggao	INT	binary	11	1	0
2	gonggao_title	db_javaxc	t_gonggao	VARCHAR	utf8	55	21	0
3	gonggao_content	db_javaxc	t_gonggao	VARCHAR	utf8	5000	36	0
4	gonggao_data	db_javaxc	t_gonggao	VARCHAR	utf8	55	19	0
5	gonggao_del	db_javaxc	t_gonggao	VARCHAR	utf8	50	0	0

图 9-18　公告内容信息表

9.5　平台功能实现

完成了平台的需求分析和平台系统的设计之后，急需要进行下一步的内容——平台功能的实现。将这些各个阶段的工作成果完成物理编写，实现每个功能。本系统采用典型的 SSH2架构。

9.5.1　创建项目工程

在 MyEclipse 2017 中新建 Java Web 项目，主要步骤如下：
1）创建数据库和表。
2）添加 Spring 核心容器。
3）添加 Hibernate 框架。
4）添加 Struts 框架。

5）集成 Spring 与 Struts2 框架。

项目 src 目录中各包放置代码用途如下。

● com.action：放置 Struts 2 的 Action 控制模块。

● com.dao：放置 DAO 实现类。

● com.model：放置 POJO 类及映射文件。

● com.service：放置业务逻辑实现类。

● com.util：放置公用的工具类。

9.5.2　三层架构开发

1．创建数据库和数据表

利用 Navicat 工具，连接到 MySQL，创建好名为 db_javaxc 的数据库，然后按照系统数据库设计中的设计图，新建表 t_admin、t_doc、t_gonggao、t_liuyan、t_shipin、t_stu、t_tea、t_zuoyes、t_zuoyet，然后向表中添加数据，如图 9-19 所示。

图 9-19　MySQL 中 db_javaxc 数据库表

2．在 MyEclipse 中连接 MySQL 数据库

启动 MyEclipse 2014，选择 Window→Open Perspective→MyEclipse Database Explorer 菜单项，打开 MyEclipse 中 DB Browser 浏览器，右击菜单，如图 9-20 所示。

接下来选择 MyEclipse Derby，右击选择 New，将弹出 DatabaseDriver 窗口，如图 9-21 所示。在 DatabaseDriver 窗口内，将有几行对话框，其代表意思与输入数据如下：

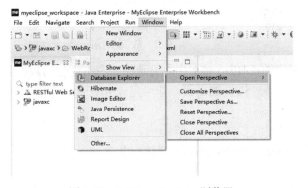

图 9-20　DatabaseExplorer 浏览器

图 9-21　新建连接数据库

1）Drivertemplate：选择数据库驱动模板。

2）DriverName：定义数据库连接名称。这里命名为 MySQL。

3）ConnectionURL：定义数据库的连接 URL。如图 9-22 所示，因为采用的是 MySQL 数据库，而且是 JDBC 的方法，所以前面为 jdbc: mysql: //localhost:3306/要连接的数据库名字（本案例为 db_javaxc），所以最终 URL 为 dbc:mysql: //localhost: 3306/db_ javaxc。

4）Username：定义登录数据库的用户名。一般为 root。

5）Password：输入登录的用户密码。之前配置 MySQL 所输入的密码。本案例为 226485。

6）DriverJARs：定义连接数据库采用的 JAR包。需要导入数据库驱动程序，在案例资源包里有，

图 9-22　连接数据库

单击 AddJARs，导入 mysql-connector-java-5.1.13-bin.jar，如图 9-23 所示。

7）Driverclassname：选择数据库连接驱动的类名称。完成上述步骤，自动生成。如图 9-24 所示，至此，数据库 Driver 配置完成。

图 9-23　导入数据库驱动

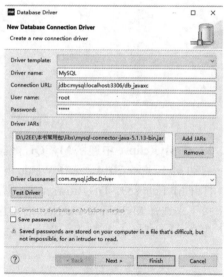

图 9-24　数据库 Driver 配置结束

完成数据库 Driver 配置后，需要在左侧的 DBBrowser 中打开连接，右击创建的数据库，此处为 MySQL，选择 Openconnection。输入 MySQL 的密码，即可完成 MyEclipse 对 MySQL 数据库的连接。如图 9-25、图 9-26 所示。

3. 创建 Web 项目，进行 SSH 集成开发

在 MyEclipse2017 中，选择菜单 File→new→Web Project，新建一个 javaxc 的项目。

（1）添加 Spring

右击项目名称，选择 MyEclipse→ProjectFacets[Capabilities]→InstallSpringFacet 命令，然后

进入选择 Spring 版本和服务器运行环境配置界面。如图 9-27、图 9-28 所示。

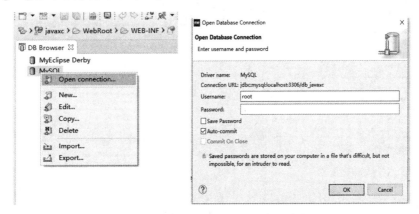

图 9-25　打开数据库连接并输入数据库密码

图 9-26　连接完成后数据库展示

图 9-27　Spring 版本选择

（2）添加 Hibernate

首先需要创建数据库连接，然后添加 Hibernate。MyEclipse 连接 MySQL 数据库在上面有详细步骤。连接后，右击项目名称，选择 MyEclipse→ProjectFacts[Capabilities]→InstallHibernateFacet 命令，如图 9-29、图 9-30、图 9-31 所示。

图 9-28　配置 Spring 信息

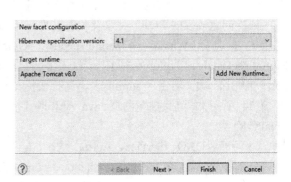

图 9-29　Hibernate 版本选择

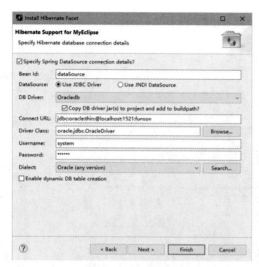
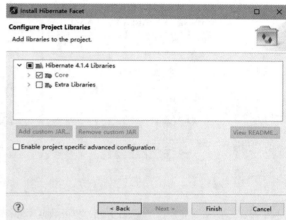

图 9-30　选择数据源　　　　　　　　　　　　图 9-31　选择 Hibernate 包

（3）添加 Struts

右击项目名称，选择 MyEclipse→ProjectFacets[Capabilities]→InstallApacheStruts(2.x)Facet 命令添加 Struts。单击 Next，进入配置界面，选择 Struts 版本和运行信息对话框，如图 9-32 所示。单击 Next，进入配置界面，如图 9-33 所示。

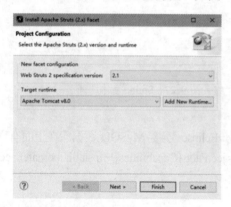

图 9-32　选择 Struts 版本和运行环境　　　　　　　　图 9-33　配置 Struts

（4）生成数据库对应的 Java 类对象和映射生成文件

依次创建各表的 POJO 对象及映射文件。下面以 t_admin 表创建实例，其他表类似。从主菜单栏中选择 Window→OpenPerspective→Other→MyEclipseDatabaseExplorer 命令，打开 MyEclipseDatabaseExplorer 视图。打开前面创建的 MySQL 数据连接，选择 MySQL→dbo→TABLE 项，右击 t_admin 表，选择快捷菜单中的 HibernateReverseEngineering 命令，如图 9-34 所示。然后选择生成 Java 类和映像文件所在的位置，生成 Hibernate 映射文件和 JavaPOJO 类。

（5）创建 DAO、Service、Action 类

分别在 src 目录下创建 com.action、com.dao、com.model、com.service 和 com.util 五个包，然后分别在五个包中新建各个类文件（完整详细代码在案例资源包）。

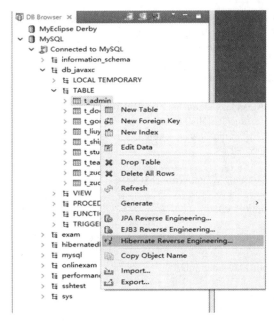

图 9-34　Hibernate 反向工程

com.action 包中 adminAction.java 文件代码如下：

```java
package com.action;
import java.util.List;
import java.util.Map;
import org.apache.struts2.ServletActionContext;
import com.dao.TAdminDAO;
import com.model.TAdmin;
import com.opensymphony.xwork2.ActionSupport;
public class adminAction extends ActionSupport
{
        private int userId;
        private String userName;
        private String userPw;
        private String message;
        private String path;
        private int index=1;
        private TAdminDAO adminDAO;

        public String adminAdd()
        {
                TAdmin admin=new TAdmin();
                admin.setUserName(userName);
                admin.setUserPw(userPw);
                adminDAO.save(admin);
                this.setMessage("操作成功");
                this.setPath("adminManage.action");
                return "succeed";
        }
public String adminManage()
        {
                List adminList=adminDAO.findAll();
```

```java
                Map request=(Map)ServletActionContext.getContext().get("request");
                request.put("adminList", adminList);
                return ActionSupport.SUCCESS;
        }
                public String adminDel()
        {
                adminDAO.delete(adminDAO.findById(userId));
                this.setMessage("删除成功");
                this.setPath("adminManage.action");
                return "succeed";
        }
                public TAdminDAO getAdminDAO()
        {
                return adminDAO;
        }
        public void setAdminDAO(TAdminDAO adminDAO)
        {
                this.adminDAO = adminDAO;
        }
public String getMessage()
        {
                return message;
        }
        public int getIndex()
        {
                return index;
        }
        public void setIndex(int index)
        {
                this.index = index;
        }
        public void setMessage(String message)
        {
                this.message = message;
        }
        public String getPath()
        {
                return path;
        }
public void setPath(String path)
        {
                this.path = path;
        }
public int getUserId()
        {
                return userId;
        }
        public void setUserId(int userId)
        {
                this.userId = userId;
        }
        public String getUserName()
        {
                return userName;
        }
```

```
public void setUserName(String userName)
{
        this.userName = userName;
}
public String getUserPw()
{
        return userPw;
}
public void setUserPw(String userPw)
{
        this.userPw = userPw;
}
}
```

其中 com.dao 包中 TAdminDAO.java 文件代码如下：

```
package com.dao;
import java.util.List;
import org.apache.commons.logging.Log;
import org.apache.commons.logging.LogFactory;
import org.hibernate.LockMode;
import org.springframework.context.ApplicationContext;
Importorg.springframework.orm.hibernate3.support.HibernateDaoSupport;
import com.model.TAdmin;
public class TAdminDAO extends HibernateDaoSupport {
        private static final Log log = LogFactory.getLog(TAdminDAO.class);
        // 属性常数
        public static final String USER_NAME = "userName";
        public static final String USER_PW = "userPw";
        protected void initDao() {
        }
public void save(TAdmin transientInstance) {
                log.debug("saving TAdmin instance");
                try {
                getHibernateTemplate().save(transientInstance);
        log.debug("save successful");
                } catch (RuntimeException re) {
                log.error("save failed", re);
                throw re;
                }
        }
        public void delete(TAdmin persistentInstance) {
                log.debug("deleting TAdmin instance");
                try {
                getHibernateTemplate().delete(persistentInstance);
                log.debug("delete successful");
                } catch (RuntimeException re) {
                log.error("delete failed", re);
                throw re;
                }
        }
        public TAdmin findById(java.lang.Integer id) {
                log.debug("getting TAdmin instance with id: " + id);
                try {
                        TAdmin instance = (TAdmin) getHibernateTemplate().get(
                                "com.model.TAdmin", id);
```

```java
                    return instance;
            } catch (RuntimeException re) {
                    log.error("get failed", re);
                    throw re;
            }
    }
    public List findByExample(TAdmin instance) {
            log.debug("finding TAdmin instance by example");
            try {
                    List results = getHibernateTemplate().findByExample(instance);
            log.debug("find by example successful, result size: "     + results.size());
                    return results;
            } catch (RuntimeException re) {
            log.error("find by example failed", re);
            throw re;
            }
    }
    public List findByProperty(String propertyName, Object value) {
            log.debug("finding TAdmin instance with property: " + propertyName
            + ", value: " + value);
            try {
                    String queryString = "from TAdmin as model where model."+propertyName + "= ?";
                    return getHibernateTemplate().find(queryString, value);
            } catch (RuntimeException re) {
                    log.error("find by property name failed", re);
            throw re;
            }
    }
    public List findByUserName(Object userName) {
            return findByProperty(USER_NAME, userName);
    }
    public List findByUserPw(Object userPw) {
            return findByProperty(USER_PW, userPw);
    }
    public List findAll() {
            log.debug("finding all TAdmin instances");
            try {
            String queryString = "from TAdmin";
                    return getHibernateTemplate().find(queryString);
            } catch (RuntimeException re) {
            log.error("find all failed", re);
            throw re;
            }
    }
    public TAdmin merge(TAdmin detachedInstance) {
            log.debug("merging TAdmin instance");
            try {
    TAdmin result = (TAdmin) getHibernateTemplate().merge(detachedInstance);
            log.debug("merge successful");
            return result;
            } catch (RuntimeException re) {
            log.error("merge failed", re);
            throw re;
            }
    }
```

```
            public void attachDirty(TAdmin instance) {
                    log.debug("attaching dirty TAdmin instance");
                    try {
                            getHibernateTemplate().saveOrUpdate(instance);
                    log.debug("attach successful");
                    } catch (RuntimeException re) {
                    log.error("attach failed", re);
                    throw re;
                    }
            }
    public void attachClean(TAdmin instance) {
                    log.debug("attaching clean TAdmin instance");
                    try {
                            getHibernateTemplate().lock(instance, LockMode.NONE);
                    log.debug("attach successful");
                    } catch (RuntimeException re) {
                    log.error("attach failed", re);
                    throw re;
                    }
            }
            public static TAdminDAO getFromApplicationContext(ApplicationContext ctx) {
                    return (TAdminDAO) ctx.getBean("TAdminDAO");
            }
    }
```

其中 com. Service 包中 loginService.java 文件代码如下：

```
package com.service;
import java.util.List;
import javax.servlet.http.HttpSession;
import org.directwebremoting.WebContext;
import org.directwebremoting.WebContextFactory;
import com.dao.TAdminDAO;
import com.dao.TStuDAO;
import com.dao.TTeaDAO;
import com.model.TAdmin;
import com.model.TStu;
import com.model.TTea;
public class loginService{
        private TAdminDAO adminDAO;
        private TStuDAO stuDAO;
        private TTeaDAO teaDAO;
        public TAdminDAO getAdminDAO()
        {
                return adminDAO;
        }
        public void setAdminDAO(TAdminDAO adminDAO)
        {
                this.adminDAO = adminDAO;
        }
        public TStuDAO getStuDAO()
        {
                return stuDAO;
        }
        public void setStuDAO(TStuDAO stuDAO)
        {
```

```java
                this.stuDAO = stuDAO;
        }
        public TTeaDAO getTeaDAO()
        {
                return teaDAO;
        }
public void setTeaDAO(TTeaDAO teaDAO)
        {
                this.teaDAO = teaDAO;
        }
        public String login(String userName,String userPw,int userType){
                System.out.println("userType"+userType);
                try{
                Thread.sleep(700);
                } catch (InterruptedException e){
                // TODO 自动生成代码块
                e.printStackTrace();
                }
                String result="no";
                if(userType==0) {//系统管理员登录
                        String sql="from TAdmin where userName=? and userPw=?";
Object[] con={userName.trim(),userPw.trim()};
        List adminList=adminDAO.getHibernateTemplate().find(sql,con);
                if(adminList.size()==0){
                result="no";
                }else {                                         WebContext ctx = WebContextFactory.get();
        HttpSession session=ctx.getSession();
        TAdmin admin=(TAdmin)adminList.get(0);                 session.setAttribute("userType", 0);
                        session.setAttribute("admin", admin);
                        result="yes";
                }
        }
                if(userType==1) {//老师登录
                        String sql="from TTea where loginName=? and loginPw=? and del='no'";
                        Object[] con={userName.trim(),userPw.trim()};
        List teaList=teaDAO.getHibernateTemplate().find(sql,con);
                if(teaList.size()==0){
                result="no";
                }else{
                        WebContext ctx = WebContextFactory.get();
                HttpSession session=ctx.getSession();
                        TTea tea=(TTea) teaList.get(0);
                session.setAttribute("userType", 1);
                                session.setAttribute("tea", tea);
                                result="yes";           }
                }
        {
                        String sql="from TTea where loginName=? and loginPw=? and del='no'";
                        Object[] con={userName.trim(),userPw.trim()};
                        List teaList=teaDAO.getHibernateTemplate().find(sql,con);
                if(teaList.size()==0){                                          result="no";
                }else{
                                WebContext ctx = WebContextFactory.get();
                HttpSession session=ctx.getSession();
                TTea tea=(TTea) teaList.get(0);
```

```
                                session.setAttribute("userType", 1);
                                    session.setAttribute("tea", tea);
                                    result="yes";
                    }
                    }
        if(userType==2)//学生登录{
                        String sql="from TStu where stuXuehao=? and loginPw=? and del='no' and zhuangtai='b'";
                                Object[] con={userName.trim(),userPw.trim()};
                    List stuList=stuDAO.getHibernateTemplate().find(sql,con);
                if(stuList.size()==0){
            result="no";
                }else{
                                        WebContext ctx = WebContextFactory.get();
                                        HttpSession session=ctx.getSession();
                        TStu stu=(TStu) stuList.get(0);
                                    session.setAttribute("userType", 2);
                                    session.setAttribute("stu", stu);
                                    result="yes";
                }
                }
                return result;
        }
    public String adminPwEdit(String userPwNew){
            System.out.println("DDDD");
        try {
            Thread.sleep(700);
        } catch (InterruptedException e){
            // TODO 自动生成代码块
            e.printStackTrace();
        }
        WebContext ctx = WebContextFactory.get();
        HttpSession session=ctx.getSession();
        TAdmin admin=(TAdmin)session.getAttribute("admin");
        admin.setUserPw(userPwNew);
        adminDAO.getHibernateTemplate().update(admin);
        session.setAttribute("admin", admin);
        return "yes";
    }
    public void logout(){
      WebContext ctx = WebContextFactory.get();
      HttpSession session=ctx.getSession();
      session.setAttribute("userType", null);
    }
}
```

（6）修改配置文件

1）修改 web.xml。除了自动生成的代码外，web.xml 代码修改如下：

```
……
<!-- 以下 3 项参数与 Log4j 的配置相关 -->
<context-param>
<param-name>log4jConfigLocation</param-name>
<param-value>classpath:log4j.properties</param-value>
</context-param>
<context-param>
```

```xml
<param-name>log4jRefreshInterval</param-name>
<param-value>60000</param-value>
</context-param>
<listener>
<listener-class>
 org.springframework.web.util.Log4jConfigListener
</listener-class>
</listener>
      <!-- end -->
<!-- struts2 相关配置 -->
<filter>
<filter-name>struts2</filter-name>
<filter-class>org.apache.struts2.dispatcher.ng.filter.StrutsPrepareAndExecuteFilter</filter-class>
</filter>
<filter-mapping>
<filter-name>struts2</filter-name>
<url-pattern>/*</url-pattern>
</filter-mapping>
<!-- DWR 相关配置 -->
<servlet>
<servlet-name>dwr-invoker</servlet-name>
<servlet-class>org.directwebremoting.servlet.DwrServlet</servlet-class>
<init-param>
<param-name>debug</param-name>
<param-value>true</param-value>
</init-param>
<init-param>
<param-name>activeReverseAjaxEnabled</param-name>
<param-value>true</param-value>
</init-param>
<init-param>
<param-name>initApplicationScopeCreatorsAtStartup</param-name>
<param-value>true</param-value>
</init-param>
<init-param>
<param-name>maxWaitAfterWrite</param-name>
<param-value>500</param-value>
</init-param>
<init-param>
<param-name>crossDomainSessionSecurity</param-name>
<param-value>false</param-value>
</init-param>
<load-on-startup>1</load-on-startup>
</servlet>
<servlet-mapping>
<servlet-name>dwr-invoker</servlet-name>
<url-pattern>/dwr/*</url-pattern>
</servlet-mapping>
```

2）修改 applicationContext.xml 如下：

```xml
<!--指明 Hibernate 配置文件的位置   -->
<bean id="dataSource"class="org.apache.commons.dbcp.BasicDataSource">
    <property name="driverClassName" value="com.mysql.jdbc.Driver">
        </property>
            <property name="url" value="jdbc:mysql://localhost:3306/db_javaxc">
```

```xml
            </property>
                <property name="username" value="root"></property>
                <property name="password" value="root"></property>
    </bean>
        <bean id="sessionFactory" class="org.springframework.orm.hibernate3.LocalSessionFactoryBean">
            <property name="dataSource">
            <ref bean="dataSource" />
        </property>
        <property name="hibernateProperties">
            <props>
                <prop key="hibernate.dialect">                    org.hibernate.dialect.SQLServerDialect
                </prop>
                <prop key="hibernate.show_sql">true</prop>
                </props>
        </property>
        <property name="mappingResources">
            <list>
                <value>com/model/TAdmin.hbm.xml</value>
                <value>com/model/TLiuyan.hbm.xml</value>
                <value>com/model/TGonggao.hbm.xml</value>
                <value>com/model/TTea.hbm.xml</value>
                <value>com/model/TStu.hbm.xml</value>
                <value>com/model/TDoc.hbm.xml</value>
                <value>com/model/TShipin.hbm.xml</value>
                <value>com/model/TZuoyet.hbm.xml</value>
                <value>com/model/TZuoyes.hbm.xml</value></list>
        </property>
    </bean>
        <!-- 后台的登录 -->
        <bean id="loginService" class="com.service.loginService">
            <property name="adminDAO">
                <ref bean="TAdminDAO" />
            </property>
            <property name="stuDAO">
                <ref bean="TStuDAO" />
            </property>
            <property name="teaDAO">
                <ref bean="TTeaDAO" />
            </property>
        </bean>
        <bean id="indexAction" class="com.action.indexAction" scope="prototype">
            <property name="gonggaoDAO">
                <ref bean="TGonggaoDAO" />
            </property>
        </bean>
        <bean id="TAdminDAO" class="com.dao.TAdminDAO">
            <property name="sessionFactory">
                <ref bean="sessionFactory" />
            </property>
        </bean>
        <bean id="adminAction" class="com.action.adminAction" scope="prototype">
            <property name="adminDAO">
                <ref bean="TAdminDAO" />
            </property>
        </bean>
```

```
<bean id="TTeaDAO" class="com.dao.TTeaDAO">
    <property name="sessionFactory">
        <ref bean="sessionFactory" />
    </property>
</bean>
<bean id="teaAction" class="com.action.teaAction" scope="prototype">
    <property name="teaDAO">
        <ref bean="TTeaDAO" />
    </property>
</bean>
<bean id="TStuDAO" class="com.dao.TStuDAO">
    <property name="sessionFactory">
        <ref bean="sessionFactory" />
    </property>
</bean>
<bean id="stuAction" class="com.action.stuAction" scope="prototype">
    <property name="stuDAO">
        <ref bean="TStuDAO" />
    </property>
</bean>
<bean id="TLiuyanDAO" class="com.dao.TLiuyanDAO">
    <property name="sessionFactory">
        <ref bean="sessionFactory" />
    </property>
</bean>
<bean id="liuyanAction" class="com.action.liuyanAction" scope="prototype">
    <property name="liuyanDAO">
        <ref bean="TLiuyanDAO" />
    </property>
</bean>
<bean id="TGonggaoDAO" class="com.dao.TGonggaoDAO">
    <property name="sessionFactory">
        <ref bean="sessionFactory"></ref>
    </property>
</bean>
<bean id="gonggaoAction" class="com.action.gonggaoAction" scope="prototype">
    <property name="gonggaoDAO">
        <ref bean="TGonggaoDAO" />
    </property>
</bean>
<bean id="TDocDAO" class="com.dao.TDocDAO">
    <property name="sessionFactory">
        <ref bean="sessionFactory" />
    </property>
</bean>
<bean id="docAction" class="com.action.docAction" scope="prototype">
    <property name="docDAO">
        <ref bean="TDocDAO" />
    </property>
</bean>
<bean id="TShipinDAO" class="com.dao.TShipinDAO">
    <property name="sessionFactory">
        <ref bean="sessionFactory" />
    </property>
</bean>
```

```xml
<bean id="shipinAction" class="com.action.shipinAction" scope="prototype">
    <property name="shipinDAO">
        <ref bean="TShipinDAO" />
    </property>
</bean>
<bean id="TZuoyetDAO" class="com.dao.TZuoyetDAO">
    <property name="sessionFactory">
        <ref bean="sessionFactory" />
    </property>
</bean>
<bean id="zuoyetAction" class="com.action.zuoyetAction" scope="prototype">
    <property name="zuoyetDAO">
        <ref bean="TZuoyetDAO" />
    </property>
</bean>
<bean id="TZuoyesDAO" class="com.dao.TZuoyesDAO">
    <property name="sessionFactory">
        <ref bean="sessionFactory" />
    </property>
</bean>
<bean id="zuoyesAction" class="com.action.zuoyesAction" scope="prototype">
    <property name="zuoyesDAO">
        <ref bean="TZuoyesDAO" />
    </property>
</bean>
</beans>
```

3）修改 struts.xml 如下：

```xml
<struts>
<package name="liu" extends="struts-default">
<global-results>
<result name="succeed">/common/succeed.jsp</result>
<result name="msg">/common/msg.jsp</result>
</global-results>
<action name="upload" class="com.util.upload" method="upload">
<result name="success">/upload/upload_re.jsp</result>
</action>
<action name="index" class="indexAction" method="index">
<result name="success">/qiantai/index.jsp</result>
</action>
<action name="stuAdd" class="stuAction" method="stuAdd">
</action>
<action name="stuMana" class="stuAction" method="stuMana">
<result name="success">/admin/stu/stuMana.jsp</result>
</action>
<action name="stuDel" class="stuAction" method="stuDel">
</action>
<action name="stuEdit" class="stuAction" method="stuEdit">
</action>
<action name="teaAdd" class="teaAction" method="teaAdd">
</action>
<action name="teaDel" class="teaAction" method="teaDel">
</action>
<action name="teaMana" class="teaAction" method="teaMana">
<result name="success">/admin/tea/teaMana.jsp</result>
```

```
</action>
<action name="teaEdit" class="teaAction" method="teaEdit">
</action>
<action name="liuyanAdd" class="liuyanAction" method="liuyanAdd">
</action>
<action name="liuyanMana" class="liuyanAction" method="liuyanMana">
<result name="success">/admin/liuyan/liuyanMana.jsp</result>
</action>
<action name="liuyanDel" class="liuyanAction" method="liuyanDel">
</action>
<action name="liuyanHuifu" class="liuyanAction" method="liuyanHuifu">
</action>
<action name="liuyanAll" class="liuyanAction" method="liuyanAll">
<result name="success">/qiantai/liuyan/liuyanAll.jsp</result>
</action>
<action name="liuyanDetail" class="liuyanAction" method="liuyanDetail">
<result name="success">/qiantai/liuyan/liuyanDetail.jsp</result>
</action>
<action name="gonggaoAdd" class="gonggaoAction" method="gonggaoAdd">
</action>
<action name="gonggaoDel" class="gonggaoAction" method="gonggaoDel">
</action>
<action name="gonggaoMana" class="gonggaoAction" method="gonggaoMana">
<result>/admin/gonggao/gonggaoMana.jsp</result>
</action>
<action name="gonggaoDetail" class="gonggaoAction" method="gonggaoDetail">
<result>/admin/gonggao/gonggaoDetail.jsp</result>
</action>
<action name="gonggaoDetailQian" class="gonggaoAction" method="gonggaoDetailQian">
<result>/qiantai/gonggao/gonggaoDetailQian.jsp</result>
</action>
<action name="docAdd" class="docAction" method="docAdd">
</action>
<action name="docDel" class="docAction" method="docDel">
</action>
<action name="docMana" class="docAction" method="docMana">
<result name="success">/admin/doc/docMana.jsp</result>
</action>
<action name="docAll" class="docAction" method="docAll">
<result name="success">/qiantai/doc/docAll.jsp</result>
</action>
<action name="docDetailQian" class="docAction" method="docDetailQian">
<result name="success">/qiantai/doc/docDetailQian.jsp</result>
</action>
<action name="shipinAdd" class="shipinAction" method="shipinAdd">
</action>
<action name="shipinDel" class="shipinAction" method="shipinDel">
</action>
<action name="shipinMana" class="shipinAction" method="shipinMana">
<result>/admin/shipin/shipinMana.jsp</result>
</action>
<action name="shipinAll" class="shipinAction" method="shipinAll">
<result>/qiantai/shipin/shipinAll.jsp</result>
</action>
<action name="shipinDetailQian" class="shipinAction" method="shipinDetailQian">
```

```xml
<result>/qiantai/shipin/shipinDetailQian.jsp</result>
</action>
<action name="zuoyetAdd" class="zuoyetAction" method="zuoyetAdd">
</action>
<action name="zuoyetMine" class="zuoyetAction" method="zuoyetMine">
<result name="success">/admin/zuoyet/zuoyetMine.jsp</result>
</action>
<action name="zuoyetDel" class="zuoyetAction" method="zuoyetDel">
</action>
<action name="zuoyetAll" class="zuoyetAction" method="zuoyetAll">
<result name="success">/admin/zuoyet/zuoyetAll.jsp</result>
</action>
<action name="zuoyesAdd" class="zuoyesAction" method="zuoyesAdd">
</action>
<action name="zuoyesMine" class="zuoyesAction" method="zuoyesMine">
<result name="success">/admin/zuoyes/zuoyesMine.jsp</result>
</action>
<action name="zuoyesDel" class="zuoyesAction" method="zuoyesDel">
</action>
<action name="zuoyesMana" class="zuoyesAction" method="zuoyesMana">
<result name="success">/admin/zuoyes/zuoyesMana.jsp</result>
</action>
<action name="zuoyesHuifu" class="zuoyesAction" method="zuoyesHuifu">
<result name="success">/admin/zuoyes/zuoyesHuifu.jsp</result>
</action>
</package>
</struts>
```

（7）添加 JSP 页面

其中 login.jsp 主登录代码如下：

```jsp
<%@ page language="java" import="java.util.*" pageEncoding="utf-8"%>
<%
String path = request.getContextPath();
%>
<!DOCTYPE html PUBLIC "-//W3C//DTD XHTML 1.0 Transitional//EN" "http://www.w3.org/TR/xhtml1/DTD/xhtml1-transitional.dtd">
<html xmlns="http://www.w3.org/1999/xhtml">
<head>
    <meta http-equiv="pragma" content="no-cache"/>
    <meta http-equiv="cache-control" content="no-cache"/>
    <meta http-equiv="expires" content="0"/>
    <meta http-equiv="keywords" content="keyword1,keyword2,keyword3"/>
    <meta http-equiv="description" content="This is my page"/>
    <script type='text/javascript' src='<%=path %>/dwr/interface/loginService.js'></script>
    <script type='text/javascript' src='<%=path %>/dwr/engine.js'></script>
    <script type='text/javascript' src='<%=path %>/dwr/util.js'></script>
    <script language="javascript">
        function check1(){
            if(document.loginForm.userName.value==""){
                alert("请输入用户名");
                document.loginForm.userName.focus();
                return false;
            }
            if(document.loginForm.userPw.value==""){
```

```
                            alert("请输入密码");
                            document.loginForm.userPw.focus();
                            return false;
                    }
                    if(document.loginForm.userType.value==-1){
                            alert("请选择登录身份");
                            return false;
                    }
            document.getElementById("indicator").style.display="block";
            loginService.login(document.loginForm.userName.value,document.loginForm.userPw.
value,document.loginForm.userType.value,callback);
        }
        function callback(data){
            document.getElementById("indicator").style.display="none";
            if(data=="no"){
                    alert("用户名或密码错误");
            }
            if(data=="yes"){
                    alert("通过验证,系统登录成功");
                    window.location.href="<%=path %>/loginSuccess.jsp";
            }
        }
    </script>
    </head>
    <body id="login">
        <form action="<%=path %>/admin/index.jsp" id="loginForm" name="loginForm" method="post">
        <h3>课程辅导教学系统</h3>
        <table align="center" border="0" cellpadding="9" cellspacing="9">
            <tr align='center'>
                <td style="width: 50px;font-family: 微软雅黑;" align="left">
                账号:
                </td>
                <td align="left"> <input name="userName" type="text" style="width: 200px;height:
20px;"/>
                </td>
            </tr>
            <tr align='center'>
                <td style="width: 50px;font-family: 微软雅黑;" align="left">
                密码:
                </td>
                <td align="left">  <input name="userPw" type="password" style="width: 200px;height: 20px;"/>
                </td>
        </tr>
        <tr align='center'>
            <td style="width: 50px;font-family: 微软雅黑;" align="left">        类型:
            </td>
            <td align="left">
            <option value="0">管理员</option>
                </td>
             </tr>
            <tr align='center'>
                <td style="width: 50px;" align="left"></td>
                <td align="left">
                <input type="button" value=" 登录" style="width: 80px;font-family: 微软雅黑;"
onClick="check1()"/> 
```

```
                    <input type="reset" value="重置" style="width: 80px;font-family: 微软雅黑;"/> 
                    <img id="indicator" src="<%=path %>/img/loading.gif" style="display:none"/>
                </td>
            </tr>
        </table>
    </form>
</body>
</html>
```

（8）部署运行项目

整个项目完成后的系统结构如图 9-35 所示。

最后，将系统部署到 Tomcat 的 sshjava 目录中，打开浏览器后输入：http://127.0.0.1:8080/sshjava，出现的系统主界面如图 9-36 所示。

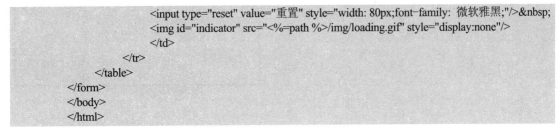

图 9-35　系统结构图　　　　　　　　　图 9-36　系统登录主界面

9.5.3　系统实现

（1）管理员和老师登录界面

在登录平台时，运用了 Ajax 方式进行用户验证，为了保证系统的安全性，不登录就不可以操作数据库的内容。当用户在前台界面输入所有信息后，系统将在后台对这些内容进行异步验证用户的账号、密码和登录类型，验证成功后才能登录系统，继续操作。

就本平台系统的使用用户而言，需要两种平台登录界面，如图 9-37 和图 9-38 所示。

图 9-37　管理员和老师用户登录界面

 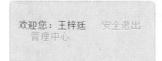 

图 9-38　学生用户登录界面

（2）不同验证身份主界面

由于本系统有三种不同的身份验证登录，每种身份对应不同的主界面，管理员主界面、老师主界面和学生主界面。当登录到系统管理员主界面时，管理员可以进行老师信息管理、学生信息管理、系统公告管理和修改登录密码等操作，如图 9-39 所示。在老师用户登录平台后，能够实现教学资料管理、教学视频管理、作业信息管理、留言交流、修改个人信息等功能模块，如图 9-40、图 9-41 所示。学生用户可以直接在平台上面浏览网页内容、学习课程、完成作业，也可以观看教学视频，在登录成功后能够与老师进行交流。

图 9-39　管理员界面

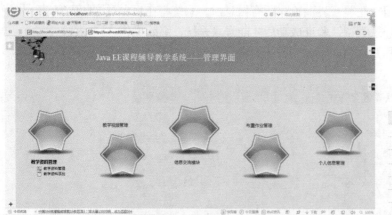 

图 9-40　老师主界面　　　　　　　　　　　图 9-41　教师信息输入界面

在修改登录密码操作中，需要单击"修改登录密码"按钮，输入原密码进行验证，才可以完成密码修改的操作。

管理员可以在老师信息管理模块当中进行老师信息录入、删除操作功能，在学生信息管理模块当中进行学生信息录入、删除操作功能，以及在系统公告管理模块当中进行系统公告录入、删除操作功能。学生主界面如图 9-42 所示。对学生信息的录入操作界面，如图 9-43 所示。添加公告信息和对公告信息的删除，如图 9-44 所示。

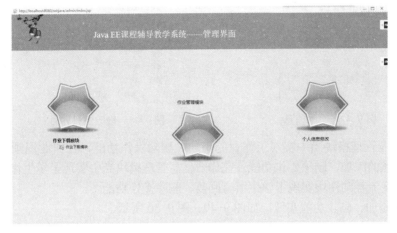

图 9-42　学生主界面

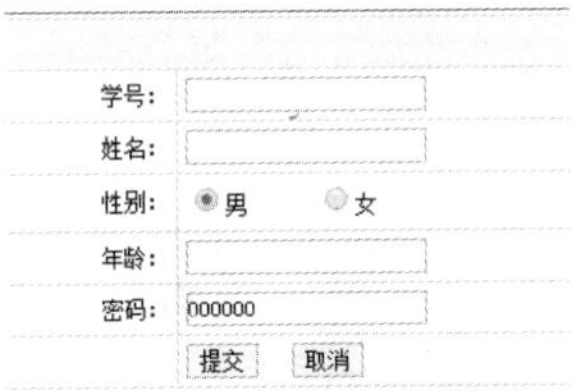

图 9-43　学生信息输入界面

标题	标题	发布时间	内容	操作
1	下周Oracle考试	2015-04-08 02:08	查看内容	删除
2	测试公告测试公告	2015-04-08 02:08	查看内容	删除

添加公告信息

图 9-44　公告信息界面

（3）老师信息管理和学生信息管理

由系统管理员负责管理，可以进行老师或学生信息添加和管理。进行学生信息添加时分别输入学生的各类信息，如果每项信息填写都符合要求，单击提交后页面显示操作成功，如图 9-45 所示。学生信息被添加到底层数据库中，并能够在学生信息管理系统中查看到新加入的学生信息，如图 9-46 所示，否则需重新填写。单击取消则取消该信息的添加，跳回管理员主界面。进行学生信息管理时，单击删除即可删除相应学生信息，删除成功后页面显示删除成功，如图 9-47 所示。老师信息添加和管理与此相同，不再赘述。

图 9-45　添加学生信息

序号	学号	姓名	性别	年龄	密码	操作
1	2015033	高婧涵	女	20	000000	删除
2	2015036	徐潞莲	女	21	000000	删除
3	2015043	蔡青	女	20	000000	删除
4	2015000	临时账号	男	0	000000	删除

图 9-46　查看信息

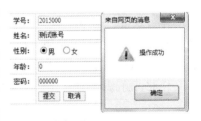

在老师用户登录平台后，能够实现修改个人信息、作业管理、教学视频管理、作业信息管理、留言交流的功能模块。在修改登录密码操作中，需要单击"修改个人信息"按钮，输入信息，就可以完成密码修改的操作。修改信息资料页面，如图9-48所示。

图 9-47　删除信息

图 9-48　修改资料界面

老师在作业管理模块当中实现了作业的添加、删除操作功能，在作业视频管理模块当中实现了作业视频的添加、删除操作功能，在作业信息管理模块当中实现了学生作业查看、删除操作功能，在交流互动模块实现了学生留言回复、删除操作功能。

作业资料添加、删除功能实现，如图9-49、图9-50所示。

图 9-49　添加作业答案界面

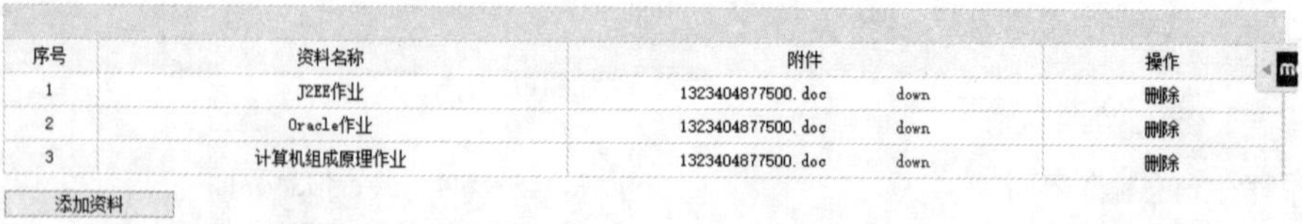

图 9-50　作业答案管理界面

在教学资料管理模块当中实现了教学资料的添加、删除操作功能，在教学视频管理模块当中实现了教学视频的添加、删除操作功能，在作业信息管理模块当中实现了学生作业查看、删除操作功能，在交流互动模块实现了学生留言回复、删除操作功能。

作业讲解视频添加、删除功能实现，如图9-51、图9-52所示。

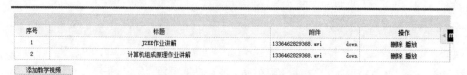

图 9-51　作业讲解视频添加界面

图 9-52　作业讲解视频管理界面

作业信息添加、删除功能，如图 9-53、图 9-54 所示。

图 9-53　作业信息添加界面

图 9-54　作业信息管理界面

留言交流管理功能实现，如图 9-55 所示。

序号	信息内容	发布时间	回复信息	回复时间	操作	
1	J2EE作业怎么写？	2016-11-08 14:05	看老师发的视频	2016-11-08 04:05	删除 回复	
2	测试问题测试问题测试问题测试问题测试问题测试问题	2016-11-08 14:05	Test	2016-11-08 01:31	删除 回复	
3	Oracle数据库怎么配置？	2016-11-08 14:05	看书	2016-11-08 04:39	删除 回复	
4	二进制转十进制怎么弄？	2016-11-08 16:38	百度自己搜	2016-11-08 01:31	删除 回复	m

图 9-55　留言交流管理界面

（4）系统公告管理

系统公告由系统管理员进行管理，学生可以进行查看。主要有系统公告添加和管理功能。进行系统公告添加时输入各项信息，如果信息填写符合要求，单击提交后页面显示操作成功，系统公告被添加到底层数据库中，并能够在系统公告管理中查看到新加入的系统公告。学生也能够在学生主界面中看到系统管理员发布的公告。如果填写不符合要求需重新填写。单击重置，使当前页面填写的信息全部清空。同时系统管理员能够删除系统公告。管理员删除公告后，学生在学生主界面无法再看到此公告信息，如图 9-56 至图 9-59 所示。

图 9-56　系统公告添加

图 9-57　系统公告添加后学生界面显示

图 9-58　删除系统公告　　　　　图 9-59　删除公告后的学生界面

（5）教学资料管理和教学视频管理

教学资料和教学视频由老师进行管理，学生进行使用。老师对教学资料（包括 PPT、上机代码和实验）、教学视频进行上传和删除操作。老师上传教学资料和教学视频后，学生可以进行下载或在线浏览。

老师可以进行教学视频添加，写入符合要求的视频标题、附件、介绍，即可提交，教学视频会添加到底层数据库中，并能够在教学视频管理中查看到新加入的教学视频。如果填入信息不符合要求，则需要重新填写。单击重置，该页面已填写的信息全部清空。老师上传教学视频后，学生可以在学生主界面演示系统中看见已上传的教学视频。学生身份登录用户可以在演示系统中下载视频，也可以在演示系统中在线浏览视频。此外，老师也可以进行教学资料删除操作。教学资料删除后，学生无法在学生主界面看到该视频。教学资料管理与此类似，不再赘述。如图 9-60 至图 9-62 所示。

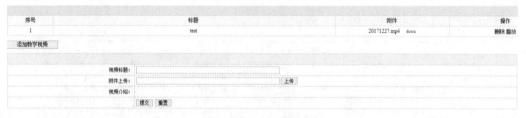

图 9-60　上传视频资料

图 9-61　下载视频资料

图 9-62　在线浏览视频资料

（6）信息交流管理

信息交流由老师和学生共同进行管理。学生在登录后才可以发布留言，否则界面会提示登录。登录成功后填入信息内容单击提交就可以发布留言了。留言发布后，可以在留言板中查看到该留言。浏览此网页的用户都可以看到留言。老师可以在信息交流模块中对学生的留言进行删除和回复。如图 9-63 至图 9-67 所示

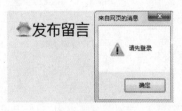

图 9-63　登录提示

图 9-64　学生发布留言

图 9-65　留言板查询

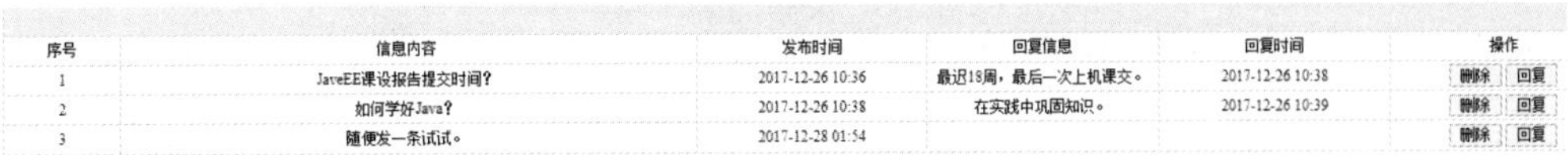

图 9-66　删除留言

图 9-67　回复留言

（7）作业信息管理

作业信息由老师和学生共同管理。老师可以进行作业信息发布，输入符合要求的信息，即可提交，作业信息会添加到底层数据库中，并能够在布置作业管理中查看到新加入的作业信息。如果填入信息不符合要求，则需要重新填写。单击重置，可以将该页面已填写的信息全部清空。老师上传作业任务后，学生可以在学生主界面中下载作业任务。学生完成作业任务后，可以通过系统将作业上传。这时老师能够查看学生提交的作业，并给出评语，同时可以删除学生完成的作业任务。如图 9-68 至图 9-72 所示。

图 9-68　上传作业

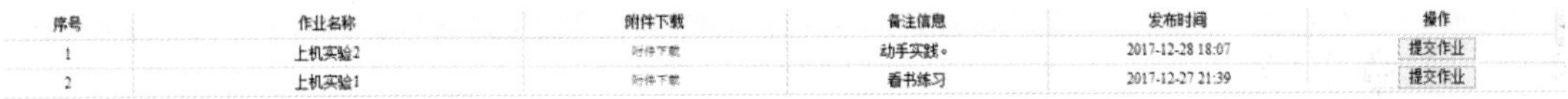

序号	作业名称	附件下载	备注信息	发布时间	操作
1	上机实验2	附件下载	动手实践。	2017-12-28 18:07	提交作业
2	上机实验1	附件下载	看书练习	2017-12-27 21:39	提交作业

图 9-69　布置作业管理

序号	作业名称	附件下载	备注信息	发布时间	操作
1	上机实验2	附件下载			提交作业
2	上机实验1	附件下载			提交作业

图 9-70　学生下载作业任务

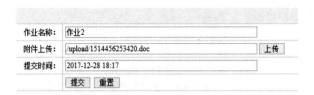

图 9-71　学生上传完成的作业

图 9-72　给出作业评语

（8）个人信息管理

各种身份的用户都有个人信息管理功能。除管理员可以对所有老师和学生用户的信息进行管理外，老师和学生也可以对自己的个人信息进行修改。如图 9-73 至图 9-75 所示。

图 9-73　管理员个人信息管理

图 9-74　老师个人信息管理　　　　　　　　　图 9-75　学生个人信息管理

9.6　本章小结

本章主要介绍 Struts2、Hibernate 和 Spring 三个框架融合开发的系统的具体过程与步骤，按照课程设计的要求从软件工程开发的角度全方位介绍了可行性分析、需求分析、设计、编码、测试、部署等过程内容，在开发过程中灵活使用 Ajax、JQuery、DWR、CKEditor 等技术，进一步培养 SSH 架构综合应用开发能力。

1. Struts 在项目的作用

Struts 在项目中主要起控制作用，主要用于 Web 层（即视图层和控制层）。

Struts 本身是使用典型的 MVC 结构实现的，项目中使用了 Struts 之后就等于项目也是一个MVC 结构，使项目结构更清晰，分工更明细。

Struts 在项目中主要负责视图层、控制层，在视图层提供了大量的标签库，提高视图层的开发速度。在控制层使用中央控制器（Actionsupport）和配置文件（struts.xml），实现拦截用户请求、封装请求参数及页面导航。

2. Spring 在项目中的作用

Spring 是一个全方位的整合框架，在项目中对 Hibernate 和 Struts 进行整合，解决层与层之间的耦合问题。

Spring 的作用贯穿了整个中间层，将 Web 层、Service 层、DAO 层及 PO 无缝整合。

Spring 的 IoC 实现组件之间的依赖关系注入，上层框架不会渗透到下层组件，提高组件移植性和重用性，使得程序更灵活。上层框架不依赖实现而是依赖于抽象（委托接口），使得实现类的变化不会影响上层组件，解决了层与层之间的耦合带来的维护或升级困难。

SpringAOP 是面向方面编程，实现事务处理、日志服务等与业务无关的系统服务，实现插件式编程。

3. Hibernate 在项目中的作用

Hibernate 应用于数据持久化层，是对 JDBC 的轻量级封装。是一种对象、关系的映射工具，提供了从 Java 类到数据表的映射，也提供了数据查询和恢复等机制，大大降低了数据访问的复杂度。把对数据库的直接操作转换为对持久对象的操作。

Hibernate 在项目中的主要作用就是解决程序与数据库的依赖，即使用了 Hibernate 之后，更改数据库不需要更改代码，因为 Hibernate 会根据数据库方言来生成对应的 SQL 语句；对 JDBC 的轻量级封装，简化持久层的代码，提高开发速度。

第 10 章 Java EE 综合案例 2（SSM）

本章是采用 SSM 框架技术的综合开发案例，项目名称为毕业设计选题系统，系统目标是实现网页端的学生课程设计或毕业设计的选题过程。系统功能概括有管理员（老师）增删改课程题目，用户（学生）选择改选课程和查看已选课程。系统运用相关技术：SpringMVC（Spring MVC 属于 SpringFrameWork 的后续产品，已经融合在 Spring Web Flow 里面。Spring 框架提供了构建 Web 应用程序的全功能 MVC 模块），Spring（Spring 是一个开放源代码的设计层面框架，它解决的是业务逻辑层和其他各层的松耦合问题，因此它将面向接口的编程思想贯穿整个系统应用），MyBatis（MyBatis 本是 Apache 的一个开源项目 iBatis，iBatis 提供的持久层框架包括 SQL Maps 和 Data Access Objects（DAOs）），MySQL（关系型数据库管理系统），JavaScript（一种直译式脚本语言，是一种动态类型、弱类型、基于原型的语言，内置支持类型），jQuery（jQuery 是一个快速、简洁的 JavaScript 框架，是继 Prototype 之后又一个优秀的 JavaScript 代码库），Bootstrap（Bootstrap 是目前很受欢迎的前端框架。它是基于 HTML、CSS、JavaScript 的，简洁灵活，使得 Web 开发更加快捷）等。

本章要点：
- 了解 Java EE 面向接口开发理念。
- 掌握 Java EE 的应用分层框架。
- 了解 SSM 框架的综合应用。
- 熟悉项目后台数据库的设计。

10.1 项目需求分析

该系统旨在解决学生选择毕业设计课程题目的问题。这个问题的要求包括学生对现有课题的了解过程，选择课题，重选课题，查看自身已选课题的过程。老师对课程题目的相关信息有增删改的功能，对已选课题学生有一个有总体情况的查看功能；其次为了实现所有课题都有一定或者适宜数量的人去选择，老师有权限去修改规定对应课题的对应库存（课题的最多可选人数）；以及基本的用户登录验证问题。

10.1.1 系统功能需求

系统解决问题的过程中出现了以下的对象：学生用户对象，老师用户对象，课题对象等。学生用户对象对课题对象有选择功能，一次选择生成一条记录，根据该记录在课题选择情况表中生成相应的数据并更改课题表中相应课题的库存，重新选择课题功能需要将课题选择情况表中的该学号用户的选择记录删除，再添加入新的选题数据，并在课题表中修改相应课题的库存量。并且需要在用户选择课程库存量不足的情况下，向学生用户反馈信息，提示重选。学生用户有查看自己选课情况的功能需求。

老师用户是学生用户中的一类特殊用户，老师用户相对于学生用户拥有对课题操作的特殊权限，因此系统需要分配给老师用户对课题操作的不同的功能权限需求，包括增加新课题数据，修改原有课题数据，限制规定课题库存量，查看所有已选学生的选课情况。

用户对象登录功能实现需求，系统通过用户名来区分用户所具有的权限，并在登录后自动跳转到相应的操作页面。

用户登录时，为了避免机器穷举攻击登录他人账户，要求系统在登录界面中添加验证码功能来区分用户和机器，防止用户账户遭到恶意入侵和更改。

10.1.2 系统流程分析

本章项目具体的需求分析，如图 10-1 所示。用户登录都需要验证信息，验证成功后才能登录系统。用户按照执行任务和权限分为两种：学生和管理员，两者拥有不同的管理页面。学生用户主要做的是选择课题和查看已选的课题；管理员做的是查看选课情况和对课题的增、删、改操作。

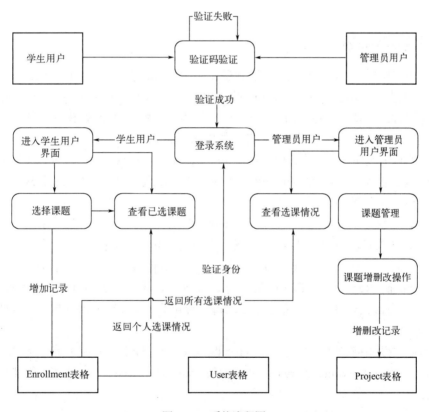

图 10-1　系统流程图

流程图下方的表格是存储对应记录的数据表，用以记录和验证操作。

10.2   功能流程设计

整个系统体系结构框架如图 10-2 所示。系统分为三大块：前端页面、后端连接以及数据库操作。相应的项目文件名称以及细分的模块如图所示。

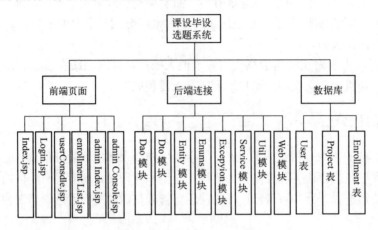

图 10-2   系统体系结构图

10.2.1   系统模块描述

根据体系结构图可知，后端连接中有很多模块，下面简单介绍相应模块的具体作用。

- Dao 模块中实现了三个接口：EnrollmentDao、ProjectDao、UserDao。三个接口用于与数据库表格的增删改查操作。三个接口的实现依赖于 Entity 模块中的 Enrollment、Project、User 三个对象类以及 Util 模块中的 List 类。

- Dto 模块中实现了三个类：Checker、EnrollResult、SelectResult。Checker 类提供了用于登录验证的字符串比较。EnrollResult 类用于生成选课记录表的结果记录。SelectResult 类用于生成选课的记录。

- Entity 模块中实现了三个类：Enrollment、Project、User。三个类分别用于实例选课记录、课题项目、用户信息这三个对象。为其他模块提供依赖。

- Exception 模块中实现了 6 个类：EmptyFieldException、LoginException、ProjectUpdate Exception、RepeatSelectException、SelectException 和 StockException。分别用于实例空文本框异常、登录异常、课题项目编辑更新异常、重复选择课题异常、选课异常和库存异常。

- Service 模块中实现了三个类：EnrollmentServiceImpl、ProjectServiceImpl、UserServiceImpl；和三个接口 EnrollmentService、ProjectService、UserService。三个类分别引用了这三个接口。

- Util 模块中实现了 Util 类，Util 类中导入了 EmptyFieldException 类。

- Web 模块中实现了主要的 SelectController 类，控制类依赖于以上几乎所有的类，通过 URL 来实现页面的跳转和功能的实现。

10.2.2　系统编程环境

本章项目的编程环境为：Windows 操作系统、MyEclipse2014 编译器、MySQL 数据库。Windows 7 操作系统或 Windows 10 均可，考虑到大部分读者对 Windows 操作系统非常熟悉，因此这里就不做过多介绍。MySQL 数据库在第 1 章和第 9 章均有讲到，读者如果感到陌生，可自行复习，在此便不再做过多描述。

10.2.3　前端页面设计

关于前端页面设计，可以首先根据架构图，新建如图 10-3 所示的目录。

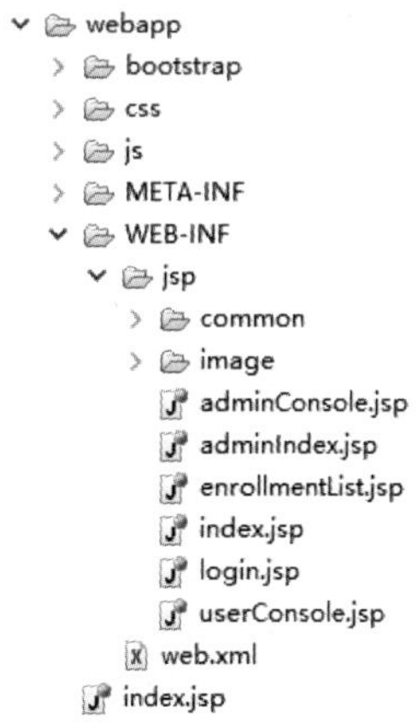

建立好了文件就开始写具体的页面内容，以下展示几个核心页面的编写内容代码。

图 10-3　前端页面目录

1．Login.jsp 验证码核心代码

```
<script>
    window.onload = function(){
        //verify();
        var aa = new verfily();
    }
    function strToDom(str){
        var ele = document.createElement("div");
        ele.innerHTML = str;
        return ele.childNodes;
    }
    function randDom(arr){
        if(Array.isArray(arr)) return parseInt(Math.random()*arr.length);
        else if(typeof arr == "number") return parseInt(Math.random()*arr);
    }
    function verfily(){
        //参数
var defaults = {
            verImg : document.querySelector('.verify-img'),
            arrTxt : ["用户一","用户二","用户三","用户四"],
            arrImg : ["1.jpg","2.jpg","3.jpg","4.jpg","5.jpg","6.jpg"],
            imgUrl : "images/",
            oTxt : document.querySelector(".img-txt"),
            oImg : document.querySelector(".verify-img"),
            refreshBtn : document.querySelector(".btn-txt"),
            check : document.querySelector(".btn-sub"),
            num:0,
        }
        init();
        function init(){
            //返回随机的文本及背景图
txt = defaults.arrTxt[randDom(defaults.arrTxt)],
                img = defaults.arrImg[randDom(defaults.arrImg)];
            //文本及背景显示在 DOM 上
defaults.oTxt.innerHTML = txt;
            defaults.oTxt.style.background = "url("+defaults.imgUrl+img+") center center no-repeat";
```

351

```javascript
                defaults.oImg.style.background = "url("+defaults.imgUrl+img+") 100% 100% no-repeat";
                //文本随机显示在背景图上
        /*

            1.先把位置随机设置
            2.然后判断左边距，右边距，如果有重叠适当增或减像素
            3.追加要显示的文本 DOM
        */
        var arr = txt.split(""), left=[],top = [], temp= "";
        for(var i=0; i<arr.length; i++){
            left.push(randDom(defaults.verImg.clientWidth - 22));
            top.push(randDom(defaults.verImg.clientHeight - 40));
        }
        for(var i=0; i<arr.length; i++){
            for(var j=1; j<arr.length; j++ ){
                if( Math.abs(left[i]-left[j]) < 5 ) left[j] = left[j]+15 < defaults.verImg.clientWidth-
22 ? left[j]+15 : left[j] -15;
                if( Math.abs(top[i]-top[j]) < 5 ) top[j] = top[j]+15 < defaults.verImg.clientHeight-
22 ? top[j]+15 : top[j] -15;
            }
        }
        for(var i=0; i<arr.length; i++){
            temp += "<span class='arrTxt' style='transform:rotate(" + randDom(361) + "deg);left:" +
left[i] +"px;top:" +top[i]+ "px;'>" +txt[i]+ "</span>";
                defaults.verImg.appendChild(strToDom(temp)[i])
        }
    }
    function reset(){
        //多余的 DOM 清除
while(defaults.verImg.hasChildNodes()) //当 div 下还存在子节点时循环继续
{
                defaults.verImg.removeChild(defaults.verImg.firstChild);
        }
        defaults.num = 0;
        defaults.check.className +=" btn-gray";
        defaults.check.innerHTML = "验证";
        init();
    }
    //Dom 绑定事件
defaults.verImg.addEventListener("click", function(e){
        defaults.num++;
        if(defaults.num> txt.length){
            return false;
        }
        var e = window.event || e,
            x = e.pageX - this.offsetLeft -531.5,
            y = e.pageY - this.offsetTop -225,
            node = "<b class='verify-coor' style='top:" +y+ "px;left:"+x+"px'>"+defaults.num+"</b>";
        defaults.verImg.appendChild(strToDom(node)[0]);
        defaults.check.className = "btn-sub";
    }, false)
    defaults.check.addEventListener("click", function(){
        if(this.innerHTML == "验证成功" || document.querySelectorAll(".verify-coor").length<1) return;
        var          b          =          document.querySelectorAll(".verify-coor"),          t          =
document.querySelectorAll(".arrTxt");
        if(b.length< t.length) {defaults.refreshBtn.innerHTML = "验证失败，刷新重新验证";return;}
```

```
                    var flag = 0;
                    for(var i=0; i<t.length; i++){
                        if(    Math.abs(parseInt(b[i].style.left) - parseInt(t[i].style.left))  >=  12  ||
Math.abs(parseInt(b[i].style.top) - parseInt(t[i].style.top)) >= 12){
                            defaults.refreshBtn.innerHTML = "验证失败，刷新重新验证";
                            flag++;
                        }
                    }
                    if(!flag) {
                        defaults.check.innerHTML = "验证成功";
                        defaults.refreshBtn.innerHTML = "刷新重新验证";
                        document.getElementById("checkbutton").disabled=false;
                    }
                }, false);
                defaults.refreshBtn.addEventListener("click", function(){
                    reset();
                    document.getElementById("checkbutton").disabled=true;
                }, false);
            }
        </script>
```

2. userConsole.jsp 中传递 Ajax 格式数据核心代码

```
    <script>
        $(function(){
            $.ajax({
                url:"/select/projects",
                type:"GET",
                success:function (result) {
                    console.log(result);
                    build_project_table(result);
                }
            });
        });
        function build_project_table(result){
            $.each(result,function (index,item) {
                var projectNameTd = $("<td></td>").append(item.projectName);
                var stockTd=$("<td></td>").append(item.stock);
                var projectDescriptionTd = $("<td></td>").append(item.projectDescription);
                var selectBtn=$("<button></button>")
                    .addClass("btn btn-primary select_btn")
                    .append($("<span></span>").addClass("glyphicon glyphicon-plus"))
                    .append("选择");
                selectBtn.attr("select-id",item.projectId);
                var btnTd = $("<td></td>").append(selectBtn);
                $("<tr></tr>").append(projectNameTd)
                    .append(stockTd)
                    .append(projectDescriptionTd)
                    .append(btnTd)
                    .appendTo("#projects_table tbody");
            })
        }
        $(document).on("click",".select_btn",function () {
            if(confirm("确认选择此项目吗？")){
            /*$.ajax({
                url:"/select/enrollment",
```

```
                    type:"POST",
                    data:{
                        _method:"DELETE"
                    }
                });*/
                $.ajax({
                    url:"/select/enrollment/"+$(this).attr("select-id"),
                    type:"POST",
                    success:function () {
                        alert("选题成功");
                        window.location.reload();
                    }
                });
            }
        })
        $("#btn_info").click(function () {
            $.ajax({
                url:"/select/enrollment",
                type:"GET",
                success:function (result) {
                    // console.log(result);
                    var project = result.data;
                    $("#projectName_info_static").text(project.projectName);
                    $("#stock_info_static").text(project.stock);
                    $("#projectDescription_info_static").text(project.projectDescription);
                }
            });
            $("#projectInfoModal").modal({
                backdrop:"static"
            })
        })
    </script>
```

3. adminConsole.jsp 中模态框生成核心代码

```
<!-- 新增项目模态框-->
<div class="modal fade" id="projectAddModal" tabindex="-1" role="dialog" aria-labelledby=
"myModalLabel">
    <div class="modal-dialog" role="document">
    <div class="modal-content">
    <div class="modal-header">
    <button type="button" class="close" data-dismiss="modal" aria-label="Close"><span aria-hidden=
"true">&times;</span>
    </button>
    <h4 class="modal-title" id="myModalLabel">项目添加</h4>
    </div>
    <div class="modal-body">
    <form class="form-horizontal">
    <div class="form-group">
    <label for="projectName_add_input" class="col-sm-2 control-label">项目名称</label>
    <div class="col-sm-10">
    <input type="text" name="projectName" class="form-control" id="projectName_add_input"
                                    placeholder="项目名称">
    <span class="help-block"></span>
    </div>
    </div>
```

```html
<div class="form-group">
<label for="stock_add_input" class="col-sm-2 control-label">库存</label>
<div class="col-sm-10">
<input type="text" name="stock" class="form-control" id="stock_add_input" placeholder="库存">
<span class="help-block"></span>
</div>
</div>
<div class="form-group">
<label for="projectDescription_add_input" class="col-sm-2 control-label">项目描述</label>
<div class="col-sm-10">
<textarea name="projectDescription" class="form-control" rows="3"
                                        id="projectDescription_add_input" placeholder="项目描述
"></textarea>
<%--<input type="text" name="projectDescription" class="form-control" id="projectDescription_add_
input" placeholder= "项目描述">--%>
</div>
</div>
</form>
</div>
<div class="modal-footer">
<button type="button" class="btn btn-default" data-dismiss="modal">关闭</button>
<button type="button" class="btn btn-primary" id="project_save_btn">保存</button>
</div>
</div>
</div>
</div>
```

10.2.4　核心类设计

根据之前提到的架构图，需要在后台连接模块中写入实现类。图 10-4 所示的是各个模块的目录。

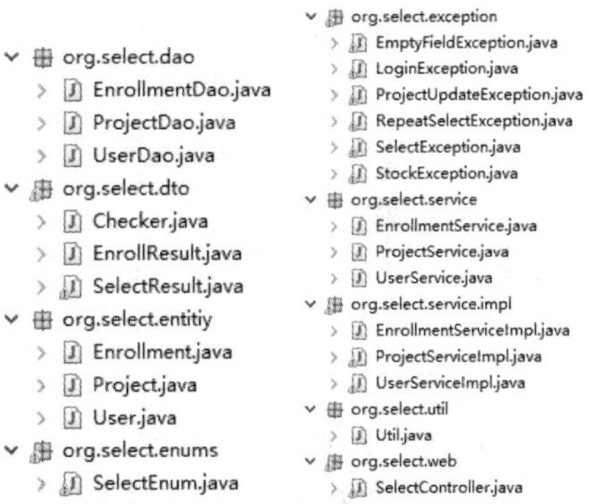

下面介绍操作后台连接的一些接口的具体功能。

（1）EnrollmentDao 接口

方法：int insertEnrollment(Enrollment enrollment); 插入选课记录方法

Long selectProjectIdByUserId(Long userId); 根据用户 id 查询课题 id 方法

int deleteByUserId(Long enrollmentId); 根据用户 id 删除记录方法

List<Enrollment> selectWithProjectAndUser(); 根据用户/课题查询方法

（2）ProjectDao 接口

方法：List<Project> listAllProjects(); 列出所有课题方法

int reduceStock(Long projectId); 减少库存方法

int getStock(Long projectId); 查询库存方法

Project selectProjectById(Long projectId); 根据 id 查询课题方法

int insertWithoutId(Project project); 插入课题方法

图 10-4　模块目录

```
v ⊞ org.select.dao
  > 🗋 EnrollmentDao.java
  > 🗋 ProjectDao.java
  > 🗋 UserDao.java
v ⊞ org.select.dto
  > 🗋 Checker.java
  > 🗋 EnrollResult.java
  > 🗋 SelectResult.java
v ⊞ org.select.entitiy
  > 🗋 Enrollment.java
  > 🗋 Project.java
  > 🗋 User.java
v ⊞ org.select.enums
  > 🗋 SelectEnum.java

v ⊞ org.select.exception
  > 🗋 EmptyFieldException.java
  > 🗋 LoginException.java
  > 🗋 ProjectUpdateException.java
  > 🗋 RepeatSelectException.java
  > 🗋 SelectException.java
  > 🗋 StockException.java
v ⊞ org.select.service
  > 🗋 EnrollmentService.java
  > 🗋 ProjectService.java
  > 🗋 UserService.java
v ⊞ org.select.service.impl
  > 🗋 EnrollmentServiceImpl.java
  > 🗋 ProjectServiceImpl.java
  > 🗋 UserServiceImpl.java
v ⊞ org.select.util
  > 🗋 Util.java
v ⊞ org.select.web
  > 🗋 SelectController.java
```

Project getProjectById(Long id);　　获取课题 id 方法

int deleteProjectById(Long id);　　删除课题方法

int updateProjectById(Project project);　　更新课题方法

int increaseStock(Long projectId);　　增加库存方法

（3）UserDao 接口

方法：User queryByUsername(String username);　　查询用户方法

List<User> listAllUsers();　　列出所有用户方法

三个接口的方法具体实现方法见后面的详细代码。继续介绍操作后台连接的一些类的具体功能。

（1）Enrollment 类

字段：enrollmentId，userId，projectId，project，user

方法：对各字段的 get/set 方法，无参构造方法，带参构造方法，toString()

（2）Project 类

字段：projectId，projectName，projectDescription，stock（库存）

方法：对各字段的 get/set 方法，无参构造方法，带参构造方法，toString()

（3）User 类

字段：userId，username，realname，password

方法：对各字段的 get/set 方法，无参构造方法，带参构造方法，toString()

（4）Checker 类

字段：checked（布尔型），userId，username

方法：对各字段的 get/set 方法，无参构造方法，带参构造方法，toString()

（5）EnrollResult 类

字段：enrolled（布尔型），enrollmentId，userId，projectId

方法：对各字段的 get/set 方法，无参构造方法，带参构造方法，toString()

（6）SelectResult 类

字段：success（布尔型），data，error（报错，字符型）

方法：对各字段的 get/set 方法，无参构造方法，带参构造方法，toString()

6 个异常类如下：

（1）EmptyFieldException 类

方法：EmptyFieldException(String message) {super(message);}

EmptyFieldException(String message, Throwable cause) {super(message, cause);}

（2）LoginException 类

方法：LoginException(String message){super(message);}

LoginException(String message,Throwable cause){super(message,cause);}

（3）ProjectUpdateException 类

方法：ProjectUpdateException(String message) {super(message);}

ProjectUpdateException(String message, Throwable cause) {super(message, cause);}

（4）RepeatSelectException 类

方法：RepeatSelectException(String message){super(message);}

RepeatSelectException(String message,Throwable cause){super(message,cause);}

（5）SelectException 类

方法：SelectException(String message){super(message);}

SelectException(String message,Throwable cause){super(message,cause);}

（6）StockException 类

方法：StockException(String message){super(message);}

StockException(String message,Throwable cause){super(message, cause);}

以下是在 service 模块下的几个接口。

（1）EnrollmentService 接口

方法：public EnrollResult enroll (Enrollment enrollment) throws RepeatSelectException, StockException,SelectException;　　生成选课记录方法

public int deleteEnrollmentByUserId(Long userId);　　删除记录方法

public Project getProjectByUserId(Long userId);　　根据用户 id 查询课题方法

public List<Enrollment> getAllEnrollments();　　查询所有记录方法

（2）ProjectService 接口

方法：public List<Project> getProjectList();　　获取课题列表方法

public void saveProject(Project project);　　保存课题方法

public Project getProject(Long id);　　获得课题方法

public int deleteProject(Long id);　　删除课题方法

public int updateProject(Project project) throws ProjectUpdateException;　　编辑课题方法

（3）UserService 接口

方法：public User login(String username, String password) throws LoginException, SelectException;　　用户登录方法

按照目录结构，接着介绍以下类。

（1）EnrollmentServiceIml 类 implements EnrollmentService

字段：logger，enrollmentDao，projectDao

方法：引用了接口中的所有方法，具体实现见后面的详细代码

（2）ProjectServiceImpl 类

字段：logger，projectDao

方法：引用了接口中的所有方法，具体实现见后面的详细代码

（3）UserServiceImpl 类 implements UserService

字段：logger，userDao

方法：引用了接口中的所有方法，具体实现见后面的详细代码

（4）Util 类

方法：public static String throwIfBlank(String message,String target){

```
    if(target == null || (target = target.trim()).length() == 0) {
        throw new EmptyFieldException(message);
    }
    return target;
```

}   //登录时文本框为空报错方法

public static String $(String message,String target){

    return throwIfBlank(message,target);

}   //向页面传递报错方法

（5）SelectController 类（系统关键控制类）

字段：projectService，enrollmentService，userServiceService

方法：String console()

```
List<Project> projects()
String login(@Param(value = "username") String username, @Param(value = "password")
SelectResult enroll(@PathVariable("id") Long projectId, HttpSession session)
String adminProjectList()
SelectResult updateProject(Project project)
SelectResult saveProject(Project project)
SelectResult<Project> getProject(@PathVariable("id") Long id)
SelectResult deleteProject(@PathVariable("id") Long id)
SelectResult getEnrollmentInfo(HttpSession session)
String index()
String login()
String adminIndex()
String logout(HttpSession session)
String enrollmentList()
SelectResult enrollments()
```

方法实现详见后面的详细代码。

10.3   数据库设计

    在整个项目中，数据库无疑是核心，它包含了项目中所有要保存的记录以及信息交互、验证的数据，下面就来详细讲解数据库设计。

10.3.1   创建数据表

（1）Enrollment 表

利用数据库可视化工具，建立了如图 10-5 所示的 Enrollment 数据表。

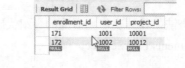

图 10-5   Enrollment 表

（2）Project 表

Project 表的结构如图 10-6 所示。

图 10-6 Project 表

（3）User 表

User 表的结构如图 10-7 所示。

图 10-7 User 表

10.3.2 功能代码设计

本节主要是介绍各个模块功能的具体实现，涉及较多代码，希望读者能够理清思路，仔细阅读。配合前面的架构图，对照理解。

（1）Dao 模块功能实现

EnrollmentDao.xml 实现：

```xml
<?xml version="1.0" encoding="UTF-8" ?>
<!DOCTYPE mapper
        PUBLIC "-//mybatis.org//DTD Mapper 3.0//EN"
        "http://mybatis.org/dtd/mybatis-3-mapper.dtd">
<mapper namespace="org.select.dao.EnrollmentDao">
<insert id="insertEnrollment" keyProperty="enrollmentId" useGeneratedKeys="true">
        INSERT INTO enrollment (user_id, project_id)
            VALUE (#{userId}, #{projectId})
</insert>
<select id="selectProjectIdByUserId" resultType="Long">
        SELECT project_id
        FROM enrollment
        WHERE user_id = #{userId}
```

```xml
    </select>
    <delete id="deleteByUserId">
        DELETE
        FROM enrollment
        WHERE user_id = #{id}
    </delete>
    <select id="selectWithProjectAndUser" resultType="Enrollment">
        SELECT
            u.realname      "user.realname",
            p.project_name "project.project_name"
        FROM enrollment e
            INNER JOIN user u ON e.user_id = u.user_id
            INNER JOIN project p ON p.project_id = e.project_id
    </select>
</mapper>
```

ProjectDao.xml 和 UserDao.xml 实现方式与上基本相同。

EnrollmentServiceImpl 类实现代码：

```java
@Service
public class EnrollmentServiceImpl implements EnrollmentService {
    private Logger logger = LoggerFactory.getLogger(this.getClass());
    @Autowired
    private EnrollmentDao enrollmentDao;
    @Autowired
    private ProjectDao projectDao;
    @Transactional
    public EnrollResult enroll(Enrollment enrollment) throws RepeatSelectException, StockException,
SelectException {
        try {
            int enrollCount = enrollmentDao.insertEnrollment(enrollment);
if (enrollCount <= 0) {
                throw new SelectException("选题失败");
            } else {
                int updateCount = projectDao.reduceStock(enrollment.getProjectId());
                if (updateCount <= 0) {
                    throw new StockException("库存不足");
} else
                    return new EnrollResult(true, enrollment.getEnrollmentId(), enrollment. getUserId(),
enrollment.getProjectId());
            }
        } catch (StockException e2) {
            throw e2;
        } catch (Exception e) {
            logger.error(e.getMessage(), e);
            throw new SelectException("select inner error:" + e.getMessage());
        }
    }
    @Transactional
    public int deleteEnrollmentByUserId(Long userId) {
        Long projectId = enrollmentDao.selectProjectIdByUserId(userId);
System.out.println("要减去库存的 projectId"+projectId);
        projectDao.increaseStock(projectId);
        return enrollmentDao.deleteByUserId(userId);
    }
```

```
        public Project getProjectByUserId(Long userId) {
    Long projectId = enrollmentDao.selectProjectIdByUserId(userId);
        Project project = projectDao.selectProjectById(projectId);
        return project;
    }
    public List<Enrollment> getAllEnrollments() {
        List<Enrollment> enrollments = enrollmentDao.selectWithProjectAndUser();
        return enrollments;
    }
}
```

ProjectServiceImpl 类与 UserServiceImpl 类实现方式与上基本相同。

（2）Web 模块功能实现

SelectController 类实现代码：

```
@Component
@RequestMapping("/select")
public class SelectController {
    @Autowired
    private ProjectService projectService;
    @Autowired
    private UserService userService;
    @Autowired
    private EnrollmentService enrollmentService;
    @RequestMapping(value = "/userConsole")
    public String console() {
        return "userConsole";
    }
    @RequestMapping(value = "/projects",
            produces = {"application/json;charset=UTF-8"},
            method = RequestMethod.GET)
    @ResponseBody
    public List<Project> projects() {
        List<Project> list = projectService.getProjectList();
        return list;
    }
    @RequestMapping(value = "/session", method = RequestMethod.POST)
    public String login(@Param(value = "username") String username, @Param(value = "password")
String password, HttpSession session) {
        User user = null;
        try {
            user = userService.login(username, password);
            System.out.println("set User" + user);
            session.setAttribute("currentUser", user);
        } catch (Exception e) {
            session.setAttribute("message", e.getMessage());
            return "forward:/select/login";
        }
        if (user.getUsername().equals("admin"))
            return "redirect:/select/adminIndex";
        return "redirect:/select/index";
    }
    @RequestMapping(value = "/enrollment/{id}",
            method = RequestMethod.POST,
            produces = {"application/json;charset=UTF-8"})
```

```java
        @ResponseBody
        public SelectResult enroll(@PathVariable("id") Long projectId, HttpSession session) {
            User currentUser = (User) session.getAttribute("currentUser");
System.out.println("注册项目:" + currentUser.getUsername()+projectId);
            Long userId = currentUser.getUserId();
            Enrollment thisEnrollment = new Enrollment();
            thisEnrollment.setUserId(userId);
            thisEnrollment.setProjectId(projectId);
EnrollResult enrollResult = null;
            try {
                enrollmentService.deleteEnrollmentByUserId(userId);
                enrollResult = enrollmentService.enroll(thisEnrollment);
            } catch (RepeatSelectException e1) {
                return new SelectResult(false, e1.getMessage());
            } catch (SelectException e2) {
                return new SelectResult(false, e2.getMessage());
            } catch (Exception e) {
                return new SelectResult(false, e.getMessage());
            }
            return new SelectResult(true, enrollResult);
        }
        @RequestMapping(value = "/adminConsole")
        public String adminProjectList() {
            return "adminConsole";
        }

        @RequestMapping(value = "/project/{projectId}", method = RequestMethod.PUT)
        @ResponseBody
        public SelectResult updateProject(Project project) {
            System.out.println("更新的 project" + project);
            try {
                projectService.updateProject(project);
            }catch (ProjectUpdateException e){
                return new SelectResult(false,e.getMessage());
            }
            return SelectResult.success();
        }
        @RequestMapping(value = "/project", method = RequestMethod.POST)
        @ResponseBody
        public SelectResult saveProject(Project project) {
            projectService.saveProject(project);
            return SelectResult.success();
        }
        @RequestMapping(value = "/project/{id}", method = RequestMethod.GET)
        @ResponseBody
        public SelectResult<Project> getProject(@PathVariable("id") Long id) {
            Project project = projectService.getProject(id);
            return new SelectResult<Project>(true, project);
        }
        @RequestMapping(value = "/project/{id}", method = RequestMethod.DELETE)
        @ResponseBody
        public SelectResult deleteProject(@PathVariable("id") Long id) {
System.out.println("待删除项目 id:" + id);
            projectService.deleteProject(id);
            return SelectResult.success();
```

```
    }
    @RequestMapping(value = "/enrollment", method = RequestMethod.GET)
@ResponseBody
    public SelectResult getEnrollmentInfo(HttpSession session) {
        User u = (User) session.getAttribute("currentUser");
System.out.println("查看" + u.getUsername() + "项目");
        Project project = enrollmentService.getProjectByUserId(u.getUserId());
        System.out.println("项目为:" + project.getProjectName());
return new SelectResult<Project>(true, project);
    }
    @RequestMapping(value = "/index")
    public String index() {
        return "index";
    }
    @RequestMapping(value = "/login")
    public String login() {
        return "login";
    }
    @RequestMapping(value = "/adminIndex")
    public String adminIndex() {
        return "adminIndex";
    }
    @RequestMapping(value = "/invalidation")
    public String logout(HttpSession session) {
        session.invalidate();
        return "redirect:/select/login";
    }
    @RequestMapping(value="/enrollmentList")
    public String enrollmentList(){
        return "enrollmentList";
    }
    @RequestMapping(value="/enrollments")
    @ResponseBody
    public SelectResult enrollments(){
        List<Enrollment> enrollments = enrollmentService.getAllEnrollments();
        return new SelectResult(true,enrollments);
    }
}
```

10.4　系统实现

前面讲到了项目的需求分析以及各个功能流程设计，这一节来实现项目中的功能。

10.4.1　创建项目工程

在 Myeclipse2014 中新建一个项目，将其命名为 select，并建立如图 10-8 所示的系统结构。

10.4.2　导入系统所需要的包

系统所需包的目录如图 10-9 所示。

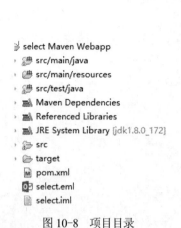

```
select Maven Webapp
  src/main/java
  src/main/resources
  src/test/java
  Maven Dependencies
  Referenced Libraries
  JRE System Library [jdk1.8.0_172]
  src
  target
  pom.xml
  select.eml
  select.iml
```

```
c3p0-0.9.5.2.jar
jackson-annotations-2.9.0.jar
jackson-core-2.9.2.jar
jackson-databind-2.9.2.jar
jstl-1.2.jar
logback-core-1.2.3.jar
mchange-commons-java-0.2.11.jar
mybatis-3.4.5.jar
mybatis-spring-1.3.1.jar
mysql-connector-java-5.1.44.jar
slf4j-api-1.7.25.jar
spring-aop-5.0.1.RELEASE.jar
spring-beans-5.0.1.RELEASE.jar
spring-context-5.0.1.RELEASE.jar
spring-core-5.0.1.RELEASE.jar
spring-expression-5.0.1.RELEASE.jar
spring-jcl-5.0.1.RELEASE.jar
spring-jdbc-5.0.1.RELEASE.jar
spring-tx-5.0.1.RELEASE.jar
spring-web-5.0.1.RELEASE.jar
spring-webmvc-5.0.1.RELEASE.jar
standard-1.1.2.jar
```

图 10-8　项目目录　　　　　　　　　　图 10-9　导入包目录

10.4.3　系统测试

对系统进行的测试分为 DAO 和 Service 两个方面的测试。DAO 数据库方面的测试如下，图 10-10 表示了 DAO 中的类目录。

选课记录表格中的测试类 EnrollmentDaoTest 中，有一个插入记录 insertEnrollment()方法。

```
@Test
    public void insertEnrollment() throws Exception{
        Enrollment enrollment = new Enrollment();
        enrollment.serUserId(1001L);
        enrollment.setProjectId(10001L);
        int enrollmentInserted = enrollmentDao.insertEnrollment(enrollment);
        System.out.println(enrollment);
    }
```

将以下作为测试条件：

```
Enrollment{enrollmentId=169, userId=1001, projectId=10001, project=null, user=null}
```

通过数据库可视化工具可知，插入成功。如图 10-11 所示。

```
org.select.dao
  EnrollmentDao.java
  ProjectDao.java
  UserDao.java
```

图 10-10　DAO 模块目录

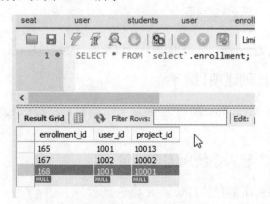

图 10-11　插入数据

此时查看选课记录表测试 selectWithProjectAndUser()方法，代码如下。

```
@Test
    public void selectWithProjectAndUser(){
        List<Enrollment> enrollmentList = enrollmentDao.selectWithProjectAndUser();
        System.out.println("all enrollment:"+enrollmentList);
    }
```

课题记录表测试类 ProjectDaoTest 中，有个列出所有课题测试的方法 listAllProjects()，代码如下。

```
@Test
    public void listAllProjects() throws Exception{
        List<Project> projects = projectDao.listAllProjects();
        for (Project project : projects) {
            System.out.println(project);
        }
    }
```

下面进行选课减少库存测试，运行 reduceStock()方法即可，代码如下。

```
@Test
    public void reduceStock() throws Exception{
        Long id = 10000L;
        int countReduce = projectDao.reduceStock(id);
        System.out.println("countReduce"+countReduce);
    }
```

新增课题测试 insertWithoutId()。

```
@Test
    public void insertWithoutId() throws Exception{
        Project project = new Project(projectName:"测试项目",projectDescription:"测试描述",stock:1);
        int countInsert = projectDao.insertWithoutId(project);
        System.out.println("countInsert"+countInsert);
    }
```

接着测试退选后增加库存方法 increaseStock()。

```
@Test
    public void increaseStock() throws Exception{
        Long id = 10001L;
        int increaseCount = projectDao.increaseStock(id);
        System.out.println("increaseCount"+increaseCount);
    }
```

在用户表 UserDaoTest 类中，根据 id 查找密码的方法 queryPasswordById()，代码如下。

```
@Test
    public void queryPasswordById() throws Exception{
        String username = "20151308057";
        User user = userDao.queryByUsername(username);
        System.out.println(user.getPassword);
        System.out.println(user);
    }
/**
* 123456
* User{userId=10001,username='张三',password='123456'}
*/
```

测试方法，列出所有用户测试 listAllUsers()。

```
@Test
public void listAllUsers() throws Exception{
    List<User> users = userDao.listAllUsers();
    for(User user:users){
        System.out.println(user);
    }
}
```

进行完 DAO 测试后就该进行 Service 服务层测试了。同样的先给出它对应的目录结构，如图 10-12 所示。

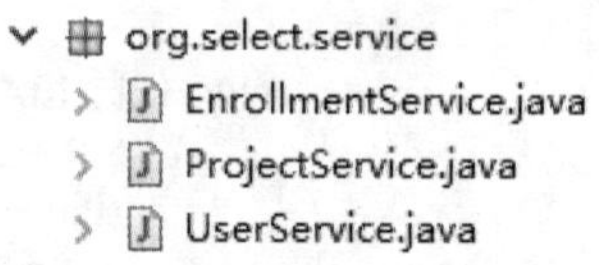

找到 EnrollmentServiceTest 这个类，测试其中名叫 enrollTest() 的方法。

```
@Test
public void enrollTest() throws Exception{
    Enrollment enrollment = new Enrollment();
    enrollment.setProjectid(10001L);
    enrollment.setUserId(1001L);
    EnrollResult enrollResult = enrollmentService.enroll(enrollment);
    System.out.println(enrollment);
    System.out.println(enrollResult);
}
```

图 10-12　Service 模块目录

下面继续测试 deleteenrollment()方法。

```
@Test
public void deleteEnrollment() throws Exception{
    int deleteCount = enrollmentService.deleteEnrollmentByUserId(1001L);
    System.out.println("删除的选题数量: "+deleteCount);
}
```

由于前面不合理的测试导致 Enrollment 表中有多条关于 1001 的记录，而该方法的实现只能选中其中一条且仅有的一条导致出错，将数据库 Enrollment 表中删至只有一条 1001 的数据时可以实现测试。

接下来，测试 getProjectByUserId()方法。

```
@Test
public void getprojectByUserId() throws Exception{
    Long userId = 1001L;
    Project project = enrollmentService.getprojectByUserId(userId);
    System.out.println("选中的项目: "+project);
}
```

找到 getAllEnrollments()方法进行测试。

```
@Test
public void getAllEnrollments() throws Exception{
    List<Enrollment> enrollment = enrollmentService.getAllEnrollments();
    System.out.println("enrollments"+enrollment);
}
```

下面在 ProjectServiceTest 类中，测试 getProjectList()方法。

```
@Test
```

```
public void getProjectList() throws Exception{
    List<Project> list = projectService.getProjectList();
    System.out.println(list);
}
```

测试 saveProject()方法。

```
@Test
public void saveProject() throws Exception{
    Project project = new Project(project:"测试",projectDescription:"测试",stock:1);
    projectService.saveproject(project);
}
```

测试结果如图 10-13 所示。

10018	测试计目八	10	124
10019	测试项目	1	测试描述
NULL	NULL	NULL	NULL

图 10-13　测试结果

测试 getProject()方法。

```
@Test
public void getProject() throws Exception{
    Project project = projectService.getProject(id:10001L);
    System.out.println(project);
}
```

测试 updateProject()方法。

```
@Test
public void updateProject() throws Exception{
    Project project = new Project();
    project.setprojectId(10015L);
    project.setStock(10000);
    project.setProjectDescription("测试修改描述");
    int updateCount = projectService.updateProject(project);
    System.out.println("更新的项目数量:"+updateCount);
}
```

找到 UserServiceTest 类，测试其中的 checkUser()方法。

```
@Test
public void checkuser() throws Exception{
    User user = userService.login(username:"20151308057",password:"12345");
    System.out.println(user);
}
```

10.4.4　系统运行界面展示

1）登录界面，不完成验证码，登录按钮将处于 disabled 状态，按顺序选择汉字，单击验证并验证成功后登录按钮处于 enable 状态，如图 10-14 所示。

2）下边是管理员用户界面，目前有项目管理和查看选课情况两个功能，如图 10-15 所示。

3）管理员项目管理界面，可新增、删除、编辑项目，如图 10-16 所示。

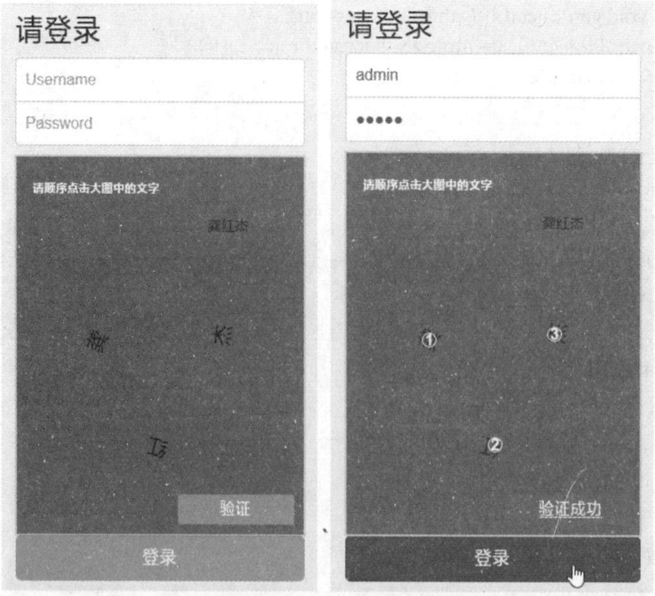

请登录 请登录

Username admin

Password •••••

请顺序点击大图中的文字 请顺序点击大图中的文字

验证 验证成功

登录 登录

图 10-14 登录界面

选题系统 主页 功能 ▾

项目管理
选课情况 毕设选题系统

此系统能进行课设或毕设的选题，一定程度上的用户管理

查看文档 »

图 10-15 管理员登录界面

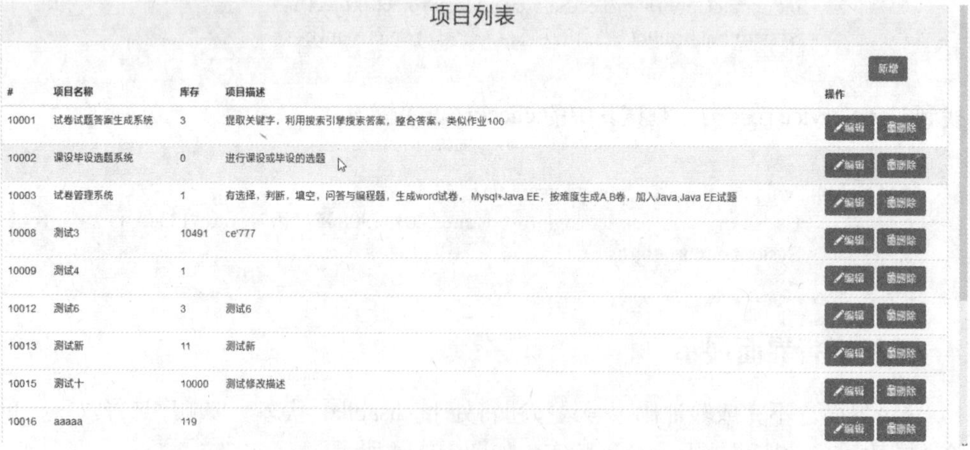

项目列表

新增

#	项目名称	库存	项目描述	操作
10001	试卷试题答案生成系统	3	提取关键字，利用搜索引擎搜索答案，整合答案，类似作业100	编辑 删除
10002	课设毕设选题系统	0	进行课设或毕设的选题	编辑 删除
10003	试卷管理系统	1	有选择，判断，填空，问答与编程题，生成word试卷，Mysql+Java EE，按难度生成A,B卷，加入Java,Java EE试题	编辑 删除
10008	测试3	10491	ce'777	编辑 删除
10009	测试4	1		编辑 删除
10012	测试6	3	测试6	编辑 删除
10013	测试新	11	测试新	编辑 删除
10015	测试十	10000	测试修改描述	编辑 删除
10016	aaaaa	119		编辑 删除

图 10-16 管理员项目管理界面

4）项目添加、编辑模态框如图 10-17 所示。

图 10-17 添加、编辑项目界面

5）查看选课情况界面如图 10-18 所示。

姓名	所选项目
全雪峰	试卷试题答案生成系统
龚红杰	课设毕设选题系统

项目列表

图 10-18 查询项目界面

6）学生用户登录后界面，只有选择项目功能，项目管理处于 disabled 状态，如图 10-19 所示。

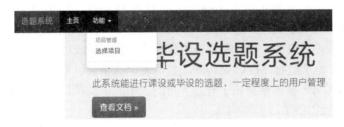

图 10-19 学生登录后界面

7）进入选择项目页面后可选择有库存的课题，退选重选可直接单击另一项课题，后台自动完成课题库存的增减，如图 10-20 所示。

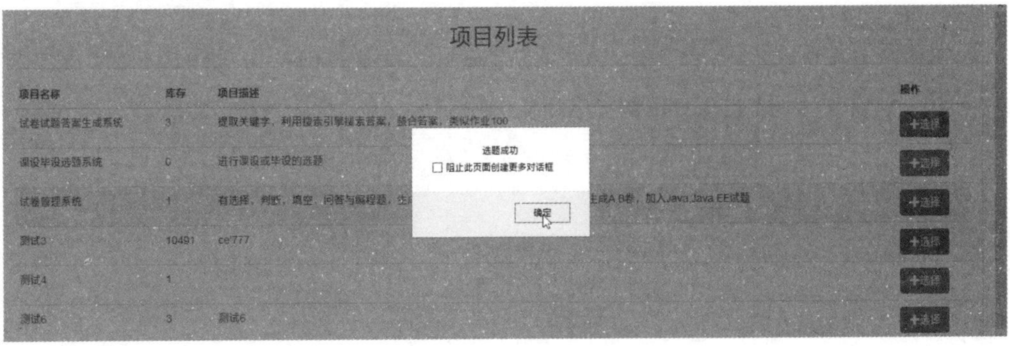

项目列表

项目名称	库存	项目描述	操作
试卷试题答案生成系统	3	提取关键字，利用搜索引擎搜索答案，整合答案，类似作业100	+选课
课设毕设选题系统	0	进行课设或毕设的选题	+选择
试题管理系统	1	有选择、判断、填空、问答与编程题，选	成A B卷，加入 Java Java EE试题	+选择
测试3	10491	ce777	+选择
测试4	1		+选择
测试6	3	测试6	+选择

选题成功
□ 阻止此页面创建更多对话框
确定

图 10-20 选课界面

8）单击查看已选课程，弹出自己已选项目的模态框，如图 10-21 所示。

图 10-21　查看已选课程界面

10.5　本章小结

通过本章 SSM 综合设计的实践，学习使用了 Spring MVC 模块来实现 Web 应用程序，学习了如何使用目前最受欢迎的前端框架 Bootstrap 来设计系统的页面。在系统实现的过程中，读者很容易遇到以下几点问题：使用 jQuery 发送 Ajax 方法时，后端返回错误码，Tomcat 不支持 PUT 和 DELETE 方法访问。但 Spring 提供了一个机制，在 web.xml 中加上 filter: HiddenHttpMethodFilter，可以在请求的数据中附带_method，设置_method 为 PUT 或 DELETE，请求的方法还是 POST，Spring 会把方法转为 PUT 或 DELETE 后处理。还有一个问题是刷新页面时无法显示处理，考虑到 Ajax 请求数据库可能有点慢，建议把 c3p0 数据源的 checkouttimeout 属性设置成为 5 秒，之后每次页面就都能刷新成功。

通过使用 SSM 框架进行 MVC 架构的项目开发，几乎可以不必关心数据库的操作，只要按模式搭好脚手架即可，极大地提高了开发人员的效率，也使项目变得易于拓展。

参 考 文 献

[1] 方巍. Java EE 架构设计与开发实践[M]. 北京：清华大学出版社，2017.

[2] 刘京华. Java Web 整合开发王者归来[M]. 北京：清华大学出版社，2010.

[3] 传智播客高教产品研发部. Java Web 程序开发入门[M]. 北京：清华大学出版社，2015.

[4] 黄勇. 架构探险——从零开始写 Java Web 框架[M]. 北京：电子工业出版社，2015.

[5] 李刚. 轻量级 Java EE 企业应用实战[M]. 3 版. 北京：电子工业出版社，2011.

[6] STEFANOV S. JavaScript 模式[M]. 陈新，译. 北京：中国电力出版社，2012.

[7] HOLDENER A. Ajax 权威指南[M]. 陈宗斌，译. 北京：机械工业出版社，2009.

[8] BASHAM B，SIERRA K，BATES B. Head First Servlets and JSP[M]. 2 版. 荆涛，林剑，译. 北京：中国电力出版社，2010.

[9] 陆舟. Struts2 技术内幕：深入解析 Struts2 架构设计与实现原理[M]. 北京： 机械工业出版社，2012.

[10] BAUER C，KING G，GREGORY G. Hibernate 实战[M]. 2 版. 蒲成，译. 北京：清华大学出版社，2016.

[11] 陈雄华，林开雄. Spring 3.x 企业应用开发实战[M]. 北京：中国电力出版社，2012.

[12] 徐郡明. MyBatis 技术内幕[M]. 北京：电子工业出版社，2017.

[13] 浦子明，许勇，王黎. Struts2+Hibernate+Spring 整合开发技术详解[M]. 北京：清华大学出版社，2010.

[14] 杨开振. Java EE 互联网轻量级框架整合开发——SSM 框架（Spring MVC+Spring+MyBatis）[M]. 北京：电子工业出版社，2017.